Stochastik –
Struktur im Zufall

von
Prof. Dr. Matthias Löwe
Dr. Holger Knöpfel

2., verbesserte und erweiterte Auflage

Oldenbourg Verlag München

Bibliografische Information der Deutschen Nationalbibliothek

Die Deutsche Nationalbibliothek verzeichnet diese Publikation in der Deutschen
Nationalbibliografie; detaillierte bibliografische Daten sind im Internet über
http://dnb.d-nb.de abrufbar.

© 2011 Oldenbourg Wissenschaftsverlag GmbH
Rosenheimer Straße 145, D-81671 München
Telefon: (089) 45051-0
www.oldenbourg-verlag.de

Lektorat: Kathrin Mönch
Herstellung: Constanze Müller
Einbandgestaltung: hauser lacour
Gesamtherstellung: Grafik + Druck GmbH, München

Dieses Papier ist alterungsbeständig nach DIN/ISO 9706.

ISBN 978-3-486-70676-5

Vorwort

Wer in einem fremden Land den Gesprächen von Kindern lauscht, kann die Leichtigkeit, mit der sie sich in einer Sprache unterhalten, die man selbst mehr oder weniger mühsam erlernen musste, nur bewundern. Natürlich wissen wir, dass diese Sprachfertigkeit durch tägliches Einüben entstanden ist und dass dieselben Kinder, wären sie in unserem Heimatland geboren, eben unsere Sprache mit der gleichen Perfektion sprächen. Aber auch das Erlernen der eigenen Sprache braucht schließlich einige Jahre Zeit und viel Übung.

Seltsamerweise sind wir aber nun nicht bereit zu glauben, dass das gleiche auch für das Erlernen von Mathematik und ihren Gesetzmäßigkeiten gilt. Hier hält sich hartnäckig das Gerücht, dass eine spezielle *Begabung* nötig sei und dass Mathematiker eine andere *Denkweise* hätten, die ein Mensch *mitbringt oder eben nicht*. Wäre dies tatsächlich der Fall, so wäre die Benotung jeglicher Leistung im Schulfach Mathematik ungerechtfertigt: Schließlich erhält auch niemand eine Note dafür, ob er Rechts- oder Linkshänder ist.

Das Erlernen von Mathematik ähnelt tatsächlich mehr dem Erwerben einer Sprache. Wie jede andere Sprache besitzt auch die Mathematik ihre eigene Grammatik und ihren Wortschatz – und sie zu beherrschen benötigt ebenso viel Übung und Zeit und ebenso wenig Genie. Da jedes Lernen zu einem großen Teil daraus besteht, etwas *selbst* zu tun, gehören gerade für den Anfänger ein Stift und ein Blatt Papier zur Grundausrüstung bei der Lektüre eines Mathematikbuches. Und wie jede Sprache hat auch die Mathematik ihre Redewendungen. Stoßen Sie in den Rechnungen auf Formulierungen wie *„und somit erhalten wir"* oder *„und es ergibt sich"*, dann wollen wir damit nicht sagen *„die Autoren erhalten"* oder *„für irgend jemanden ergibt sich"*, sondern Sie selbst sollten versuchen, die dargestellten Gedankengänge nachzuvollziehen. Bei längeren Argumentationsketten geschieht dies am besten schriftlich: Dabei kann man weniger schummeln. Außerdem macht jeder, der fünfmal das Wort „Rhythmus" geschrieben hat, bei diesem Wort zukünftig weniger häufig einen Fehler, als wenn er es ausschließlich zwölfmal gelesen hätte — eben darum gibt es in den unteren Schulklassen Diktate. Wenn Sie die in diesem Buch dargestellten Überlegungen schriftlich überprüfen, absolvieren Sie also Ihre „mathematischen Diktate".

Das Buch ist durchweg so konzipiert, dass es nur wenige mathematische Kenntnisse voraussetzt, wohl aber das Interesse an der Mathematik selbst. Es kann sowohl im Selbststudium erarbeitet werden, als auch als Leitfaden für eine Stochastikvorlesung dienen, etwa für Studierende des Lehramts, Ingenieure, Naturwissenschaftler oder Soziologen. Für all diese Fachgebiete ist es wichtig, ein mathematisch einwandfreies Basiswissen zu besitzen und dieses dann in den jeweiligen Arbeitsfeldern anwenden zu können. Darüber hinaus aber finden sich stochastische Strukturen auch in vielen Situationen des alltäglichen Lebens. Dass solche Situationen besser verstanden werden, war uns ebenso wichtig, wie einen Ausblick auf moderne Anwendungen der Stochastik zu geben.

Ein Mathematikbuch unterscheidet sich in vielem von „normalen" Büchern. Mathematische Zeichen und Formeln sind eine Art Stenographie, die es erlaubt, komplexe Gedanken in besonders effizienter Weise zu notieren. Das Lesen eines solchen Textes verlangt daher natürlich auch viel Konzentration. Konsequenterweise dürfen Sie nun nicht erwarten, dieses Buch zügig lesen zu können: Wenn Sie bei einem Roman 30 Seiten in einer Stunde schaffen, so wird Ihnen das hier nicht gelingen. Sie sollten versuchen, sich selbst Rechenschaft über die wesentlichen Gedankengänge abzulegen; wenn nötig sollten Sie sich Stichworte machen. Technische Feinheiten dürfen Sie dabei im Einzelnen fortlassen, die Kernideen und Strukturen aber sollten Sie in der Lage sein genau wiederzugeben. Einen Krimi schildern Sie ja auch nicht mit den Worten „. . . da wurde jemand ermordet und ein anderer wusste nicht, wer's getan hat. . .".

Ein wichtiger Bestandteil für das Verständnis sind natürlich auch die Aufgaben: Wer sie nicht rechnet, betrügt sich selbst! Sie sind das eigentliche Sprechen der erlernten Sprache, die praktische Anwendung der angeeigneten Theorie. Ebenso wie bei einer Sprache gerät man auch in der Mathematik ins Stocken, wenn man sie zum ersten Mal *allein* anwenden muss. Ein wesentlicher Faktor ist hierbei die eigene Kreativität: Darum kostet es zum einen mehr Überwindung als das reine Rezipieren, ist aber andererseits auch deshalb so effektiv. Natürlich gelingt nicht immer alles gleich auf Anhieb; Fehler gehören hier wie beim Erlernen jeder Sprache dazu. Und am besten macht man diese Fehler unter Gleichgesinnten, denn jeder macht Fehler und jeder macht einen anderen und jeder kann bei etwas anderem helfen. Kommunikation und Reflexion sind maßgebliche Größen aller Lernprozesse und jeglichen Verstehens.

Für niemanden ist die Mathematik die Muttersprache, aber jeder kann sie erlernen.

Danksagung: Wir bedanken uns beim Oldenbourg Verlag und inbesondere bei Dr. Margit Roth für die immer freundliche und hilfreiche Zusammenarbeit. Bei der Erstellung der zweiten Auflage wurden wir seitens des Oldenbourg Verlages von Kathrin Mönch beraten. Auch bei ihr bedanken wir uns herzlich. Lisa Glauche hat dieses Buch mehrfach Korrektur gelesen und durch zahlreiche Formulierungsvorschläge lesbarer gemacht. Hierfür und für die Gestaltung der Titelseite gilt ihr unser herzlicher Dank.

Inhaltsverzeichnis

1 Einleitung

Stochastik ist die Mathematik des Zufalls. Dieser Zufall wird heutzutage vielerorts als Modellbaustein verwendet, wenn unsere eigene Kenntnis nicht weiterhilft, eine definitive Entscheidung zu treffen. Antworten auf Fragen wie:

* Gewinnt Brasilien die nächste Fußballweltmeisterschaft?

* An welchem Wochentag wird meine Tochter geboren?

* Wird es morgen regnen?

scheinen einem zufälligen Einfluss zu unterliegen – zumindest kennen wir die Antwort nicht gewiss.

Dabei ist gar nicht klar, inwiefern die obigen Ereignisse überhaupt zufällig sind und was „Zufall" in diesem Zusammenhang bedeuten soll. Vorausgesetzt wir erleben die nächste Fußballweltmeisterschaft, die Geburt einer Tochter oder auch nur den morgigen Tag, werden wir irgendwann die Antwort auf die oben gestellten Fragen definitiv kennen und der Zufall scheint aus den Situationen verschwunden zu sein. Unter diesem Aspekt wäre Zufall also ein Maß unserer Unkenntnis der Zukunft. Allerdings hilft bei der Beantwortung der ersten Frage ein solides Wissen über die Fähigkeiten der teilnehmenden Mannschaften, statistische Methoden geben bei der zweiten Frage Auskunft, ob jeder Wochentag wirklich gleichberechtigt ist, und um die dritte Frage schließlich kümmern sich jeden Tag ganze Institute mittels komplexer Vorhersagemodelle. Insgesamt ist Unkenntnis also höchst individuell; ist also dann auch der Zufall individuell?

Interessanterweise (und auch zum Glück) lässt sich Zufall mathematisch modellieren, ohne dass man diese philosophischen Fragen bis ins letzte erörtern muss, ja sogar ohne dass man wirklich von einem zufälligen Einfluss ausgehen müsse. Wichtig ist, dass eine Situation hinreichend irregulär ist, dass sie uns zufällig erscheint, d.h. dass mehrere Ereignisse möglich sind und wir nicht genau wissen, welches davon eintritt; und weniger, ob es wirklich einen Zufall gibt, der das Ereignis steuert.

Allerdings benötigt man für die mathematische Modellierung des Zufalls einen zentralen Begriff: Wir müssen zwar nicht genau wissen, was Zufall ist, wohl aber, was der Begriff „Wahrscheinlichkeit" bedeutet. Und wie dieser zu definieren sei, war lange Zeit umstritten. Die intuitive Herangehensweise, die davon ausgeht, dass für ein Ereignis mit Wahrscheinlichkeit $1/2$ etwa gilt, dass in den allermeisten Versuchsreihen auf lange Sicht das Ereignis in der Hälfte aller Fälle auftauchen wird und in der anderen Hälfte nicht, ist zwar unter den richtigen Voraussetzungen mathematisch wahr (wir werden dieses Phänomen unter den Namen „Gesetz der großen Zahlen" kennenlernen), taugt aber nicht gut für eine mathematische Definition: Wie sollte man bei einer Rechnung „für die allermeisten Versuchsreihen" und „auf lange Sicht" formalisieren? Und wie ließe sich mit einer solchen Formalisierung rechnen? Was wäre in diesem Fall die Wahrscheinlichkeit eines Einzelereignisses, das nicht wiederholbar ist. Wenn der Wetterbericht meldet, dass die Regenwahrscheinlichkeit in Bielefeld morgen bei 80% liegt, was genau meint er damit? Der morgige Tag wird nur einmal eintreten und an ihm wird es regnen oder nicht. Wir haben also keine Möglichkeit, unsere Interpretation der Wahrscheinlichkeit als relative Häufigkeit sinnvoll anzuwenden.

Dieses keineswegs einfache Problem der Axiomatisierung der Wahrscheinlichkeitsrechnung wurde 1933 von Andrei Nikolaevich Kolmogorov gelöst. Die *Kolmogorovschen Axiome*, die wir auch in diesem Buch kennenlernen werden, bieten uns die Möglichkeit, uns mathematisch sicher im Gebiet der Wahrscheinlichkeitsrechnung zu bewegen und Fragestellungen des Alltags mathematisch zu beschreiben.

Was bedeutet es beispielsweise, wenn Klimaforscher für die kommenden 20 Jahre eine Erderwärmung von einem Grad Celsius vorhersagen? Wird dann jeder Tag ein Grad wärmer sein als in diesem Jahr? Wohl kaum. Oder wird nur die Durchschnittstemperatur um ein Grad höher liegen? Das wiederum klingt wenig bedrohlich, denn in Spanien leben schließlich auch Menschen. Die wahrhaft dramatische Konsequenz dieser Prognose kann man nur verstehen, wenn man die Tagestemperatur (an einem festen Tag des Jahres) als *Zufallsvariable* versteht, und die Erwärmung als Verschiebung ihrer *Verteilungsfunktion* interpretiert. Dadurch werden auf einmal Ereignisse *wahrscheinlich*, die vormals *außergewöhnliche* Katastrophen darstellten; häufig jedoch, ohne den Charakter des Katastrophalen zu verlieren.

Warum wird im Sport bei Dopingkontrollen stets sowohl eine A– als auch eine B–Probe genommen, warum wird letztere nur im Fall einer positiven A–Probe getestet und wieso sollte man überhaupt davon ausgehen, dass sich die Resultate der A– und B–Probe unterscheiden? Und was bedeutet es, dass im Falle einer Untersuchung der B–Probe diese doch fast immer den gleichen Wert wie die A–Probe anzeigt? Ohne den Begriff der *bedingten Wahrscheinlichkeit* und der *Bayeschen Formel* können diese Untersuchungen nicht richtig interpretiert werden.

Im Frühjahr 2007 verlor ein Frachter auf dem Rhein bei einer Havarie viele Container und einer von diesen blieb trotz intensiver Suche unauffindbar: Was ist passiert? Ein Mathematiker erkennt die Strecke, die jeder Container vom Strom flussabwärts getrieben wird, als eine zufällige Größe, die beispielsweise davon abhängt, wie schnell der Container sinkt und in welchen Teil des Flusses er gefallen ist. Mit einer kleinen, aber positiven Wahrscheinlichkeit gerät nun einer der vielen Container in die Hauptströmung des Flusses und wird von dieser sehr weit vom Unglücksort fortgetragen: jenseits der Grenzen des Suchgebiets. Die Poisson–Verteilung, die wir als Beispiel eines stochastischen *Grenzwertsatzes* kennenlernen werden, gibt uns die Möglichkeit, solche seltenen Ereignisse zu modellieren.

Insgesamt gliedert sich das Buch in vier große Teile.

In Kapitel 2 geben wir eine Einführung in die Grundzüge der beschreibenden Statistik. Hierbei geht es darum, Daten, die wir in einer Stichprobe gesammelt haben, in möglichst kompakter und prägnanter Form darzustellen. Dies kann sowohl durch Kennzahlen als auch in diagrammatischer Art und Weise geschehen. Dieses Kapitel ist völlig elementar und gehört praktisch zur Allgemeinbildung.

Die Kapitel 3 und 4 widmen sich der Wahrscheinlichkeitsrechnung. Wir legen mit der Axiomatisierung der Wahrscheinlichkeitsrechnung das mathematische Fundament für das Folgende. Hat man in einem Experiment nur endlich viele Versuchsausgänge und weiß weiter nichts darüber, dann liegt es nahe, all diese Versuchsausgänge als gleichberechtigt anzusehen. Dies führt zu einer der häufigsten und wichtigsten Wahrscheinlichkeitsverteilungen, bei der sich Wahrscheinlichkeiten durch pures Abzählen der interessierenden Mengen, also durch kombinatorische Techniken, berechnen lassen. Diese finden sich ebenso wie die bereits erwähnte Bayessche Formel und der Begriff der bedingten Wahrscheinlichkeit im dritten Kapitel. Im vierten Kapitel rückt der Begriff der Zufallsvariablen in den Blickpunkt des Interesses. Mit ihm gewinnen wir ein handliches Instrument, um das Langzeitverhalten von Ereignisketten zu studieren. Neben dem oben erwähnten „Gesetz der großen Zahlen", das den intuitiven Wahrscheinlichkeitsbegriff rechtfertigt, studieren wir auch andere Grenzwertsätze. Diese bilden nicht nur das mathematische Herzstück der Wahrscheinlichkeitsrechnung, sondern sind auch der eigentliche Grund dafür, dass die Stochastik eine interessante mathematische Disziplin bildet.

In Kapitel 5 wenden wir uns der schließenden Statistik zu. Hierbei verschiebt sich der Blickwinkel auf unseren Untersuchungsgegenstand etwas. Haben wir in den vorhergehenden Kapiteln gefragt, welches Verhalten von einem Experiment, das durch einen bestimmten Zufallsmechanismus beschrieben wird, (auf lange Sicht) zu erwarten ist, welche Ereignisse wahrscheinlich und welche unwahrscheinlich sind, so haben wir nun schon (in Gedanken) eine Reihe von Experimenten durchgeführt und fragen uns, welcher Zufallsmechanismus am besten zu den Ausgängen dieser Experimente passt. Dies kann mithilfe von Schätzungen geschehen oder durch sogenannte statistische Tests. Darüber hinaus beschäftigen wir uns auch mit Tests auf Unabhängigkeit der erhobenen Daten.

Im abschließenden sechsten Kapitel widmen wir uns einigen Highlights der Stochastik. Es soll ein Eindruck vermittelt werden, in welch unterschiedlichen Situationen Wahrscheinlichkeitsrechnung zum Einsatz kommen kann. So lassen sich mit ihrer Hilfe Resultate aus der Zahlentheorie ableiten, ebenso wie optimale Codes für die Datenkompression. Entwicklungsprozesse, das Überleben und Aussterben von Arten, lassen sich genauso studieren wie sogenannte Markov–Ketten, ein einfaches Modell für Zufallsprozesse, deren Realisierungen voneinander abhängen. Letztere sind auch ein wichtiges Hilfsmittel beim Lösen sogenannter Optimierungsprobleme, also beispielsweise dem Aufstellen optimaler Fahrpläne. Ein wichtiger Grund für das große Interesse an Stochastik in den letzten Jahrzehnten ist die Finanzmathematik. Wahrscheinlichkeitstheorie hilft, den fairen Preis gewisser Finanzprodukte festzulegen. Wir geben auch hier einen kleinen Einblick. Schließlich betrachten wir mit dem Benfordschen Gesetz ein ebenso erstaunliches wie wirksames Instrument, um Datenfälschern auf die Spur zu kommen.

Wir hoffen, den Lesern so einen kleinen Einblick in das faszinierende und reichhaltige Spektrum der Wahrscheinlichkeitsrechnung und Statistik geben zu können.

2 Beschreibende Statistik

In diesem Kapitel geht es um die Darstellung der Daten aus einer statistischen Erhebung. Hierbei wollen wir uns nicht damit befassen, wie diese Daten erhoben werden, obwohl schon bei diesem Prozess viele Fehler auftreten können. Beispielsweise können die Messinstrumente eines Physikers systematisch falsch justiert sein oder ein Soziologe kann Fragen stellen, die ihm keine richtigen Ergebnisse liefern können. Ein bekanntes Beispiel für diese Art falscher Versuchsplanung ist ein Fragebogen zum Sexualverhalten heterosexueller Menschen aus 41 Staaten. Die Frage nach der Anzahl verschiedener Sexualpartner im Leben ergab, dass Frauen durchschnittlich sieben verschiedene Sexualpartner in ihrem Leben haben, während es bei Männern zehn sind [Dur]. Bei einer Bevölkerung, die ungefähr je zur Hälfte aus Männern und Frauen besteht, heißt das natürlich, dass ein gehöriger Anteil die Unwahrheit gesagt hat. Ebenso gibt es auch bei der Versuchsdurchführung Fallstricke; eine Telefonumfrage lässt offenkundig all diejenigen unberücksichtigt, die über keinen Telefonanschluss verfügen. Dies kann zur Verzerrung der erhobenen Daten führen.

2.1 Daten und ihre Präsentation

Unsere Arbeit als Statistiker beginnt in dem Moment, in dem wir einen Datensatz zur Verfügung gestellt bekommen. Als erstes klassifizieren wir die eintreffenden Daten. Dabei nehmen wir stets an, dass unsere *Untersuchungseinheit* ω aus einer *Grundgesamtheit* Ω stammt. Was Ω ist, wird dabei durch unsere Untersuchung bestimmt:

Beispiele 2.1.1

1. Untersuchen wir die sozialen Verhältnisse der Einwohner Deutschlands, so besteht unsere Grundgesamtheit Ω aus allen Einwohnern Deutschlands; eine Untersuchungseinheit $\omega \in \Omega$ ist dann ein einzelner Einwohner.

2. Wollen wir zur Konzeption der Klausur „Stochastik für Studierende des Lehramts" eine Untersuchung über die Studierenden durchführen, so besteht die Grundgesamtheit Ω aus allen Studierenden dieser Vorlesung und $\omega \in \Omega$ ist ein zufällig ausgewählter Studierender.

Nun besteht das Erheben einer Statistik ja nicht allein im zufälligen Auswählen eines ω, sondern auch darin, Daten oder Merkmale dieses ω zu erfassen. Die Funktion, die ω diese Merkmalsausprägung x zuordnet, bezeichnen wir oft mit X. Es ist also

$$X : \begin{array}{l} \Omega \to S \\ \omega \mapsto X(\omega) \end{array} ,$$

wobei S die Menge aller möglichen Merkmalsausprägungen bezeichnet. Hat ω die Merkmalsausprägung x, so schreiben wir auch

$$X(\omega) = x.$$

Beispiele 2.1.2

1. Wollen wir die Altersverteilung der Bevölkerung von Magdeburg feststellen, so wäre Ω gerade die Menge aller Einwohner Magdeburgs, $S = \mathbb{N}_0$ und

   $$X : \Omega \to \mathbb{N}_0$$

   würde jedem einzelnen Einwohner ω sein Alter zuweisen.

2. Sind wir an der Augenfarbe der Studierenden einer Vorlesung interessiert, so ist

   $$\Omega = \{\omega \mid \omega \text{ ist Studierender der Vorlesung}\}$$
   $$S = \{\text{blau, grün, braun, grau,} \ldots\}$$

   und $X : \Omega \to S$ weist ω seine Augenfarbe zu.

Natürlich gibt es auch viele Untersuchungen, in denen mehrere Merkmale gleichzeitig erhoben werden. Interessiert man sich für d verschiedene Merkmale, dann ist $X(\omega) = (X_1(\omega), \ldots, X_d(\omega))$ ein d–Tupel.

Beispiel 2.1.3

Wir möchten Daten der Bevölkerung Polens erfassen, um zu untersuchen, ob es einen Zusammenhang zwischen dem Rauchverhalten, dem Alter und dem Geschlecht gibt. Dann ist Ω die Menge aller Einwohner Polens und

$$S = \{R, N\} \times \mathbb{N} \times \{w, m\}$$

die Menge der möglichen Merkmalsausprägungen, wobei R und N für Raucher und Nichtraucher stehen und w und m für weiblich und männlich. Ist ω z.B. eine 16–jährige Raucherin, so ist $X(\omega) = (R, 16, w)$.

An den Beispielen 2.1.2 sehen wir, dass es verschiedene Datentypen gibt. Das Alter eines Menschen ist durch eine Zahl zu beschreiben und mit diesen Zahlen lässt sich auch sinnvoll rechnen. Beispielsweise hat jemand, der 50 Jahre alt ist, doppelt so lange gelebt wie jemand, der 25 Jahre alt ist. Die Augenfarbe eines Menschen hingegen ist keine Zahl; man kann ihr eine Zahl zuordnen, etwa

$$\text{blau} \stackrel{\wedge}{=} 1, \quad \text{grün} \stackrel{\wedge}{=} 2, \quad \text{braun} \stackrel{\wedge}{=} 3, \quad \ldots$$

Allerdings kann man mit derart entstehenden Zahlen nicht sinnvoll rechnen: grüne Augen sind nicht das Doppelte von blauen Augen. Dementsprechend müssen wir unterscheiden, auf welcher Art von Skala die Merkmale liegen:

- *Nominalskala:* Die Ausprägungen nominal skalierter Merkmale können nicht geordnet werden. Der einzig mögliche Vergleich ist der Test auf Gleichheit der Merksmalsausprägungen zweier Untersuchungsgrößen. Das Merkmal „Farbe" oder „Wohnort" ist z.B. nominal skaliert.

- *Ordinal- oder Rangskala:* Die Merkmalsausprägungen können geordnet werden, jedoch bleibt eine Interpretation der Abstände sinnlos. Das Merkmal „Dienstgrad eines Soldaten" oder „Schulnote" ist ordinal skaliert[1].

- *Metrische Skala:* Unter den Merkmalsausprägungen gibt es eine Rangordnung. Zusätzlich können auch die Abstände zwischen den Merkmalsausprägungen gemessen und interpretiert werden. Metrisch skalierte Merkmale können noch weiter unterteilt werden:

  * *Intervallskala:* Zwischen den Merkmalsausprägungen sind Differenzbildungen zulässig; man kann Abstände bestimmen. Ein Beispiel ist das Merkmal „Temperatur". Der Unterschied zwischen 30 Grad Celsius und 20 Grad Celsius ist derselbe wie der zwischen $20°C$ und $10°C$. Es ist aber Unsinn zu sagen, $20°C$ sei doppelt so warm wie $10°C$.

  * *Verhältnisskala:* Zusätzlich zu den Eigenschaften der Intervallskala existiert noch ein natürlicher Nullpunkt. Eine Quotientenbildung ist zulässig und Verhältnisse sind sinnvoll interpretierbar. Das Merkmal „Geschwindigkeit" ist ein Beispiel. Neben Differenzen lassen sich auch Geschwindigkeitsverhältnisse messen: 30 km/h ist doppelt so schnell wie 15 km/h, denn 0 km/h ist ein natürlicher Nullpunkt.

  * *Absolutskala:* Zusätzlich zur Verhältnisskala kommt eine natürliche Einheit hinzu. Das Merkmal „Semesterzahl" wird am besten in natürlichen Zahlen gemessen und liegt auf einer Absolutskala.

Und wenn wir einem Datensatz schon eine Skala zuordnen, dann wollen wir die gewonnenen Daten natürlich auch auf dieser Skala darstellen. Dafür gibt es nun verschiedene Möglichkeiten. Das einfachste Instrument hierbei ist die *Urliste*. Die Urliste enthält alle erhobenen Daten.

Beispiel 2.1.4

Einige Studenten des Lehramtes für Mathematik einer deutschen Universität wurden nach ihrem zweiten Studienfach gefragt und wie viele Stunden pro Woche sie dafür

---

[1] Hier soll bemerkt werden, dass Schulnoten in der Tat qualitative Merkmale sind und keine quantitativen. Zwar werden Zahlen benutzt, aber jemand, der eine 4 schreibt, hat ja nicht etwa das halbe Wissen desjenigen, der eine 2 geschrieben hat. Manche Notensysteme benutzen daher Buchstaben, also z.B. A bis E. Aber auch dies suggeriert eine äquidistante Skala, wie es sie bei einer Benotung wohl kaum geben dürfte.

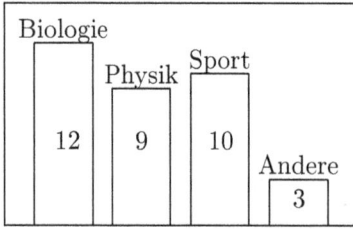

Abbildung 2.1: *Stabdiagramm*

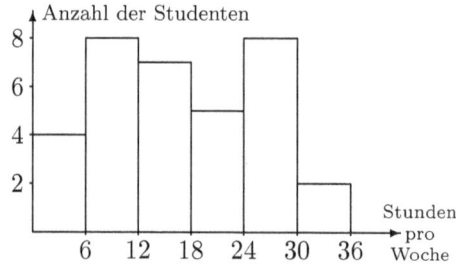

Abbildung 2.2: *Histogramm*

aufbringen. Die entsprechende Urliste hat die folgende Gestalt:

$$(B, 12), \ (B, 18), \ (S, 8), \ (A, 10), \ (P, 26), \ (S, 15), \ (P, 30), \ (B, 4),$$
$$(S, 28), \ (P, 6), \ (B, 19), \ (S, 18), \ (S, 16), \ (B, 8), \ (A, 30), \ (P, 22),$$
$$(B, 27), \ (P, 11), \ (S, 29), \ (A, 5), \ (B, 12), \ (B, 23), \ (P, 6), \ (S, 34),$$
$$(P, 15), \ (P, 30), \ (S, 17), \ (B, 9), \ (S, 32), \ (B, 10), \ (B, 25), \ (P, 13),$$
$$(B, 22), \ (S, 19).$$

Hierbei steht B für Biologie, S für Sport, P für Physik und A für alle anderen Fächer.

Schon dieses Beispiel macht Vor- und Nachteile der Urliste deutlich. Einerseits ist die Urliste die Quelle, die die Gesamtheit der erhobenen Daten am besten erfasst: Es sind einfach alle erhobenen Daten in ihr enthalten. Andererseits verliert man bei größer werdenden Datenmengen schnell den Überblick. Wer könnte beispielsweise anhand der Liste auf den ersten Blick sagen, ob mehr Studenten Biologie studieren als Sport?

Es bietet sich an, die Daten in einem Diagramm zusammenzufassen. Die Abbildung 2.1 zeigt ein *Stab-* oder *Säulendiagramm* der Daten über die Studienfächer und die Abbildung 2.2 zeigt ein *Histogramm* der Daten über die Arbeitszeit aus Beispiel 2.1.4. Dargestellt ist jeweils die absolute Häufigkeit der Merkmalsausprägungen, mit anderen Worten: die jeweilige Anzahl der Studenten.

Hierbei ist es egal, ob die Achsen eine Beschriftung haben oder das Diagramm eingerahmt ist: Einziges Ziel ist die übersichtliche Darstellung von Information. Ein anderer Unterschied zwischen den beiden Darstellungen ist bedeutsamer. Während in einem Stabdiagramm die einzelnen Stäbe einen Abstand haben, ist dies in einem Histogramm nicht der Fall. Dies wird durch die Daten selbst motiviert: Das Merkmal „Studienfach" ist nominal skaliert und die einzelnen Fächer sind voneinander getrennt. Das Merkmal „Wochenarbeitszeit" hingegen liegt mindestens auf einer Ordinalskala (ja sogar auf einer Absolutskala) und erlaubt damit eine Einteilung in Klassen, die lückenlos nebeneinanderliegen.

In wie viele Klassen die Skala (und damit auch die Daten) eingeteilt werden soll ist eine wichtige Frage. Benutzt man zu wenig Klassen, so verlieren wir zuviel Information, da dann viele Daten ununterscheidbar in derselben Klasse landen. Bei zu vielen Klassen leidet die Übersichtlichkeit des Diagramms. Als Faustregel dient die *Regel von Sturge*,

Sehfähigkeit im Alter

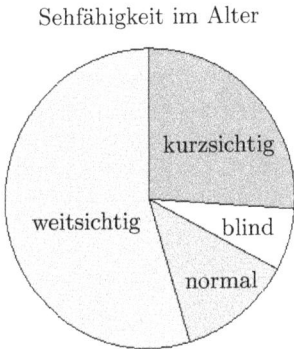

Abbildung 2.3: *Kreisdiagramm*

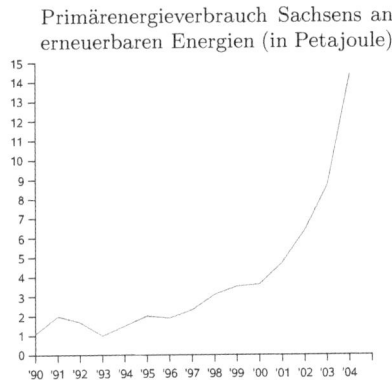

Primärenergieverbrauch Sachsens an erneuerbaren Energien (in Petajoule)

Abbildung 2.4: *Kurvendiagramm*

die bei einer Datenanzahl von n vorschlägt:

$$\text{Klassenanzahl} \approx \begin{cases} \sqrt{n} & \text{, für kleine } n \text{ (z.B. } n \leq 100) \\ \log_2 n & \text{, für große } n \end{cases}.$$

Darum haben wir für die Abbildung 2.2 die 34 Daten in 6 Klassen eingeteilt und für die Abbildung 2.1 die Klasseneinteilung der Urliste übernommen.

Eine weitere Möglichkeit der Präsentation von Daten ist das *Kreis-* oder *Tortendiagramm*. Es eignet sich zur Darstellung der relativen Häufigkeiten, mit denen die einzelnen Klassen im vorliegenden Datensatz auftauchen. Nehmen wir einmal an, dass von 2360 befragten Rentnern 617 kurzsichtig sind, 1283 weitsichtig, 304 normalsichtig und 156 erblindet.

In der Abbildung 2.3 sind die Segmente des Kreises nun so gewählt, dass ihre Flächen proportional zur relativen Häufigkeit der entsprechenden Klassen sind. Da also 6,6% der Rentner in unserer Stichprobe blind sind, nimmt das entsprechende Segment im Diagramm genau diesen Anteil an der Kreisfläche ein.

Weiterhin gibt es noch das bekannte *Kurven-* oder *Liniendiagramm*: Abbildung 2.4 zeigt ein Beispiel. In der Regel werden hierbei die einzelnen Datenpunkte durch Geradenstücke verbunden. Es ist darauf zu achten, dass jede Achse äquidistant skaliert ist, d.h. die Markierungen auf einer Achse stets denselben Abstand besitzen. Auch sollte der Verlauf der Achsen kontinuierlich sein und nicht von fehlenden Intervallen durchbrochen werden.

Abschließend stellt sich die Frage, für welche Daten man welche Art der Darstellung benutzen soll. Neben einer Vielzahl von guten Beispielen und zahlreichen Warnungen vor Fallen bei der Präsentation von Daten wird diese Frage in den unterhaltsamen und lehrreichen Büchern [Km1] und [Km2] beantwortet: „Säulen für Vergleiche, Torten für Anteile, Kurven für Trends".

2.2   Lageparameter

Mit einer gelungenen graphischen Präsentation können zwar qualitative Eigenschaften der Daten schnell und eingängig vermittelt werden, die quantitativen Eigenschaften bleiben jedoch größtenteils noch verborgen. Um sie aufzuspüren, benötigen wir Mathematik. Die im Folgenden vorgestellten *Lageparameter* sind Kennzahlen, die beschreiben, welche Größe für die Daten typisch ist. Hierbei spielt jedoch eine entscheidende Rolle, welche Bedeutung wir dem Wort „typisch" geben.

Es liege eine Stichprobe $\omega_1, \ldots, \omega_n$ vor, die uns die Daten $x_1 = X(\omega_1), \ldots, x_n = X(\omega_n)$ liefert. Der wohl bekannteste Lageparameter ist der folgende:

Definition 2.2.1   *Empirischer Mittelwert*

Der empirische Mittelwert der Daten $x_1, \ldots, x_n$ ist definiert als

$$\bar{x} = \frac{1}{n} \sum_{i=1}^{n} x_i = \frac{1}{n}(x_1 + \ldots + x_n).$$

Hierzu eine Bemerkung: Zur Berechnung von $\bar{x}$ müssen wir die Größen $x_1, \ldots, x_n$ offenbar zunächst addieren und dies erfordert, dass unsere Daten auf einer metrischen Skala, z.B. einer Intervallskala, liegen. Ist dies nicht der Fall, so kann und vor allem sollte man $\bar{x}$ nicht bilden. Streng genommen ist also die Berechnung eines Mittelwerts für Schulnoten genauso unsinnig, wie für Postleitzahlen; was allerdings niemanden davon abhält, ersteres dennoch zu tun.

Beispiel 2.2.2

In einem mittelständischen Betrieb ergab sich im Laufe eines Jahres die folgende Tabelle bzgl. Arbeitsausfall wegen Krankheit:

Krankentage im Jahr	0	1	2	3	7	8	11	12	19
Anzahl der Angestellten	6	1	11	4	4	3	2	2	1

Der Betrieb besitzt offenbar 34 Angestellte und diese Personen bilden unsere Stichprobe $\omega_1, \ldots, \omega_{34}$, die uns als Datensatz $x_1, \ldots, x_{34}$ die jeweils genannte Anzahl an Tagen mit Krankmeldung liefert. Die Summe aller Daten ist gleich

$$6 \cdot 0 + 1 \cdot 1 + 11 \cdot 2 + 4 \cdot 3 + 4 \cdot 7 + 3 \cdot 8 + 2 \cdot 11 + 2 \cdot 12 + 1 \cdot 19 = 152$$

und der empirische Mittelwert ist daher

$$\bar{x} = \frac{1}{34} \sum_{i=1}^{34} x_i = \frac{152}{34} \approx 4,47.$$

Die mittlere Anzahl der Krankentage eines Arbeitnehmers liegt in diesem Betrieb also bei ungefähr viereinhalb Tagen pro Jahr.

Der empirische Mittelwert, auch einfach Mittelwert oder Durchschnitt genannt, liegt mitten in den vorgegebenen Daten, er ist ihr Mittelpunkt, ihr Schwerpunkt. Er ist in dem Sinne ein typischer Vertreter aller Daten, als die Summe seiner Abweichungen von den Daten gleich Null ist:

$$\sum_{i=1}^{n}(\bar{x}-x_i) = n\bar{x} - \sum_{i=1}^{n} x_i = n\bar{x} - n\bar{x} = 0.$$

Beispiel 2.2.3

In der Bochumer Innenstadt wurden Passanten gefragt, ob und gegebenenfalls wie häufig sie im Internet eine Online–Pokersession gespielt hätten. Von den Befragten hatten 427 noch nie eine entsprechende Seite besucht, während zwei Personen angaben, regelrecht süchtig nach Poker zu sein. Sie kamen auf geschätzte 200 bzw. 300 Sessions. Der empirische Mittelwert (Was sind hier n und die ω_i und x_i?) ist gleich

$$\bar{x} = \frac{1}{429}(427 \cdot 0 + 1 \cdot 200 + 1 \cdot 300) = \frac{500}{429} \approx 1,2 \ .$$

Im Durchschnitt hat also jeder Befragte etwas mehr als eine Session gespielt.

Der empirische Mittelwert aus Beispiel 2.2.3 hinterlässt ein ungutes Gefühl: Niemand kann sich durch diesen Wert wirklich vertreten fühlen. Repräsentativ oder typisch kann man ihn beim besten Willen nicht nennen. Es bietet sich ein anderer Lageparameter an:

Definition 2.2.4 *Median*

Jeder Wert $\tilde{x}$, für den mindestens die Hälfte der Daten kleiner oder gleich $\tilde{x}$ ist und auch mindestens die Hälfte der Daten größer oder gleich $\tilde{x}$ ist, wird Median genannt.

Es fällt sofort auf, dass für den Median keine Formel angegeben ist. Tatsächlich gibt es auch keine, denn der Median ist im Allgemeinen nicht eindeutig. Wir können ihn häufig innerhalb eines Intervalles frei wählen. Weiter bemerken wir, dass keine Daten addiert werden müssen, sondern nur ihre Ordnung bekannt sein muss. Der Median eignet sich somit auch für Daten, die nur ordinal skaliert sind.

Beispiele 2.2.5

1. Zur Berechnung des Medians im Beispiel 2.2.3 ordnen wir zunächst die Daten nach ihrer Größe:

$$\underbrace{0,\dots,0}_{427\text{–mal}}, 200, 300 \ .$$

Ein Median, und in diesem Beispiel sogar der eindeutige, ist $\tilde{x} = 0$, denn die 215–te Zahl in der geordneten Datenreihe besitzt den Wert 0. Also sind mindestens die ersten 215 Zahlen kleiner oder gleich 0 und ebenso sind mindestens die letzten 215 Zahlen größer oder gleich 0. Kein von Null verschiedener Wert besitzt für die gegebenen Daten diese Eigenschaft.

2. Das Lehrerkollegium eines Kieler Gymnasiums setze sich wie folgt zusammen: Die Schuldirektorin trägt den Titel einer Oberstudiendirektorin (OD), ihre sechs Fachbereichsleiter seien Studiendirektoren (SD). Die übrigen Lehrkräfte seien neun Oberstudienräte (OR), zwölf Studienräte (SR) und vier Referendare (R). (Was sind jetzt die n, ω_i, x_i?) Um in dieser Hierarchie den Median zu finden, ordnen wir wieder die Daten:

$$\underbrace{R, \ldots, R}_{4-\text{mal}}, \ \underbrace{SR, \ldots, SR}_{12-\text{mal}}, \ \underbrace{OR, \ldots, OR}_{9-\text{mal}}, \ \underbrace{SD, \ldots, SD}_{6-\text{mal}}, \ OD \ .$$

Der Median dieser 32 Daten ist dann jeder Wert zwischen dem 16. und 17. Eintrag, d.h. jeder Wert zwischen und einschließlich SR und OR. Natürlich gibt es auf unserer diskreten Skala keinen weiteren Wert mehr dazwischen, so dass sowohl SR, als auch OR ein Median der Daten ist. Hätten wir anstelle der Amtsbezeichnungen die monatlichen Bruttogehälter als Datensatz, dann wäre jeder Wert zwischen und einschließlich den Gehältern eines Studienrates und eines Oberstudienrates ein möglicher Median.

Ein Median ist grob gesagt also ein Wert in der Mitte der geordneten Stichprobe. Er ist in dem Sinne typisch, als eine Hälfte der Daten links und die andere Hälfte rechts vom ihm liegt.

Ob man den empirischen Mittelwert oder den Median benutzt, sollte stets in Abhängigkeit vom vorliegenden Datensatz entschieden werden.[2] Sind die Daten nur ordinal skaliert, so verbietet sich natürlich der Gebrauch des Mittelwertes von selbst. Im Beispiel 2.2.5.1 sahen wir außerdem, dass der Median auch viel besser mit *Ausreißern* umgehen kann als der empirische Mittelwert. Ausreißer sind dabei Daten, die auffällig weit von einem Großteil der übrigen Daten entfernt liegen. Andererseits hat der Median nur wenig Aussagekraft, wenn unsere Datenreihe z.B. aus einer 0–1–Folge der Länge 100 besteht, die genau 19 Einsen enthält. Der empirische Mittelwert $\bar{x} = 0,19$ enthält hier deutlich mehr Information als der Median $\tilde{x} = 0$.

Man kann sich bei einem Datensatz natürlich auch allgemeiner fragen, welcher Wert die Daten ihrer Größe nach in einem beliebig vorgegebenen Verhältnis teilt, z.B. im Verhältnis 1:2 und nicht 1:1, wie dies der Median tut. Dies führt zur folgenden Definition:

---

[2]Dies gilt für die Anwendung von Mathematik überhaupt: Bei einem Datensatz wie z.B. 5, 12, 1000, 1001 ist jegliche Berechnung eines Lageparameters natürlich völlig sinnlos. Hier liegt offenbar schon ein Fehler in der Methodik der Datenerhebung vor.

Definition 2.2.6 α-*Quantil*

Für $0 \leq \alpha \leq 1$ ist das α-Quantil $\tilde{x}_\alpha$ dadurch definiert, dass für eine Stichprobe vom Umfang n mindestens $n\alpha$ Werte kleiner oder gleich $\tilde{x}_\alpha$ sind und mindestens $n(1 - \alpha)$ Werte größer oder gleich $\tilde{x}_\alpha$.

Der Median ist also das $\frac{1}{2}$-Quantil: $\tilde{x} = \tilde{x}_{\frac{1}{2}}$. Und genau wie beim Median, so muss natürlich auch im Allgemeinen das α-Quantil nicht eindeutig sein.

Beispiel 2.2.7

Von 10381 befragten Erwachsenen gaben 3222 an, noch nie verheiratet gewesen zu sein. Von den Übrigen waren 2545 ungeschieden, 2641 einmal geschieden, 1089 bereits zweimal geschieden und 884 dreimal geschieden. Überlegen wir, (was hier n, ω_i, x_i sind und) welcher Lageparameter hier sinnvoll ist.

Bezogen auf alle Befragten ist der empirische Mittelwert der Anzahl der Scheidungen 0,72 (bitte nachrechnen!) und bezogen auf alle Personen der Stichprobe, die schon einmal heirateten, ist $\bar{x} = 1,04$. Selbstverständlich wäre es völlig unsinnig, als Wert des Lageparameters 0,72 zu wählen. Unverheiratete in eine Statistik über Scheidungen einzubeziehen ist doch allzu kreativ; ähnlich irritierend könnte man schlussfolgern, dass Vierjährige sehr verantwortungsvolle Autofahrer seien, weil in dieser Altersklasse noch niemand wegen Trunkenheit oder überhöhter Geschwindigkeit aufgefallen sei.

Aber generell ist der Mittelwert hier problematisch: Was sagt uns $\bar{x} = 1,04$ z.B. im Vergleich zu einem Wert 1,36? Wären bei dem letztgenannten Wert mehr Menschen näher an einer zweiten Scheidung? Sicher nicht. Obwohl die Daten also durchaus auf einer metrischen Skala liegen, entscheiden wir uns für den Median: $\tilde{x} = 1$. Natürlich betrachten wir auch hier nur die Daten der Verheirateten, d.h. $n = 7159$.

Suchen wir das α-Quantil für z.B. $\alpha = 0,1$, $\alpha = 0,4$ oder $\alpha = 0,99$, so nehmen wir den $n \cdot \alpha$-ten Wert des nach Größe geordneten Datensatzes: Der 715,9-te Wert ist hierbei jeder Wert zwischen dem 715-ten und 716-ten. Dementsprechend ist $\tilde{x}_{0,1} = 0$, $\tilde{x}_{0,4} = 1$ und $\tilde{x}_{0,99} = 3$ (bitte nachrechnen!).

2.3 Streuparameter

Haben wir uns bei einem Datensatz für die Berechnung eines der im vorigen Abschnitt vorgestellten Lageparameter entschieden, dann wissen wir zwar, in welchem Sinn dieser Wert unsere Daten repräsentiert, aber noch nicht, wie gut er dies tut. Konzentrieren sich die Daten um den Lageparameter oder streuen sie sehr stark? Die im Folgenden vorgestellten *Streuparameter* sind Kennzahlen, die genau darüber Auskunft geben. Natürlich müssen die Daten metrisch skaliert sein, da nur dann überhaupt von Abständen geredet werden kann.

Definition 2.3.1 *Abstand zwischen Quantilen*

Für $0 \leq \alpha \leq \beta \leq 1$ ist der α–β–Quantilsabstand definiert als $\tilde{x}_\beta - \tilde{x}_\alpha$.

Der 0,25–0,75–Quantilsabstand heißt auch Quartilsabstand.

Der Abstand zwischen dem größten und dem kleinsten Wert der Stichprobe heißt Spannweite.

Beispiel 2.3.2

Werden Mäuse mit einem bestimmten Gendefekt geboren, so überleben sie nicht die ersten zwei Wochen. Die Tabelle zeigt, wie viel Mäuse jeweils nach wie viel Tagen starben:

Tag	1	2	3	4	5	6	7	8	9
Anzahl Mäuse	13	23	136	114	45	10	2	1	1

Die Spannweite dieses Datensatzes ist $9 - 1 = 8$ und es ist $\tilde{x}_{0,25} = 3$ und $\tilde{x}_{0,75} = 4$ (nachrechnen!). In Worten ausgedrückt besagen diese Quantile: mindestens ein Viertel aller Mäuse überlebt nicht die ersten drei Tage und mindestens drei Viertel aller Mäuse wird nicht älter als vier Tage. Gemäß seiner Definition deckt der Quartilsabstand, in unserem Beispiel also 1, einen zentralen Bereich ab, in dem mindestens die Hälfte aller Daten liegt. Und tatsächlich sehen wir, dass zwischen dem dritten und vierten Tag weit mehr als die Hälfte der Mäuse stirbt.

Ebenso ergibt sich wegen $\tilde{x}_{0,05} = 2$ und $\tilde{x}_{0,95} = 5$, dass mehr als 90% aller Mäuse zwischen dem zweiten und fünften Tag sterben. Darüber hinaus sehen wir, dass die Spannweite aufgrund ihrer Definition doch sehr anfällig gegenüber Ausreißern ist: Sie ist hier mehr als doppelt so groß wie der 5%–95%–Quantilsabstand, und zwar nur deshalb, weil jeweils eine einzige Maus acht bzw. neun Tage durchhält.

Ein Quantilsabstand gibt zwar einen Eindruck, wie stark die Daten verteilt sind, jedoch sagt er nichts über die Abweichung von einem gewählten Lageparameter aus. Betrachten wir zunächst eine Kennzahl, die angibt, wie stark die Daten um ihren Median streuen.

Definition 2.3.3 *Mittlere absolute Abweichung*

Für einen Datensatz $x_1, \ldots, x_n$ ist die mittlere absolute Abweichung von ihrem Median $\tilde{x}$ gleich

$$\delta := \frac{1}{n} \sum_{i=1}^{n} |x_i - \tilde{x}| \ .$$

Beispiele 2.3.4

1. Nehmen wir die Daten aus Beispiel 2.3.2, dann ist $\tilde{x} = 4$ und

$$\delta = \frac{1}{345}(13\cdot3+23\cdot2+136\cdot1+114\cdot0+45\cdot1+10\cdot2+2\cdot3+1\cdot4+1\cdot5) = \frac{301}{345} \,,$$

   d.h. $\delta \approx 0,87$. Die mittlere absolute Abweichung beträgt also weniger als einen Tag. Aber ist das nun viel oder wenig? Um dies zu entscheiden, müssen wir die berechneten Größen im Zusammenhang mit den Daten interpretieren: Der Median besagt, dass die Mäuse typischerweise am vierten Tag sterben. Abweichend davon sterben sie typischerweise δ Tage früher oder später, also zwischen dem dritten und fünften Tag. Dies ist bei den vorliegenden Daten eine sinnvolle Aussage, die mittlere absolute Abweichung ist also nicht besonders groß.

2. Betrachten wir die Daten aus Beispiel 2.2.3, dann ergibt sich $\delta = 500/429 \approx 1,2$. Auch hier fragen wir uns, ob δ groß oder klein ist. Typischerweise hat wegen $\tilde{x} = 0$ niemand eine Pokersession online gespielt, während abweichend davon typischerweise von jedem $\tilde{x} + \delta$ Sessions gespielt wurden, also mehr als eine. Dies verzerrt offenbar völlig den Eindruck und führt zu gänzlich anderen Schlussfolgerungen. Die mittlere absolute Abweichung ist also gewaltig groß.

Der Median und die mittlere absolute Abweichung sind wie füreinander geschaffen, denn es gilt das folgende theoretische Resultat:

Satz 2.3.5

Gegeben sei der Datensatz $x_1, \ldots, x_n$. Unter allen Werten $z \in \mathbb{R}$ minimiert die Wahl $z = \tilde{x}$ den Ausdruck

$$\sum_{i=1}^{n} |x_i - z| \,.$$

Beweis. Der Beweis dieses Satzes ist nicht schwer und erfordert nur ein bisschen Konzentration. Denken wir uns die Daten der Größe nach auf dem Zahlenstrahl geordnet, dann wissen wir, dass mindestens je die Hälfte der Daten größer gleich bzw. kleiner gleich dem Median ist. Wie ändert sich nun $\sum_{i=1}^{n} |x_i - \tilde{x}|$, wenn wir statt $\tilde{x}$ eine Zahl $z < \tilde{x}$ einsetzen? Dazu schauen wir uns die Summanden einzeln an. Für alle x_i rechts vom Median ist der Ausdruck $|x_i - z|$ größer als $|x_i - \tilde{x}|$, denn z liegt ja noch links von $\tilde{x}$; und zwar ist er genau um den Abstand $\tilde{x} - z$ vergrößert. Für alle x_i links vom Median hingegen ist der Ausdruck $|x_i - z|$ um (höchstens) denselben Abstand $\tilde{x} - z$ kleiner als der Ausdruck $|x_i - \tilde{x}|$. (Das Wort „höchstens" ist hier nötig, weil sich für alle Daten x_i zwischen z und $\tilde{x}$ der genannte Ausdruck tatsächlich um weniger verkleinert. Diese Daten wechseln die Seite von links nach rechts.) Zusammenfassend wird also durch die Wahl von $z < \tilde{x}$ mindestens die Hälfte der Summanden um $\tilde{x} - z$ größer und der Rest wird um höchstens den gleichen Betrag kleiner, d.h. die Summe wird insgesamt größer:

$$\sum_{i=1}^{n} |x_i - z| \geq \sum_{i=1}^{n} |x_i - \tilde{x}| \text{ für } z < \tilde{x} \,.$$

Die obige Argumentation lässt sich aber genauso gut auch dann durchführen, wenn wir ein $z > \tilde{x}$ wählen (siehe Aufgabe 4); nur vertauschen sich dann die Rollen von rechts und links. Insgesamt haben wir damit $\sum_{i=1}^n |x_i - z| \geq \sum_{i=1}^n |x_i - \tilde{x}|$ für alle $z \in \mathbb{R}$ gezeigt und diese Ungleichung ist genau unsere Behauptung. ∎

Wir sehen also, dass die mittlere absolute Abweichung ein vernünftiger Streuparameter für die Abweichung vom Median ist. Der folgende Satz gibt uns einen Hinweis, um einen Streuparameter für Abweichungen vom empirischen Mittelwert zu definieren.

Satz 2.3.6

Gegeben sei der Datensatz $x_1, \ldots, x_n$. Unter allen Werten $z \in \mathbb{R}$ minimiert die Wahl $z = \bar{x}$ den Ausdruck

$$\sum_{i=1}^n (x_i - z)^2 \ .$$

Insbesondere gilt

$$\sum_{i=1}^n (x_i - \bar{x})^2 = \sum_{i=1}^n x_i^2 - n\bar{x}^2. \tag{2.1}$$

Beweis. Wir berechnen

$$\sum_{i=1}^n (x_i - z)^2 = \sum_{i=1}^n (x_i^2 - 2zx_i + z^2) = \sum_{i=1}^n x_i^2 - 2zn\bar{x} + nz^2 = \sum_{i=1}^n x_i^2 - n\bar{x}^2 + n(\bar{x} - z)^2$$

und erkennen, dass der rechts stehende Ausdruck für $z = \bar{x}$ minimal wird. Einsetzen von $z = \bar{x}$ liefert die Gleichung (2.1). ∎

Es gibt also, in völliger Analogie zum Median, auch für den empirischen Mittelwert einen Ausdruck, der durch eben diesen Mittelwert minimiert wird. Dazu werden die quadrierten Abstände gemittelt und der eigentliche Streuparameter entsteht dann daraus durch anschließendes Wurzelziehen.

Definition 2.3.7 *Empirische Varianz und Standardabweichung*

Für den Datensatz $x_1, \ldots, x_n$ mit empirischem Mittelwert $\bar{x}$ ist die *empirische Varianz* definiert als

$$s_{n-1}^2 = \frac{1}{n-1} \sum_{i=1}^n (x_i - \bar{x})^2 \ .$$

Als *empirische Standardabweichung* bezeichnet man den Wert

$$s_{n-1} = \sqrt{s_{n-1}^2} = \sqrt{\frac{1}{n-1} \sum_{i=1}^n (x_i - \bar{x})^2} \ .$$

Dass bei der Definition der Standardabweichung eine Wurzel auftaucht, sollte niemanden überraschen: Sind beispielsweise die Daten x_i Körpergrößen in Zentimetern (cm), so ist die Einheit der Varianz offenbar cm^2 und damit sicher kein Streuparameter für eine Längenmessung. Die Wurzel beseitigt diese Unstimmigkeit.

Überraschend hingegen dürfte der Faktor $1/(n-1)$ an Stelle des erwarteten $1/n$ sein. Schließlich haben wir bisher sowohl beim empirischen Mittelwert, als auch bei der mittleren absoluten Abweichung immer durch die Anzahl der Daten geteilt. Dass man hier allerdings tatsächlich durch $n-1$ dividiert, hat gute mathematische Gründe und wir werden uns im Beispiel 5.1.10 mit ihnen beschäftigen.

Manchmal hilft die folgende Formel, den Aufwand bei der Berechnung der Varianz zu verringern.

Satz 2.3.8: *Verschiebungssatz der empirischen Varianz*

Für die empirische Varianz eines Datensatzes $x_1, \ldots, x_n$ gilt

$$s_{n-1}^2 = \frac{1}{n-1} \sum_{i=1}^{n} x_i^2 - \frac{n}{n-1} \bar{x}^2 \ .$$

Beweis. Dies folgt sofort aus Gleichung (2.1). ∎

Beispiele 2.3.9

1. Fünf Studierende, die in Oldenburg und Umgebung wohnen, messen an einem Montagmorgen die Temperaturwerte x_i und benutzen das folgende Schema zur Berechnung der Standardabweichung:

i	x_i		$(x_i - \bar{x})^2$
1	12		0,16
2	11		0,36
3	11		0,36
4	13		1,96
5	11		0,36
		$\bar{x} = 11,6$	$\sum (x_i - \bar{x})^2 = 3,2$

   Somit berechnet sich die empirische Standardabweichung zu

   $$s_4 = \sqrt{\frac{1}{4} \sum_{i=1}^{5} (x_i - \bar{x})^2} = \sqrt{0,8} \approx 0,89 \ .$$

   Die gemessenen Temperaturen streuen mit einer Standardabweichung von etwa $0,9°$ C also nur wenig um den Mittelwert $11,6°$ C.

2. Ein Blick auf die Handyrechnungen der vergangenen 7 Monate zeigt folgende Rechnungsbeträge in Euro:

i	x_i		x_i^2
1	53		2809
2	29		841
3	66		4356
4	87		7569
5	51		2601
6	70		4900
7	63		3969
		$\bar{x} = 419/7$	$\sum x_i^2 = 27\,045$

Mit dem Verschiebungssatz berechnet sich die Standardabweichung zu

$$s_6 = \sqrt{\frac{1}{6}\sum_{i=1}^{7} x_i^2 - \frac{7}{6}\bar{x}^2} = \sqrt{\frac{6\,877}{21}} \approx 18,10 \ .$$

Die Beträge schwanken also deutlich um den Mittelwert $\bar{x} \approx 60\,€$ mit einer Standardabweichung von $s_6 \approx 18\,€$.

Bemerkungen

Wir haben gelernt, was es mathematisch bedeutet, von einem Datensatz zu sprechen. Mithilfe dieser Modellierung haben wir Kennzahlen definiert, Lage– und Streuparameter, die einige typische Eigenschaften der Daten erfassen und darstellen. Diese Kennzahlen sind, vom mathematischen Standpunkt aus gesehen, recht elementar. Einerseits ist dies vorteilhaft, denn dadurch finden sie auch in alltäglichen Fragestellungen ihre Anwendung.

Andererseits ist es erstaunlich, wie viel mathematischer Unsinn durch die unreflektierte Benutzung selbst solch einfacher Konzepte entstehen kann: Der Datentyp wird ignoriert, man berechnet den Mittelwert dort, wo der Median geeigneter wäre, und man berechnet die Standardabweichung, ohne sie danach im Kontext der Daten zu interpretieren. Versuchen Sie, diese Fehler zu vermeiden!

Natürlich verlieren wir sehr viel Information, wenn wir einen Datensatz durch wenige Zahlen charakterisieren. Häufig wird dies in Kauf genommen, um sich schnell einen ersten Eindruck zu verschaffen. Ebenso häufig werden Daten jedoch zum entgegengesetzten Zweck erhoben: Man möchte aus ihnen möglichst viel Information herausfiltern, um damit Entscheidungen zu treffen. Dies kann aber nicht ohne deutlich höheren mathematischen Aufwand geschehen. Die folgenden Kapitel werden uns Werkzeuge an die Hand geben, mit denen man Daten auch im Hinblick auf komplexere Fragen analysieren kann.

Aufgaben

1. Zur Beantwortung der folgenden Fragen möchten wir statistische Daten erheben. Geben Sie jeweils Ω, S und ein $X(\omega)$ an:

   (a) Wie viele Abiturienten gab es mit Geburtsjahrgang 1985 in Deutschland?

   (b) Wohnen mehr Holländer zur Miete oder in den eigenen vier Wänden?

   (c) Gibt es in Bayern einen Zusammenhang zwischen der Konfessionszugehörigkeit und dem Jahreseinkommen einer Person?

   (d) Welche Daten sollten erhoben werden, um die spanische Bevölkerung auf Übergewicht zu untersuchen?

2. Informieren Sie sich, wie die *Windstärke* und die *Stärke eines Erdbebens* gemessen werden und entscheiden Sie, auf welcher Skala diese Daten liegen.

3. Betrachten Sie die folgenden Datensätze jeweils unter dem in Anführungszeichen gesetzten Aspekt. Welchen Diagrammtyp würden Sie jeweils zur Veranschaulichung der Daten wählen? Welcher Lage– bzw. Streuparameter scheint Ihnen angemessen zu sein? Berechnen Sie diese Kennzahlen und entscheiden Sie, ob die Streuung groß oder klein ist.

   (a) „Wie viele Kinder sind typisch?" In einer Stichprobe haben 3378 Frauen keine Kinder, 3107 Frauen haben eins, 2459 Frauen zwei, 511 Frauen drei und 26 Frauen vier.

   (b) „Ist die Prüfung schwer?" Von 1130 Erwachsenen sind 16 schon dreimal durch die Führerscheinprüfung gefallen, 51 zweimal und 347 immerhin einmal. Weitere 429 bestanden gleich beim ersten Mal und 287 waren noch nie in einer Fahrschule angemeldet.

   (c) „Wie hoch ist das Taschengeld?" Eine Umfrage unter 8–11–Jährigen ergab, dass 17 Befragte monatlich 50 € bekommen, 24 bekommen 40 €, 34 bekommen 30 €, 55 bekommen 25 €, 49 bekommen 20 €, 38 bekommen 15 €, 20 bekommen 10 € und 28 bekommen gar kein Taschengeld.

4. Vervollständigen Sie im Beweis von Satz 2.3.5 die Argumentation für den Fall $z > \tilde{x}$.

5. Seriöse Schätzungen gehen davon aus, dass auf der Erde jeder Mensch durchschnittlich nicht weiter als drei Meter von einer Ratte entfernt ist. Welche Daten benötigt man, um eine solche Aussage zu bestätigen? Wie weit ist jede Ratte durchschnittlich von einem Menschen entfernt?

6. Welchen Lageparameter würden Sie in den folgenden Beispielen jeweils wählen, um eine typische Kennziffer zu erhalten? Denken Sie dabei an die Weltbevölkerung und begründen Sie Ihre Wahl:

   - täglicher Kalorienverbrauch eines Menschen
   - tägliche Kalorienaufnahme eines Menschen
   - jährliche Menge an Schlaf eines Menschen
   - Entfernung zum nächsten Krankenhaus gemessen in Kilometern
   - Entfernung zum nächsten Krankenhaus gemessen in Minuten
   - Anzahl der Kopfhaare pro Quadratzentimeter bei Frauen
   - Längenwachstum von Fingernägeln in Zentimeter pro Jahr
   - jährliche Anzahl empfangener SMS pro Person

3 Einführung in die Wahrscheinlichkeitsrechnung

3.1 Axiomatische Grundlagen

Die Beschäftigung mit Wahrscheinlichkeit und ihren Gesetzmäßigkeiten ist ein relativ altes Thema. Als das Geburtsjahr der Wahrscheinlichkeitsrechnung gilt allgemein das Jahr 1654. In dieses Jahr fällt der berühmt gewordene Briefwechsel zwischen den Mathematikern Pierre de Fermat (1601–1665) und Blaise Pascal (1623–1662), in dem ein Problem erörtert (und gelöst) wurde, das manche heutzutage zum Bereich der Stochastik zählen würden. Wie viele der historisch ersten Probleme der Wahrscheinlichkeitsrechnung liegen seine Wurzeln in der Praxis der Gücksspiele: Wie, so lautete die Frage, ist der Einsatz eines Glücksspiels zwischen zwei gleichwertigen Partnern bei vorzeitigem Abbruch des Spieles gerecht aufzuteilen? Dabei kamen Fermat und Pascal unabhängig voneinander mithilfe unterschiedlicher Verfahren zu dem gleichen Ergebnis und legten einen Grundstein für die Wahrscheinlichkeitsrechnung. Gegen Ende des 17. Jahrhunderts schrieb dann Jakob Bernoulli (1655–1705) seine *Ars conjectandi*, die erst posthum 1713 veröffentlich wurde. In diesem Werk stellte Jakob Bernoulli erstmals die Stochastik als eine wissenschaftliche Theorie dar, die auch jenseits der Theorie der Gücksspiele ihre Gültigkeit besitzt. In ihm findet sich auch der erste Beweis eines sogenannten *Gesetzes der großen Zahlen*, das wir im Verlauf des folgenden Kapitels kennenlernen werden und das gewissermaßen die Basis des intuitiven Wahrscheinlichkeitsbegriffes bildet.

Dennoch war die Frage nach den axiomatischen Grundlagen der Wahrscheinlichkeitsrechnung lange Zeit offen. Was soll man sich unter Wahrscheinlichkeit vorstellen? Intuitiv interpretiert man die Wahrscheinlichkeit eines Ereignisses A, etwa des Auftretens einer „6" beim Wurf mit einem fairen Würfel, als die relative Häufigkeit dieses Ereignisses in einer typischen, sehr langen Versuchsreihe. Für eine mathematische Definition ergeben sich bei diesem Zugang sofort die Fragen: Was ist „sehr lange"? Reicht tausend Mal würfeln oder muss man eine Millionen Mal werfen? Und was heißt „typisch"? Schließlich gibt es auch Tage, man kennt das von „Mensch–ärger–dich–nicht", an denen man ganz lange keine „6" würfelt. Und überhaupt: Was soll es bedeuten, dass der Würfel „fair" ist? Die Schwierigkeit, auf all diese Fragen auch Antworten zu finden, die nicht völlig willkürlich sind, führte dazu, dass es Wahrscheinlichkeitsrechnung als mathematische Disziplin lange Zeit schwer hatte.

Im Jahr 1900 hielt der berühmte Mathematiker David Hilbert (1862–1943) auf dem 2. Internationalen Mathematikerkongress in Paris einen Vortrag, in dem er 23 Probleme vorstellte, auf die als Schlüsselprobleme des mathematischen Fortschritts die Kräfte zu konzentrieren seien. Es zeigte sich im Verlauf des 20. Jahrhunderts tatsächlich, dass Hilbert fast durchgängig Kernprobleme der Mathematik genannt hatte, deren Erforschung und Lösung einen großen Teil der Erfolge der Mathematik im 20. Jahrhundert ausmachten. Einige der von ihm vorgestellten Probleme erwiesen sich sogar als so schwer und gleichzeitig zentral, dass sie bis heute nicht gelöst sind, aber die aktuelle mathematische Forschung nach wie vor antreiben.

Als sein sechstes Problem formulierte er hierbei [Hi]:

> *„Mathematische Behandlung der Axiome der Physik.*
>
> *Durch die Untersuchungen über die Grundlagen der Geometrie wird uns die Aufgabe nahegelegt, nach diesem Vorbilde diejenigen physikalischen Disciplinen axiomatisch zu behandeln, in denen schon heute die Mathematik eine hervorragende Rolle spielt; dies sind in erster Linie die Wahrscheinlichkeitsrechnung und die Mechanik.*
>
> *Was die Axiome der Wahrscheinlichkeitsrechnung (Vgl. Bohlmann, Ueber Versicherungsmathematik ... Leipzig und Berlin 1900) angeht, so scheint es mir wünschenswert, daß mit der logischen Untersuchung derselben zugleich eine strenge und befriedigende Entwickelung der Methode der mittleren Werte in der mathematischen Physik, speciell in der kinetischen Gastheorie Hand in Hand gehe ... "*

Interessant ist hierbei unter anderem, dass sich seit Pascal und Fermat der Fokus der Wahrscheinlichkeitsrechnung geändert hat und Hilbert diese nun sogar als eine Disziplin der Physik betrachtet – wenn auch mit Anwendungen in der Versicherungsmathematik; dieser Zweig stellt selbst heute noch eine wichtige Aufgabe und ein zentrales Berufsfeld für Stochastiker dar. Hilberts sechstes Problem wurde 1933 von Andrei Nikolaevich Kolmogorov (1903–1987) gelöst. Sein Ansatz basiert nicht auf der oben skizzierten intuitiven Vorstellung von Wahrscheinlichkeiten als Limes relativer Häufigkeiten, sondern stützt sich auf das damals noch recht junge Gebiet der Maßtheorie. Wir werden diese Axiomatisierung nicht ganz im Detail nachvollziehen können, weil uns dazu der Begriff des Maßes bzw. des Maßintegrals fehlt. Einige Elemente seiner Theorie aber können wir leicht übertragen.

Wir werden also in der Folge ein Experiment betrachten, dessen Ausgänge (uns) ungewiss erscheinen, ein sogenanntes Zufallsexperiment.

Definition 3.1.1

Wir bezeichnen mit Ω die Menge aller möglichen Versuchsausgänge eines Zufallsexperiments. Diese Versuchsausgänge werden wir in Zukunft auch *Elementarereignisse* nennen.

Beispiele 3.1.2

1. Gehe ich jetzt auf die Straße und frage die erste Person, die ich treffe, ob sie wisse, was „Danke!" auf japanisch heißt, so ist

   $$\Omega = \{\text{ja, nein}\}.$$

2. Besteht das Zufallsexperiment aus dem Werfen einer Münze[1], so ist

$$\Omega = \{\text{Kopf, Zahl}\}.$$

3. Besteht das Experiment aus dem einmaligen Werfen eines Würfels, so ist

$$\Omega = \{1, 2, 3, 4, 5, 6\}.$$

Bemerkung Im vorigen Kapitel haben wir mit Ω die Menge aller Untersuchungseinheiten ω bezeichnet und mit S die Menge der Merkmalsausprägungen (siehe Seite 5). Bezogen auf das erste Beispiel in 3.1.2 wäre also in der Statistik

$$\Omega_{\text{Statistik}} = \textit{Menge aller Menschen} \quad \text{und} \quad S = \{\textit{ja, nein}\} \ .$$

Warum sagen wir dann in diesem Kapitel $\Omega_{\text{Wahrscheinlichkeit}} = \{\text{ja, nein}\}$? Der Grund liegt darin, dass Statistik und Wahrscheinlichkeitsrechnung den Zufall unterschiedlich modellieren.

Für die Statistik wirkt der Zufall bei der Auswahl der Untersuchungseinheiten: im Beispiel ist es also Zufall, welche Person ich treffe. Jedes ω, d.h. jeder Mensch, trägt eine Merkmalsausprägung („ja" oder „nein"), die wir dann messen, und an dieser Messung ist nichts zufälliges mehr. Der Zufall greift vorher ein, nämlich bei der Auswahl des ω aus $\Omega_{\text{Statistik}}$.

Für die Wahrscheinlichkeitsrechnung wirkt der Zufall bei der Zuordnung einer Merkmalsausprägung. Ein Versuchsausgang ist keine deterministische Messung, sondern die Realisierung einer Möglichkeit. Im Beispiel ist also die Antwort der Person für mich zufällig, nicht die Person selber. Der Zufall greift bei der Auswahl einer Antwort ω aus $\Omega_{\text{Wahrscheinlichkeit}}$ ein.

Die Definitionen sind also derart, dass sowohl in der Statistik, als auch in der Wahrscheinlichkeitsrechnung der Zufall auf die jeweilige Menge Ω wirkt. Darin besteht zwischen beiden Standpunkten kein Unterschied! Aufgrund der unterschiedlichen Sichtweisen aber müssen wir dafür in Kauf nehmen, dass auch die Mengen unterschiedlich sind. Durch die Einführung des Begriffs der „Zufallsvariable", die in Abschnitt 4.1 erfolgt, werden beide Modellierungsansätze zusammengefasst.

Besonders das Beispiel 3.1.2.2 wird uns noch häufig beschäftigen. Und das nicht deshalb, weil wir das Werfen einer Münze für ein außerordentlich spannendes Experiment halten, sondern weil es der Prototyp eines Experiments mit genau zwei Ausgängen ist. Dabei ist es offenbar egal, ob die Ausgänge nun aus „Kopf" und „Zahl", „ja" und „nein" oder aus „krank" und „gesund" bestehen. Wir werden daher $\Omega = \{\text{Kopf, Zahl}\}$ auch oft mit der Menge $\{0, 1\}$ identifizieren, wobei „1" dann je nach Definition für „Kopf", „nein" oder „gesund" stehen kann.

Die Frage, wie wir nun zufälligen Ereignissen eine Wahrscheinlichkeit zuordnen wollen, hängt eng mit der Frage zusammen, für welche Ereignisse wir dies tun wollen. Betrachten wir nochmal das einmalige Werfen eines Würfels, also $\Omega = \{1, 2, 3, 4, 5, 6\}$. Es wäre schön, wenn wir nicht nur die Frage „Was ist die Wahrscheinlichkeit für eine 6?", sondern auch „Was ist die Wahrscheinlichkeit für eine ungerade Augenzahl?" beantworten könnten. Wir fragen übrigens in beiden Fällen nach Wahrscheinlichkeiten von *Teilmengen*

---

[1]Auf den Rückseiten von in Deutschland geprägten Euro– oder Centmünzen ist zwar kein Kopf abgebildet, jedoch hält sich diese Bezeichnung hartnäckig. Wer mag, kann stattdessen das Wort „Bild" verwenden, oder an eine belgische oder niederländische Euromünze denken.

von Ω, nämlich einmal nach der Wahrscheinlichkeit der einelementigen Menge[2] $\{6\}$ und bei der zweiten Frage nach der Wahrscheinlichkeit für die Menge $\{1, 3, 5\}$.

Bezeichnen wir mit $\mathcal{A}$ die Menge all jener Teilmengen von Ω, für die wir eine Wahrscheinlichkeit messen können wollen. Dann ist $\mathcal{A}$ eine Teilmenge der *Potenzmenge von* Ω, die ja die Menge aller Teilmengen von Ω ist:

$$\mathcal{A} \subseteq \mathcal{P}(\Omega) := \{T : T \subseteq \Omega\}.$$

Welchen Anforderungen sollte nun $\mathcal{A}$ genügen? Am günstigsten wäre selbstverständlich $\mathcal{A} = \mathcal{P}(\Omega)$, denn wir wollen ja am liebsten jeder beliebigen Teilmenge von Ω eine Wahrscheinlichkeit zuordnen. Dies wird also oberstes Ziel sein. Falls wir davon jemals abrücken müssen, und bei einigen Ω müssen wir dies leider tun (siehe Abschnitt 3.6), so wollen wir innerhalb von $\mathcal{A}$ auf jeden Fall noch alle Mengenoperationen, also Vereinigungen, Schnitte und Komplemente bilden können, ohne dass wir dabei eine Menge erhalten, die nicht mehr in $\mathcal{A}$ liegt. Die folgende Definition erfüllt diese Anforderung.

Definition 3.1.3

Ein System $\mathcal{A}$ von Teilmengen von Ω heißt *σ-Algebra*[3], wenn gilt:

- $\Omega \in \mathcal{A}$,

- $A \in \mathcal{A} \Rightarrow A^c \in \mathcal{A}$,

- $A_1, A_2, \ldots \in \mathcal{A} \Rightarrow \bigcup_{i=1}^{\infty} A_i \in \mathcal{A}$.

Die Mengen $A \in \mathcal{A}$ heißen *Ereignisse* oder *messbare Mengen*.

Dass eine σ–Algebra z.B. mit zwei Mengen auch ihren Schnitt enthält, ist aus der Definition nicht sofort ersichtlich. In Aufgabe 3 wird dies behandelt; dort soll gezeigt werden, dass man aufgrund dieser Definition tatsächlich innerhalb einer σ–Algebra beliebige (abzählbare) Vereinigungen und Schnitte sowie Komplemente bilden kann.

Beispiele 3.1.4

1. Beim einmaligen Werfen eines Würfels ist $\Omega = \{1, 2, 3, 4, 5, 6\}$ und $\mathcal{A} = \mathcal{P}(\Omega)$. Denn da wir vernünftigerweise jede der Mengen

$$\{1\}, \{2\}, \{3\}, \{4\}, \{5\}, \{6\}$$

---

[2] Die Unterscheidung zwischen einem Objekt, z.B. der Zahl 6, und der Menge, die dieses eine Objekt enthält, also $\{6\}$, mag spitzfindig erscheinen, ist aber fundamental.

[3] Der griechische Buchstabe σ (sprich „sigma") weist immer auf einen *abzählbaren* Vorgang hin. In diesem Fall ist es der Prozess der Vereinigung von Elementen von $\mathcal{A}$, der zwar unendlich, jedoch nur abzählbar unendlich sein darf (vgl. auch den Begriff „σ–additiv" in der Definition 3.1.5).

messen können wollen, sind all diese Mengen Elemente von $\mathcal{A}$. Damit ist auch jede beliebige Vereinigung — erlaubt sind höchstens abzählbare Vereinigungen und hier sind es sogar nur maximal 6 — dieser Mengen in $\mathcal{A}$. Aber natürlich ist jede Teilmenge von Ω als Vereinigung der Mengen $\{1\}, \ldots, \{6\}$ darstellbar.

2. Wir ziehen zufällig einen Buchstaben aus dem deutschen Alphabet:

$$\Omega = \{A,\ B,\ C, \ldots,\ X,\ Y,\ Z\} \text{ und } \mathcal{A} = \mathcal{P}(\Omega).$$

Denn auch hier wollen wir ja sicher zunächst die Wahrscheinlichkeit jedes einzelnen Buchstabens wissen. Alle einelementigen Mengen sollten also messbar sein. Und das bedeutet $\mathcal{A} = \mathcal{P}(\Omega)$, denn jede Teilmenge von Ω ist als Vereinigung von höchstens 26 der einelementigen Mengen $\{A\}, \ldots, \{Z\}$ darstellbar.

Betrachten wir nun eine abzählbar unendliche Menge

$$\Omega = \{\omega_n \mid n \in \mathbb{N}\} = \{\omega_1,\ \omega_2,\ \omega_3, \ldots\},$$

dann ist jede Teilmenge von Ω eine höchstens abzählbare Vereinigung der einelementigen Teilmengen $\{\omega_n\}$. Also ist auch hier, genau wie in den Beispielen 3.1.4, jede σ–Algebra, die alle einelementigen Mengen enthält, schon gleich der Potenzmenge von Ω. Natürlich *muss* eine σ–Algebra keine einelementige Menge enthalten, nicht einmal dann, wenn Ω endlich ist (vgl. Aufgabe 5). Wir treffen aber folgende

Konvention Ist Ω endlich oder abzählbar unendlich, so wählen wir $\mathcal{A}$ gleich $\mathcal{P}(\Omega)$.

Wir haben nun die Grundausstattung beisammen, um den Begriff „Wahrscheinlichkeit" einzuführen. Die Forderungen an eine Wahrscheinlichkeit orientieren sich dabei am umgangssprachlichen Begriff der „relativen Häufigkeit". Fragen wir beispielsweise nach der relativen Häufigkeit des Buchstaben „a" in dem Wort „Banane", so beträgt diese $1/3$. Fragen wir nun nach der relativen Häufigkeit von Vokalen in dem Wort, hier also $1/2$, so berechnet sie sich als Summe der relativen Häufigkeiten $1/3$ (für „a") und $1/6$ (für „e"). Genau diese Eigenschaften verlangen wir auch von einer Wahrscheinlichkeit.

Definition 3.1.5

Es sei Ω eine Menge, $\Omega \neq \emptyset$, und $\mathcal{A}$ eine σ-Algebra über Ω. Eine Wahrscheinlichkeit $\mathbb{P}$ ist eine Funktion $\mathbb{P} : \mathcal{A} \to [0, 1]$ mit

- $\mathbb{P}(\Omega) = 1$

- Sind $A_1, A_2, \ldots$ paarweise disjunkt, d.h. $A_i \cap A_j = \emptyset$ für $i \neq j$, so gilt:

$$\mathbb{P}\left(\bigcup_{i=1}^{\infty} A_i\right) = \sum_{i=1}^{\infty} \mathbb{P}(A_i) \quad (\sigma\text{-Additivität})$$

Man nennt $\mathbb{P}$ auch ein Wahrscheinlichkeitsmaß (kurz W–Maß) auf Ω.

Beispiele 3.1.6

1. Der Wurf einer Münze wird modelliert durch $\Omega = \{0,1\}$ und

$$\mathcal{P}(\Omega) = \{\emptyset, \{0\}, \{1\}, \Omega\}$$

   als σ–Algebra. In der Definition 3.1.5 steht zwar $\mathbb{P}(\Omega) = 1$, aber es steht dort nicht, welche Werte $\mathbb{P}(\{0\})$ und $\mathbb{P}(\{1\})$ haben. Ihre Summe hat wegen

$$\mathbb{P}(\{0\}) + \mathbb{P}(\{1\}) = \mathbb{P}(\{0\} \cup \{1\}) = \mathbb{P}(\Omega)$$

   den Wert 1; mehr ist nicht festgelegt. Für eine *faire Münze* wählen wir

$$\mathbb{P}(\{0\}) = \mathbb{P}(\{1\}) = \frac{1}{2}.$$

   Jede andere Wahl führt zu einer *unfairen Münze*, z.B.

$$\mathbb{P}(\{0\}) = \frac{2}{7} \text{ und } \mathbb{P}(\{1\}) = \frac{5}{7}.$$

   Das erste Beispiel in 3.1.2 ist sicherlich wie der Wurf einer unfairen Münze, denn die Antworten „ja" und „nein" sind sicher nicht gleichwahrscheinlich, weder in Deutschland, noch in Japan.

2. Beim Werfen eines Würfels ist $\Omega = \{1,2,3,4,5,6\}$ und $\mathcal{P}(\Omega)$ die σ–Algebra. Wiederum ist nur

$$\mathbb{P}(\{1\}) + \mathbb{P}(\{2\}) + \mathbb{P}(\{3\}) + \mathbb{P}(\{4\}) + \mathbb{P}(\{5\}) + \mathbb{P}(\{6\}) = 1$$

   festgelegt; wie groß die einzelnen Summanden sind, bleibt uns überlassen. Zur Modellierung eines *fairen Würfels* wählen wir alle Summanden gleich groß:

$$\mathbb{P}(\{1\}) = \mathbb{P}(\{2\}) = \mathbb{P}(\{3\}) = \mathbb{P}(\{4\}) = \mathbb{P}(\{5\}) = \mathbb{P}(\{6\}) = \frac{1}{6}.$$

   Mit dieser Wahl sind die Wahrscheinlichkeiten aller übrigen Teilmengen von Ω determiniert und berechenbar. Eine ungerade Augenzahl besitzt z.B. die Wahrscheinlichkeit

$$\mathbb{P}(\{1\} \cup \{3\} \cup \{5\}) = \mathbb{P}(\{1\}) + \mathbb{P}(\{3\}) + \mathbb{P}(\{5\}) = \frac{1}{6} + \frac{1}{6} + \frac{1}{6} = \frac{1}{2}.$$

   Zur Modellierung eines *unfairen Würfels* müssten wir nur davon abweichen, alle Wahrscheinlichkeiten der einzelnen Ziffern gleich groß zu wählen.

3. Wir ziehen einen Buchstaben aus dem deutschen Alphabet (siehe Beispiel 3.1.4.2). Auch hier gibt es verschiedene Möglichkeiten, ein Wahrscheinlichkeitsmaß $\mathbb{P}$ festzulegen. Wählen wir

$$\mathbb{P}(\{A\}) = \mathbb{P}(\{B\}) = \mathbb{P}(\{C\}) = \ldots = \mathbb{P}(\{Z\}) = \frac{1}{26},$$

so sind alle Buchstaben gleichwahrscheinlich. Z.B. ist die Wahrscheinlichkeit für einen Vokal in diesem Falle gleich $\mathbb{P}(\{A\} \cup \{E\} \cup \{I\} \cup \{O\} \cup \{U\})$, also gleich

$$\mathbb{P}(\{A\}) + \mathbb{P}(\{E\}) + \mathbb{P}(\{I\}) + \mathbb{P}(\{O\}) + \mathbb{P}(\{U\}) = \frac{5}{26} \; .$$

Denken wir uns den Buchstaben nicht aus dem Alphabet herausgezogen, sondern aus einem Text, dann werden wir zur Modellierung dieses Experimentes sicher ein anderes Wahrscheinlichkeitsmaß $\mathbb{P}$ wählen, denn in einem (deutschen) Text sind z.B. „n" und „y" nicht gleichwahrscheinlich.[4]

In den vorangegangenen Beispielen haben wir die Funktion $\mathbb{P}$ immer dadurch erklärt, dass wir den einelementigen Teilmengen von Ω eine Wahrscheinlichkeit zuordneten. Damit ergab sich auch unausweichlich die Wahrscheinlichkeit für alle übrigen Elemente der σ–Algebra. Diese Strategie funktioniert sogar dann, wenn die Grundmenge Ω abzählbar unendlich ist, und nicht nur endlich, wie in den Beispielen 3.1.6. Der nachfolgende Satz 3.1.7 zeigt, wie eng die Konstruktion eines W–Maßes mit der Konstruktion einer σ–Algebra zusammenhängt.

Satz 3.1.7

Sei Ω abzählbar, also entweder endlich oder abzählbar unendlich, und $\mathcal{P}(\Omega)$ die σ–Algebra. Jede Folge nicht negativer reeller Zahlen $(p_\omega)_{\omega \in \Omega}$ mit $\sum_{\omega \in \Omega} p_\omega = 1$ definiert eindeutig eine Wahrscheinlichkeit $\mathbb{P}$ durch

$$\mathbb{P}(A) = \sum_{\omega \in A} p_\omega \qquad \text{für alle} \;\; A \in \mathcal{P}(\Omega). \tag{3.1}$$

Beweis. Die Eindeutigkeit der Wahrscheinlichkeit folgt, da man Summen positiver Zahlen beliebig umordnen darf, ohne dass sich der Wert der Summe ändert. Dies ist unter dem Namen *Umordnungssatz* in jedem Lehrbuch der Analysis zu finden. Wenn man $\mathbb{P}$ wie in (3.1) definiert, dann ergibt dies auch eine Wahrscheinlichkeit, denn es gilt

$$0 \leq \mathbb{P}(A) \leq 1 \qquad \text{für alle } A \in \mathcal{P}(\Omega)$$

und auch

$$\mathbb{P}(\Omega) = \sum_{\omega \in \Omega} p_\omega = 1.$$

---

[4]Welches $\mathbb{P}$ hier sinnvoll ist, kann natürlich nicht theoretisch bestimmt werden, sondern muss mit statistischen Methoden für die jeweils zugrunde liegende Sprache herausgefunden werden. Dies zeigt, wie wichtig es ist, die grundlegenden Eigenschaften von relativen Häufigkeiten bei der Definition von Wahrscheinlichkeit zu berücksichtigen. Denn man wählt die Wahrscheinlichkeiten der einzelnen Buchstaben *gleich* ihren relativen Häufigkeiten, die man aus einer sehr großen Anzahl von Texten bestimmt.

Sind schließlich $A_1, A_2, \ldots$ paarweise disjunkt, so ist

$$\mathbb{P}\Big(\bigcup_{i=1}^{\infty} A_i\Big) = \sum_{\omega \in \bigcup_{i=1}^{\infty} A_i} p_\omega = \sum_{i=1}^{\infty} \sum_{\omega \in A_i} p_\omega = \sum_{i=1}^{\infty} \mathbb{P}(A_i)\,.$$

Das erste und letzte Gleichheitszeichen folgt dabei aus der Definition von $\mathbb{P}$ in Gleichung (3.1) und das zweite aus der vorausgesetzten paarweisen Disjunktheit der Mengen $(A_i)_{i\in\mathbb{N}}$, denn $\omega \in \bigcup_{i=1}^{\infty} A_i$ bedeutet, dass $\omega \in A_i$ für genau ein i gilt. ∎

Natürlich ist es kein Zufall, dass dieser Prozess des „Zusammenbauens" eines Wahrscheinlichkeitsmaßes doch sehr stark an die Art und Weise erinnert, wie wir σ–Algebren „gebaut" haben: Die Definition dieser beiden mathematischen Objekte ist aufeinander abgestimmt. Die Mengen in einer σ–Algebra heißen gerade deswegen messbar, weil sie mit einem W–Maß gemessen werden können. Man sollte die Grundmenge Ω, die σ–Algebra $\mathcal{A}$ und das W–Maß $\mathbb{P}$ als zusammengehörig betrachten.

Definition 3.1.8

Ist $\Omega \neq \emptyset$ eine Menge, $\mathcal{A}$ eine σ-Algebra über Ω und $\mathbb{P}$ ein Wahrscheinlichkeitsmaß auf Ω, so heißt das Tripel $(\Omega, \mathcal{A}, \mathbb{P})$ *Wahrscheinlichkeitsraum* oder kurz *W–Raum*.

Beispiele 3.1.9

1. Wir haben also in den Beispielen 3.1.6, ohne es zu wissen, W–Räume definiert. Sprechen wir von einem fairen Münzwurf oder von dem fairen Wurf eines Würfels, dann meinen wir in Zukunft genau die dort erwähnten Tripel $(\Omega, \mathcal{A}, \mathbb{P})$.

2. Um Wahrscheinlichkeitsmaße auf der abzählbar unendlichen Menge $\Omega = \mathbb{N}$ zu finden, bedienen wir uns des Satzes 3.1.7: Wir nehmen eine beliebige Folge $(p_n)_{n\in\mathbb{N}}$ mit $p_n \geq 0$ für alle $n \in \mathbb{N}$ und $\sum_{n\in\mathbb{N}} p_n = 1$. Die Folge

$$p^{(1)} = (p_n^{(1)})_{n\in\mathbb{N}} = (2^{-n})_{n\in\mathbb{N}}$$

ist dafür ein Beispiel. Dies folgt sofort aus der bekannten Formel für die *Summe einer geometrischen Reihe*.[5] Die Folge

$$p^{(2)} = (p_n^{(2)})_{n\in\mathbb{N}} = \Big(\frac{1}{n(n+1)}\Big)_{n\in\mathbb{N}}$$

ist ein weiteres Beispiel, da hier die einzelnen Wahrscheinlichkeiten als Summanden einer *Teleskopsumme* gesehen werden können.[6]

---

[5] Zu beweisen ist hier offenbar nur, dass $\sum_n p_n^{(1)} = 1$ gilt, und genau dies beweist man mit der erwähnten Formel (siehe Anhang A.1, (VI)).

[6] Auch hier ist das Stichwort ein Hinweis, wie man $\sum_n p_n^{(2)} = 1$ zeigt (siehe Anhang A.1, (III)).

Wir haben also hier zwei verschiedene Beispiele von W–Räumen mit $\mathbb{N}$ als Grundmenge. Interessiert man sich in beiden Fällen z.B. für die Wahrscheinlichkeit der Menge $\{9, 22\}$, so ergibt sich

$$\mathbb{P}^{(1)}(\{9, 22\}) = p_9^{(1)} + p_{22}^{(1)} = 2^{-9} + 2^{-22} \approx 0,002$$

und

$$\mathbb{P}^{(2)}(\{9, 22\}) = p_9^{(2)} + p_{22}^{(2)} = \frac{1}{9 \cdot 10} + \frac{1}{22 \cdot 23} \approx 0,013 \ .$$

Spätestens jetzt sollten wir uns natürlich fragen, ob wir überhaupt irgendein Zufallsexperiment kennen, dass durch die angegebenen W–Räume sinnvoll beschrieben wird. Denn wir wissen zwar jetzt, dass unter dem W–Maß $\mathbb{P}^{(2)}$ die Wahrscheinlichkeit der Menge $\{9, 22\}$ ungefähr 0,013 ist, aber welches Zufallsexperiment beschreibt dieses W–Maß? Gibt es also Experimente, für die $\mathbb{P}^{(1)}$ oder $\mathbb{P}^{(2)}$ sinnvolle Modellierungen sind[7]?

Aus der Definition einer Wahrscheinlichkeit $\mathbb{P}$ folgen sofort einige Rechenregeln, die wir im Folgenden ständig benutzen werden.

Satz 3.1.10

Sei $(\Omega, \mathcal{A}, \mathbb{P})$ ein Wahrscheinlichkeitsraum.

1. Für jedes Ereignis A gilt $0 \leq \mathbb{P}(A) \leq 1$ und $\mathbb{P}(\Omega) = 1$.

2. Es gilt $\mathbb{P}(\emptyset) = 0$.

3. Sind die endlich vielen Ereignisse $A_1, A_2, \ldots, A_N$ mit $N \in \mathbb{N}$ paarweise disjunkt, so gilt

$$\mathbb{P}\left(\bigcup_{i=1}^{N} A_i\right) = \sum_{i=1}^{N} \mathbb{P}(A_i).$$

4. Für zwei Ereignisse A, B gilt $\mathbb{P}(B) = \mathbb{P}(A \cap B) + \mathbb{P}(B \setminus A)$; insbesondere gilt also $\mathbb{P}(A) \leq \mathbb{P}(B)$, falls $A \subseteq B$.

5. Für jedes Ereignis A gilt $\mathbb{P}(\Omega \setminus A) = 1 - \mathbb{P}(A)$.

6. Für zwei Ereignisse A, B gilt $\mathbb{P}(A \cup B) = \mathbb{P}(A) + \mathbb{P}(B) - \mathbb{P}(A \cap B)$.

7. Für eine Folge von Ereignissen $A_1, A_2, \ldots$ gilt

$$\mathbb{P}(\bigcup_{i=1}^{\infty} A_i) \leq \sum_{i=1}^{\infty} \mathbb{P}(A_i)$$

Dasselbe gilt auch für endlich viele Ereignisse: $\mathbb{P}(\bigcup_{i=1}^{N} A_i) \leq \sum_{i=1}^{N} \mathbb{P}(A_i)$.

---

[7]Für $\mathbb{P}^{(1)}$ siehe Beispiel 3.6.1 und für $\mathbb{P}^{(2)}$ siehe Beispiel 3.6.2

Beweis. (1.): Dies steht in der Definition der Funktion $\mathbb{P}$.

(2.): Wählen wir $A_i = \emptyset$ für alle $i \in \mathbb{N}$, so sind diese Mengen offenbar paarweise disjunkt und es gilt

$$\bigcup_{i=1}^{\infty} A_i = \emptyset = \bigcup_{i=2}^{\infty} A_i \;.$$

Also folgt aus der Definition von $\mathbb{P}$

$$\mathbb{P}(\emptyset) = \mathbb{P}\Big(\bigcup_{i=1}^{\infty} A_i \Big) = \sum_{i=1}^{\infty} \mathbb{P}(A_i) = \mathbb{P}(A_1) + \sum_{i=2}^{\infty} \mathbb{P}(A_i) = \mathbb{P}(\emptyset) + \mathbb{P}\Big(\bigcup_{i=2}^{\infty} A_i \Big) = \mathbb{P}(\emptyset) + \mathbb{P}(\emptyset) \;,$$

und dies impliziert natürlich $\mathbb{P}(\emptyset) = 0$.

(3.): Wir wählen diesmal alle Mengen $A_{N+1}, A_{N+2}, \ldots$ gleich der leeren Menge, dann sind auch noch in der so entstehenden Folge $A_1, A_2, \ldots$ die Mengen paarweise disjunkt und es gilt

$$\mathbb{P}\Big(\bigcup_{i=1}^{N} A_i \Big) = \mathbb{P}\Big(\bigcup_{i=1}^{\infty} A_i \Big) = \sum_{i=1}^{\infty} \mathbb{P}(A_i) = \sum_{i=1}^{N} \mathbb{P}(A_i) \;,$$

denn wegen 2. ist $\mathbb{P}(A_i) = \mathbb{P}(\emptyset) = 0$ für alle $i \geq N + 1$.

(4.): Wir schreiben $B = (A \cap B) \cup (B \setminus A)$ und beachten, dass die Mengen $A \cap B$ und $B \setminus A$ disjunkt sind. Dann folgt aus 3. sofort $\mathbb{P}(B) = \mathbb{P}(A \cap B) + \mathbb{P}(B \setminus A)$. Wegen $\mathbb{P}(B \setminus A) \geq 0$ folgt dann auch $\mathbb{P}(B) \geq \mathbb{P}(A)$, falls $A \subseteq B$ gilt.

(5.): Wähle $B = \Omega$ in 4.

(6.): Da $A \cup B = (B \setminus A) \cup A$ und die Mengen $B \setminus A$ und A disjunkt sind, gilt $\mathbb{P}(A \cup B) = \mathbb{P}(B \setminus A) + \mathbb{P}(A)$. Aus 4. folgt damit

$$\mathbb{P}(B) + \mathbb{P}(A) = \mathbb{P}(A \cap B) + \mathbb{P}(B \setminus A) + \mathbb{P}(A) = \mathbb{P}(A \cap B) + \mathbb{P}(A \cup B) \;.$$

(7.): Wir definieren eine neue Folge $A_1', A_2', \ldots$ von Ereignissen durch

$$A_1' = A_1 \;,\; A_2' = A_2 \setminus A_1 \;,\; A_3' = A_3 \setminus (A_1 \cup A_2) \;,\; A_4' = A_4 \setminus (A_1 \cup A_2 \cup A_3) \;,\; \ldots$$

oder ganz allgemein $A_{i+1}' = A_{i+1} \setminus (A_1 \cup \ldots \cup A_i)$. Der Vorteil ist nun, dass einerseits die Mengen dieser Folge paarweise disjunkt sind, und andererseits $\bigcup_{i \in \mathbb{N}} A_i = \bigcup_{i \in \mathbb{N}} A_i'$ gilt. Da außerdem $A_i' \subseteq A_i$ gilt, folgt

$$\mathbb{P}\Big(\bigcup_{i=1}^{\infty} A_i \Big) = \mathbb{P}\Big(\bigcup_{i=1}^{\infty} A_i' \Big) = \sum_{i=1}^{\infty} \mathbb{P}(A_i') \leq \sum_{i=1}^{\infty} \mathbb{P}(A_i) \;.$$

Der Beweis für nur endlich viele Mengen $A_1, \ldots, A_N$ verläuft genauso. ∎

Aufgaben

1. Geben Sie für die folgenden Mengen Ω jeweils zwei verschiedene Wahrscheinlichkeitsräume $(\Omega, \mathcal{P}(\Omega), \mathbb{P})$ an:

   (a) $\Omega = \{-2, -1, 1, 2\}$

   (b) $\Omega = \{\text{Januar, Februar, März, } \ldots \text{, Dezember}\}$

   (c) $\Omega = \{\frac{1}{5}, \frac{2}{5}, \frac{3}{5}, \frac{4}{5}, 1\}$

2. (a) Zeigen Sie, dass von zwei disjunkten Ereignissen mindestens eins eine Wahrscheinlichkeit von höchstens $1/2$ besitzt.

   (b) Zeigen Sie, dass es unter neun disjunkten Ereignissen immer mindestens drei gibt, die höchstens Wahrscheinlichkeit $1/7$ besitzen.

   (c) Zeigen Sie, dass zwei Ereignisse zusammen mit einer Wahrscheinlichkeit von mindestens 0,6 eintreffen, wenn jedes für sich eine Wahrscheinlichkeit von 0,8 besitzt.

   (d) Kann von drei Ereignissen, von denen jedes für sich eine Wahrscheinlichkeit von 70% besitzt, nur genau eins eintreten?

   (e) Drei Ereignisse besitzen dieselbe Wahrscheinlichkeit. Wie groß darf diese Wahrscheinlichkeit höchstens sein, damit nur genau zwei dieser drei Ereignisse eintreten können? Geben Sie zu Ihrer Antwort ein Beispiel.

3. Sei $\mathcal{A}$ eine σ–Algebra über einer Menge $\Omega \neq \emptyset$. Folgern Sie aus den in Definition 3.1.3 genannten Axiomen, dass

   - $\emptyset \in \mathcal{A}$
   - $A_1, \ldots, A_N \in \mathcal{A} \Rightarrow \bigcup_{i=1}^{N} A_i \in \mathcal{A}$
   - $A_1, \ldots, A_N \in \mathcal{A} \Rightarrow \bigcap_{i=1}^{N} A_i \in \mathcal{A}$ und auch $A_1, A_2, \ldots \in \mathcal{A} \Rightarrow \bigcap_{i=1}^{\infty} A_i \in \mathcal{A}$
   - $A, B \in \mathcal{A} \Rightarrow A \setminus B \in \mathcal{A}$

4. Ein fairer Würfel wird an einem der sieben Wochentage „Montag" bis „Sonntag" geworfen und seine Augenzahl notiert. Sie gewinnen einen Euro, wenn die Augenzahl ein Teiler von der Anzahl der Buchstaben des Wochentages ist.

   (a) Mit welcher Wahrscheinlichkeit gewinnen Sie an einem Mittwoch?

   (b) Mit welcher Wahrscheinlichkeit gewinnen Sie an einem Donnerstag?

   (c) An welchem Tag würden Sie am liebsten würfeln?

5. Sei $\Omega = \{1, 2, 3, 4, 5, 6\}$ und $\mathcal{A}$ eine σ–Algebra über Ω. Zeigen Sie:

   (a) Wenn $\mathcal{A}$ die Mengen $\{1, 2, 3\}$, $\{2, 4\}$ und $\{3, 5\}$ enthält, dann enthält $\mathcal{A}$ auch jede einelementige Teilmenge von Ω und somit ist $\mathcal{A} = \mathcal{P}(\Omega)$.

   (b) Die kleinste σ–Algebra $\mathcal{A}$, welche die Mengen $\{2, 4\}$ und $\{3, 5\}$ enthält, besteht aus acht Elementen und enthält keine einelementige Teilmenge von Ω.

6. Betrachten Sie $\Omega = \{\text{Montag, Dienstag, } \ldots \text{, Sonntag}\}$ mit der σ–Algebra $\mathcal{P}(\Omega)$ und die Tage

   (a) 15. März

   (b) Muttertag

(c) erster Schultag in Hessen nach den Sommerferien

(d) Neujahr.

Geben Sie für jedes genannte Datum ein Wahrscheinlichkeitsmaß $\mathbb{P}$ auf Ω an, welches sinnvoll beschreibt, mit welcher Wahrscheinlichkeit in einem beliebigen Jahr dieses Datum auf die einzelnen Wochentage fällt.

7. Seien $A, B, C \in \mathcal{A}$ drei Ereignisse in einem W–Raum $(\Omega, \mathcal{A}, \mathbb{P})$ und $\mathbb{P}(A \cap (B \cup C)) = \emptyset$. Beweisen Sie die Gleichung

$$\mathbb{P}(A \cup B \cup C) = \mathbb{P}(A) + \mathbb{P}(B) + \mathbb{P}(C) - \mathbb{P}(B \cap C).$$

8. Wie viele Personen einer Stichprobe von insgesamt 230 Leuten trinken sowohl Bier als auch Wein, wenn von den Befragten 108 angaben, Wein zu trinken, 167 sagten, dass sie Bier tränken und weitere 55 keinen Alkohol trinken? Erkennen Sie, wie Ihnen die Gleichung aus Aufgabe 7 hilft?

3.2 Endliche Wahrscheinlichkeitsräume, mehrstufige Zufallsexperimente, Unabhängigkeit

In diesem Abschnitt wollen wir uns Zufallsexperimenten zuwenden, bei denen die Grundmenge nicht nur abzählbar, sondern sogar endlich ist. Beispiele hierfür haben wir im vorhergehenden Abschnitt mit dem fairen Münzwurf und dem fairen Würfeln schon kennengelernt (siehe Beispiele 3.1.6). Diese beiden Beispiele haben noch eine weitere Eigenschaft, die im Falle endlich vieler möglicher Versuchsausgänge (d.h. Ω ist eine endliche Menge) oft anzutreffen ist: Alle Elementarereignisse ω haben dieselbe Wahrscheinlichkeit. Solche Experimente sind nach Pierre-Simon Laplace (1749–1827) benannt und heißen Laplace–Experimente.

Definition 3.2.1

Sei Ω eine endliche Menge. Eine Wahrscheinlichkeit $\mathbb{P}$ auf Ω heißt *Laplace–Wahrscheinlichkeit* (und der W–Raum $(\Omega, \mathcal{P}(\Omega), \mathbb{P})$ *Laplace–Experiment*), wenn gilt

$$\mathbb{P}(\{\omega\}) = \frac{1}{|\Omega|} \qquad \text{für alle} \quad \omega \in \Omega.$$

Hierbei bezeichnet $|\Omega|$ die Anzahl der Elemente in Ω.

In einem Laplace–Experiment gilt somit für jede Teilmenge $A \subseteq \Omega$

$$\mathbb{P}(A) = \mathbb{P}\Big(\bigcup_{\omega \in A} \{\omega\} \Big) = \sum_{\omega \in A} \mathbb{P}(\{\omega\}) = \sum_{\omega \in A} \frac{1}{|\Omega|} = \frac{|A|}{|\Omega|}.$$

Nennt man die Elemente in A die „günstigen Ausgänge" des Experiments, dann kann man in einem Laplace–Experiment auch sagen, dass $\mathbb{P}(A)$ gleich der Anzahl der günstigen Ausgänge geteilt durch die Anzahl der möglichen Ausgänge des Experimentes ist.

In Laplace–Experimenten sind alle Elementarereignisse definitionsgemäß gleichwahrscheinlich. Genau dies meinen wir, wenn wir umgangssprachlich von einem „rein zufällig" durchgeführten Experiment sprechen.

Beispiele 3.2.2

1. Mit welcher Wahrscheinlichkeit enthält ein rein zufällig ausgewählter Monatsname nicht den Buchstaben „r"? Dies ist ein Laplace–Experiment mit $|\Omega| = 12$ und die günstigen Ausgänge sind die vier Monate „Mai" bis „August". Die gefragte Wahrscheinlichkeit ist also $1/3$.

2. Eine statistische Datenerhebung bildet ein Laplace–Experiment: Jede Untersuchungseinheit ω aus der Stichprobe Ω besitzt die Wahrscheinlichkeit $1/|\Omega|$. Gibt es dann n Einheiten mit der Merkmalsausprägung x, so besitzt ein zufällig ausgewähltes ω dieses Merkmal x mit der Wahrscheinlichkeit $n/|\Omega|$. Gibt es beispielsweise unter 200 untersuchten Personen 37 Linkshänder, so ist $37/200$ die Wahrscheinlichkeit, dass eine aus diesen 200 Personen zufällig ausgewählte ein Linkshänder ist.

3. Aus 100 Kugeln, die mit $00, 01, \ldots, 99$ nummeriert sind, ziehen wir rein zufällig eine Kugel; wir haben also ein Laplace–Experiment mit $\Omega = \{00, \ldots, 99\}$.[8] Uns interessieren die Ereignisse

   $A :=$ {die erste Ziffer der gezogenen Kugel ist eine 3},
   $B :=$ {die erste Ziffer der gezogenen Kugel ist ungleich der zweiten Ziffer},
   $C :=$ {die Summe der beiden Ziffern der gezogenen Kugel ergibt nicht 8},

   und wir berechnen im Folgenden ihre Wahrscheinlichkeiten. Für das erste Ereignis gilt

   $$A = \{30, 31, \ldots, 39\},$$

   also ist $|A| = 10$ und

   $$\mathbb{P}(A) = \frac{|A|}{|\Omega|} = \frac{10}{100} = \frac{1}{10}.$$

   Für das zweite Ereignis ergibt sich

   $$B = \{\text{erste Ziffer gleich zweiter Ziffer}\}^c = \{00, 11, 22, \ldots, 99\}^c,$$

   d.h. es ist $|B| = 100 - 10 = 90$ und somit

   $$\mathbb{P}(B) = \frac{90}{100} = \frac{9}{10}.$$

---

[8] Das Ziehen von Kugeln ist der Prototyp eines zufälligen Experimentes mit mehr als zwei Versuchsausgängen. Häufig spricht man auch von einer „Urne", aus der die Kugeln gezogen werden.

Schließlich ist

$$C = \{\text{Summe beider Ziffern gleich } 8\}^c = \{08, 17, 26, 35, 44, 53, 62, 71, 80\}^c,$$

d.h. es ist $|C| = 91$ und somit

$$\mathbb{P}(C) = \frac{91}{100}.$$

Hier ist eine Warnung angebracht: So einfach die Modellierung mit einem Laplace–Modell auch scheint, so schwierig ist es manchmal, das richtige Laplace–Modell für eine gegebene Situation zu wählen. Die Wahl eines falschen Modells führt natürlich dazu, dass wir die Wahrscheinlichkeiten, die uns interessieren, auch verkehrt berechnen. Wir wollen das an einigen Beispielen illustrieren.

Beispiel 3.2.3

In einem Kartenspiel mit einer geraden Anzahl von Karten, sagen wir $2n$ mit einem $n \in \mathbb{N}$, befinden sich zwei Joker. Nach guter Mischung werden die Karten in zwei gleich große Stapel aufgeteilt. Wie groß ist die Wahrscheinlichkeit, dass beide Joker im gleichen Haufen liegen?

Modelliert man hier naiv $\tilde{\Omega} = \{0, 1\}$, wobei „1" für das Ereignis „beide Joker sind im gleichen Stapel" steht und „0" für das gegenteilige Ereignis, also dass sie sich nicht im gleichen Stapel befinden, und wählt jetzt $\mathbb{P}$ als Laplace–Wahrscheinlichkeit, so erhält man als Antwort den Wert $\tilde{\mathbb{P}}(\{1\}) = 1/2$. Dieses Ergebnis ist leider falsch! Wohlgemerkt: Nicht die Rechnung innerhalb des gewählten Modells ist falsch, sondern die Wahl des Modells. Dies macht man sich am leichtesten dadurch klar, dass man $n = 1$ setzt: Dann sind die beiden Joker die einzigen Karten und daher automatisch in unterschiedlichen Stapeln.

Wir wählen stattdessen ein anderes Laplace–Modell: Denken wir uns den Kartenstapel nach dem Mischen, jedoch vor dem Teilen, z.B. von oben nach unten durchnummeriert von 1 bis $2n$. Die Lage beider Joker wird dann durch ein Zahlenpaar (i, j) beschrieben, d.h. die Joker liegen an den Stellen i und j. Damit ist die Grundmenge

$$\Omega = \{(i, j) \in \{1, 2, \ldots, 2n\}^2 \mid i \neq j\}$$

und genau dieses Ω können wir nun für das Laplace–Modell wählen. Denn nach guter Mischung ist jedes Element von Ω gleichwahrscheinlich, d.h.

$$\mathbb{P}(\{(i, j)\}) = \frac{1}{|\Omega|} = \frac{1}{2n(2n - 1)}$$

für jedes Elementarereignis $(i, j) \in \Omega$. Das uns interessierende Ereignis ist

$$A = \{(i, j) \mid 1 \leq i, j \leq n \text{ und } i \neq j\} \cup \{(i, j) \mid n + 1 \leq i, j \leq 2n \text{ und } i \neq j\}.$$

Wegen $|A| = (n^2 - n) + (n^2 - n) = 2n(n - 1)$ ergibt sich als Antwort

$$\mathbb{P}(A) = \frac{2n(n - 1)}{2n(2n - 1)} = \frac{n - 1}{2n - 1}.$$

Aber warum ist das erste Modell falsch und das zweite richtig? Nun, das erste Laplace–Modell modelliert überhaupt nicht den Zufall, den wir in unserem Beispiel meinen. Der Zufall manifestiert sich im Mischen der Karten; dort sorgt er für eine Verteilung der Karten, für die jede Position gleichwahrscheinlich ist. Das erste Modell berücksichtigt diesen Zufall gar nicht, während das zweite genau dies modelliert.[9]

Manchmal greift der Zufall anders ein, als man es auf den ersten Blick denken mag. Auch dies führt dann zu einer falschen Modellierung, wie im folgenden Beispiel dargestellt wird.

Beispiel 3.2.4

Um mit dem ICE vom Fernbahnhof des Frankfurter Flughafens nach München Hauptbahnhof zu reisen, gibt es zwei Strecken: eine führt über Stuttgart und die andere über Nürnberg. Sowohl der Fahrpreis als auch die Fahrdauer unterscheiden sich bei beiden Routen nicht sonderlich und beide Züge verkehren im Stundentakt.

Eine Geschäftsfrau, die diese Strecke aus beruflichen Gründen häufig fährt, wundert sich, dass ihre Reise in mehr als der Hälfte der Fahrten über Stuttgart führt. Und das, obwohl sie zu völlig unregelmäßig verteilten Zeitpunkten jeweils am Fernbahnhof eintrifft und auch nie eine Zugreservierung besitzt, sondern immer den nächsten eintreffenden Zug nimmt. Sie denkt sich: „Wenn ich zu zufälligen Zeitpunkten am Fernbahnhof ankomme und beide Züge verkehren stündlich, dann nehme ich beide Züge gleich häufig. Die Auswahl der Züge ist also ein Laplace–Modell."

Und damit begeht sie einen Denkfehler, der natürlich auch die Modellierung betrifft. Tatsächlich wird die Wahrscheinlichkeit durch die Differenz der Abfahrtszeiten der Züge bestimmt! Das erkennt man sofort, wenn man sich vorstellt, dass der eine Zug z.B. jeweils zur vollen Stunde abfährt und der andere nur eine Minute später.

Den zweiten Zug wird unsere Geschäftsfrau nur dann nehmen, wenn sie exakt in der ersten Minute nach Abfahrt des ersten Zuges am Bahnhof eintrifft. Kommt sie später an, dann ist auch der zweite Zug bereits abgefahren und sie wird bis zu 59 Minuten warten, um dann wieder den Zug zur vollen Stunde zu nehmen. Nur dann, wenn die Züge gleichzeitig oder um eine halbe Stunde versetzt abfahren, liegt ein Laplace–Modell vor.

Das nächste Beispiel hat in den 90er Jahren des letzten Jahrhunderts an vielen Orten, u.a. auch im Nachrichtenmagazin „Der Spiegel", zu heftigen Diskussionen geführt, weil auch viele Mathematiker eine falsche Antwort nannten. Eine schöne Referenz hierzu ist [Ra].

---

[9]Wir betrachten ein zweites Zufallsexperiment: wir nehmen die zwei Joker aus den $2n$ Karten heraus, teilen die restlichen $2n - 2$ Karten in zwei gleichgroße Stapel und stecken einen Joker in einen Stapel. Wenn wir jetzt den zweiten Joker zufällig in einen der beiden Stapel stecken, dann ist natürlich die Wahrscheinlichkeit, beide Joker im gleichen Stapel zu finden, gleich $1/2$; doch die Stapel sind jetzt nicht mehr gleich groß! Wir modellieren also wirklich ein anderes Experiment. Für große n sind die Stapel allerdings ungefähr gleich groß und tatsächlich ist ja auch $\lim_{n \to \infty} (n - 1)/(2n - 1) = 1/2$.

Beispiel 3.2.5: *Das „Auto oder Ziege"–Problem*

Ein Spielleiter konfrontiert einen Spieler mit drei verschlossenen Türen. Hinter einer steht ein Auto, hinter den anderen je eine Ziege; der Spielleiter weiß natürlich, was hinter jeder Tür steht. Der Spieler muss sich für eine Tür entscheiden und diese dem Spielleiter nennen. Dieser wählt daraufhin aus den beiden anderen Türen eine Tür, hinter der eine Ziege steht, und öffnet sie. Dann fragt er den Spieler, ob dieser bei seiner Wahl bleiben möchte oder sich jetzt für die andere ungeöffnete Tür entscheiden möchte.

Ist es von Vorteil zu wechseln (angenommen, der Spieler hat Interesse an dem Auto)?

Auch schlaue Köpfe neigen zu der falschen Antwort, dass ein Tausch keinen Vorteil brächte. Die Wahrscheinlichkeit, ein Auto zu gewinnen, wird dann fälschlicherweise mit 1/2 angegeben und zwar unabhängig davon, ob man die Tür wechselt oder nicht. Die Argumentation verläuft in etwa so: Ich wähle eine Tür, eine andere Tür mit Ziege dahinter wird geöffnet, und nun steht hinter meiner Tür entweder eine Ziege oder das Auto. Beides ist gleichwahrscheinlich: Egal ob ich also wechsele oder nicht, meine Chancen für das Auto sind 50%.

Und das ist falsch! Kurz gesagt wird hier der Zufall zu spät modelliert. Die dargestellte Argumentation wäre richtig, wenn nach dem Öffnen der ersten Tür das Auto und eine Ziege zufällig hinter die beiden noch verschlossenen Türen gestellt würden; dann wäre die Wahrscheinlichkeit tatsächlich 1/2, egal ob ich wechsele oder nicht.

Aber das ist nicht das beschriebene Experiment. Der Zufall manifestiert sich nicht, nachdem ich eine Tür gewählt habe, und auch nicht dadurch, dass Autos oder Ziegen zufällig hinter Türen gestellt werden, sondern einzig und allein durch meine Wahl der Tür. Bei dieser Wahl kann man ein Laplace–Modell wählen: Die Wahrscheinlichkeit, dass die von mir zuerst gewählte Tür das Auto verbirgt, ist 1/3. Zu 2/3 steht eine Ziege dahinter.

Vergleicht man nun die beiden Strategien „wechseln" mit „nicht wechseln", dann ist das Wechseln vorteilhaft: Denn mit einem Wechsel gewinne ich das Auto genau dann, wenn ich zu Beginn eine Tür mit einer Ziege hatte (der Spielleiter öffnet ja immer eine Tür mit einer Ziege), und dieses Ereignis besaß eine Wahrscheinlichkeit von 2/3. Entscheidet man sich für die Strategie nicht zu wechseln, so gewinnt man nur dann, wenn man schon gleich am Anfang die richtige Tür gewählt hatte; dies Ereignis besaß die Wahrscheinlichkeit 1/3.

Die höhere Wahrscheinlichkeit für den Gewinn des Autos beim Wechseln erklärt sich qualitativ damit, dass ich mit dieser Strategie auf die Information, die der Spielleiter besitzt, zugreifen kann. Er öffnet die zweite Tür ja nun gerade alles andere als zufällig, sondern genau so, dass auf keinen Fall das Auto erscheint. Wechsele ich nicht, so ist für mich das Spiel bereits beendet, bevor er sein Wissen ins Spiel einbringt: Ich kann nur hoffen, dass meine Entscheidung für die Tür die richtige war. Wechsele ich jedoch, so nutze ich die eingebrachte Information, indem ich nämlich die vom Spielleiter bewusst gemiedene Tür öffne.

Manchmal ist es nur sehr schwer zu erkennen, warum ein Laplace–Modell die falsche

Wahl ist, wo es doch anscheinend „offensichtlich" ist, dass alle Versuchsausgänge gleich wahrscheinlich sind.

Beispiel 3.2.6

Wir betrachten eine Liste der Größe aller einzelnen Dateien auf der Festplatte eines Laptops. Diese Dateigrößen werden zwischen nur wenigen Byte und einigen hundert Megabyte, vielleicht sogar einigen Gigabyte liegen. Mit welcher Wahrscheinlichkeit ist die erste Ziffer der Größe einer zufällig ausgewählten Datei eine 3?

Die möglichen ersten Ziffern sind offenbar die Zahlen 1 bis 9 und man ist geneigt, diese Zahlen für gleich wahrscheinlich zu halten. Aus welchem Grund sollte die Größe einer zufällig gewählten Datei eher mit z.B. einer 7 beginnen als mit einer 2? Die Wahrscheinlichkeit für eine 3 als erste Ziffer sollte also 1/9 sein. Dies ist falsch!

Interessieren wir uns für die zweite Ziffer der Dateigröße, so sind die Zahlen 0 bis 9 möglich; ein Laplace–Modell würde also hier jeder dieser Zahlen die Wahrscheinlichkeit 1/10 zuordnen. Auch dies ist nicht die korrekte Wahrscheinlichkeit, mit der die zweite Ziffer z.B. eine 0 ist. In Abschnitt 6.6 werden wir uns mit diesem Beispiel näher befassen.[10]

Falls Sie die vorangegangenen Beispiele in Ihrem Gefühl, wie Sie ein Zufallsexperiment modellieren sollen, eher verunsichert haben, so bedenken Sie Folgendes: Leider gibt es diese Fallen bei der Modellierung nun einmal. Wer sie nicht kennt, tappt höchstwahrscheinlich hinein. Um sie kennenzulernen, muss man sich ihnen nähern und sich mit ihnen beschäftigen. Danach wird man der Falle eher entgehen, als wäre man unbedarft. Sie können und sollten sich jetzt also *sicherer* fühlen!

Bisher haben wir sogenannte *einstufige* Zufallsversuche betrachtet. Eine Münze wurde einmal geworfen, mit einem Würfel wurde einmal gewürfelt. Offenbar kann man solche Experimente mithilfe der Wahrscheinlichkeitsrechnung beschreiben. Allerdings liegt darin nicht ihre größte Stärke. Oft weiß ein Wahrscheinlichkeitstheoretiker bei einem einfachen Zufallsexperiment auch nicht mehr als jemand, der in Stochastik ungeschult ist. Natürlich ist ihm z.B. das Ergebnis der nächsten Lottoziehung genauso ungewiss, wie jemandem, der sich noch nie mit Wahrscheinlichkeitsrechnung beschäftigt hat.

Die Stärke der Wahrscheinlichkeitstheorie wird, wie wir später sehen werden, deutlicher in Experimenten, bei denen mehrere zufällige Prozesse hintereinander stattfinden: sogenannte *mehrstufige* Experimente. Die Behandlung solcher Experimente ist besonders einfach, wenn sich die Experimente gegenseitig nicht beeinflussen. Wir wollen dies mathematisieren und führen dabei den Begriff der „bedingten Wahrscheinlichkeit" ein.

Hierzu denken wir uns ein Experiment, welches durch den Wahrscheinlichkeitsraum $(\Omega, \mathcal{A}, \mathbb{P})$ modelliert sei: Ein Ereignis $A \in \mathcal{A}$ wird mit der Wahrscheinlichkeit $\mathbb{P}(A)$ eintreten. Nehmen wir nun an, jemand mit hellseherischen Fähigkeiten sagt uns, dass auf jeden Fall das Ereignis $B \in \mathcal{A}$ eintreten wird! Was ist nun unter dieser Bedingung,

---

[10]Fragen wir nach der Wahrscheinlichkeit, mit der die letzte Ziffer der Größe einer zufällig gewählten Datei z.B. gleich 4 ist, so ist dies tatsächlich 1/10, denn für die letzte Ziffer ist das Laplace–Modell auf den Zahlen 0 bis 9 richtig!

nämlich dass wir wissen, dass B eintritt, die Wahrscheinlichkeit, dass auch A eintritt? Wie führt diese zusätzliche Information zu einer anderen Wahrscheinlichkeit für A?

Bezeichnen wir diese andere Wahrscheinlichkeit mit $\mathbb{P}(A|B)$, so sind für ihre Berechnung sicher nur die ω relevant, die sowohl in A als auch in B liegen, also $\omega \in A \cap B$. Aufgrund der Information verkleinern wir also die Grundmenge, und nehmen B statt Ω. Allerdings können wir nicht einfach $\mathbb{P}(A|B)$ gleich $\mathbb{P}(A \cap B)$ setzen, denn dies wäre ja nur die Wahrscheinlichkeit, dass A und B gemeinsam eintreten, ohne zu berücksichtigen, dass B ganz sicher eintritt. Hatte das Ereignis B ohne hellseherische Information die Wahrscheinlichkeit $\mathbb{P}(B)$, so hat es mit dieser Information die Wahrscheinlichkeit 1. Genauso, wie B die neue Grundmenge wurde, wird $\mathbb{P}(B)$ die neue Einheit, in der wir die Wahrscheinlichkeit ausdrücken: Wir messen die Wahrscheinlichkeit relativ zu $\mathbb{P}(B)$.

Definition 3.2.7

Es sei $(\Omega, \mathcal{A}, \mathbb{P})$ ein Wahrscheinlichkeitsraum und $A, B \in \mathcal{A}$ mit $\mathbb{P}(B) \neq 0$.[11] Als die *bedingte Wahrscheinlichkeit von A gegeben B* definieren wir

$$\mathbb{P}(A|B) = \frac{\mathbb{P}(A \cap B)}{\mathbb{P}(B)}.$$

Beispiele 3.2.8

1. Eine Befragung von 189 Personen bzgl. ihrer Ernährung ergab folgendes Ergebnis:

	Männer	Frauen
sind keine Vegetarier	58	42
sind Vegetarier	36	53

   Was ist die Wahrscheinlichkeit, dass eine zufällig gewählte Person Vegetarier ist, unter der Bedingung, dass sie eine Frau ist?

   Wir wählen ein Laplace–Modell, d.h. jede Person wird mit derselben Wahrscheinlichkeit $1/189$ gewählt. Sei V das Ereignis, dass die Person Vegetarier ist, und F, dass sie eine Frau ist. Dann ist

   $$|V \cap F| = 53 \text{ und } |F| = 95 \,,$$

   wie man der Tabelle sofort entnimmt. Also ist nach Definition der bedingten Wahrscheinlichkeit und des Laplace–Experiments

   $$\mathbb{P}(V|F) = \frac{\mathbb{P}(V \cap F)}{\mathbb{P}(F)} = \frac{\frac{53}{189}}{\frac{95}{189}} = \frac{53}{95}.$$

---

[11] Die Bedingung $\mathbb{P}(B) \neq 0$ ist offenbar nötig, weil wir durch $\mathbb{P}(B)$ teilen wollen. Sie ist aber auch sinnvoll, denn wir wollen ja eine Situation beschreiben, in der B sicher eintritt; dann sollte B aber auch nicht völlig unwahrscheinlich sein, also nicht $\mathbb{P}(B) = 0$.

Natürlich erhalten wir dasselbe Ergebnis, wenn wir gleich nur aus der Menge der Frauen wählen.

2. Betrachten wir nochmal die Situation aus Beispiel 3.2.3 und nehmen an, dass wir nach dem Teilen der Karten erfahren, dass in dem Stapel mit den Nummern $1, \ldots, n$ auf jeden Fall ein Joker liegt. Mit welcher Wahrscheinlichkeit liegt auch der zweite Joker in diesem Stapel, den wir Stapel I nennen wollen?

Bezeichnen wir die Positionen der Joker wieder mit (i, j), dann suchen wir

$$\mathbb{P}\big(\ \{(i,j) \in \Omega \mid 1 \leq i, j \leq n\} \mid \{(i,j) \in \Omega \mid i \leq n \text{ oder } j \leq n\}\ \big),$$

denn dies heißt ja $\mathbb{P}$(beide Joker im Stapel I | mind. ein Joker im Stapel I). Die gesuchte Wahrscheinlichkeit ist dann

$$\frac{\mathbb{P}(\{(i,j) \in \Omega \mid 1 \leq i, j \leq n\})}{\mathbb{P}(\{(i,j) \in \Omega \mid i \leq n \text{ oder } j \leq n\})} = \frac{\frac{n(n-1)}{2n(2n-1)}}{1 - \frac{n(n-1)}{2n(2n-1)}} = \frac{n-1}{3n-1}.$$

Mit Kenntnis der Definition einer bedingten Wahrscheinlichkeit ist es nun einfach, den Begriff der Unabhängigkeit zu definieren. Im Alltag nennen wir zwei Ereignisse A und B unabhängig, wenn das Eintreten von B die Realisierung von A nicht beeinflusst. Wenn uns die Kenntnis über das Eintreten von B keine Information gibt, welche die Wahrscheinlichkeit für das Eintreten von A verändert, wenn uns also die hellseherischen Fähigkeiten unseres Beraters gar nichts nützen. In Symbolen ausgedrückt bedeutet dies

$$\mathbb{P}(A|B) = \mathbb{P}(A).$$

Mit der Definition von $\mathbb{P}(A|B)$ ergibt sich daraus sofort

$$\mathbb{P}(A \cap B) = \mathbb{P}(A) \cdot \mathbb{P}(B)$$

und genau so definieren wir den Begriff „Unabhängigkeit". Diese Gleichung hat nämlich den Vorteil, dass man auf die Voraussetzung $\mathbb{P}(B) \neq 0$ verzichten kann.

Definition 3.2.9 *Unabhängigkeit zweier Ereignisse*

Sei $(\Omega, \mathcal{A}, \mathbb{P})$ ein Wahrscheinlichkeitsraum, dann heißen $A, B \in \mathcal{A}$ unabhängig, falls

$$\mathbb{P}(A \cap B) = \mathbb{P}(A) \cdot \mathbb{P}(B).$$

Beispiele 3.2.10

1. Für einen fairen Würfel betrachten wir die beiden Ereignisse $A = \{$die Augenzahl ist durch 3 teilbar$\}$ und $B = \{$die Augenzahl ist gerade$\}$. Es ist

$$\mathbb{P}(A) = \mathbb{P}(\{3,6\}) = \frac{1}{3} \text{ und } \mathbb{P}(B) = \mathbb{P}(\{2,4,6\}) = \frac{1}{2}.$$

Wegen $\mathbb{P}(A \cap B) = \mathbb{P}(\{6\}) = 1/6$ gilt somit $\mathbb{P}(A \cap B) = \mathbb{P}(A) \cdot \mathbb{P}(B)$, d.h., die Ereignisse A und B sind unabhängig, und zwar *obwohl* sie sich auf denselben Würfelwurf beziehen.

2. Zwei faire Würfel, der eine rot und der andere blau, werden geworfen. Die Grundmenge dieses Experiments ist

$$\Omega := \{(i,j) \mid 1 \leq i, j \leq 6\},$$

wobei i die Augenzahl des roten und j die Augenzahl des blauen Würfels angibt. Wählen wir zu diesem Ω ein Laplace–Modell, also $\mathcal{P}(\Omega)$ als σ–Algebra und $\mathbb{P}(\{\omega\}) = 1/36$ für alle $\omega \in \Omega$, dann sind die Ereignisse

$A := \{$der rote Würfel zeigt eine $4\}$ und $B := \{$der blaue Würfel zeigt eine $4\}$

unabhängig. In der Tat ist ja

$$\mathbb{P}(A) = \mathbb{P}(\{(i,j) \in \Omega \mid i = 4\})$$
$$= \mathbb{P}(\{(4,1), (4,2), (4,3), (4,4), (4,5), (4,6)\}) = \frac{6}{36} = \frac{1}{6}$$

und natürlich ebenfalls

$$\mathbb{P}(B) = \mathbb{P}(\{(i,j) \in \Omega \mid j = 4\})$$
$$= \mathbb{P}(\{(1,4), (2,4), (3,4), (4,4), (5,4), (6,4)\}) = \frac{1}{6}.$$

Wegen $\mathbb{P}(A \cap B) = \mathbb{P}(\{(4,4)\}) = 1/36$ gilt somit $\mathbb{P}(A \cap B) = \mathbb{P}(A) \cdot \mathbb{P}(B)$, d.h. A und B sind unabhängig.

Genauso kann man zeigen, dass zwei beliebige Ereignisse, von denen sich eines nur auf den roten und das andere nur auf den blauen Würfel bezieht, unabhängig sind. Die Wahl einer Laplace–Wahrscheinlichkeit auf Ω impliziert also die Unabhängigkeit des roten vom blauen Würfel. Daher steht diese Wahl sicherlich in Einklang mit unserer Erfahrung und ist vernünftig.

3. Sie werfen 12 faire Münzen auf einen Tisch; 11 Münzen gehören ihrer Freundin, eine gehört Ihnen. Ihre Freundin betrachtet ihre Münzen und sieht elfmal „Kopf", ohne es Ihnen mitzuteilen. Was ist die Wahrscheinlichkeit, dass Ihre Münze „Kopf" zeigt?

Natürlich ist für Sie die Wahrscheinlichkeit für „Kopf" gleich 1/2, denn Ihre Münze ist fair und weder wissen Sie vom Ausgang der übrigen Münzwürfe, noch interessiert es Sie. Für Sie besteht das Experiment im Werfen einer einzigen Münze, nämlich Ihrer.

Nun stellen wir die gleiche Frage an Ihre Freundin. Sie hat schon elfmal „Kopf" beobachtet, so dass die Frage für sie bedeutet: Was ist die Wahrscheinlichkeit, dass auch die zwölfte Münze „Kopf" zeigt?

Es wäre ein Fehler, etwas anderes als $1/2$ zu antworten! Es stimmt zwar, dass es sehr unwahrscheinlich ist, mit 12 Münzen zwölfmal „Kopf" zu werfen, aber, etwas salopp formuliert: Ein großer Teil dieser Unwahrscheinlichkeit liegt schon darin, elfmal „Kopf" zu werfen, und genau dies setzen wir als bereits geschehen voraus. Daher ist das zwölfte Mal „Kopf" *bedingt auf bereits elfmal „Kopf"* genauso wahrscheinlich, wie bei einem einzelnen Münzwurf.

Um dies einzusehen nehmen wir die Laplace–Wahrscheinlichkeit auf

$$\Omega = \{(m_1, \ldots, m_{12}) \mid m_i = 0 \text{ oder } m_i = 1 \text{ für alle } 1 \leq i \leq 12\},$$

wobei wir „Kopf" mit 0 und „Zahl" mit 1 bezeichnen wollen. Wie auch im vorangehenden Beispiel garantiert uns die Wahl eines Laplace–Modells, dass die einzelnen Münzen unabhängig voneinander fallen; denn das ist ja, was wir im Alltag beobachten und vernünftigerweise auch annehmen.

Ihre Freundin berechnet also

$$\mathbb{P}(\{\underbrace{(0, \ldots, 0)}_{12\text{–mal}}\} \mid \{\underbrace{(0, \ldots, 0, 0)}_{11\text{–mal}}\} \cup \{\underbrace{(0, \ldots, 0, 1)}_{11\text{–mal}}\}) = \frac{\frac{1}{|\Omega|}}{\frac{2}{|\Omega|}} = \frac{1}{2}.$$

Die Argumentation in diesen Beispielen bleibt auch gültig, wenn die Experimente nicht gleichzeitig, sondern hintereinander durchgeführt werden. Wenn Sie eine faire Münze elfmal werfen und immer fällt „Kopf", dann ist die Wahrscheinlichkeit für „Kopf" im nächsten Wurf trotzdem $1/2$. Ebenso sinkt die Chance auf „rot" beim Roulette nicht, wenn die vorigen 17 Male „rot" gefallen ist (eher im Gegenteil: vielleicht ist etwas mit dem Roulettetisch nicht in Ordnung), und die Chance auf einen „Sechser" im Lotto bleibt gleich (gering), auch wenn man gerade erst in der vorigen Woche einen Hauptgewinn hatte. In all diesen Fällen ist der Grund die *Unabhängigkeit* und die Argumentation die *bedingte Wahrscheinlichkeit*.

Wir wollen den Begriff der Unabhängigkeit auf mehr als zwei Ereignisse ausweiten. Dass man für Ereignisse $A_1, \ldots, A_n$ ihre Unabhängigkeit nicht einfach durch die Gültigkeit der Gleichung

$$\mathbb{P}(A_1 \cap \ldots \cap A_n) = \mathbb{P}(A_1) \cdots \mathbb{P}(A_n) \tag{3.2}$$

definiert – wie es ja nahe läge – hat seinen Grund darin, dass diese Forderung nicht ausreicht.

Betrachten wir z.B. ein Laplace–Modell mit $\Omega = \{1, 2\}$ und den Ereignissen $A_1 = \{1\}$, $A_2 = \{2\}$ und $A_3 = \emptyset$, dann gilt

$$\mathbb{P}(A_1 \cap A_2 \cap A_3) = \mathbb{P}(\emptyset) = 0 = \mathbb{P}(A_1)\mathbb{P}(A_2)\mathbb{P}(A_3),$$

d.h. mit obiger Definition wären dann A_1, A_2 und A_3 unabhängig. Andererseits ist jedoch

$$0 = \mathbb{P}(A_1 \cap A_2) \neq \mathbb{P}(A_1)\mathbb{P}(A_2) = \frac{1}{4},$$

d.h. A_1 und A_2 sind nicht unabhängig! Das ist natürlich nicht schön, denn wenn wir sagen, dass die drei Ereignisse A_1, A_2 und A_3 unabhängig sind, dann meinen wir damit auch, dass A_1 und A_2 unabhängig sind. Ganz allgemein sollte aus der Unabhängigkeit einer Menge von Ereignissen $A_1, \ldots, A_n$ auch die Unabhängigkeit für jede Teilmenge von Ereignissen folgen. Die in Gleichung (3.2) vorgeschlagene Definition reicht aber offenbar nicht aus, um das zu garantieren. Daher definiert man direkt:

Definition 3.2.11

Gegeben sei ein Wahrscheinlichkeitsraum $(\Omega, \mathcal{A}, \mathbb{P})$ und Ereignisse $A_1, \ldots, A_n \in \mathcal{A}$ für ein $n \in \mathbb{N}$. Die Ereignisse heißen *unabhängig*, falls für jedes $1 \leq m \leq n$ und jede Teilmenge $\{i_1, \ldots, i_m\} \subseteq \{1, \ldots, n\}$ gilt

$$\mathbb{P}(A_{i_1} \cap \ldots \cap A_{i_m}) = \mathbb{P}(A_{i_1}) \cdots \mathbb{P}(A_{i_m}).$$

Natürlich impliziert die Unabhängigkeit von $A_1, \ldots, A_n$ auch die paarweise Unabhängigkeit, d.h. die Unabhängigkeit je zweier Ereignisse:

$$\mathbb{P}(A_i \cap A_j) = \mathbb{P}(A_i)\mathbb{P}(A_j)$$

für $i \neq j$. Umgekehrt folgt aus der paarweisen Unabhängigkeit der Ereignisse $A_1, \ldots, A_n$ aber nicht ihre Unabhängigkeit. Nehmen wir z.B. das Laplace–Modell für $\Omega = \{1, 2, 3, 4\}$ und die Ereignisse $A_1 = \{1, 2\}$, $A_2 = \{2, 3\}$ und $A_3 = \{1, 3\}$. Dann ist

$$\mathbb{P}(A_1 \cap A_2 \cap A_3) = 0 \neq \mathbb{P}(A_1)\mathbb{P}(A_2)\mathbb{P}(A_3) = \frac{1}{8},$$

jedoch sind A_1, A_2, A_3 paarweise unabhängig, denn z.B. ist

$$\mathbb{P}(A_1 \cap A_2) = \frac{1}{4} = \mathbb{P}(A_1)\mathbb{P}(A_2),$$

was ebenso für A_1 und A_3 bzw. A_2 und A_3 gilt.

In den Beispielen 3.2.10 sahen wir, dass die Wahl eines Laplace–Modells vernünftig ist, wenn wir zwei unabhängige Experimente, die ihrerseits eine Laplace–Wahrscheinlichkeit tragen, modellieren wollen. Dies gilt auch für die Unabhängigkeit von mehr als zwei Experimenten, wie wir im Folgenden sehen werden. Wir können also mithilfe eines Laplace–Modells *mehrstufige unabhängige Laplace–Experimente* modellieren. Im einfachsten Fall sind das mehrfache unabhängige Wiederholungen des gleichen Laplace–Experiments.

Beispiel 3.2.12: *n–facher unabhängiger fairer Münzwurf*

Ein fairer Münzwurf ist ein Laplace–Experiment, also modellieren wir den n-fachen fairen Münzwurf durch ein Laplace–Modell auf

$$\Omega = \{\omega = (\omega_1, \ldots, \omega_n) \mid \omega_j \in \{0, 1\} \text{ für alle } 1 \leq j \leq n\}.$$

Dabei ist z.B. $\omega_j = 0$, falls der j–te Wurf „Zahl" zeigt und $\omega_j = 1$, falls der j–te Wurf „Kopf" zeigt. Dieses Modell entspricht genau unserer Vorstellung, dass sich die einzelnen Würfe nicht gegenseitig beeinflussen, also unabhängig voneinander erfolgen.

Um dies zu sehen, betrachten wir z.B. die Ereignisse $A_1, \ldots, A_n$ mit

$$A_k := \{\text{der k–te Wurf zeigt Kopf}\} = \{\omega \in \Omega \mid \omega_k = 1\}$$

und wollen zeigen, dass für jedes $m \leq n$ und jede Wahl von $\{i_1, \ldots, i_m\} \subseteq \{1, \ldots, n\}$ die Gleichung

$$\mathbb{P}(A_{i_1} \cap \ldots \cap A_{i_m}) = \mathbb{P}(A_{i_1}) \cdots \mathbb{P}(A_{i_m})$$

besteht. Sicher ist $|\Omega| = 2^n$, da jede Koordinate ω_j des Vektors ω genau zwei Werte annehmen kann. Aus denselben Gründen ist

$$|A_{i_1} \cap \ldots \cap A_{i_m}| = |\{\omega \in \Omega \mid \omega_{i_1} = \cdots = \omega_{i_m} = 1\}| = 2^{n-m}, \tag{3.3}$$

denn von den n Koordinaten des Vektors ω sind nur m spezifiziert; die restlichen $n - m$ Koordinaten können frei aus der Menge $\{0, 1\}$ gewählt werden. Damit ist

$$\mathbb{P}(A_{i_1} \cap \ldots \cap A_{i_m}) = \frac{2^{n-m}}{2^n} = 2^{-m}.$$

Nutzen wir Gleichung (3.3) für $m = 1$, so folgt offenbar auch $|A_{i_k}| = 2^{n-1}$ für jedes $i_k \in \{i_1, \ldots i_m\}$ und daher

$$\mathbb{P}(A_{i_1}) \cdots \mathbb{P}(A_{i_m}) = \underbrace{\frac{2^{n-1}}{2^n} \cdots \frac{2^{n-1}}{2^n}}_{m\text{–mal}} = \left(\frac{1}{2}\right)^m = \mathbb{P}(A_{i_1} \cap \ldots \cap A_{i_m}).$$

Also sind die Ereignisse $A_1, \ldots, A_n$ unabhängig. Hätten wir zur Definition der Ereignisse A_k nicht alle $\omega_k = 1$ gewählt, sondern für einige (oder auch für alle) k stattdessen $\omega_k = 0$, so könnte man obige Argumentation wortwörtlich wiederholen: auch die so definierten $A_1, \ldots, A_n$ sind unabhängig.

Beispiel 3.2.13: *n–facher unabhängiger fairer Würfelwurf*

Der faire Würfel erzeugt ein Laplace–Experiment, also wählen wir das Laplace–Modell auf

$$\Omega = \{\omega = (\omega_1, \ldots, \omega_n) \mid \omega_j \in \{1, 2, 3, 4, 5, 6\} \text{ für alle } 1 \leq j \leq n\},$$

wobei natürlich ω_j die Augenzahl des j-ten Wurfes ist. Hierdurch wird die Unabhängigkeit der Würfe untereinander korrekt beschrieben. Man kann dies ähnlich beweisen, wie es in Beispiel 3.2.12 geschah; wir wollen es hier aber nicht tun.

Stattdessen fragen wir: Wie wahrscheinlich ist es, in keinem der n Würfe eine 1 oder eine 6 zu werfen?

Sei $A_j = \{\omega \in \Omega \mid \omega_j \in \{2,3,4,5\}\}$, $1 \leq j \leq n$, dann ist die gesuchte Wahrscheinlichkeit

$$\mathbb{P}(A_1 \cap \cdots \cap A_n) = \mathbb{P}(A_1) \cdots \mathbb{P}(A_n) = \frac{|A_1|}{|\Omega|} \cdots \frac{|A_n|}{|\Omega|} = \left(\frac{4 \cdot 6^{n-1}}{6^n}\right)^n = \left(\frac{2}{3}\right)^n.$$

Wie können wir aber mehrstufige unabhängige Zufallsexperimente modellieren, bei denen die einzelnen Versuche keine Laplace–Experimente sind? Nun, wir können einen Trick anwenden:

Beispiel 3.2.14

In einer Urne befinden sich drei A's und zwei N's. Es wird ein Buchstabe gezogen, notiert und dann wieder zurückgelegt. Dann wird das Experiment wiederholt.

Der Ausgang der ersten Ziehung beeinflusst sicher nicht die zweite Ziehung, also haben wir ein zweifaches unabhängiges Ziehen von Buchstaben aus der Urne, jedoch ist die Ziehung kein Laplace–Experiment: A und N sind nicht gleichwahrscheinlich. Auf

$$\Omega = \{(A,A), (A,N), (N,A), (N,N)\}$$

dürfen wir keine Laplace–Wahrscheinlichkeit wählen! Denken wir uns die Buchstaben in der Urne aber zusätzlich nummeriert, z.B. mit den Zahlen 1, 2 und 3 für die A's und 4 und 5 für die N's, dann ist jede Nummer gleichwahrscheinlich, d.h. die einfache Ziehung ist ein Laplace–Experiment. Und damit können wir auf

$$\Omega' = \{(i,j) \mid i,j \in \{1,2,3,4,5\}\}$$

als Grundmenge sehr wohl eine Laplace–Wahrscheinlichkeit wählen. Um also die Wahrscheinlichkeit für z.B. (A,A) zu finden, müssen wir dieses Ereignis nur durch eine Teilmenge von Ω' beschreiben und davon die Laplace–Wahrscheinlichkeit berechnen. Damit ist

$$\mathbb{P}(\{(A,A)\}) = \frac{|\{(i,j) \mid i,j \in \{1,2,3\}\}|}{|\Omega'|} = \frac{9}{25}$$

und ebenso berechnet man

$$\mathbb{P}(\{(A,N)\}) = \frac{|\{(i,j) \mid i \in \{1,2,3\} \text{ und } j \in \{4,5\}\}|}{|\Omega'|} = \frac{6}{25}$$

und die übrigen Wahrscheinlichkeiten $\mathbb{P}(\{(N,A)\}) = 6/25$ und $\mathbb{P}(\{(N,N)\}) = 4/25$.

Es gibt eine sehr hübsche und anschauliche Darstellung des in Beispiel 3.2.14 behandelten Experiments und zwar mithilfe eines sogenannten Baumdiagramms (siehe Abbildung 3.1). Hierbei steht an den einzelnen Zweigen jeweils die Wahrscheinlichkeit, mit der ein Übergang von einem Knoten zum weiter rechts gelegenen Knoten erfolgt. Und

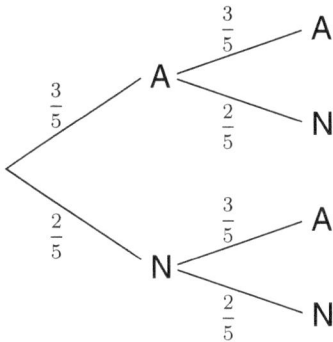

Abbildung 3.1: *Baumdiagramm mit Zurücklegen*

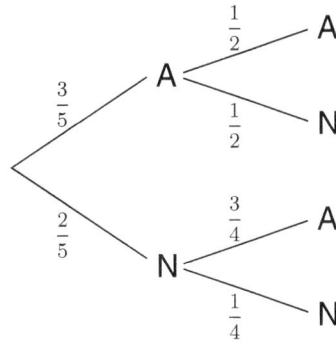

Abbildung 3.2: *Baumdiagramm ohne Zurücklegen*

wir beobachten nun, dass wir die berechneten Wahrscheinlichkeiten auch dadurch erhalten, dass wir einfach die an den Zweigen stehenden *Wahrscheinlichkeiten entlang eines Pfades multiplizieren*. So ergibt sich z.B. $\mathbb{P}(\{(A, A)\})$ als 3/5 mal 3/5 und $\mathbb{P}(\{(N, A)\})$ als 2/5 mal 3/5.

Dies sollte vor dem Hintergrund dessen, dass die Ausgänge der beiden Versuche stochastisch unabhängig sind auch nicht weiter verwundern. Erstaunlicher ist schon, dass so eine Regel auch gilt, wenn man auf die Unabhängigkeit verzichtet! Wir wollen das am gleichen Beispiel illustrieren, wenn wir den gezogenen Buchstaben nicht zurücklegen und somit die zweite Ziehung sehr wohl durch die erste beeinflusst ist; denn der gezogene Buchstabe verändert ja völlig die Wahrscheinlichkeit der Buchstaben bei der zweiten Ziehung.

Beispiel 3.2.15

Die Situation sei die gleiche wie in Beispiel 3.2.14 mit dem einzigen Unterschied, dass der einmal gezogene Buchstabe nicht zurückgelegt wird. Leider können wir hier den dort benutzten Trick mit Ω' nicht anwenden, denn die beiden Ziehungen sind nicht unabhängig. Aber zum Glück gibt es ja bedingte Wahrscheinlichkeiten! Es ist

$$\Omega = \{(A, A), (A, N), (N, A), (N, N)\}$$

und beispielsweise

$$\mathbb{P}(\{(A, A)\}) = \mathbb{P}(\{1. \text{ Ziehen ergibt } A\} \cap \{2. \text{ Ziehen ergibt } A\})$$
$$= \mathbb{P}(\{1. \text{ Ziehen ergibt } A\}) \cdot \mathbb{P}(\{2. \text{ Ziehen ergibt } A\}|\{1. \text{ Ziehen ergibt } A\}).$$

Diese Gleichung gilt aufgrund der Definition der bedingten Wahrscheinlichkeit. In der ersten Ziehung hat A die Wahrscheinlichkeit 3/5 und in der zweiten Ziehung, bedingt darauf, dass bereits ein A fehlt, offenbar 1/2. Damit ist $\mathbb{P}(\{(A, A)\}) = 3/10$. Ebenso ergeben sich auch

$$\mathbb{P}(\{(A, N)\}) = \mathbb{P}(\{(N, A)\}) = \frac{3}{10} \text{ und } \mathbb{P}(\{(N, N)\}) = \frac{1}{10}.$$

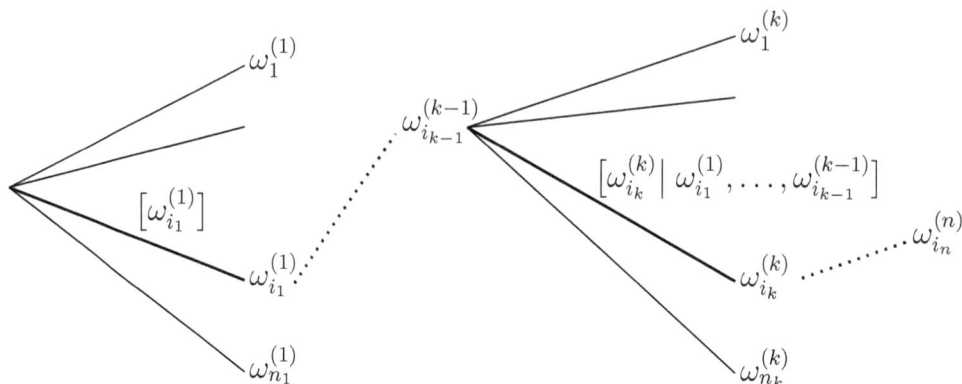

Abbildung 3.3: *Baumdiagramm allgemein*

Betrachten wir nun das zum Beispiel 3.2.15 gehörende Baumdiagramm (siehe Abbildung 3.2), dann beobachten wir, dass auch hier die Wahrscheinlichkeiten der Ereignisse in Ω durch Multiplikation der einzelnen Wahrscheinlichkeiten entlang der Pfade berechnet werden können.

Fasst man einmal systematisch zusammen, was wir getan haben, so gelangt man zu folgender Beschreibung: Ein *n–stufiges Zufallsexperiment* ist ein Experiment, dass aus n Einzelversuchen besteht, wobei wir annehmen, dass die Versuchsausgänge der späteren Versuche die früheren nicht beeinflussen, wohl aber möglicherweise umgekehrt. Als Grundmenge Ω nehmen wir

$$\Omega := \Omega_1 \times \Omega_2 \times \ldots \times \Omega_n := \{\omega = (\omega_1, \ldots, \omega_n) \mid \omega_i \in \Omega_i,\ 1 \le i \le n\}.$$

Dabei enthält für jedes $i = 1, \ldots, n$ die Menge Ω_i die möglichen Versuchsausgänge des i–ten Experimentes, und zwar *ohne* Berücksichtigung aller anderen Experimente. Die Menge Ω_i beschreibt den i–ten Versuch so, als sei er unbeeinflusst von den übrigen Versuchen. Die Abhängigkeit wird also nicht mit der Menge Ω selbst modelliert, sondern mit $\mathbb{P}$. Wenn alle Ω_i endliche Mengen sind, dann ist auch Ω endlich und wir wählen, wie immer, $\mathcal{P}(\Omega)$ als σ–Algebra über Ω.

Konstruieren wir nun einen Baum (siehe Abbildung 3.3), der sich von der Wurzel aus in $|\Omega_1| =: n_1$ viele Zweige spaltet. Die so entstehenden Knoten der *ersten Generation* beschriften wir mit den Elementen $\omega_1^{(1)}$ bis $\omega_{n_1}^{(1)}$ aus Ω_1. Von jedem Knoten $\omega_{i_1}^{(1)}$ der ersten Generation verzweigt sich der Baum um den Faktor $|\Omega_2| =: n_2$. Die Knoten dieser zweiten Generation werden jeweils mit $\omega_{i_2}^{(2)}$, $1 \le i_2 \le n_2$ indiziert. Ganz allgemein verzweigt sich der Baum von jedem Knoten $\omega_{i_{k-1}}^{(k-1)}$, $1 \le i_{k-1} \le n_{k-1}$, der $(k-1)$–ten Generation um den Faktor $|\Omega_k| =: n_k$ und die Knoten der k–ten Generation werden jeweils mit $\omega_{i_k}^{(k)}$, $1 \le i_k \le n_k$, indiziert.

Betrachten wir nun einen Knoten $\omega_{i_k}^{(k)}$ der k–ten Generation für $2 \le k \le n$, so gibt es genau einen Pfad von diesem Knoten zurück zum Anfang des Baumes, zu seiner Wurzel.

Verläuft dieser Pfad über die Knoten $\omega_{i_{k-1}}^{(k-1)}$ bis $\omega_{i_1}^{(1)}$, so beschriften wir den Zweig, der zu $\omega_{i_k}^{(k)}$ führt, mit der bedingten Wahrscheinlichkeit[12]

$$\mathbb{P}\Big(\{\omega \in \Omega \mid \omega_k = \omega_{i_k}^{(k)}\} \,\Big|\, \{\omega \in \Omega \mid \omega_j = \omega_{i_j}^{(j)} \text{ für alle } 1 \le j \le k-1\}\Big) \,.$$

Hierfür schreiben wir abkürzend auch $\big[\omega_{i_k}^{(k)} \big| \omega_{i_1}^{(1)}, \dots, \omega_{i_{k-1}}^{(k-1)}\big]$. Einen Zweig, der zu dem Knoten $\omega_{i_1}^{(1)}$ der ersten Generation führt, beschriften wir einfach mit

$$\mathbb{P}\Big(\{\omega \in \Omega \mid \omega_1 = \omega_{i_1}^{(1)}\}\Big) =: \big[\omega_{i_1}^{(1)}\big].$$

Mithilfe dieses Baumdiagramms haben wir nun für unser mehrstufiges Zufallsexperiment eine leichte Regel, mit der man die Wahrscheinlichkeiten einzelner $\omega \in \Omega$ berechnet.

Regel 3.2.16 *Pfadregel*

In einem mehrstufigen Zufallsexperiment ist die Wahrscheinlichkeit eines ω das *Produkt der Wahrscheinlichkeiten* entlang seines Pfades im zugehörigen Baumdiagramm.

Obschon wir dies als Regel notiert haben, müssen wir es natürlich beweisen.

Beweis. Der Beweis ist einfach und benutzt nur die Definition der bedingten Wahrscheinlichkeit. Schreiben wir das Produkt entlang eines Pfades $\omega_{i_1}^{(1)}, \dots, \omega_{i_n}^{(n)}$ hin:

$$\big[\omega_{i_1}^{(1)}\big]\big[\omega_{i_2}^{(2)}\big|\omega_{i_1}^{(1)}\big]\big[\omega_{i_3}^{(3)}\big|\omega_{i_1}^{(1)},\omega_{i_2}^{(2)}\big]\cdots\big[\omega_{i_k}^{(k)}\big|\omega_{i_1}^{(1)},\dots,\omega_{i_{k-1}}^{(k-1)}\big]\cdots\big[\omega_{i_n}^{(n)}\big|\omega_{i_1}^{(1)},\dots,\omega_{i_{n-1}}^{(n-1)}\big].$$

Das Produkt der ersten beiden Faktoren ist gleich

$$\mathbb{P}\big(\{\omega \in \Omega \mid \omega_j = \omega_{i_j}^{(j)} \text{ für } 1 \le j \le 2\}\big)$$

und damit ist das Produkt der ersten drei Faktoren gleich

$$\mathbb{P}\big(\{\omega \in \Omega \mid \omega_j = \omega_{i_j}^{(j)} \text{ für } 1 \le j \le 3\}\big)$$

und so geht es weiter. Bis schließlich das gesamte Produkt gleich

$$\mathbb{P}\big(\{\omega \in \Omega \mid \omega_j = \omega_{i_j}^{(j)} \text{ für } 1 \le j \le n\}\big) = \mathbb{P}\Big(\big\{\big(\omega_{i_1}^{(1)}, \dots, \omega_{i_n}^{(n)}\big)\big\}\Big)$$

ist. ∎

Die Gültigkeit der Pfadregel ist eigentlich jetzt, wo wir den Beweis gesehen (und verstanden!) haben, keine Überraschung. Denn da wir bedingte Wahrscheinlichkeiten als Quotienten definiert haben, ergibt natürlich das Produkt dieser bedingten Wahrscheinlichkeiten über alle Knoten des Pfades wieder die Wahrscheinlichkeit des Endpunktes;

---

[12]Falls ein Ereignis, auf das wir bedingen, bereits Wahrscheinlichkeit Null hat, so schreiben wir 0 an alle Zweige, die von diesem Ereignis ausgehen.

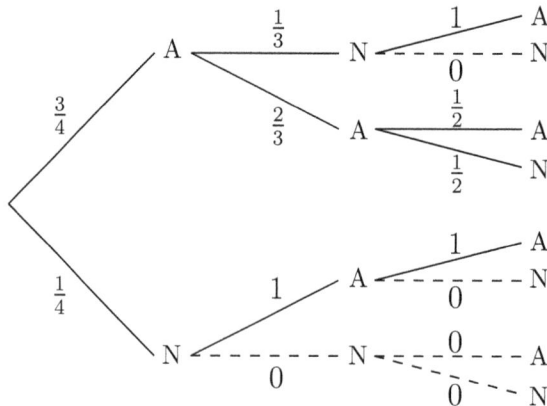

Abbildung 3.4: *unmögliche Zweige sind gestrichelt*

es ist ein Teleskopprodukt. Die eigentlich wichtige Aufgabe erfüllen Sie selbst, nämlich indem Sie an jeden Zweig die bedingten Wahrscheinlichkeiten schreiben. Dort steckt die komplette Information!

Wir wollen diese gerade für den Schulunterricht wichtige Regel anhand einiger Beispiele illustrieren. Einige davon sind übrigens [En] entnommen; dieses zweibändige Werk gehört nach wie vor zu den besten elementaren Einführungen in die Stochastik und Statistik, wie sie etwa für einen ambitionierten Leistungskurs angemessen ist. Seine unglaubliche Fülle an Beispielen macht es unentbehrlich für jeden Lehrenden.

Beispiele 3.2.17

1. In einer Urne liegen drei A's und ein N. Wir ziehen dreimal, ohne die gezogenen Buchstaben in die Urne zurückzulegen. Mit welcher Wahrscheinlichkeit ist der dritte Buchstabe ein A?

Wir entnehmen dem Baumdiagramm der Abbildung 3.4 sofort

$$\mathbb{P}(\{3.\ \text{Buchstabe ein } A\}) = \mathbb{P}(\{(A,N,A),(A,A,A),(N,A,A)\})$$
$$= \frac{3}{4} \cdot \frac{1}{3} \cdot 1 + \frac{3}{4} \cdot \frac{2}{3} \cdot \frac{1}{2} + \frac{1}{4} \cdot 1 \cdot 1 = \frac{3}{4}.$$

Der Pfad (N, N, A) ist unmöglich und zwar nicht, weil in der dritten Ziehung kein A mehr vorhanden wäre, sondern weil bereits in der zweiten Ziehung kein N zur Verfügung steht. Trägt ein Zweig die Wahrscheinlichkeit 0, so sind alle folgenden Zweige ebenfalls unmöglich. Man braucht sie daher im Baumdiagramm gar nicht einzeichnen; wir lassen in Zukunft die gestrichelten Zweige weg.

2. In einem Boot sitzen neun Passagiere; davon sind vier Schmuggler und fünf ehrliche Personen. Ein Zollbeamter wählt drei Personen zur Kontrolle: Alle drei sind Schmuggler. Wie groß ist die Wahrscheinlichkeit, dass dies reiner Zufall ist?

   Es ist $\Omega = \{(\omega_1, \omega_2, \omega_3) \mid \omega_1, \omega_2, \omega_3 \in \{s, e\}\}$, wobei s für „Schmuggler" und e für „ehrlich" steht. Der Pfad, der dem Ereignis (s, s, s) entspricht, sieht nun so aus:

   $$\underset{s}{\overset{\frac{4}{9}}{\rule{2cm}{0.4pt}}} \underset{s}{\overset{\frac{3}{8}}{\rule{2cm}{0.4pt}}} \underset{s}{\overset{\frac{2}{7}}{\rule{2cm}{0.4pt}}}$$

   Also hat $(s, s, s) \in \Omega$ die Wahrscheinlichkeit $\mathbb{P}(\{(s, s, s)\}) = \frac{4}{9} \cdot \frac{3}{8} \cdot \frac{2}{7} = \frac{1}{21}$, d.h. weniger als 5%; vermutlich hatte der Zollbeamte also eine gewisse Menschenkenntnis.

3. In einem Schubfach befinden sich 4 schwarze, 6 blaue und 2 weiße Socken. Im Dunkeln wählt jemand (ein Mathematiker?) zwei Socken rein zufällig aus. Wie groß ist die Wahrscheinlichkeit, dass beide Socken die gleiche Farbe haben?

   Mit $\Omega = \{(\omega_1, \omega_2) \mid \omega_1, \omega_2 \in \{s, b, w\}\}$ führen drei Pfade zu einem Paar gleicher Farbe:

   $$\underset{s}{\overset{\frac{1}{3}}{\rule{1.5cm}{0.4pt}}} \underset{s}{\overset{\frac{3}{11}}{\rule{1.5cm}{0.4pt}}} \text{ und } \underset{b}{\overset{\frac{1}{2}}{\rule{1.5cm}{0.4pt}}} \underset{b}{\overset{\frac{5}{11}}{\rule{1.5cm}{0.4pt}}} \text{ und } \underset{w}{\overset{\frac{1}{6}}{\rule{1.5cm}{0.4pt}}} \underset{w}{\overset{\frac{1}{11}}{\rule{1.5cm}{0.4pt}}} .$$

   Also ist $\mathbb{P}(\{(\omega_1, \omega_2) \mid \omega_1 = \omega_2\}) = \frac{1}{3} \cdot \frac{3}{11} + \frac{1}{2} \cdot \frac{5}{11} + \frac{1}{6} \cdot \frac{1}{11} = \frac{1}{3}$.

4. In Münster gibt es nur zwei Arten Wetter: Nass (N) und Trocken (T). Ist es heute nass, so ist es mit Wahrscheinlichkeit $\frac{5}{6}$ auch morgen nass und mit Wahrscheinlichkeit $\frac{1}{6}$ trocken. Ist es heute trocken, so ist es morgen mit Wahrscheinlichkeit $\frac{3}{10}$ auch trocken und mit Wahrscheinlichkeit $\frac{7}{10}$ nass. Mit welcher Wahrscheinlichkeit ändert sich das Wetter von morgen auf übermorgen nicht, wenn es heute trocken ist?

   Die Wahrscheinlichkeit berechnet sich zu

   $$\mathbb{P}(\{(T, T), (N, N)\}) = \frac{3}{10} \cdot \frac{3}{10} + \frac{7}{10} \cdot \frac{5}{6} = \frac{101}{150}.$$

Aufgaben

1. Sie setzen sich zusammen mit Ihrem Partner und zwei weiteren Personen an einen quadratischen Tisch. Mit welcher Wahrscheinlichkeit sitzt Ihr Partner Ihnen bei zufälliger Wahl der Plätze gegenüber?

2. Sie spielen das Gewinnspiel um ein Auto (siehe Beispiel 3.2.5) nicht mit einem Spielleiter, sondern mit einer zweiten Person, die auch nicht weiß, hinter welcher Tür das Auto steht. Sie wählen als erster eine Tür, dann ihr Gegner eine der zwei verbleibenden und dann entscheiden Sie, ob Sie zur dritten Tür wechseln oder nicht. Mit welcher Wahrscheinlichkeit gewinnen Sie das Auto, wenn Sie wechseln? Wie sind Ihre Chancen, wenn Sie nicht wechseln? Welche Gewinnchancen hat Ihr Gegner? Hängen seine Chancen von Ihrer Strategie ab?

3. Von drei Personen habe jede einen kompletten Satz an Cent–Münzen in der Tasche, also 1–, 2–, 5–, 10–, 20– und 50–Cent. Jeder zieht zufällig eine Münze.

(a) Geben Sie den W–Raum $(\Omega, \mathcal{A}, \mathbb{P})$ für dieses Experiment an.

(b) Mit welcher Wahrscheinlichkeit ergeben die drei gezogenen Münzen zusammen mindestens 40 Cent?

(c) Mit welcher Wahrscheinlichkeit ist die höchste Münze mehr wert als die anderen beiden zusammen?

4. In Urne I liegen sechs blaue Kugeln und in Urne II sechs rote. Sie ziehen aus Urne I zufällig eine Kugel, legen diese in Urne II, ziehen dann zufällig aus Urne II und legen diese Kugel in Urne I. Das ganze machen Sie dreimal.

(a) Mit welcher Wahrscheinlichkeit enthält Urne I zum Schluss genau drei blaue Kugeln?

(b) Mit welcher Wahrscheinlichkeit enthält Urne I zum Schluss mindestens fünf blaue Kugeln?

5. Die fünf Personen A,B,C,D,E erscheinen einzeln und in zufälliger Reihenfolge zu einem Termin. Mit welcher Wahrscheinlichkeit trifft C vor E, jedoch A nicht direkt hinter D ein?

6. Sie wählen zufällig einen der sieben Wochentage und werfen einen fairen Würfel. Sie gewinnen einen Euro, wenn die geworfene Augenzahl ein Teiler von der Anzahl der Buchstaben des Wochentages ist. Mit welcher Wahrscheinlichkeit gewinnen Sie?

7. In einer Lostrommel liegen 77 Lose und nur eines davon ist ein Gewinnlos. Zwölf Personen dürfen nacheinander je ein Los mit verbundenen Augen ziehen. Möchten Sie lieber als Erste bzw. Erster ziehen, an letzter Stelle, oder ist es Ihnen egal?

8. Sechs Personen wurden alle im November geboren. Mit welcher Wahrscheinlichkeit haben sie alle unterschiedliche Geburtstage (das Geburtsjahr soll hier unberücksichtigt bleiben)? Zeigen Sie, dass für mehr als 23 Personen die Wahrscheinlichkeit, dass sich deren Geburtstage auf unterschiedliche Tage des Jahres verteilen, unter 50% liegt.

9. Eine faire Münze wird fünfmal geworfen.

(a) Mit welcher Wahrscheinlichkeit fällt während der Würfe irgendwann Kopf (1) direkt nach Zahl (0), d.h. es taucht also die Zweiersequenz 0-1 auf?

(b) Mit welcher Wahrscheinlichkeit erscheint die Sequenz 1-0? Müssen Sie für die Antwort erneut rechnen oder können Sie mit der Fairness der Münze und der Symmetrie zur Sequenz 0-1 argumentieren?

(c) Mit welcher Wahrscheinlichkeit erscheint die Sequenz 0-0? Jemand argumentiert wie folgt: „Sowohl für die Sequenz 0-1 als auch für 0-0 muss die Münze irgendwann in den ersten vier Würfen 0 zeigen; fällt aber nun tatsächlich in diesen Würfen das erste Mal 0, dann ist im darauf folgenden Wurf eine 1 genauso wahrscheinlich wie eine 0. Daher ist die Wahrscheinlichkeit für die Sequenz 0-0 dieselbe wie die bereits berechnete Wahrscheinlichkeit für 0-1." Zeigen Sie, dass dies nicht stimmt! Was wird bei der angegebenen Argumentation nicht berücksichtig?

10. In einem Glücksspiel wettet Ihr Mitspieler auf eine von ihm gewählte Dreiersequenz (vgl. Aufgabe 9) und Sie wetten auf die von Ihnen gewählte Dreiersequenz. Eine faire Münze wird nun viermal geworfen und es gewinnt der Spieler, dessen Sequenz als erste erscheint; falls keine der beiden Sequenzen erscheint, verlieren beide.

(a) Zeigen Sie:

* Wettet Ihr Mitspieler auf 1-0-1 und Sie auf 1-1-0, dann gewinnt er mit Wahrscheinlichkeit 3/16 und Sie mit 4/16.

* Wettet Ihr Mitspieler auf 1-1-0 und Sie auf 0-1-1, dann gewinnt er mit Wahrscheinlichkeit 3/16 und Sie mit 4/16.

* Wettet Ihr Mitspieler auf 0-1-1 und Sie auf 1-0-1, dann gewinnt er mit Wahrscheinlichkeit 3/16 und Sie mit 4/16.

(b) Ist dieses Resultat nicht paradox? Wenn sich drei Spieler an dem Glücksspiel beteiligen, und einer wettet auf 1-0-1, der zweite auf 1-1-0 und der dritte auf 0-1-1: Was sind die Gewinnchancen jedes einzelnen Spielers?

11. In einem Regal stehen fünf Bücher in einer Reihe, von denen Sie montags das am weitesten links stehende Buch herausnehmen und nach dem Lesen rein zufällig wieder ins Regal stellen. Am Dienstag und Mittwoch tun Sie genau dasselbe. Mit welcher Wahrscheinlichkeit lesen Sie am Donnerstag das Buch vom Montag?

3.3   Kombinatorik I: Abzählprinzipien

Wann immer der zugrunde liegende Wahrscheinlichkeitsraum ein Laplace–Experiment beschreibt – egal, ob ein ein- oder ein mehrstufiges – ist es wichtig, dass wir die Mächtigkeit von Ereignismengen bestimmen können. Denn wir beschreiben ein Ereignis häufig durch einfaches Aufzählen all seiner Elementarereignisse; diese abzuzählen ist dann letztlich gleich der Berechnung der gesuchten Wahrscheinlichkeit.

Die mathematische Disziplin, die sich mit dem Abzählen von Mengen beschäftigt, ist die *Kombinatorik*. Man kann sich natürlich fragen, wieso einfaches Abzählen überhaupt schwierig sein soll. Wer sich aber jemals ein wenig mit Kombinatorik beschäftigt hat, weiß, dass Zählen in der Tat ein Problem sein kann und es kombinatorische Probleme gibt, die bis zum heutigen Tage ungelöst sind.[13]

Wir werden in diesem Abschnitt zwei einfache Zählregeln formulieren und im nächsten Abschnitt ihre Nützlichkeit für die Stochastik aufzeigen. Es sei hier bemerkt, dass die Kombinatorik ein eigenständiges Gebiet in der diskreten Mathematik ist und wir hier nur an der Oberfläche kratzen. Eine umfassende Einführung mit vielen guten Beispielen findet sich in [DVB].

---

[13] Ein Beispiel ist das Problem der Zerlegung einer natürlichen Zahl in Summanden. Für die Zahl 3 haben wir z.B. $1 + 1 + 1$, $1 + 2$ und $2 + 1$, also insgesamt drei Zerlegungen, wenn wir die Reihenfolge der Summanden berücksichtigen. Ohne Berücksichtigung der Reihenfolge gibt es offenbar nur zwei Zerlegungen. Fragen wir allgemein nach der Anzahl der möglichen Zerlegungen einer Zahl n, so zeigt ein einfacher Induktionsbeweis, dass es $2^{n-1} - 1$ Zerlegungen unter Berücksichtigung der Reihenfolge gibt. Ohne Berücksichtigung der Reihenfolge wird die Frage hoffnungslos schwer!

Definition 3.3.1

Eine Familie $A_1, A_2, \ldots$ von Teilmengen einer Menge Ω heißt *Partition von* Ω, falls

- $A_1, A_2, \ldots$ paarweise disjunkt sind und

- $\Omega = A_1 \cup A_2 \cup \ldots$.

Die Partition heißt *endlich*, wenn die Familie $A_1, A_2, \ldots$ endlich ist.

Wir beginnen mit der sogenannten *Summenregel*. Sie formalisiert nur das, was jeder von uns seit der Grundschule weiß, nämlich dass man große Mengen dadurch abzählen kann, dass man sie in kleinere Mengen zerlegt und diese dann zählt. Die Definition des Begriffs *Partition* sorgt hierbei dafür, dass jedes Element von Ω in genau einem A_i liegt.

Regel 3.3.2   *Summenregel*

Sei Ω eine endliche Menge und $A_1, \ldots, A_r$ eine endliche Partition von Ω, dann gilt

$$|\Omega| = |A_1| + \ldots + |A_r| = \sum_{i=1}^{r} |A_i|.$$

Das zweite Zählprinzip ist die *Produktregel*.

Regel 3.3.3   *Spezielle Produktregel*

Seien $\Omega_1, \ldots, \Omega_r$ endliche Mengen, dann gilt

$$|\Omega_1 \times \cdots \times \Omega_r| = |\{(\omega_1, \ldots, \omega_r) \mid \omega_i \in \Omega_i \text{ für alle } 1 \leq i \leq r\}| = |\Omega_1| \cdot \ldots \cdot |\Omega_r|.$$

Wir werden die Summenregel *nicht* beweisen; ein formaler Beweis, der mehr als nur „Überredung" ist, verwirrt hier eher, als er nützt. Wir können aber die Produktregel aus der Summenregel folgern. Dazu setzen wir $\Omega' := \Omega_2 \times \cdots \times \Omega_r$ und benutzen

$$|\Omega_1 \times \Omega'| = \Big| \bigcup_{\omega_1 \in \Omega_1} \{(\omega_1, \omega') \mid \omega' \in \Omega'\} \Big| = \sum_{\omega_1 \in \Omega_1} |\Omega'| = |\Omega_1| \cdot |\Omega'|.$$

Bemerkenswert ist nun, dass diese Gleichung auch richtig bleibt, wenn zwar die Zusammensetzung der Menge Ω' von ω_1 abhängt, aber nicht ihre Mächtigkeit. Unter diesen Voraussetzungen können wir daher durch wiederholtes Anwenden obiger Gleichung folgende Regel beweisen:

Regel 3.3.4 *Allgemeine Produktregel*

Ein Versuch bestehe aus r nacheinander durchgeführten Experimenten, wobei der Ausgang eines Experiments zwar alle nachfolgenden beeinflussen kann, aber nur derart, dass die Anzahl der möglichen Ausgänge der nachfolgenden Experimente von diesem Ausgang unabhängig sind. Sind $n_1, n_2, \ldots, n_r$ die erwähnten Anzahlen, dann hat der Gesamtversuch

$$n_1 \cdot n_2 \cdot \ldots \cdot n_r$$

mögliche Ausgänge.

Beispiele 3.3.5

1. Eine Münze mit den Seiten 0 und 1 werde sechsmal geworfen. Wie viele mögliche Versuchsausgänge gibt es?

   Es ist $|\Omega_i| = |\{0,1\}| = 2$ für $1 \leq i \leq 6$ und die Münzwürfe beeinflussen sich gegenseitig nicht. Nach der Produktregel gibt es insgesamt

   $$|\Omega_1| \cdot |\Omega_2| \cdot |\Omega_3| \cdot |\Omega_4| \cdot |\Omega_5| \cdot |\Omega_6| = 2^6 = 64$$

   verschiedene mögliche Versuchsausgänge. Allgemein gibt es im n–fachen Münzwurf 2^n mögliche Versuchsausgänge.

2. Wie viele Zeichenfolgen aus fünf Buchstaben haben an der zweiten und vierten Stelle einen Vokal und sonst Konsonanten?

   Es ist $\Omega_1 = \Omega_3 = \Omega_5 = 21$ und $\Omega_2 = \Omega_4 = 5$. Also ist nach der Produktregel die Anzahl gleich

   $$21 \cdot 5 \cdot 21 \cdot 5 \cdot 21 = 231\,525.$$

3. Kennen wir die Primfaktorzerlegung einer natürlichen Zahl N, so wissen wir auch, wie viele verschiedene Teiler diese Zahl besitzt. Sei z.B.

   $$N = q_1^{n_1} \cdot q_2^{n_2} \cdots q_r^{n_r}$$

   die Primfaktorzerlegung, so setzt sich natürlich auch jeder Teiler von N nur aus diesen Faktoren zusammen. Für jede Primzahl q_i, $1 \leq i \leq r$, können wir aus $\Omega_i := \{0, 1, 2, \ldots, n_i\}$ ein Element wählen, welches angibt, wie häufig q_i als Faktor in unserem Teiler auftaucht. Jedes $\omega \in \Omega_1 \times \cdots \times \Omega_r$ repräsentiert dann genau einen Teiler

   $$q_1^{\omega_1} \cdot q_2^{\omega_2} \cdots q_r^{\omega_r}$$

   und nach der Produktregel ist ihre Anzahl daher

   $$(n_1 + 1) \cdot (n_2 + 1) \cdots (n_r + 1)\,.$$

   Hierbei gelten 1 und N selbst als Teiler.

4. In einer Urne sind 5 Kugeln mit den Nummern 1 bis 5. Hiervon werden drei Kugeln nacheinander ohne Zurücklegen gezogen. Wie viele mögliche Ausgänge besitzt dieser Versuch?

   Dieser Versuch hat drei Stufen. In der ersten Stufe können 5 Kugeln gezogen werden, in der zweiten 4, in der dritten 3. Der Ausgang einer Stufe beeinflusst die Möglichkeiten in der nächsten Stufe (eine einmal gezogene Kugel kann nicht nochmals gezogen werden), nicht aber ihre Anzahl. Also folgt mit der allgemeinen Produktregel, dass der Gesamtversuch

   $$5 \cdot 4 \cdot 3 = 60$$

   mögliche Ausgänge hat.

5. Eine Speisekarte bietet die Auswahl aus drei kalten und drei warmen Vorspeisen, zwei kalten und vier warmen Hauptgerichten und als Nachtisch die Wahl zwischen zwei verschiedenen Kuchen, einem Pudding oder einem Obstsalat. Wie viele Menüs gibt es unter der Bedingung, dass bei kalter Vor– und Hauptspeise der Nachtisch Kuchen ist?

   Nun ist die Produktregel nicht mehr direkt anwendbar. Mithilfe der Summenformel zerlegen wir geschickt in drei Mengen: {*Vorspeise warm, Rest beliebig*}, {*Vorspeise kalt, Hauptgericht warm, Nachtisch beliebig*} und {*Vor– und Hauptspeise kalt, Nachtisch Kuchen*}. Zusammen mit der Produktregel berechnet sich die Anzahl der Menüs zu

   $$3 \cdot 6 \cdot 4 + 3 \cdot 4 \cdot 4 + 3 \cdot 2 \cdot 2 = 132.$$

3.4   Kombinatorik II: Stichprobengrößen

Wir werden nun die gerade gelernten Regeln benutzen, um die Größe einer aus einer Grundmenge gezogenen Stichprobe zu berechnen. Hierbei spielen zwei Faktoren eine Rolle: Die Art, wie wir die Stichprobe auswählen, und die Frage, ob wir die Anordnung der Elemente der Stichprobe berücksichtigen wollen.

Bei der Auswahl der Stichprobe können wir entweder bereits gezogene Elemente der Grundmenge für weitere Ziehungen zulassen oder nicht. Je nachdem spricht man vom *Ziehen mit Zurücklegen* oder *Ziehen ohne Zurücklegen*. Außerdem nennen wir die Stichprobe *geordnet* bzw. *ungeordnet*, je nachdem, ob wir der Reihenfolge der gezogenen Elemente eine Bedeutung beimessen oder nicht.

Die Ausgangssituation in diesem Kapitel wird stets sein, dass wir eine Grundmenge der Größe n haben, aus der wir s Elemente wählen. Dazu stellen wir uns eine Urne mit n Kugeln vor, die von 1 bis n nummeriert sind.

3.4.1   Geordnete Stichproben mit Zurücklegen

Wir ziehen also eine von n Kugeln zufällig, notieren ihre Nummer und legen sie wieder zurück in die Urne. Dies wird s–mal wiederholt. Offenbar besitzt dieser Versuch s

Schritte oder Stufen, wobei keine Stufe die anderen Stufen beeinflusst. Jeder Schritt hat n mögliche Versuchsausgänge und daher gibt es aufgrund der Produktregel n^s mögliche Versuchsausgänge des Gesamtversuchs.

Bei einer geordneten Stichprobe zählt also die Reihenfolge der Stichprobenelemente. Ein Beispiel hierfür sind Wörter: Wenn ich aus einem Alphabet mit Zurücklegen die Buchstaben B, E, I und L ziehe, so können diese je nach Reihenfolge u.a. die Wörter $BEIL$, $BLEI$, $LEIB$ oder $LIEB$ ergeben.

Es gibt eine andere Darstellung desselben Experiments. Sie ist zu obiger Darstellung dual im folgenden Sinn: Statt s Mal aus n Kugeln zu ziehen, legen wir s Kugeln in n Urnen. Genauer seien s unterscheidbare (z.B. nummerierte) Kugeln gegeben und n unterscheidbare leere Urnen (z.B. ebenfalls nummeriert oder verschiedenfarbig). Wir legen nun die s Kugeln in die n Urnen; sowohl für die erste Kugel, wie auch für alle nachfolgenden haben wir n Möglichkeiten zur Auswahl. Insgesamt haben wir also wieder n^s mögliche Versuchsausgänge.

Beispiele 3.4.1

1. Es sei $A = \{1, \ldots, s\}$ und $B = \{1, \ldots, n\}$. Wie viele Funktionen $f : A \to B$ gibt es?

   Eine Funktion f muss jedem Element aus A genau ein Element aus B zuordnen; f transportiert also sozusagen jede mit $a \in A$ „nummerierte Kugel" in eine mit $b \in B$ „nummerierte Urne". Es gibt somit

   $$|B|^{|A|} = n^s$$

   verschiedene Funktionen $f : A \to B$.

2. Die Mächtigkeit der Potenzmenge einer n–elementigen Menge

   $$\Omega = \{\omega_1, \ldots, \omega_n\}$$

   ist 2^n. Um dies einzusehen, beschreiben wir jede Teilmenge A von Ω durch eine Abbildung $f_A : \Omega \to \{0, 1\}$ mit

   $$f_A(\omega) = \begin{cases} 0 \text{ , falls } \omega \notin A \\ 1 \text{ , falls } \omega \in A \end{cases}.$$

   Diese Beziehung zwischen der Menge A und der Funktion f_A ist umkehrbar eindeutig, denn die Stellen, an denen f_A den Wert 1 annimmt, sind genau die Elemente von A. Also gibt es ebenso viele Teilmengen von Ω, wie es Funktionen von Ω nach $\{0, 1\}$ gibt. Und davon gibt es nach obigem Beispiel genau 2^n.

3. Eine natürliche Zahl heißt *quadratfrei*, wenn sie von keiner Quadratzahl geteilt wird. Mit der Primfaktorzerlegung einer Zahl N kennen wir auch die Anzahl ihrer quadratfreien Teiler. Sei z.B.

   $$N = q_1^{n_1} \cdot q_2^{n_2} \cdots q_r^{n_r}$$

die Primfaktorzerlegung, so erhalten wir einen quadratfreien Teiler von N (oder die Zahl 1) genau dann, wenn jede Primzahl q_i, $1 \le i \le r$, höchstens einmal als Faktor in unserem Teiler auftaucht. Jedes $\omega \in \{0,1\}^r \setminus \{(0,\ldots,0)\}$ repräsentiert dann genau einen von 1 verschiedenen Teiler

$$q_1^{\omega_1} \cdot q_2^{\omega_2} \cdots q_r^{\omega_r}$$

und daher ist ihre Anzahl gleich $2^r - 1$.

4. Wie viele Tippreihen im Toto gibt es?

   Dazu muss man wissen, dass für das gewöhnliche Fußballtoto, die sogenannte 11er-Wette, also die Resultate von 11 Spielen zu tippen sind. Mögliche Tipps sind hierbei jeweils Sieg der Heimmannschaft („1"), Unentschieden („0") oder Sieg der Gastmannschaft („2"). Das Ausfüllen eines Tippzettels ist also ein Versuch mit 11 Stufen und 3 möglichen Ausgängen pro Stufe. Nach dem oben Überlegten gibt es also

   $$3^{11} = 177\,147$$

   Tippreihen. Man kann sich auch fragen, wie viele davon komplett falsch sind. Es gibt pro Spiel 2 falsche Tipps, also insgesamt

   $$2^{11} = 2\,048$$

   komplett falsche Tippreihen. Dies ist verglichen mit den $177\,147$ insgesamt möglichen Tippreihen sehr wenig (ca. 1%), so dass Sie mit großer Wahrscheinlichkeit selbst dann mindestens ein Spiel richtig vorhersagen, wenn Sie gar keine Ahnung von Fußball haben.

3.4.2 Geordnete Stichproben ohne Zurücklegen

Auch hier ziehen wir wieder s–mal aus einer Urne mit n nummerierten Kugeln, diesmal jedoch, *ohne* die Kugeln zurückzulegen. Natürlich erfordert dies, dass $s \le n$ ist! Wiederum notiert man die Nummern in der Reihenfolge, in der sie erscheinen. Es gibt also insgesamt s Stufen in diesem Versuch, die jedoch jetzt keine Kopien voneinander sind. Denn offenbar beeinflussen die bereits gezogenen Kugeln die möglichen Ergebnisse der nachfolgenden Ziehungen. Wir haben also für den ersten Schritt n mögliche Versuchsausgänge, für den zweiten Schritt noch $n - 1$, für den dritten dann $n - 2$ und so weiter; für den s–ten Schritt bleiben $n - s + 1$ Möglichkeiten. Nach der allgemeinen Produktregel hat das Gesamtexperiment

$$(n)_s := n \cdot (n - 1) \cdots (n - s + 1)$$

mögliche Ausgänge. Ist $s = n$, d.h. wird die Urne vollständig leer gezogen, so gibt es

$$n! := (n)_n = n \cdot (n - 1) \cdots 3 \cdot 2 \cdot 1$$

mögliche Versuchsausgänge.[14] Insbesondere ergibt sich, dass sich eine Menge mit n Elementen auf $n!$ verschiedene Arten anordnen lässt. Denn zieht man die Urne vollständig leer, so bedeutet dies, dass sich die ganze Menge in angeordneter Form außerhalb der Urne befindet.

Die Funktion[15] $n \mapsto n!$ ist eine äußerst schnell wachsende Funktion (schon 70! sprengt die Exponentialanzeige eines handelsüblichen Taschenrechners). Sie wächst schneller als jede Exponentialfunktion, sei es 10^n oder $100\,000^n$. Hiermit ist nicht gemeint, dass tatsächlich für jedes $n \in \mathbb{N}$ der Wert $n!$ größer als z.B. 10^n ist, sondern dass dies für fast alle $n \in \mathbb{N}$ gilt. Es gibt ein n_0, an dem $n!$ die Funktion 10^n eingeholt hat, und von dort an ist sie größer.

Für größere n benutzt man häufig die *Stirlingformel*

$$n! \sim \left(\frac{n}{e}\right)^n \sqrt{2\pi n}.$$

zur Approximation, die nach James Stirling (1696–1770) benannt wurde. Hierbei schreiben wir $a_n \sim b_n$ für zwei Folgen $(a_n)_n$ und $(b_n)_n$, falls

$$\frac{a_n}{b_n} \longrightarrow 1 \text{ für } n \to \infty$$

gilt. Dies bedeutet, dass der *relative Fehler* $(a_n - b_n)/b_n$, den wir durch die Approximation in Kauf nehmen, gegen Null geht. Für den *absoluten Fehler* $|a_n - b_n|$ muss dies keineswegs gelten!

Statt die Zahl 333! als Produkt von 333 verschiedenen Faktoren zu berechnen (und zwar entweder per Hand, oder mithilfe eines von Ihnen selbst geschriebenen Programms auf Ihrem Rechner; denn Ihr Taschenrechner kann es nicht!), nutzen wir die Stirlingformel, um einen Eindruck von der Größe dieser Zahl zu erhalten. Es ist

$$\left(\frac{333}{e}\right)^{333} \cdot \sqrt{2 \cdot \pi \cdot 333} = 10^{333 \cdot \log\left(\frac{333}{e}\right) + \frac{1}{2}\log(2 \cdot \pi \cdot 333)} \approx 10^{697},$$

d.h. 333! besteht aus fast 700 Ziffern. Der relative Fehler dieser Näherung liegt deutlich unter $0,1\%$, während der absolute Fehler selbst mehr als 690 Ziffern besitzt!

Auch hier gibt es eine duale und manchmal nützlichere Formulierung des Experiments. Es sollen s unterscheidbare Kugeln auf n unterscheidbare Urnen verteilt werden. Es gelte aber das folgende *Ausschließungsprinzip*: In jeder Urne darf höchstens eine Kugel liegen. Für die erste Kugel stehen dann n Urnen zur Verfügung, für die zweite noch $n - 1$ und so weiter; für die s–te Kugel kann noch zwischen $n - s + 1$ Urnen gewählt werden. Auch hier ergeben sich also

$$(n)_s = n \cdot (n - 1) \dots (n - s + 1)$$

verschiedene Versuchsausgänge.

---

[14] Ein Ausdruck der Form $(n)_s$ heißt *fallende Faktorielle*; zum Ausdruck $n!$ sagt man n–*Fakultät*.
[15] Üblicherweise setzt man $0! = 1$.

Beispiele 3.4.2

1. Seien $A = \{1, \ldots, s\}$ und $B = \{1, \ldots, n\}$ zwei Mengen mit $s \leq n$. Wie viele *injektive* Abbildung $f : A \rightarrow B$ gibt es?

   Eine injektive Abbildung f legt jede „Kugel" aus A in eine „Urne" aus B, wobei keine Urne mehrmals gewählt werden darf; das besagt ja gerade die Injektivität. Es gibt also $(n)_s$ viele injektive Abbildungen von A nach B.

2. Ein Reiseveranstalter bietet Rundreisen durch europäische Hauptstädte an. Dabei darf der Kunde 5 aus 12 Städten wählen. Die Anzahl der verschiedenen Touren ist dann

$$(12)_5 = 12 \cdot 11 \cdot 10 \cdot 9 \cdot 8 = 95\,040.$$

3. In einem quadratischen Stadtviertel mit schachbrettartigem Grundriss werden an den Straßenkreuzungen Überwachungskameras installiert, die jeweils die beiden sich in der Kreuzung treffenden Straßenzüge kontrollieren. Auf wie viele Arten können acht Kameras in einem Viertel mit je acht Straßen in Längs– bzw. Querrichtung installiert werden, wenn kein Straßenzug doppelt beobachtet werden soll?

   Es muss offenbar in jedem vertikalen und horizontalen Straßenzug genau eine Kamera stehen. Im ersten horizontalen Straßenzug haben wir 8 mögliche Kreuzungen, im zweiten 7 usw. bis der letzte nur eine Möglichkeit lässt. Wir haben also 8! verschiedene Anordnungen. Beachten Sie, dass wir hier keineswegs die duale Darstellung des Ziehens ohne Zurücklegen benutzen; wir verteilen nicht etwa unsere Kameras auf die Kreuzungen, denn die Kameras sind nicht unterscheidbar, so dass unsere Formel gar nicht anwendbar wäre.

   Stattdessen nummerieren wir alle Straßen, ziehen achtmal ohne Zurücklegen aus einer Urne mit den Nummern der Vertikalen und nehmen die Kreuzung der ersten Horizontalen mit der als erstes gezogenen Vertikalen, der zweiten mit der als zweites gezogenen usw. Ganz allgemein erhält man daher für einen rechteckigen $m \times n$–Grundriss, $n \leq m$, das Resultat $(m)_n$, wenn n Kameras positioniert werden sollen.

   Manchmal sieht man diese Frage eingekleidet in den Kontext eines Schachbretts, auf das acht Türme gestellt werden sollen, die sich nicht gegenseitig schlagen können. Dabei muss man von Schach nur wissen, dass Türme nur entlang der Vertikalen und Horizontalen schlagen, um zum gleichen Ergebnis zu gelangen. Allerdings sollte dieses Ergebnis im Fall des Schachbretts durch 2 geteilt werden, wenn man das Brett nicht mit den bei Schachspielern üblichen Koordinaten versieht, da es rotationssymmetrisch ist.[16]

Das folgende Beispiel ist unter dem Namen „Rencontre–Problem" bekannt geworden. Es existiert in den verschiedensten Einkleidungen.

---

[16] Dies ist in einem Stadtplan gerade nicht so, denn wenn sich in der oberen rechten Kreuzung die *Immanuel–Kant–Allee* mit der *Johann–Sebastian–Bach–Straße* trifft, dann ist das eben etwas anderes, als das Zusammentreffen des *Gerhard–Schröder–Pfads* mit der *Dieter–Bohlen–Gasse* links unten.

Beispiel 3.4.3

Eine Sekretärin tippt n Briefe und adressiert n Umschläge. Dann steckt sie die Briefe in die Umschläge, ohne auf die Adressen zu schauen (das macht eine gute Sekretärin natürlich üblicherweise nicht). Wie groß ist die Wahrscheinlichkeit, dass mindestens ein Brief in den richtigen Umschlag gelangt?

Wir folgen einem Ansatz, der in der Wahrscheinlichkeitsrechnung oft von Erfolg gekrönt ist: Wir lösen das komplementäre Problem. Wir berechnen die Wahrscheinlichkeit, dass keiner der Briefe richtig abgesandt wird. Mathematisch kann man dieses Problem so formulieren: Wie viele fixpunktfreie Permutationen der Menge $\{1, \ldots, n\}$ gibt es?

Hierbei ist eine Permutation eine injektive (und sogar bijektive) Abbildung

$$\sigma : \{1, \ldots, n\} \to \{1, \ldots, n\}.$$

Eine Permutation ist also eine Umordnung der Zahlen $1, \ldots, n$ und wir notieren eine Permutation σ auch mit $(\sigma(1), \ldots, \sigma(n))$. Ist beispielsweise $n = 3$, so ist $(1, 3, 2)$ eine solche Permutation, aber auch $(2, 3, 1)$. Ein Fixpunkt einer Permutation ist ein $j \in \{1, \ldots, n\}$, für welches $\sigma(j) = j$ gilt. Bei $(1, 3, 2)$ ist also 1 ein Fixpunkt, während $(2, 3, 1)$ keine Fixpunkte hat.

Eine Permutation heißt fixpunktfrei, falls sie keine Fixpunkte besitzt. Mathematisch kann man das verkehrte Adressieren der Briefe nun als eine Permutation der Adressaten auffassen. Ein Fixpunkt dieser Permutation wäre also ein richtig adressierter Brief und wir suchen in der Tat nach den fixpunktfreien Permutationen.

Es sei a_n die Anzahl der fixpunktfreien Permutationen von $\{1, \ldots, n\}$. Wir versuchen hierfür eine Rekursion in n herzuleiten, also eine Formel, mit der wir die Anzahl a_n aus bereits berechneten a_k, $k < n$, bestimmen können.

Offenbar gilt $a_1 = 0$, denn jede Umordnung eines einzigen Elementes lässt dieses an seinem Platz. Es ist $a_2 = 1$, denn $(2, 1)$ ist die einzige fixpunktfreie Permutation der Zahlen 1 und 2. Allgemein überlegt man sich Folgendes: Damit σ eine fixpunktfreie Permutation von $\{1, \ldots, n\}$ ist, darf auf keinen Fall $\sigma(1) = 1$ gelten.

Nehmen wir zunächst $\sigma(1) = 2$ an. Jetzt gibt es zwei Möglichkeiten, nämlich entweder $\sigma(2) = 1$, so dass für eine fixpunktfreie Permutation σ nur noch die Elemente $3, \ldots, n$ fixpunktfrei permutiert werden müssen, wofür es a_{n-2} Möglichkeiten gibt; oder aber $\sigma(2) \neq 1$, so dass wir eine Permutation benötigen, die 2 nicht auf 1, aber auch 3 nicht auf 3, 4 nicht auf 4 usw. wirft. Davon gibt es a_{n-1} viele. Die Summenregel sagt uns daher, dass es unter der Annahme $\sigma(1) = 2$ genau $a_{n-2} + a_{n-1}$ fixpunktfreie Permutationen σ gibt.

Falls $\sigma(1)$ nun irgendeine Zahl aus $\{2, \ldots, n\}$ ist, dann ändert sich die gerade geführte Argumentation überhaupt nicht. Für jeden der $n - 1$ möglichen Werte von $\sigma(1)$ erhalten wir stets die gleiche Anzahl $a_{n-2} + a_{n-1}$ fixpunktfreier Permutationen der restlichen Zahlen, so dass sich wegen der Produktregel die Rekursion

$$a_n = (n - 1)(a_{n-1} + a_{n-2})$$

ergibt. Hiermit lässt sich aus $a_1 = 0$ und $a_2 = 1$ sukzessive jedes a_n berechnen; z.B. ist $a_3 = 2$, $a_4 = 9$ und $a_5 = 44$.

Die Frage ist, ob sich auch eine explizite, also geschlossene Formel für die a_n herleiten lässt. Tatsächlich ist dies möglich: Wir formen die Rekursion um und erhalten

$$a_n - na_{n-1} = -[a_{n-1} - (n-1)a_{n-2}]. \tag{3.4}$$

Setzt man $b_n := a_n - na_{n-1}$, so besagt (3.4) doch gerade, dass $b_n = -b_{n-1}$ gilt. Also ist

$$b_n = (-1)b_{n-1} = (-1)^2 b_{n-2} = \ldots = (-1)^{n-2} b_2 = (-1)^n$$

und daher

$$a_n = (-1)^n + na_{n-1}.$$

Dividiert man dies durch $n!$, so erhält man

$$\frac{a_n}{n!} = \frac{(-1)^n}{n!} + \frac{a_{n-1}}{(n-1)!} \tag{3.5}$$

und dies ist eine Rekursion, die man nun Schritt für Schritt anwenden kann um

$$\frac{a_n}{n!} = \frac{(-1)^n}{n!} + \frac{(-1)^{n-1}}{(n-1)!} + \ldots + \frac{1}{2!}$$

zu erhalten. In der Analysis lernt man, dass die rechte Seite dieser Gleichung gegen $\frac{1}{e}$ konvergiert. Somit gilt für große n die Näherung

$$\frac{a_n}{n!} \approx \frac{1}{e} \approx 0,368.$$

Da nun a_n die Anzahl der fixpunktfreien Permutationen ist und es insgesamt $n!$ Permutationen gibt, ist $a_n/n!$ die Wahrscheinlichkeit, rein zufällig (d.h. in einem Laplace–Modell) eine fixpunktfreie Permutation auszuwählen. Umgekehrt ist dann die Wahrscheinlichkeit für mindestens einen Fixpunkt in einer zufällig gewählten Permutation gleich

$$1 - \frac{a_n}{n!} \approx 1 - \frac{1}{e} \approx 0,632 \ ,$$

also beinahe 2/3. Die Wahrscheinlichkeit, dass die Sekretärin also mindestens einen Brief korrekt adressiert, ist daher also ungefähr 0,632, wenn es genügend viele Briefe gibt. Und dies gilt unabhängig von der genauen Anzahl n.

3.4.3   Ungeordnete Stichproben ohne Zurücklegen

Nicht immer spielt bei einer Stichprobe die Reihenfolge der Stichprobenelemente eine Rolle; häufig interessiert nur, welche Elemente gewählt wurden. Denken wir uns also wieder eine Urne mit n nummerierten Kugeln, aus der wir mit einem Griff s Kugeln ziehen, $s \leq n$. Dann beschreibt dieses Experiment eine Ziehung ohne Zurücklegen und ohne Beachtung der Reihenfolge der gezogenen Elemente.

Wir wollen die Anzahl der möglichen Versuchsausgänge mit $\binom{n}{s}$ bezeichnen. Offenbar ist $\binom{n}{s}$ die Anzahl der s–elementigen Teilmengen von $\{1, \ldots, n\}$ und jede dieser Teilmengen kann auf $s!$ verschiedene Arten angeordnet werden. Nach der Produktregel gibt es daher $s! \cdot \binom{n}{s}$ geordnete Stichproben. Andererseits hatten wir diese Anzahl bereits berechnet und zwar zu $(n)_s$. Somit gilt

$$\binom{n}{s} = \frac{(n)_s}{s!} = \frac{n!}{s! \cdot (n-s)!}.$$

Die duale Darstellung dieses Versuchs ist das Verteilen von s identischen, d.h. ununterscheidbaren Kugeln auf n nummerierte Urnen nach dem Ausschlussprinzip. Denn dafür wählen wir s der n verschiedenen Urnen aus und legen in jede eine Kugel. Die einzige Wahl findet bei dem Festlegen der s–elementigen Teilmenge der Urnen statt und dafür gibt es gerade $\binom{n}{s}$ Möglichkeiten.

Beispiel 3.4.4:   *Das Lottoproblem*

Der Philosoph Samuel von Pufendorf (1632–1694) definierte den Begriff „Lotto" als ein Mittel, das die Erzielung eines Gewinnes verspricht,

> *„ ... indem jemand aus einem Gefäß, darinnen eine Anzahl beschriebener und unbeschriebener Zettel ist, für Geld einen oder mehrere Zettel herauszuziehen darf, und dasjenige, was auf dem Zettel beschrieben, für sich bekommt."*

In Genua erfand man das Lotto im 15. Jahrhundert als praktisches Mittel zur Geldbeschaffung. Ursprünglich diente das Los dazu, jährlich die Ratsmitglieder neu zu bestimmen. Die Genueser schrieben zu diesem Zweck neunzig Namen auf Zettel und zogen verdeckt fünf davon. Aus der Bestimmung des neuen Stadtrates entwickelte sich dann ein reger Wettbetrieb. Indem die Namen durch Zahlen ersetzt wurden, mündete dies später in das Lotto „5 aus 90"; das ist übrigens der Grund, warum heute in Italien auch dieses Lotto angeboten wird.

Der erste, der das Zahlenlotto privat als reines Glücksspiel anbot, war der Genuese Benedetto Gentile. Schon damals fanden sich viele begeisterte Lottospieler und sorgten für hohe Umsätze. Da dieses einfache Geschäftsprinzip große Gewinne für den Veranstalter einbrachte, ging das Recht, Lotterien zu veranstalten, auf die jeweiligen Herrscher oder Regierungen über. An den Königs– und Fürstenhöfen war es eine ergiebige Einnahmequelle.

Auch in Deutschland besteht (noch) ein sogenanntes Glücksspielmonopol. Der Staat bietet dabei über die Lottogesellschaften das Lotto „6 aus 49" an. Bekanntlich enthält dabei eine Urne 49 Kugeln mit den Nummern 1 bis 49 und sechs davon werden rein zufällig ohne Zurücklegen und ohne Beachtung der Reihenfolge gezogen.

Die Lottoziehung bestimmt also eine 6–elementige Teilmenge, und dafür gibt es

$$\binom{49}{6} = \frac{49 \cdot 48 \cdot 47 \cdot 46 \cdot 45 \cdot 44}{1 \cdot 2 \cdot 3 \cdot 4 \cdot 5 \cdot 6} = 13\,983\,816$$

Möglichkeiten. Bei rein zufälliger Auswahl hat somit jede Ziehung eine Wahrscheinlichkeit von $1/13\,983\,816$.

Fragen wir nach der Wahrscheinlichkeit für k richtige Zahlen, $0 \leq k \leq 6$, so hilft uns eine alternative Darstellung der Lottoziehung. Stellen wir uns vor, dass die sechs Gewinnzahlen rot markierte Kugeln seien und die übrigen 43 Kugeln weiß; ein Tipp im Lotto ist dann eine 6–elementige Stichprobe der 49 Kugeln und die Anzahl der gezogenen roten Kugeln entspricht der Anzahl der richtig getippten Zahlen.

Sei $f(k)$ die Anzahl der Stichproben mit k roten Kugeln, dann ist

$$\mathbb{P}(k \text{ Richtige}) = \frac{f(k)}{\binom{49}{6}} \quad \text{für } k = 0, 1, 2, \ldots, 6$$

und wir müssen $f(k)$ berechnen.

Für die Wahl von k roten Kugeln gibt es $\binom{6}{k}$ Möglichkeiten. Weiterhin müssen aus den 43 weißen Kugeln $6 - k$ Kugeln gezogen werden; hierfür gibt es $\binom{43}{6-k}$ Möglichkeiten. Nach der Produktregel ist also

$$f(k) = \binom{6}{k}\binom{43}{6-k}.$$

Tabelliert man $f(k)$ so ergibt sich

k	0	1	2	3	4	5	6
$f(k)$	6 096 454	5 775 588	1 851 150	246 820	13 545	258	1

Um die Gewinnchancen zu steigern, könnte man bei der Ziehung auch 10 Gewinnzahlen auswählen und ein Spieler hätte dann k Richtige, wenn sich unter seinen sechs getippten Zahlen genau k dieser zehn Zahlen befinden. Von den 49 Kugeln sind also nun 10 rot und wir möchten genau k rote Kugeln bei einer Stichprobe von sechs Kugeln. Die Wahrscheinlichkeit hierfür ist

$$\frac{\binom{10}{k} \cdot \binom{39}{6-k}}{\binom{49}{6}} \quad \text{für } k = 0, 1, 2, \ldots, 6,$$

also ungefähr $1/66\,590$ für $k = 6$. Diese Wahrscheinlichkeit ist bedeutend größer als die Wahrscheinlichkeit für sechs Richtige beim üblichen Lotto. Man sollte daher die Auszahlung beim Hauptgewinn verringern.

Beispiele 3.4.5

1. Was ist die Wahrscheinlichkeit, beim zehnfachen fairen Münzwurf genau vier Einsen zu werfen?

   In unserem Laplace–Modell sind von den 2^{10} möglichen Versuchsausgängen genau $\binom{10}{4}$ günstig, denn soviele Möglichkeiten gibt es, genau vier der zehn Würfe auszuwählen, um an ihnen dann eine Eins zu werfen. Die Wahrscheinlichkeit ist also

$$\mathbb{P}(4 \text{ Einsen}) = \frac{\binom{10}{4}}{2^{10}} = \frac{210}{1\,024} \approx 0,2.$$

   Ganz allgemein gibt es beim n–fachen fairen Münzwurf unter den 2^n möglichen 0–1–Folgen der Länge n genau $\binom{n}{k}$ viele, die an k Stellen eine Eins haben. Somit ist die Wahrscheinlichkeit für k Einsen gleich

$$\mathbb{P}(k \text{ Einsen}) = \frac{\binom{n}{k}}{2^n}.$$

   Natürlich ist die Wahrscheinlichkeit für k Nullen genau so groß, denn die Münze ist ja fair. Nun bedeuten k Nullen offenbar $n - k$ Einsen; insgesamt muss also die Wahrscheinlichkeit für k Einsen gleich der Wahrscheinlichkeit für $n - k$ Einsen sein! Damit ergibt sich die Gleichung

$$\binom{n}{k} = \binom{n}{n-k},$$

   die man natürlich auch direkt an der Definition von $\binom{n}{k}$ ablesen kann.

2. Greifen wir das Beispiel 3.4.2.3 noch einmal auf und fragen, wie viele Möglichkeiten es gibt, fünf Kameras in das beschriebene Stadtviertel mit je acht Längs– bzw. Querstraßen zu installieren, so dass kein Straßenzug doppelt überwacht wird.

   Nun müssen wir aus z.B. den acht quer verlaufenden Straßen fünf auswählen und die Kameras dann in einem 8×5–Grundriss positionieren. Insgesamt erhalten wir daher

$$\binom{8}{5} \cdot (8)_5 = 376\,320$$

   Möglichkeiten. Allgemein gibt es für s Kameras in einem $m \times n$–Grundriss, $s \leq \min(n, m)$,

$$\binom{n}{s} \cdot (m)_s$$

   Möglichkeiten. Mit derselben Argumentation kann man aber auch zuerst aus den m Straßenzügen s wählen und dann die Kameras in den gewählten Straßen positionieren. Dies muss die gleiche Anzahl an Möglichkeiten liefern, so dass wir

$$\binom{n}{s} \cdot (m)_s = \binom{m}{s} \cdot (n)_s$$

für $m, n \in \mathbb{N}$ und $s \leq \min(n, m)$ haben. Natürlich bestätigt sich diese Gleichheit auch durch einfaches Nachrechnen.

3. Es soll aus einer Gruppe von n Personen ein Ausschuss der Größe s gebildet werden, von denen einer der (oder die) Vorsitzende ist. Dies kann entweder so geschehen, dass man erst den Vorsitzenden wählt, wofür es $\binom{n}{1}$ Möglichkeiten gibt, und dann die $s - 1$ restlichen Mitglieder, was auf $\binom{n-1}{s-1}$ Arten geschehen kann. Oder man wählt alternativ erst die s Mitglieder, wofür $\binom{n}{s}$ Möglichkeiten bestehen, und die wählen unter sich einen Vorsitzenden, was klarerweise auf $s = \binom{s}{1}$ Arten geschehen kann. Da beides dieselbe Anzahl möglicher Konstellationen liefern muss, gilt

$$n \cdot \binom{n-1}{s-1} = s \cdot \binom{n}{s}.$$

Auch diese Gleichung lässt sich natürlich durch Nachrechnen verifizieren. Nicht so leicht läßt sich für $n \leq m$ die Formel

$$\binom{m+n}{n} = \binom{m}{0}\binom{n}{0} + \binom{m}{1}\binom{n}{1} + \binom{m}{2}\binom{n}{2} + \ldots + \binom{m}{n}\binom{n}{n}$$

durch direktes Nachrechnen verifizieren. Kombinatorisch ist diese Gleichung jedoch einfach zu beweisen: Aus einer Gruppe von m Männern und n Frauen soll ein Ausschuss der Größe n gewählt werden. Dies geht auf $\binom{m+n}{n}$ verschiedene Arten. Andererseits kann man die möglichen Ausschüsse auch nach ihrer Geschlechterverteilung unterscheiden und die Summen- und Produktregel anwenden, so dass man für die Anzahl der möglichen Ausschüsse

$$\sum_{k=0}^{n} \text{Ausschuss hat } k \text{ Männer und } n - k \text{ Frauen} = \sum_{k=0}^{n} \binom{m}{k} \cdot \binom{n}{n-k}$$

erhält. Da aber $\binom{n}{n-k} = \binom{n}{k}$ ist, gilt obige Gleichung.

4. Wir hatten gezeigt, dass es 2^n Teilmengen der Menge $\{1, \ldots, n\}$ gibt. Alternativ kann man die Teilmengen auch nach ihrer Mächtigkeit in Klassen einteilen. Es gibt $\binom{n}{k}$ Teilmengen der Mächtigkeit k für jedes $k = 0, 1, \ldots, n$ so dass die Summenregel

$$\sum_{k=0}^{n} \binom{n}{k} = 2^n$$

ergibt. Diese Gleichung lässt sich nicht mehr ganz so offensichtlich durch Nachrechnen bestätigen. Wohlgemerkt: Die Gleichung muss nicht mehr bestätigt werden, sondern sie ist bereits durch unsere Argumentation bewiesen! Es geht um einen alternativen Beweis. Dieser lässt sich tatsächlich mithilfe des Binomischen Lehrsatzes führen.

Bekanntlich gibt dieser an, wie man die n–te Potenz, $n \in \mathbb{N}$, der Summe zweier Zahlen $a, b \in \mathbb{R}$ ausrechnet. Ihm zufolge gilt

$$(a + b)^n = \sum_{k=0}^{n} \binom{n}{k} \cdot a^k \cdot b^{n-k}.$$

Setzt man nun $a = b = 1$ ein, so ergibt sich

$$2^n = (1 + 1)^n = \sum_{k=0}^{n} \binom{n}{k} \cdot 1^k \cdot 1^{n-k} = \sum_{k=0}^{n} \binom{n}{k}.$$

5. Eine andere interessante Gleichung erhält man ebenfalls aus dem Binomischen Lehrsatz und zwar indem man $a = -1$ und $b = 1$ einsetzt:

$$0 = (-1 + 1)^n = \sum_{k=0}^{n} \binom{n}{k} \cdot (-1)^k \cdot 1^{n-k} = \sum_{k=0}^{n} \binom{n}{k}(-1)^k.$$

Offenbar ist $(-1)^k = -1$, falls k ungerade ist, und $(-1)^k = 1$, falls k gerade ist. Trennen wir also die Summanden mit geradem k von denen mit ungeradem k, so erhalten wir

$$0 = \sum_{\substack{k=0 \\ k \text{ gerade}}}^{n} \binom{n}{k} - \sum_{\substack{k=0 \\ k \text{ ungerade}}}^{n} \binom{n}{k}.$$

In Worten bedeutet diese Gleichung, dass jede Menge ebenso viele Teilmengen gerader wie ungerader Mächtigkeit hat.

6. Wie viele verschiedene Zahlen kann man mit einem Ziffernvorrat von drei Einsen, fünf Dreien und acht Sechsen schreiben?

Aus den 16 Stellen, die die entstehende Zahl besitzt, wählen wir 3 für die Einsen und aus den verbleibenden 13 Stellen wählen wir 5 für die Dreien. Die restlichen Stellen werden mit Sechsen aufgefüllt. Wir haben somit

$$\binom{16}{3} \cdot \binom{13}{5}$$

verschiedene Möglichkeiten. Aber natürlich könnten wir auch erst die Sechsen positionieren und danach die Einsen; wir erhielten

$$\binom{16}{8} \cdot \binom{8}{3}$$

als Anzahl. Natürlich müssen beide Ausdrücke denselben Wert besitzen und das tun sie auch, nämlich

$$\frac{16!}{3! \cdot 5! \cdot 8!},$$

wie man sofort nachrechnet. Diesen Bruch kann man nun auch anders interpretieren: Er gibt uns ja die Anzahl der möglichen 16–stelligen Zahlen unter der vernünftigen Bedingung, dass z.B. die drei Einsen identisch sind. Denken wir uns nun die Einsen, aber auch die Dreien und Sechsen voneinander unterscheidbar, und betrachten alle Anordnungen, die sich jetzt noch mit jeweils einer Permutation der Einsen, Dreien und Sechsen ergeben, so multipliziert sich die ursprüngliche Anzahl mit 3!, 5! und 8! und man erhält eine beliebige Anordnung von 16 jetzt unterscheidbaren Elementen. Das Produkt der Anzahl von 16–stelligen Zahlen mit 3!·5!·8! muss also 16! ergeben; daher obiger Bruch.

Wenn wir allgemein r Gruppen von Objekten haben, jede Gruppe eine Anzahl n_i identischer Objekte enthält, $1 \leq i \leq r$, die Objekte verschiedener Gruppen jedoch verschieden sind, dann gibt es

$$\frac{(n_1 + n_2 + \ldots + n_r)!}{n_1! \cdot n_2! \cdots n_r!} = \frac{\left(\sum_{i=1}^{r} n_i\right)!}{\prod_{i=1}^{r} n_i!}$$

unterschiedliche Anordnungen aller Objekte.

3.4.4   Ungeordnete Stichproben mit Zurücklegen

Stellen wir uns nun wieder eine Urne mit n Kugeln vor, die von 1 bis n nummeriert sind. Diesmal wollen wir mit Zurücklegen s Kugeln ziehen und die Reihenfolge der gezogenen Kugeln spielt keine Rolle. Da bei jeder Ziehung alle Kugeln zur Verfügung stehen, muss keineswegs s kleiner als n sein.

Zur Berechnung der Anzahl der Möglichkeiten betrachten wir die gleiche Frage unter einem anderen und dabei genial einfachen Blickwinkel. Wir legen uns eine Tabelle mit den Zahlen $1, \ldots, n$ an und jedesmal, wenn die Kugel mit der Nummer k gezogen wird, machen wir in der Tabelle ein Kreuz bei dieser Nummer. Nach der Ziehung haben wir z.B. folgendes Bild:

Kugelnummer	1	2	...	$n-1$	n
wurde gezogen	× × ×	×	...		× ×

Wenn wir die Anzahl aller so entstehenden Tabellen zählen, dann ist dies gleich der Anzahl aller Möglichkeiten bei der Ziehung, denn jede Tabelle entspricht umkehrbar eindeutig einer Ziehung. Dazu abstrahieren wir noch einen Schritt weiter und zeichnen nur noch

$$\underbrace{\times \ \times \ \times \,|\, \times \,|\, \ldots \,|\ \ |\, \times \ \times}$$

s Kreuze und $n-1$ Striche

als Tabelle. Eine Ziehung ist also nichts anderes als eine Anordnung von s Kreuzen und $n-1$ Strichen und deren Anzahl ist

$$\binom{s+n-1}{s},$$

wie wir aus dem vorhergehenden Abschnitt wissen. Denn wir müssen ja nur aus den $s+n-1$ zur Verfügung stehenden Positionen genau s für die Kreuze wählen.

Bei der dualen Darstellung des Problems werden s identische Kugeln auf n nummerierte Urnen verteilt. Diese Darstellung ist jedem von uns bekannt: Es beschreibt eine Wahl! Die s Wähler haben je eine Stimme und alle Stimmen zählen gleich. Weiter gibt es n unterscheidbare Kandidaten, die zur Wahl stehen. Der Wahlausgang wird dann genau durch ein wie oben gezeichnetes Schema wiedergegeben. Man kann daran ablesen, wie viele Stimmen jeder Kandidat erhielt.

Beispiele 3.4.6

1. Wie viel mögliche Ziehungen gäbe es beim Lotto „6 aus 49", wenn die gezogenen Kugeln jedesmal zurückgelegt würden?

   Da die Reihenfolge der gezogenen Kugeln beim Lotto keine Rolle spielt, gibt es gemäß unseren Überlegungen

   $$\binom{6+49-1}{6} = \binom{54}{6} = 25\,827\,165$$

   mögliche Stichproben, die allerdings nicht alle die gleiche Wahrscheinlichkeit besitzen. Fragen wir nach der Wahrscheinlichkeit für „Sechs Richtige" bei diesem Lotto, so benutzen wir am besten die Pfadregel und erhalten

   $$\frac{6}{49} \cdot \frac{5}{49} \cdot \frac{4}{49} \cdot \frac{3}{49} \cdot \frac{2}{49} \cdot \frac{1}{49} = \frac{6!}{49^6} \approx \frac{1}{19\,224\,010}.$$

2. Ein Ernährungsplan sieht vor, dass aus den Gruppen *Kohlehydrate*, *Proteine*, *Ballaststoffe* und *Vitamine* täglich insgesamt zwanzig Einheiten verzehrt werden sollen. Der Speiseplan kann daher

   $$\binom{20+4-1}{20} = 1\,771$$

   verschiedene Kombinationen dieser Nährstoffe haben. Allerdings werden hierbei auch die einseitigen Ernährungen gezählt, die z.B. nur aus Kohlehydrate bestehen. Wollen wir es etwas gesünder und soll aus jeder Gruppe mindestens zweimal gewählt werden, so gibt es nur noch

   $$\binom{12+4-1}{12} = 455$$

   Möglichkeiten, denn acht Einheiten im Speiseplan sind bereits vorgegeben: aus jeder Gruppe zwei Einheiten. Die übrigen zwölf können frei gewählt werden; für sie ist jetzt auch einseitige Kost erlaubt.

Aufgaben

1. Auf wie viele verschiedene Arten können sich 6 Frauen und 6 Männer an einen runden Tisch setzen, wenn sich in der Reihenfolge Frauen und Männer immer abwechseln sollen?

2. Mit welcher Wahrscheinlichkeit sind von sieben zufällig ausgewählten Personen alle an verschiedenen Wochentagen geboren? Mit welcher Wahrscheinlichkeit haben sie alle verschiedene Geburtsmonate?

3. Marlene sagt, es sei wahrscheinlicher, bei der nächsten Ziehung der Lottozahlen mindestens eine Zahl der letzten Ziehung zu erhalten als ausschließlich neue Zahlen. Stimmt das?

4. Die fallende Faktorielle ist für jede Zahl $\alpha \in \mathbb{R}$ und jedes $k \in \mathbb{N}$ definiert als

$$(\alpha)_k = \alpha(\alpha - 1)(\alpha - 2) \cdots (\alpha - k + 1).$$

   Beweisen Sie die Gleichung $(-\alpha)_k = (-1)^k (\alpha + k - 1)_k$.

5. Zum Pokern benötigt man ein Spiel mit 52 Karten: in jeder der vier Farben Kreuz, Pik, Herz und Karo die Karten von 2 bis As. Fünf Karten bilden ein *Full House*, wenn sie ein Drilling mit einem Pärchen sind, also z.B. drei Vieren mit zwei Buben. Fünf aufeinander folgende Karten nennt man eine *Straße*, also z.B. eine Acht, Neun, Zehn, Bube und Dame. Dabei spielt die Farbe der Karten keine Rolle. Fünf Karten in einer Farbe heißen *Flush*, also z.B. eine Zwei, Fünf, Zehn, König und As in Pik. Mit welcher Wahrscheinlichkeit bilden fünf zufällig (ohne Zurücklegen!) gezogene Karten

   (a) ein Full House?

   (b) eine Straße?

   (c) einen Flush?

6. Es sollen insgesamt 1500 Euro an vier Vereine gespendet werden, wobei jede Spende ein Vielfaches von 100 Euro sein soll. Auf wie viele Arten kann gespendet werden? Auf wie viele Arten kann man spenden, wenn jeder Verein mindestens 100 Euro erhalten soll?

7. Sie wetten, dass Sie mit vier fairen Würfeln mindestens zwei Sechsen oder mindestens drei aufeinander folgende Zahlen werfen. Mit welcher Wahrscheinlichkeit gewinnen Sie?

8. Auf wieviel verschiedene Arten kann man aus 12 Personen einen Ausschuss aus drei Personen wählen? Auf wieviele Arten kann man aus 7 Frauen und 6 Männern einen Ausschuss bestehend aus 3 Frauen und 2 Männern wählen?

9. Bekanntlich sind auf einem Würfel die Zahlen 1 bis 6 so angeordnet, dass gegenüberliegende Zahlen die Summe sieben ergeben. Auf wie viele verschiedene Arten könnte man einen Würfel ohne diese Einschränkung beschriften?

10. Die acht weißen Bauern eines Schachspiels werden rein zufällig auf dem Schachbrett verteilt. Mit welcher Wahrscheinlichkeit stehen sie alle nebeneinander, d.h. alle in derselben Reihe oder Linie?

11. Wieviele siebenstellige natürliche Zahlen haben eine gerade Quersumme? Mit welcher Wahrscheinlichkeit besitzt eine zufällig gewählte siebenstellige Zahl eine gerade Quersumme?

3.5   Der Satz von Bayes

Wir kommen in diesem Abschnitt auf den Begriff der bedingten Wahrscheinlichkeit zurück und lernen eine der wichtigsten Rechenregeln hierfür kennen: den nach Thomas Bayes (1702–1761) benannten *Satz von Bayes*. Hierzu sei noch einmal an die Definition

$$\mathbb{P}(A|B) = \frac{\mathbb{P}(A \cap B)}{\mathbb{P}(B)} \quad , A, B \in \mathcal{A} , \ \mathbb{P}(B) > 0,$$

der bedingten Wahrscheinlichkeit erinnert. Die zugrunde liegende Frage wird im folgenden sein: Was kann man über $\mathbb{P}(B|A)$ sagen, wenn man $\mathbb{P}(A|B)$ kennt? Wir nähern uns dieser Frage anhand eines Beispiels mit einem einigermaßen überraschenden Ergebnis.

Gegeben sei eine Population Ω von Rindern, unter denen die Seuche BSE ausgebrochen ist. Die Infektionsrate beträgt $0,01\%$, d.h. jedes $10\,000$. Rind ist an BSE erkrankt. Da es sich um eine sehr gefährliche Krankheit handelt, hat man einen sehr sicheren Test entwickelt: Ein erkranktes Rind wird mit $99,9\%$ Wahrscheinlichkeit positiv getestet, ein gesundes Rind wird mit 95% Wahrscheinlichkeit negativ, d.h. gesund getestet. Nun wird jedes $\omega \in \Omega$ getestet und es stellt sich die Frage: Was ist die Wahrscheinlichkeit, dass ein positiv getestetes Rind auch wirklich an BSE erkrankt ist?

Wir betrachten die Mengen

$$B := \{\omega \in \Omega \mid \omega \text{ ist an BSE erkrankt}\} \text{ und}$$
$$\oplus := \{\omega \in \Omega \mid \omega \text{ ist positiv getestet}\}$$

und fragen offenbar nach $\mathbb{P}(B|\oplus)$, nämlich nach der Wahrscheinlichkeit, dass ein ω in B liegt, wenn wir wissen, dass es in $\oplus$ liegt. Das Wahrscheinlichkeitsmaß $\mathbb{P}$ wird hierbei nicht etwa auf ganz $\mathcal{P}(\Omega)$ definiert, sondern nur auf der kleinsten σ–Algebra, die die Mengen B und $\oplus$ enthält. Zum Glück kennen wir bereits einige Wahrscheinlichkeiten, nämlich

$$\mathbb{P}(\oplus|B) = \mathbb{P}(\text{ein krankes Rind wird positiv getestet}) = 0,999$$
$$\mathbb{P}(\oplus|B^c) = \mathbb{P}(\text{ein gesundes Rind wird positiv getestet}) = 0,05$$
$$\mathbb{P}(B) = \mathbb{P}(\text{ein Rind ist erkrankt}) = 0,0001.$$

Daraus können wir auch andere Wahrscheinlichkeiten ableiten, beispielsweise

$$\mathbb{P}(\oplus) = \mathbb{P}(\oplus \cap (B \cup B^c)) = \mathbb{P}(\oplus \cap B) + \mathbb{P}(\oplus \cap B^c)$$
$$= \mathbb{P}(\oplus|B) \cdot \mathbb{P}(B) + \mathbb{P}(\oplus|B^c) \cdot \mathbb{P}(B^c) = 0,0500949 .$$

Und dies liefert uns die gesuchte Wahrscheinlichkeit, denn es ist

$$\mathbb{P}(B|\oplus) = \frac{\mathbb{P}(B \cap \oplus)}{\mathbb{P}(\oplus)} = \frac{\mathbb{P}(\oplus|B) \cdot \mathbb{P}(B)}{\mathbb{P}(\oplus)} = \frac{0,999 \cdot 0,0001}{0,0500949} \approx 0,002.$$

Die Wahrscheinlichkeit, dass ein positiv getestetes Rind krank ist, ist also etwa $1/500$; einerseits bringt der Test also eine enorme Verbesserung! Denn ohne ihn ist ein zufällig gewähltes Rind nur zu $1/10\,000$ erkrankt, während die Wahrscheinlichkeit für ein positiv getestetes Rind offenbar um den Faktor 20 höher liegt. Dennoch ist von fünfhundert positiv getesteten Rindern im Durchschnitt nur eines krank. Es lohnt sich also, nicht gleich notzuschlachten.

Schreiben wir einmal die Formel für die gesuchte Wahrscheinlichkeit nach dem Einsetzen von $\mathbb{P}(\oplus)$ hin:

$$\mathbb{P}(B|\oplus) = \frac{\mathbb{P}(\oplus|B) \cdot \mathbb{P}(B)}{\mathbb{P}(\oplus|B) \cdot \mathbb{P}(B) + \mathbb{P}(\oplus|B^c) \cdot \mathbb{P}(B^c)}.$$

Es ist faszinierend zu erkennen, dass man an diesem etwas bedrückenden Ergebnis wenig ändern kann. Verbessert man den Test insofern, dass man nun erkrankte Rinder mit 100% Wahrscheinlichkeit erkennt, so bringt das im Wesentlichen gar nichts! Es wird

$$\mathbb{P}(B|\oplus) = \frac{1 \cdot \mathbb{P}(B)}{1 \cdot \mathbb{P}(B) + \mathbb{P}(\oplus|B^c) \cdot \mathbb{P}(B^c)} = \frac{1}{1 + 0,05 \cdot 9999} \approx 0,002$$

unverändert auf drei Dezimalstellen gerundet. Verbessert man den Test noch weiter, dass man nun mit 99, 9% Wahrscheinlichkeit ein gesundes Rind auch gesund testet, so ist

$$\mathbb{P}(B|\oplus) = \frac{\mathbb{P}(B)}{\mathbb{P}(B) + \mathbb{P}(\oplus|B^c) \cdot \mathbb{P}(B^c)} = \frac{1}{1 + 0,001 \cdot 9999} \approx 0,09 \ ,$$

d.h. man tötet von 100 positiv getesteten Rindern immer noch 91, obwohl sie kein BSE haben. Die einzige effektive Art, diese traurige Quote zu verändern, wäre es, die Infektionsrate zu erhöhen. Dies ist aber weder wünschenswert, noch liegt es in unserer Hand.

Ähnliche Phänomene lassen sich bei vielen Krankheitstests erkennen. Das Problem tritt immer dann auf, wenn eine Krankheit in einer großen Population sehr selten ist. Die Tests werden (vernünftigerweise) so konzipiert, dass sie kranke Individuen möglichst sicher erkennen, während man es in Kauf nimmt, dass auch gesunde Individuen als krank diagnostiziert werden. Bei großen Populationen kann letzteres dann eben zu einer großen Anzahl von Irrtümern führen.[17]

Wir wollen die hergeleiteten Formeln etwas allgemeiner schreiben.

Satz 3.5.1: *Satz von der totalen Wahrscheinlichkeit*

Sei $(\Omega, \mathcal{A}, \mathbb{P})$ ein Wahrscheinlichkeitsraum und $B_1, \ldots, B_n \in \mathcal{A}$ eine Partition von Ω mit $\mathbb{P}(B_i) > 0$ für alle $i = 1, \ldots, n$. Dann gilt für jedes $A \in \mathcal{A}$

$$\mathbb{P}(A) = \sum_{i=1}^{n} \mathbb{P}(B_i) \cdot \mathbb{P}(A|B_i).$$

---

[17]Natürlich sind unsere Zahlen hier fiktiv; wer allerdings das Zusammenspiel der einzelnen Größen betrachtet, der ahnt, wie viele der getöteten Hühner bei einer Notschlachtung wirklich mit Vogelgrippe infiziert sind.

Beweis. Den Beweis dieses Satzes haben wir bereits für eine Partition, die aus zwei Mengen besteht, geführt. Hier gilt nun

$$A = A \cap \Omega = A \cap \bigcup_{i=1}^{n} B_i = \bigcup_{i=1}^{n} (A \cap B_i).$$

Die Vereinigung besteht aus paarweise disjunkten Mengen, da schon die $B_1, \ldots, B_n$ paarweise disjunkt sind. Also erhalten wir

$$\mathbb{P}(A) = \sum_{i=1}^{n} \mathbb{P}(A \cap B_i) = \sum_{i=1}^{n} \mathbb{P}(B_i)\mathbb{P}(A|B_i) \ ,$$

wobei wir beim letzten Gleichheitszeichen die Definition der bedingten Wahrscheinlichkeit benutzt haben. ∎

Satz 3.5.2: *Satz von Bayes*

Sei $(\Omega, \mathcal{A}, \mathbb{P})$ ein Wahrscheinlichkeitsraum und $B_1, \ldots, B_n \in \mathcal{A}$ eine Partition von Ω mit $\mathbb{P}(B_i) > 0$ für alle $i = 1, \ldots, n$. Dann gilt für jedes $A \in \mathcal{A}$ mit $\mathbb{P}(A) > 0$

$$\mathbb{P}(B_k|A) = \frac{\mathbb{P}(B_k) \cdot \mathbb{P}(A|B_k)}{\sum_{i=1}^{n} \mathbb{P}(B_i) \cdot \mathbb{P}(A|B_i)} \quad \text{für alle } 1 \leq k \leq n.$$

Beweis. Wir müssen genau wie in unserem Beispiel nur die Formel für die totale Wahrscheinlichkeit in die bedingte Wahrscheinlichkeit einsetzen, nachdem wir wie folgt umformen:

$$\mathbb{P}(B_k|A) = \frac{\mathbb{P}(B_k \cap A)}{\mathbb{P}(A)} = \frac{\mathbb{P}(A|B_k)\mathbb{P}(B_k)}{\mathbb{P}(A)}.$$

Setzt man nun für $\mathbb{P}(A)$ ein, so ergibt sich die Behauptung. ∎

Beispiel 3.5.3

Der sehr giftige Grüne Knollenblätterpilz (G) wird häufig mit dem essbaren Waldchampignon (W) und dem wohlschmeckenden Nymphenbrot (N) verwechselt. In einer zufälligen Probe dieser ähnlichen Pilze sind im Schnitt 85% W, 10% G und 5% N. Auch ein versierter Sammler, der jeden Pilz zu 95% richtig erkennt, irrt sich manchmal: mit einer Wahrscheinlichkeit von 4% bzw. 2% hält er ein W bzw. ein N für ein G. Wir fragen nach der Wahrscheinlichkeit, dass ein als G identifizierter Pilz auch wirklich ein G ist.

Wir haben die folgende Situation: unsere Grundmenge Ω ist eine Menge von Pilzen, die sich gemäß den oben angegebenen Häufigkeiten zusammensetzt. Alle Pilze wurden von unserem Sammler untersucht, so dass wir das Ereignis

$M = $ Menge aller als G identifizierter Pilze

definieren können. Wir fragen nach $\mathbb{P}(G|M)$ und benutzen die Bayessche Formel

$$\mathbb{P}(G|M) = \frac{\mathbb{P}(G) \cdot \mathbb{P}(M|G)}{\mathbb{P}(G) \cdot \mathbb{P}(M|G) + \mathbb{P}(W) \cdot \mathbb{P}(M|W) + \mathbb{P}(N) \cdot \mathbb{P}(M|N)}$$
$$= \frac{10\% \cdot 95\%}{10\% \cdot 95\% + 85\% \cdot 4\% + 5\% \cdot 2\%} = \frac{19}{26} \approx 0,7308.$$

Die aufgrund der Expertise des Sammlers weggeworfenen Pilze sind also keineswegs alle giftig, sondern mehr als ein Viertel wäre durchaus essbar.

Die Bedeutung des Satzes von Bayes für unseren Alltag ist enorm. Leider wird er sehr häufig ignoriert und man gelangt so zu falschen Schlüssen. Um seine Bedeutung zu illustrieren treiben wir die mathematischen Feinheiten auf die Spitze und betrachten im Rahmen des Beispiels 3.5.3 die beiden Fragen:

1. Mit welcher Wahrscheinlichkeit wird G richtig identifiziert?

2. Mit welcher Wahrscheinlichkeit wurde G richtig identifiziert?

Beide Fragen besitzen *nicht* dieselbe Antwort! Die in Frage 1 gesuchte Wahrscheinlichkeit ist gleich 95% und wir müssen dafür nicht rechnen; dieser Wert ist Teil der Voraussetzung. Zur Beantwortung von Frage 2 benötigen wir die Formel von Bayes![18]

Ein übertriebenes Beispiel zur Verdeutlichung. Die Autoren gehen einhellig davon aus, dass man den sagenhaften Schneemenschen des Himalaya, den Yeti, zweifelsfrei erkennen kann, wenn man ihm gegenübersteht. Die Antwort auf die Frage

Mit welcher Wahrscheinlichkeit wird der Yeti richtig identifiziert?

ist nach Meinung der Autoren also 1. Wenn morgen in den Nachrichten dann eine Meldung erscheint, dass der Yeti gesehen wurde, werden wir trotzdem zweifeln, und der Frage

Mit welcher Wahrscheinlichkeit wurde der Yeti richtig identifiziert?

eine geringere Wahrscheinlichkeit als 1 zusprechen. Das ist nicht inkonsequent, sondern der Satz von Bayes. Denn damit der Yeti richtig identifiziert wurde, muss er zunächst einmal erschienen sein! Und diese Wahrscheinlichkeit mischt sich dann nach der Bayesschen Formel u.a. mit der Irrtumswahrscheinlichkeit des Augenzeugen zum korrekten Resultat.[19]

---

[18]Überlegen Sie, wie häufig Sie selbst einen Unterschied zwischen zwei Fragen dieser Art gemacht haben: bei medizinischen Beispielen (Tests, die zu Diagnosen führen), juristischen Beispielen (Zeugenaussagen, die zu Urteilen führen) oder in anderen Bereichen. Lernen Sie, diese Fragen zu unterscheiden!

[19]Sei Y das Ereignis, den Yeti gesehen zu haben, und y das Ereignis „der Augenzeuge gibt an, den Yeti gesehen zu haben", so nehmen wir zwar $\mathbb{P}(y|Y) = 1$ an, aber die gesuchte Wahrscheinlichkeit ist $\mathbb{P}(Y|y) = \mathbb{P}(Y)/[\mathbb{P}(Y) + \mathbb{P}(y|Y^c) \cdot \mathbb{P}(Y^c)]$.

Beispiele 3.5.4

1. Das nachfolgende Beispiel ist äußerst bekannt und ist vergleichbar mit dem bereits diskutierten Auto–Ziege–Problem (Beispiel 3.2.5).

   Johannes, Lukas und Markus sitzen im Gefängnis und sind zum Tode verurteilt. Einer von ihnen wurde ausgelost und begnadigt; sein Name wird jedoch bis zum Tag der Hinrichtung der beiden anderen geheimgehalten. Johannes sagt sich: „Die Chance, dass ich begnadigt wurde, ist 1/3. Ich werde also mit Wahrscheinlichkeit 2/3 hingerichtet." Er sagt dem Wächter: „Einer der beiden anderen, Lukas oder Markus, wird sicher hingerichtet; du verrätst mir also nichts, wenn du mir sagst, wer von beiden es ist." Der Wächter antwortet: „Markus wird hingerichtet." Daraufhin fühlt sich Johannes ermutigt, denn entweder Lukas oder er selbst wurden begnadigt und die Wahrscheinlichkeit ist 1/2, dass er es ist. Hat er Recht?

Wir müssen zwischen der bedingten Wahrscheinlichkeit

$$\mathbb{P}(\text{Johannes überlebt}|\text{Der Wärter sagt, Markus werde hingerichtet})$$

und der bedingten Wahrscheinlichkeit

$$\mathbb{P}(\text{Johannes überlebt}|\text{Markus wird hingerichtet})$$

unterscheiden. Der Unterschied besteht nicht etwa darin, dass der Wärter vielleicht lügt, sondern in der Tatsache, dass die beiden Ereignisse, auf die bedingt wird, unterschiedliche Wahrscheinlichkeiten haben. Um dies zu erkennen definieren wir die Ereignisse

$$
\begin{aligned}
J &:= \{\text{Johannes überlebt}\} \\
L &:= \{\text{Lukas überlebt}\} \\
M &:= \{\text{Markus überlebt}\} \\
A &:= \{\text{Der Wärter sagt, Markus werde hingerichtet}\}
\end{aligned}
$$

und berechnen, ausgehend von $\mathbb{P}(J) = \mathbb{P}(L) = \mathbb{P}(M) = \frac{1}{3}$, die Wahrscheinlichkeit von A mit dem Satz von der totalen Wahrscheinlichkeit zu

$$\mathbb{P}(A) = \mathbb{P}(J) \cdot \mathbb{P}(A|J) + \mathbb{P}(L) \cdot \mathbb{P}(A|L).$$

Der Clou ist nun, dass $\mathbb{P}(A|L) = 1$ ist, denn der Wärter sagt Johannes niemals, dass auch er hingerichtet wird: er wird immer den Namen des anderen Todeskandidaten nennen. Diese Situation erinnert an die Entscheidung des Spielleiters im Auto–Ziege–Problem, der auch nie die Tür mit dem Auto öffnen würde.

Weiterhin benötigen wir offenbar noch $\mathbb{P}(A|J)$, um die Wahrscheinlichkeit von A zu berechnen. Hierfür nehmen wir den Wert 1/2 an; wenn also Johannes überlebt, dann bevorzugt der Wärter keinen der beiden übrigen Namen. Hiermit ergibt sich

$$\mathbb{P}(A) = \frac{1}{3} \cdot \frac{1}{2} + \frac{1}{3} \cdot 1 = \frac{1}{2},$$

also wirklich etwas anderes, als

$$\mathbb{P}(\text{Markus wird hingerichtet}) = 1 - \mathbb{P}(M) = \frac{2}{3}.$$

Damit wird auch der Unterschied in den erwähnten bedingten Wahrscheinlichkeiten klar:

$$\mathbb{P}(J|A) = \frac{\mathbb{P}(A|J) \cdot \mathbb{P}(J)}{\mathbb{P}(A)} = \frac{\frac{1}{2} \cdot \frac{1}{3}}{\frac{1}{2}} = \frac{1}{3}$$

und

$$\mathbb{P}(J|M^c) = \frac{\mathbb{P}(J \cap M^c)}{\mathbb{P}(M^c)} = \frac{\mathbb{P}(J)}{1 - \mathbb{P}(M)} = \frac{1}{2}.$$

An der Situation hat sich für Johannes durch die Antwort des Wärters also nichts geändert: er überlebt nach wie vor nur zu einem Drittel.

Die Rechnung zeigt aber auch, dass sehr viel von der Modellierung abhängt. So haben wir oben angenommen, dass sich der Wärter, wenn er sowohl den Namen von Markus als auch den von Lukas nennen könnte, rein zufällig für einen von beiden entscheidet. Solange wir nichts über den Wärter wissen, ist dies sicherlich eine sinnvolle Annahme. Wüssten wir hingegen, dass der Wärter immer Markus' Namen nennt, wenn er dazu die Möglichkeit hat, so wäre mit einem Mal $\mathbb{P}(A|J) = 1$ und daher $\mathbb{P}(A) = 2/3$ und

$$\mathbb{P}(J|A) = \frac{\mathbb{P}(A|J) \cdot \mathbb{P}(J)}{\mathbb{P}(A)} = \frac{1}{2}.$$

Johannes würde sich dann zurecht Hoffnungen machen!

2. Die Bayessche Formel kann man übrigens auch ganz anders nutzen: Nehmen wir an, wir haben eine faire Münze und eine unfaire, die mit Wahrscheinlichkeit $3/4$ eine Null und mit Wahrscheinlichkeit $1/4$ eine Eins ergibt. Wir wählen rein zufällig eine der beiden äußerlich identischen Münzen und fragen uns, welche wir gewählt haben. Dazu werfen wir unsere Münze dreimal und sehen dreimal die Null. Mit welcher Wahrscheinlichkeit ist unsere Münze fair?

Definieren wir die Ereignisse

$F :=$ {die Münze ist fair}
$W :=$ {in drei Würfen fallen 3 Nullen}

und benutzen die Bayessche Formel

$$\mathbb{P}(F|W) = \frac{\mathbb{P}(W|F) \cdot \mathbb{P}(F)}{\mathbb{P}(W|F) \cdot \mathbb{P}(F) + \mathbb{P}(W|F^c) \cdot \mathbb{P}(F^c)}.$$

Mithilfe der Pfadregel berechnen wir $\mathbb{P}(W|F) = 1/8$ und $\mathbb{P}(W|F^c) = 27/64$, so dass

$$\mathbb{P}(F|W) = \frac{\frac{1}{8} \cdot \frac{1}{2}}{\frac{1}{8} \cdot \frac{1}{2} + \frac{27}{64} \cdot \frac{1}{2}} = \frac{8}{35} \approx 0,2286.$$

Während wir vor dem Experiment mit einer Wahrscheinlichkeit von 50% die faire Münze gewählt hatten, so können wir jetzt zu fast 80% sicher sein, dass wir die unfaire Münze haben. Fragestellungen dieser Art werden uns im Abschnitt 5.2 wieder begegnen.

Aufgaben

1. In einem durchschnittlichen deutschsprachigen Text sei die relative Häufigkeit des Buchstaben „O" z.B. 8%, während die eines „Q" gerade einmal 0,3% sei. Ein Programm zur Mustererkennung irrt sich bei beiden Buchstaben nur insofern, dass zu 1% ein „O" für ein „Q" gehalten wird und umgekehrt; zu 99% identifiziert es beide Buchstaben jeweils richtig und ebenfalls wird kein anderer Buchstabe fälschlicherweise als einer dieser beiden erkannt. Mit welcher Wahrscheinlichkeit ist ein als „Q" erkannter Buchstabe richtig erkannt?

2. Ungefähr 0,1% der Bevölkerung zeigen lebensgefährliche allergische Reaktionen bei dem Stich einer Biene. Es wird ein Bluttest entwickelt, der mit einer Sicherheit von 95% anzeigt, ob die untersuchte Person Allergiker ist, und mit derselben Sicherheit auch anzeigt, dass keine Allergie vorliegt.

   (a) Zeigen Sie, dass dieser Test völlig nutzlos ist, da eine als Allergiker getestete Person zu weniger als 2% wirklich allergisch ist.

   (b) Wie hoch müsste der Anteil der Allergiker in der Bevölkerung mindestens sein, damit nach einem positiven Testergebnis wenigstens mit einer Sicherheit von 50% eine Allergie vorliegt?

3. Betrachten wir noch einmal das Beispiel 3.5.3 und fragen nach der Wahrscheinlichkeit, mit der ein als G identifizierter Pilz auch wirklich ein G ist, wenn

   (a) unser Sammler mit einer Wahrscheinlichkeit von 2% bzw. 4% ein W bzw. ein N für ein G hält — also genau andersherum, als im Beispiel.

   (b) die Häufigkeit der Pilzsorten in einer zufälligen Probe im Schnitt 85% W, 14% N und nur 1% G ist.

4. In einer Stadt ist jedes Taxi entweder grün oder blau. Der Augenzeuge eines Unfalls mit Fahrerflucht erkannte ein Taxi als flüchtendes Fahrzeug und meint, es in der abendlichen Dämmerung als grün erkannt zu haben. Aus Untersuchungen ist bekannt, dass bei schlechten Lichtverhältnissen die beiden Farben nur zu 80% richtig erkannt werden.

   (a) Zeigen Sie, dass das geflüchtete Auto ebenso gut blau wie grün sein kann, wenn es insgesamt 80% blaue und 20% grüne Taxen gibt.

   (b) Zeigen Sie, dass trotz der Zeugenaussage das Fahrzeug eher blau als grün war (d.h. mit einer Wahrscheinlichkeit von mehr als 50%), wenn es mehr als 80% blaue Taxen in der Stadt gibt.

3.6   Unendliche Wahrscheinlichkeitsräume

Bisher haben wir nur Experimente betrachtet, die aus endlich vielen Schritten bestanden: teils waren diese einzelnen Schritte Kopien voneinander, teils bedingte der Ausgang eines Versuches alle nachfolgenden. Immer jedoch gaben wir dem Zufall nur eine endliche Anzahl von Gelegenheiten, in unser Experiment einzugreifen. Darüber hinaus haben wir uns auf endliche Grundmengen Ω konzentriert. Manche Fragestellungen können wir so allerdings nur schlecht behandeln.

Immer dann, wenn z.B. der Zeitpunkt des Eintretens eines bestimmten Ereignisses vom Zufall bestimmt wird, wissen wir eben nicht vor dem Experiment, wie lange es dauern wird. Und damit kann der Zufall beliebig häufig eingreifen. Um auch solche Fragestellungen zuzulassen, werden wir unendliche W–Räume betrachten. Tatsächlich haben wir sie zu Beginn dieses Kapitels bereits eingeführt, zusammen mit den endlichen W–Räumen (siehe auch Beispiele 3.1.9). Jetzt werden wir in ihnen rechnen.

Das folgende Beispiel eines unendlichen Wahrscheinlichkeitsraumes ist typisch für sogenannte Wartezeitprobleme. Uns interessiert die Zeit, die wir bis zum Eintritt eines bestimmten Ereignisses warten müssen.

Beispiel 3.6.1

Eine faire Münze wird so lange geworfen, bis zum ersten Mal „Kopf" erscheint. Die Anzahl der Würfe kann offenbar jede beliebige natürliche Zahl sein, und so wählen wir $\Omega = \mathbb{N}$. Suchen wir nun ein W–Maß $\mathbb{P}$, so dass der W–Raum $(\Omega, \mathcal{P}(\Omega), \mathbb{P})$ unser Experiment beschreibt, so versuchen wir zunächst $\mathbb{P}(\{n\})$ für jedes $n \in \mathbb{N}$ zu bestimmen.

Das Ereignis $\{1\}$ bedeutet, gleich im ersten Wurf „Kopf" zu werfen; also ist

$$\mathbb{P}(\{1\}) = \frac{1}{2}.$$

Das Ereignis $\{2\}$ entspricht offenbar der Abfolge „Zahl, Kopf", also ist nach der Pfadregel

$$\mathbb{P}(\{2\}) = \frac{1}{2} \cdot \frac{1}{2} = \frac{1}{4}.$$

Und allgemein bedeutet das Ereignis $\{n\}$ eine Abfolge von $(n-1)$–mal „Zahl" gefolgt von einmal „Kopf". Somit ist

$$\mathbb{P}(\{n\}) = \underbrace{\frac{1}{2} \cdots \frac{1}{2}}_{n\text{–mal}} = \left(\frac{1}{2}\right)^n = 2^{-n}.$$

In den Beispielen 3.1.9 hatten wir gesehen, dass hierdurch tatsächlich ein W–Raum $(\mathbb{N}, \mathcal{P}(\mathbb{N}), \mathbb{P})$ definiert wird; wir haben somit einen W–Raum, der unser Experiment beschreibt. Umgekehrt haben wir für den (abstrakten) W–Raum ein Experiment, in welchem wir unsere Berechnungen deuten und veranschaulichen können.

Fragen wir beispielsweise, mit welcher Wahrscheinlichkeit die Anzahl der Würfe bis zum ersten Erscheinen von „Kopf" gerade ist, so rechnen wir

$$\mathbb{P}(\{n \in \mathbb{N} \mid n \text{ ist gerade}\}) = \mathbb{P}(\{2\}) + \mathbb{P}(\{4\}) + \mathbb{P}(\{6\}) + \ldots$$

$$= \sum_{k=1}^{\infty} \mathbb{P}(\{2k\}) = \sum_{k=1}^{\infty} 2^{-2k} = \sum_{k=1}^{\infty} \left(\frac{1}{4}\right)^k = \frac{1}{3}.$$

Entsprechend gilt $\mathbb{P}(\{n \in \mathbb{N} \mid n$ ist ungerade$\} = 1 - \frac{1}{3} = \frac{2}{3}$ für die Wahrscheinlichkeit, dass die Anzahl der Würfe ungerade ist.

Beispiel 3.6.2

Sie stehen zu zweit an einer Haltestelle, an der periodisch, z.B. alle fünf Minuten ein Bus hält. Der Fahrer wählt aus den Wartenden rein zufällig eine Person, lässt sie einsteigen und fährt ab. Bis der nächste Bus eintrifft kommen zwei neue Personen zu den bereits wartenden. In den wievielten Bus können Sie mit welcher Wahrscheinlichkeit einsteigen?

Wir nummerieren die Busse und nehmen wieder $\Omega = \mathbb{N}$, denn wenn wir Pech haben, müssen wir beliebig lange warten. Versuchen wir auch hier, zunächst $\mathbb{P}(\{n\})$ für alle $n \in \mathbb{N}$ zu finden. Dazu überlegen wir uns, wie viele Personen auf den k–ten Bus warten, $k \in \mathbb{N}$: auf den ersten warten zwei Personen, von denen zwar eine mitgenommen wird, aber zwei neue Personen kommen hinzu, bevor der zweite Bus eintrifft. Auf den zweiten Bus warten also drei Personen. Eine steigt dann ein und zwei neue kommen hinzu, so dass auf den dritten Bus dann vier Leute warten usw. Allgemein warten $k + 1$ Personen auf den k–ten Bus und der Fahrer dieses Busses wählt dann jede Person mit Wahrscheinlichkeit $1/(k+1)$.

Das Ereignis $\{n\}$ bedeutet, dass Sie in den n–ten Bus einsteigen. Somit müssen alle vorherigen Busfahrer jemand anderen gewählt haben und der n–te wählt Sie. Nach der Pfadregel berechnet sich diese Wahrscheinlichkeit als

$$\mathbb{P}(\{n\}) = \left(1 - \frac{1}{1+1}\right) \cdot \left(1 - \frac{1}{1+2}\right) \cdot \left(1 - \frac{1}{1+3}\right) \cdots \left(1 - \frac{1}{1+(n-1)}\right) \cdot \frac{1}{n+1}$$

$$= \frac{1}{2} \cdot \frac{2}{3} \cdot \frac{3}{4} \cdots \frac{n-1}{n} \cdot \frac{1}{n+1} = \frac{1}{n} \cdot \frac{1}{n+1}.$$

Auch diesen W–Raum $(\mathbb{N}, \mathcal{P}(\mathbb{N}), \mathbb{P})$ kennen wir bereits aus den Beispielen 3.1.9. Nun haben wir für ihn auch ein hübsches Zufallsexperiment gefunden, welches er beschreibt.

Wir haben zwei Beispiele für ein W–Maß $\mathbb{P}$ auf $\mathbb{N}$ gesehen; natürlich gibt es unendlich viele mögliche W–Maße auf $\mathbb{N}$ und wir wissen durch Satz 3.1.7 auch, wie wir sie erzeugen können. Allerdings sei deutlich gesagt: es gibt keine Laplace–Wahrscheinlichkeit auf $\mathbb{N}$. Wir können nicht jeder natürlichen Zahl die gleiche positive Wahrscheinlichkeit zuordnen, ohne dass die Summe über all diese „Wahrscheinlichkeiten" dann unendlich wird; und somit sind es dann selbstverständlich gar keine Wahrscheinlichkeiten, denn deren Summe muss immer Eins ergeben.

Die Rechnungen in der Klasse der unendlichen W–Räume $(\mathbb{N}, \mathcal{P}(\mathbb{N}), \mathbb{P})$ waren nicht schwieriger, als in endlichen W–Räumen. Wir wollen uns daher noch etwas weiter vorwagen und eine weitere Klasse unendlicher W–Räume kennenlernen. Die Grundmenge Ω soll dabei z.B. das Intervall $[0, 1]$ oder sogar ganz $\mathbb{R}$ sein. Natürlich müssen wir uns, bevor wir über ein W-Maß auf Ω reden, erstmal Gedanken über eine σ–Algebra über Ω machen.

Tatsächlich bereitet der Umstand, dass etwa $\Omega = \mathbb{R}$ *überabzählbar* unendlich ist (siehe Anhang A.4, Satz A.4.3), einige Schwierigkeiten. Zunächst einmal kann mathematisch bewiesen werden, dass z.B. die Forderung $\mathcal{A} = \mathcal{P}(\mathbb{R})$ *unvereinbar* ist mit der Existenz eines W–Maßes $\mathbb{P} : \mathcal{A} \to [0,1]$, welches einelementigen Mengen die Wahrscheinlichkeit Null geben soll: Die Potenzmenge als σ–Algebra über $\mathbb{R}$ ist zu groß.

Darüber hinaus hilft es uns hier auch nicht viel, die σ–Algebra aus einelementigen Mengen aufzubauen, wie wir es bei endlichen oder abzählbaren W–Räumen taten. Denn mit abzählbaren Vereinigungen dieser Mengen können wir nur abzählbare Mengen und deren Komplemente darstellen, aber z.B. kein echtes, beschränktes Intervall: Die so entstehende σ–Algebra über $\mathbb{R}$ wäre zu klein.

Wir benötigen andere Bausteine für unsere σ–Algebra über $\Omega = \mathbb{R}$ und nehmen hierfür selbst schon Intervalle, nämlich z.B. alle Intervalle (a,b) mit $a < b$. Die daraus aufgebaute σ–Algebra ist tatsächlich geeignet und wird zu Ehren von Émile Borel (1871–1956) mit $\mathcal{B}$ bezeichnet.

Definition 3.6.3

Die *Borel–Algebra* $\mathcal{B}$ ist die kleinste σ–Algebra, die alle Intervalle $(a,b) \subset \mathbb{R}$ enthält.

Die beiden wichtigsten Eigenschaften der Borel–Algebra können wir hier nicht beweisen:

- Es ist $\mathcal{B} \neq \mathcal{P}(\mathbb{R})$, d.h. es gibt Teilmengen von $\mathbb{R}$, die nicht in $\mathcal{B}$ liegen.

- Jede offene Teilmenge, jede abgeschlossene Teilmenge und jedes Intervall (z.B. auch jedes halboffene Intervall) liegt in $\mathcal{B}$.

Die erste Eigenschaft ist bedauerlich, die zweite beruhigend. Alle typischen Teilmengen von $\mathbb{R}$ liegen in $\mathcal{B}$, insbesondere alle Mengen, die in diesem Buch vorkommen.

Und ist die Borel–Algebra $\mathcal{B}$ über $\mathbb{R}$ erst einmal gefunden, dann haben wir auch gleich die passende σ–Algebra über z.B. $\Omega = [0,1]$, indem wir nämlich

$$\mathcal{B}_{[0,1]} := \{A \subseteq [0,1] \mid A \in \mathcal{B}\}$$

nehmen. In Worten: $\mathcal{B}_{[0,1]}$ enthält genau die Teilmengen von $[0,1]$, die auch in $\mathcal{B}$ liegen. Tatsächlich wird dadurch eine σ–Algebra über $[0,1]$ definiert, wie in Aufgabe 2 etwas allgemeiner gezeigt werden kann. Daher treffen wir folgende

Konvention Auf $\Omega = [0,1]$ (bzw. $\Omega = \mathbb{R}$) wählen wir $\mathcal{B}_{[0,1]}$ (bzw. $\mathcal{B}$) als σ–Algebra.

Um nun ein Wahrscheinlichkeitsmaß zu finden, welches das Intervall $\Omega = [0,1]$ zusammen mit der σ–Algebra $\mathcal{B}_{[0,1]}$ zu einem W–Raum macht, benutzen wir die bewährte Methode, zunächst den „Bausteinen" der σ–Algebra eine Wahrscheinlichkeit zuzuordnen. Für ein Intervall $(a,b) \subset [0,1]$ soll seine Wahrscheinlichkeit gerade genau gleich seiner Länge sein, also $b - a$.

Man kann mit einigem mathematischen Aufwand, den wir hier nicht treiben wollen, zeigen, dass tatsächlich solch ein Wahrscheinlichkeitsmaß auf $[0,1]$ existiert. Wir bezeichnen es mit $\mathbb{L}$ und möchten an dieser Stelle anmerken, dass sich der Wert von $\mathbb{L}$

für Intervalle $I = (a, b) \subseteq [0, 1]$ auch durch ein (*Riemann*-)integral über die konstante Funktion 1 ausdrücken lässt:

$$\mathbb{L}(I) = \int_a^b 1 \, dx. \tag{3.6}$$

Insbesondere haben einpunktige Mengen die Wahrscheinlichkeit Null und es spielt für den Wert der Wahrscheinlichkeit keine Rolle, ob das Intervall I offen, halboffen oder abgeschlossen ist.

Nachdem wir nun mit soviel Aufwand den Wahrscheinlichkeitsraum $([0, 1], \mathcal{B}_{[0,1]}, \mathbb{L})$ eingeführt haben, stellt sich die Frage, ob es ein Zufallsexperiment gibt, welches durch ihn beschrieben wird. Erwartungsgemäß gibt es dies und es ist sogar ein sehr fundamentales Experiment: es ist die zufällige Wahl eines Punktes aus dem Intervall $[0, 1]$.

Ähnlich wie schon auf $\mathbb{N}$, so gibt es auch auf $[0, 1]$ kein W–Maß, welches jeder Zahl die gleiche positive Wahrscheinlichkeit zuordnet. Wir können aber umgekehrt für ein beliebiges Intervall $(a, b) \subset [0, 1]$ fragen, mit welcher Wahrscheinlichkeit ein zufällig gewählter Punkt in dieses Intervall fällt. Und eine vernünftige Interpretation des Wortes „zufällig" bedeutet dann, dass diese Wahrscheinlichkeit nicht von der Lage des Intervalles abhängen sollte, sondern nur von seiner Länge. Und gerade so misst das W–Maß $\mathbb{L}$ eine Wahrscheinlichkeit.

Beispiel 3.6.4

Sie schneiden eine 1 Meter lange Schnur an einem rein zufällig gewählten Punkt durch. Mit welcher Wahrscheinlichkeit entsteht ein Stück Schnur, das kürzer als 10 cm ist?

Denken wir uns die Schnur als das Intervall $\Omega = [0, 1]$, so modellieren wir die Wahl des zufälligen Schneidepunktes ω mit dem W–Raum $([0, 1], \mathcal{B}_{[0,1]}, \mathbb{L})$. Uns interessiert nun das Ereignis

$$\{\omega \in [0, 1] \mid \omega < 0, 1 \text{ oder } 0, 9 < \omega\} = [0, 0, 1) \cup (0, 9, 1],$$

denn genau dann, wenn unser zufälliger Schneidepunkt ω in diese Menge fällt, entsteht ein Stück Schnur, welches kürzer als 10 cm ist. Die Wahrscheinlichkeit, gemessen mit dem W–Maß $\mathbb{L}$, ist dann

$$\mathbb{L}\Big([0, 0, 1) \cup (0, 9, 1]\Big) = \mathbb{L}\Big([0, 0, 1)\Big) + \mathbb{L}\Big((0, 9, 1]\Big) = 0, 1 + 0, 1 = 0, 2.$$

Beispiel 3.6.5

Wir wählen zufällig eine Zahl aus $[0, 1]$ und runden sie auf zwei Dezimalstellen. Mit welcher Wahrscheinlichkeit enthält sie nun die Ziffer 5?

Wir rechnen im W–Raum $([0, 1], \mathcal{B}_{[0,1]}, \mathbb{L})$ und versuchen, das interessierende Ereignis durch Intervalle zu beschreiben. Nach dem Runden muss die zufällige Zahl $\omega \in [0, 1]$

offenbar eine der Zahlen $0,5\sqcup$ oder $0,\sqcup5$ mit $\sqcup = 0,1,2,\ldots,9$ sein. Durch das Runden wird jede Zahl in

$$I := \{\omega \in [0,1] \mid 0,495 \le \omega < 0,595\}$$

zu einer der erlaubten Zahlen $0,5\sqcup$ und ebenso wird jede Zahl in

$$I_0 := \{\omega \in [0,1] \mid 0,045 \le \omega < 0,055\} \text{ auf } 0,05 \text{ gerundet und}$$
$$I_1 := \{\omega \in [0,1] \mid 0,145 \le \omega < 0,155\} \text{ auf } 0,15 \text{ gerundet und}$$
$$I_2 := \{\omega \in [0,1] \mid 0,245 \le \omega < 0,255\} \text{ auf } 0,25 \text{ gerundet und}$$
$$\vdots$$
$$I_9 := \{\omega \in [0,1] \mid 0,945 \le \omega < 0,955\} \text{ auf } 0,95 \text{ gerundet.}$$

Wegen $I_5 \subset I$ ergibt sich die gesuchte Wahrscheinlichkeit zu

$$\mathbb{L}(I_0 \cup I_1 \cup I_2 \cup I_3 \cup I_4 \cup I \cup I_6 \cup I_7 \cup I_8 \cup I_9) = 9 \cdot 0,01 + 0,1 = 0,19.$$

Im Hinblick auf Kapitel 4 soll bereits hier erwähnt werden, dass uns auch W–Maße auf $\Omega = \mathbb{R}$ zur Verfügung stehen. Nicht zuletzt zu diesem Zweck haben wir ja die Borel–Algebra $\mathcal{B}$ über $\mathbb{R}$ eingeführt. Wir müssen nur Gleichung (3.6) betrachten und die Analogie zwischen endlichem Ω und $\Omega = [0,1]$ konsequent zu einer Analogie zwischen $\Omega = \mathbb{N}$ und $\Omega = \mathbb{R}$ erweitern.

Bei endlichem Ω können wir ein Laplace–Modell wählen: Alle einelementigen Mengen sind gleich wahrscheinlich. Im Fall $\Omega = \mathbb{N}$ geht das zwar nicht, aber jede zu 1 summierbare Folge positiver Zahlen definiert, wie wir wissen, ein W–Maß. Nun haben wir auf $\Omega = [0,1]$ das W–Maß $\mathbb{L}$: Alle Intervalle gleicher Länge sind gleich wahrscheinlich. Im Fall $\Omega = \mathbb{R}$ können wir das zwar auch nicht erreichen[20], aber jede zu 1 integrierbare, positive Funktion könnte vielleicht mittels Gleichung (3.6) ein W–Maß definieren.

Definition 3.6.6 *Wahrscheinlichkeitsdichte*

Eine stückweise stetige Funktion $\varrho : \mathbb{R} \to [0,\infty)$ heißt *W–Dichte*, falls

$$\int_{-\infty}^{\infty} \varrho(x)\, dx = 1.$$

Dass tatsächlich jede W–Dichte ϱ ein W–Maß $\mathbb{D}_\varrho$ auf der Borel–Algebra $\mathcal{B}$ definiert, welches für alle Intervalle $I = (a,b) \subset \mathbb{R}$ auch

$$\mathbb{D}_\varrho(I) = \int_a^b \varrho(x)\, dx$$

erfüllt, können wir hier nicht beweisen, sondern nur durch obige Analogie nahe bringen. Die Klasse der so entstehenden W–Räume $(\mathbb{R}, \mathcal{B}, \mathbb{D}_\varrho)$ jedoch ist, wie wir noch sehen werden, so wichtig, dass die derart definierten W–Maße einen eigenen Namen haben.

---

[20]Warum? Überlegen Sie, warum es auf $\mathbb{R}$ kein W–Maß geben kann, das allen Intervallen eine nur von ihrer Länge abhängige Wahrscheinlichkeit zuordnet.

Definition 3.6.7   *Absolut stetiges W–Maß auf* $\mathbb{R}$

Das W–Maß $\mathbb{D}$ heißt *absolut stetig (mit Dichte ϱ)*, wenn es eine W–Dichte ϱ gibt mit

$$\mathbb{D}(I) = \int_a^b \varrho(x)\,dx \ \text{ für alle } I = (a,b).$$

Wir werden an dieser Stelle keine Beispiele für absolut stetige W–Maße angeben, da dies ohne den Begriff der *Zufallsvariable* nur unzureichend möglich ist (siehe aber Aufgabe 3). In Kapitel 4 werden sie uns auf natürliche Weise begegnen. Stattdessen sei hier beispielhaft skizziert, wie sich die zufällige Wahl eines Punktes ohne Mühe auf z.B. zwei Dimensionen übertragen lässt.

Beispiel 3.6.8:   *Zufällige Punkte im Einheitsquadrat*

Nachdem wir die zufällige eines Punktes im Einheitsintervall mit dem W–Raum $([0,1], \mathcal{B}_{[0,1]}, \mathbb{L})$ modellieren, möchten wir nun die Wahl eines zufälligen Punktes im Einheitsquadrat $[0,1]^2$ modellieren.

Stellen wir für einen Moment die Frage nach der σ–Algebra zurück und machen wir uns Gedanken über das W–Maß. Ein Punkt $\omega = (x,y) \in [0,1]^2$ wird durch seine Koordinaten x und y eindeutig bestimmt. Wählen wir umgekehrt zwei Punkte x und y zufällig im Einheitsintervall $[0,1]$, so beschreiben diese auch einen zufälligen Punkt (x,y) im Einheitsquadrat. Die Frage ist nur, ob ein so gewonnener Punkt auch der Interpretation von Zufälligkeit in $[0,1]^2$ folgt. Denn analog zum Eindimensionalen ist unsere Vorstellung von Zufall ja auch hier, dass jedes Quadrat, ja eigentlich sogar jedes Rechteck in $[0,1]^2$ von einem zufälligen Punkt ω mit einer Wahrscheinlichkeit getroffen wird, die nur von der Fläche des Rechtecks abhängt.

Wir betrachten also ein Rechteck $[a,b] \times [c,d] \subset [0,1]^2$ und schreiben

$$[a,b] \times [c,d] = \{1. \text{ Koordinate in } [a,b]\} \cap \{2. \text{ Koordinate in } [c,d]\}.$$

Wenn unser zu definierendes W–Maß nun aber auf der linken Seite den Flächeninhalt liefert, also das *Produkt* der beiden Intervalllängen, dann sollte es auf der rechten Seite ebenfalls als Wahrscheinlichkeit der Schnittmenge gerade das *Produkt* der Wahrscheinlichkeit beider Mengen ergeben. Und dies können wir dann garantieren, wenn wir beide Koordinaten *unabhängig* voneinander wählen.

Zur mathematischen Definition eines zufälligen Punktes im Einheitsquadrat geht man daher genau umgekehrt vor, und definiert ihn als einen Punkt (x,y), dessen Koordinaten unabhängig voneinander jeweils zufällig in $[0,1]$ gewählt sind. Der dieses Experiment beschreibende W–Raum ist dann

$$([0,1]^2, \mathcal{Q}, \mathbb{F}),$$

wobei $\mathcal{Q}$ eine σ–Algebra über $[0,1]^2$ ist, die alle Quadrate und alle Rechtecke enthält, aber auch noch sehr viel mehr. Ähnlich wie $\mathcal{B}_{[0,1]}$ im Eindimensionalen enthält auch

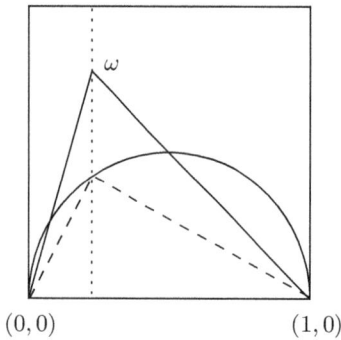

(0,0)   (1,0)

Abbildung 3.5: *spitzer Winkel in ω*

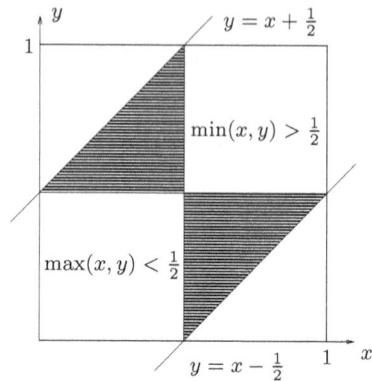

Abbildung 3.6: *Bedingung für ein Dreieck*

hier $\mathcal{Q}$ nicht alle Teilmengen von $[0,1]^2$, jedoch all die Teilmengen, denen man in *üblicher Weise*, d.h. geometrisch, eine Fläche zuweisen kann. Das Wahrscheinlichkeitsmaß $\mathbb{F}$ misst dann genau diese Fläche, wiederum ganz analog zur Längenmessung durch $\mathbb{L}$.

Beispiel 3.6.9

Ein zufällig in $[0,1]^2$ gewählter Punkt ω wird mit dem Punkt $(0,0)$ und dem Punkt $(1,0)$ zu einem Dreieck verbunden. Mit welcher Wahrscheinlichkeit ist der Winkel in ω spitz?

Wir verschieben den Punkt ω vertikal soweit, bis er auf dem Halbkreisbogen liegt (siehe Abbildung 3.5). Dabei wird der Winkel in ω vergrößert, wenn wir nach unten schieben, und verkleinert, wenn wir nach oben schieben. Auf dem Halbkreis selbst ist der Winkel 90°; das besagt der berühmte Satz des Thales, benannt nach Thales von Milet (ca. 625 v.Chr. – ca. 546 v.Chr.). Also liegt in ω ein spitzer Winkel, wenn ω außerhalb des Halbkreises liegt. Diese Wahrscheinlichkeit ist gleich

$$\mathbb{F}([0,1]^2 \text{ ohne Halbkreis}) = \mathbb{F}([0,1]^2) - \mathbb{F}(\text{Halbkreis}) = 1 - \frac{\pi}{8} \approx 0{,}6073.$$

Ohne Zweifel ist die mathematische Modellierung der Beispiele mit $\Omega = [0,1]$ oder $\Omega = [0,1]^2$ etwas anspruchsvoller, als beispielsweise die Modellierung eines Zufallsexperimentes mit einer endlichen Grundmenge. Das pragmatisch gezogene Resümee kann daher nur lauten: Bei einem zufälligen Punkt in $[0,1]$ oder $[0,1]^2$ beschreiben wir, wenn möglich, das interessierende Ereignis durch elementargeometrische Figuren, also durch Intervalle in einer Dimension und durch Dreiecke, Rechtecke und Kreissegmente in zwei Dimensionen, und messen deren Länge bzw. Fläche, um die gesuchte Wahrscheinlichkeit zu erhalten.

Beispiel 3.6.10

Wir brechen einen 1 Meter langen Stab an zwei zufällig und unabhängig voneinander gewählten Stellen durch und fragen nach der Wahrscheinlichkeit, mit der wir aus den entstehenden drei Stücken ein Dreieck formen können. Dieses Fragestellung wird in vielen guten Büchern diskutiert, so auch in [Ha], wo viele inspirierende Beispiele leicht verständlich behandelt werden.

Der erste Schritt zur Berechnung der Wahrscheinlichkeit besteht darin zu erkennen, dass die drei Stücke genau dann die Seiten eines Dreiecks bilden können, wenn das längste Stück höchstens einen halben Meter lang ist. Das versteht man sofort, wenn man sich eine 1 Meter lange Schnur vorstellt, deren Enden zusammengeknotet sind und mit der man nun ein Dreieck legen soll: keine Seite kann länger als einen halben Meter sein, ohne die Schnur zu zerreißen, aber jede Wahl einer kleineren Seitenlänge lässt für den dritten Eckpunkt tatsächlich viele Möglichkeiten.

Identifizieren wir nun den Stab mit dem Intervall $[0, 1]$, so modellieren wir die Wahl der Bruchstellen durch zwei voneinander unabhängig gewählte zufällige Punkte x und y in $[0, 1]$. Der erste, d.h. der linke Bruch erfolgt dann an der Stelle $\min(x, y)$ und der zweite, d.h. der rechte Bruch an der Stelle $\max(x, y)$. Daher ergeben sich als Längen der drei Stücke

$$\min(x, y) \quad , \quad |y - x| \big(= \max(x, y) - \min(x, y) \big) \quad \text{und} \quad 1 - \max(x, y)$$

und alle drei Terme sollen höchstens $1/2$ sein. Erinnern wir uns nun daran, dass zwei unabhängig und zufällig gewählte Punkte in $[0, 1]$ die Koordinaten eines zufällig gewählten Punktes im Einheitsquadrat $[0, 1]^2$ sind, dann können wir die Fragestellung auch so formulieren:

Mit welcher Wahrscheinlichkeit liegt ein zufällig gewählter Punkt $(x, y) \in [0, 1]^2$ in

$$A := \left\{ (x, y) \in [0, 1]^2 \,\middle|\, \min(x, y) \leq \frac{1}{2} \text{ und } |y - x| \leq \frac{1}{2} \text{ und } \max(x, y) \geq \frac{1}{2} \right\} ?$$

Nun, die Antwort auf diese Frage ist $\mathbb{F}(A)$ und wir können diesen Wert sogar zeichnerisch bestimmen. Gemäß Abbildung 3.6 ergibt sich $\mathbb{F}(A) = 1/4$ und dieses ist somit die Wahrscheinlichkeit für ein Dreieck beim zufälligen Brechen eines Meterstabs.

Bemerkungen

Wir haben in diesem Kapitel gelernt, wie wir ein Zufallsexperiment mathematisch modellieren und wie wir dadurch die Zufälligkeit beschreibbar machen können. Die axiomatischen Grundlagen der Wahrscheinlichkeitsrechnung sind zwar durchaus abstrakt, orientieren sich aber an unserem intuitiven Verständnis von Wahrscheinlichkeit. Gleiches gilt für den Begriff der bedingten Wahrscheinlichkeit und den Begriff der Unabhängigkeit von Ereignissen.

Mit der Pfadregel und den kombinatorischen Formeln zum geschickten Abzählen endlicher Mengen stehen uns schlagkräftige Instrumente zur Berechnung von Wahrscheinlichkeiten zur Verfügung; auch wenn ihre Handhabung zugegebenermaßen manchmal schwierig ist. Hier hilft, wie so häufig, nur die Übung und an Aufgaben herrscht sicher kein Mangel, wenn Sie einige der im Literaturverzeichnis genannten Bücher aufschlagen.

Unsere Beschäftigung mit der Wahrscheinlichkeitsrechnung war bis jetzt größtenteils deskriptiv. Das soll heißen, dass wir zufälligen Experimenten W–Räume zugeordnet haben, dass wir die umgangssprachliche Unabhängigkeit von Ereignissen in Mathematik übersetzt haben, dass wir bedingte Wahrscheinlichkeiten interpretiert haben, dass wir Abzählregeln vorgestellt haben. Man könnte dabei den Eindruck gewinnen, die Wahrscheinlichkeitsrechnung bestünde aus einem Dutzend zusammenhangsloser Regeln, die man zur Lösung eines Problems am besten selbst zufällig aus einer Urne zieht, um dann am Ende eine Zahl wie 0,17 herauszubekommen.

Das nächste Kapitel wird uns zeigen, dass dem nicht so ist.

Aufgaben

1. Sie werfen einen fairen Würfel solange, bis zum ersten Mal eine Vier erscheint.

   (a) Mit welcher Wahrscheinlichkeit würfeln Sie genau viermal? Geben Sie auch eine Formel für die Wahrscheinlichkeit an, dass Sie genau n Würfe benötigen.

   (b) Nach wie viel Würfen liegt die Wahrscheinlichkeit über $1/2$, dass Sie bereits eine Vier geworfen haben?

2. Beweisen Sie, dass für $\emptyset \neq \Omega \in \mathcal{B}$ die Menge

   $$\mathcal{B}_\Omega = \{A \subseteq \Omega \mid A \in \mathcal{B}\}$$

   eine σ–Algebra über Ω ist.

3. Zeigen Sie, dass für beliebige $a, b \in \mathbb{R}$ mit $a < b$ durch

   $$\varrho = \frac{1}{b-a} \cdot 1_{[a,b]} : \mathbb{R} \to [0, \infty)$$

   eine W–Dichte gegeben ist. Zeigen Sie weiterhin, dass der W–Raum $\left([a,b], \mathcal{B}_{[a,b]}, \mathbb{D}_\varrho\right)$ die zufällige Wahl eines Punktes im Intervall $[a,b]$ beschreibt, dass also $\mathbb{D}_\varrho$ jedem Intervall $I \subset [a,b]$ eine nur von seiner Länge abhängige Wahrscheinlichkeit zuordnet.

4. Sie zerschneiden ein 1 Meter langes Seil an einem zufällig gewähltem Punkt und betrachten die beiden entstehenden Stücke als die Seiten a und b eines Rechtecks. Mit welcher Wahrscheinlichkeit hat dieses Rechteck eine Fläche, die kleiner als 0,1 Quadratmeter ist?

5. Sie wählen eine zufällige Zahl aus $[0, 1]$ und streichen jede zweite Dezimalziffer, beginnend bei der ersten Ziffer nach dem Komma:

   aus $0,83562930471$ wird $0,\not{8}3\not{5}6\not{2}9\not{3}0\not{4}7\not{1}$ d.h. $0,36907$.

   (a) Mit welcher Wahrscheinlichkeit ist die entstehende Zahl höchstens gleich $1/5$?

   (b) Mit welcher Wahrscheinlichkeit ist die entstehende Zahl gleich $1/10$?

   (c) Mit welcher Wahrscheinlichkeit ist die entstehende Zahl höchstens gleich $1/3$?

6. Sie wählen zufällig einen Punkt aus $[0, 1]^2$, den Sie als Mittelpunkt für einen Kreis mit dem Radius $1/10$ benutzen. Mit welcher Wahrscheinlichkeit liegt der Kreis ganz in $[0, 1]^2$?

4 Wahrscheinlichkeitsrechnung

Im Gegensatz zu einer eher deskriptiven Beschäftigung mit Wahrscheinlichkeitsrechnung wird in diesem Kapitel eine deduktive Vorgehensweise dominieren. Das bedeutet, dass wir häufig gerade kein bestimmtes Zufallsexperiment betrachten, sondern bei unseren Rechnungen von einem abstrakten W–Raum ausgehen werden. Im Rahmen der so erreichten Allgemeinheit werden wir fundamentale Prinzipien der Wahrscheinlichkeitsrechnung ableiten, die dadurch natürlich einen großen Gültigkeitsbereich besitzen. Somit können sie dann im Nachhinein wieder auf konkrete Modelle angewandt und in ihnen interpretiert werden.

4.1 Zufallsvariablen

Oftmals interessiert bei einem Zufallsexperiment gar nicht die gesamte Information, die in einem Versuchsausgang steckt, sondern nur ein gewisser Teilaspekt; ähnlich wie bei einem physikalischen Versuch nicht alle prinzipiell erhebbaren Messdaten interessieren, sondern nur einige wenige physikalische Größen. Dieses Konzentrieren auf das Wesentliche geschieht in der Wahrscheinlichkeitstheorie mithilfe von *Zufallsvariablen*.

Definition 4.1.1 *Zufallsvariable*

Eine Zufallsvariable auf einem Wahrscheinlichkeitsraum $(\Omega, \mathcal{A}, \mathbb{P})$ ist eine Funktion

$$X : \Omega \to \mathbb{R},$$

so dass für jedes Paar $a, b \in \mathbb{R}$ mit $a < b$ gilt: $\{\omega \in \Omega \mid a < X(\omega) < b\} \in \mathcal{A}$.

Unter einer Zufallsvariablen sollte man sich nichts Geheimnisvolles vorstellen. Trotz ihres Namens hängt sie zunächst einmal gar nicht vom Zufall, also von der zugrunde liegenden Wahrscheinlichkeit ab. Eine Zufallsvariable ist zu allererst einmal eine Abbildung von einer Grundmenge Ω in die reellen Zahlen. Auf die zusätzliche Forderung

$$\{a < X < b\} \in \mathcal{A}$$

werden wir in Kürze zurückkommen.[1]

---

[1] Wie allgemein bei Funktionen üblich, schreiben wir statt $\{\omega \in \Omega \mid a < X(\omega) < b\}$ abkürzend $\{a < X < b\}$. Ebenso werden wir auch $\{X = c\}$ für $\{\omega \in \Omega \mid X(\omega) = c\}$ sowie vergleichbare Schreibweisen gebrauchen.

Für endliche oder abzählbare Mengen Ω, wenn wir also $\mathcal{A} = \mathcal{P}(\Omega)$ wählen, ist diese Forderung übrigens immer erfüllt, denn $\mathcal{A}$ enthält sowieso jede Teilmenge von Ω. Aber auch auf dem W–Raum $([0,1], \mathcal{B}_{[0,1]}, \mathbb{L})$ oder $([0,1]^2, \mathcal{Q}, \mathbb{F})$ sind beinahe alle Funktionen, die wir uns vernünftigerweise vorstellen, auch Zufallsvariablen; insbesondere alle in diesem Buch vorkommenden Funktionen. Die folgenden Beispiele zeigen, dass eine Zufallsvariable für uns nichts Neues ist.

Beispiele 4.1.2

1. Wir betrachten eine Urne mit Kugeln, die von 00 bis 99 nummeriert sind, und ziehen zufällig eine der Kugeln. Dieses Experiment wurde in den Beispielen 3.2.2 bereits vorgestellt; dort wurden auch drei Ereignisse A, B und C definiert. Es bietet sich an, eine Bezeichnung für die erste bzw. zweite Ziffer der gezogenen Kugel einzuführen. Nennen wir die erste Ziffer X und die zweite Y, so lassen sich die dort aufgeführten Ereignisse als $A = \{X = 3\}$, $B = \{X \neq Y\}$ und $C = \{X + Y \neq 8\}$ schreiben. Tatsächlich sind X und Y Zufallsvariablen, denn sie ordnen jedem ω, also jeder nummerierten Kugel, eine reelle Zahl zu.

2. Aus $\Omega = \{1, 2, \ldots, 16\}$ werde rein zufällig eine Zahl ω gezogen. Definieren wir

   $H(\omega) :=$ Häufigkeit der Ziffer 1 in ω,
   $D(\omega) :=$ zweite Dezimalstelle von $1/\omega$ und
   $K(\omega) := \omega^3$,

   dann sind H, D und K Zufallsvariablen auf dem Laplace–Modell $(\Omega, \mathcal{A}, \mathbb{P})$: denn sie ordnen jedem ω eine reelle Zahl zu. Und da wir in einem Laplace–Modell $\mathcal{P}(\Omega)$ als σ–Algebra nehmen, ist jede Abbildung auch eine Zufallsvariable.

   Die Zufallsvariable H besitzt nur drei verschiedene Werte und jeder Wert beschreibt ein Ereignis:

$$\{H = 0\} = \{2, 3, 4, 5, 6, 7, 8, 9\}$$
$$\{H = 1\} = \{1, 10, 12, 13, 14, 15, 16\}$$
$$\{H = 2\} = \{11\}.$$

   Für die Zufallsvariable D hingegen ist z.B. $\{D = 0\} = \{1, 2, 5, 10\}$ oder etwa $\{D = 6\} = \{6, 15, 16\}$.

3. Betrachten wir das Beispiel 3.6.9, so haben wir auch dort bereits implizit eine Zufallsvariable benutzt, nämlich jene Abbildung $W : \Omega \to \mathbb{R}$, die jedem Punkt ω den Winkel zuordnet, den das konstruierte Dreieck in ω besitzt.[2] Wir fragten nach einem spitzen Winkel und fanden die Beschreibung

$$\left\{0 \leq W < \frac{\pi}{2}\right\} = \{\omega \in [0,1]^2 \mid \omega \text{ liegt nicht im Halbkreis}\}.$$

---

[2] Wir nutzen das Bogenmaß zur Messung eines Winkels.

4. Betrachten wir das Beispiel 3.6.1, so erkennen wir, dass auch hier eine Zufallsvariable im Spiel ist. Denn die Ausgänge des Experimentes sind ja Abfolgen von einigen Würfen „Zahl" und abschließend einem Wurf „Kopf". Die implizit benutzte Zufallsvariable ordnete jeder dieser Abfolgen dann einfach ihre Länge n zu.

Beispiel 4.1.3: *Indikatorvariable*

Ist auf einem W-Raum $(\Omega, \mathcal{A}, \mathbb{P})$ für ein $A \in \mathcal{A}$ die Zufallsvariable $Z : \Omega \to \mathbb{R}$ durch

$$Z(\omega) = \begin{cases} 1 \text{ , falls } \omega \in A \\ 0 \text{ , falls } \omega \notin A \end{cases}$$

definiert, dann heißt Z *Anzeige– oder Indikatorvariable* der Menge A. Denn der Wert der Zufallsvariablen Z zeigt ja gerade für jedes ω an, ob $\omega \in A$ gilt, oder nicht. Im Folgenden schreiben wir für diese Indikatorvariable auch häufig 1_A.

Versuchen wir anhand der schematischen Abbildung 4.1 zu verstehen, was z.B. eine Zufallsvariable $X : \Omega \to \mathbb{N}$ bedeutet. Zunächst einmal reduziert sie die in Ω enthaltene Information auf das für uns Wesentliche, indem sie verschiedene Elementarereignisse zu neuen Ereignissen zusammenfügt, die dann übersichtlicher zu handhaben sind. Die Zufallsvariable X definiert uns eine Zerlegung $A_1, A_2, \ldots$ der Menge Ω, indem sie nämlich alle ω, die unter X das gleiche Bild x_i besitzen, in einer Menge A_i zusammenfasst. Statt also die Ereignisse A_i mit Worten oder durch Aufzählen aller jeweils enthaltenen Elementarereignisse zu beschreiben, bedienen wir uns der Zufallsvariablen X:

$$A_i = \{\omega, \omega', \ldots\} = \{X = x_i\}.$$

Mit Hilfe von X können wir nun auch jedem Wert x_i, genauer jeder einelementigen Menge $\{x_i\}$, eine Wahrscheinlichkeit $\mathbb{P}_X(\{x_i\})$ zuordnen und zwar einfach durch

$$\mathbb{P}_X(\{x_i\}) := \mathbb{P}(\{X = x_i\}) = \mathbb{P}(A_i).$$

In Worten: Wir messen mit dem uns bekannten $\mathbb{P}$ die Wahrscheinlichkeit aller Elementarereignisse, die unter X den Wert x_i liefern, und definieren dies als Wahrscheinlichkeit der Menge $\{x_i\}$. Die Gesamtwahrscheinlichkeit 1, die in Ω gemäß $\mathbb{P}$ auf die verschiedenen $\omega \in \Omega$ verteilt war, wird durch die Zufallsvariable X nun auf die verschiedenen Werte x_i verteilt und zwar gemäß $\mathbb{P}_X$.

Definition 4.1.4 *Diskrete Wahrscheinlichkeitsverteilung*

Sei $X : \Omega \to \mathbb{N}$ eine Zufallsvariable auf dem W–Raum $(\Omega, \mathcal{A}, \mathbb{P})$, dann heißt das durch $\mathbb{P}_X(\{x\}) = \mathbb{P}(\{X = x\})$, $x \in \mathbb{N}$, auf $\mathcal{P}(\mathbb{N})$ definierte Wahrscheinlichkeitsmaß $\mathbb{P}_X$ die *(Wahrscheinlichkeits-)Verteilung von X*. Die Zufallsvariable X heißt *diskret verteilt*.

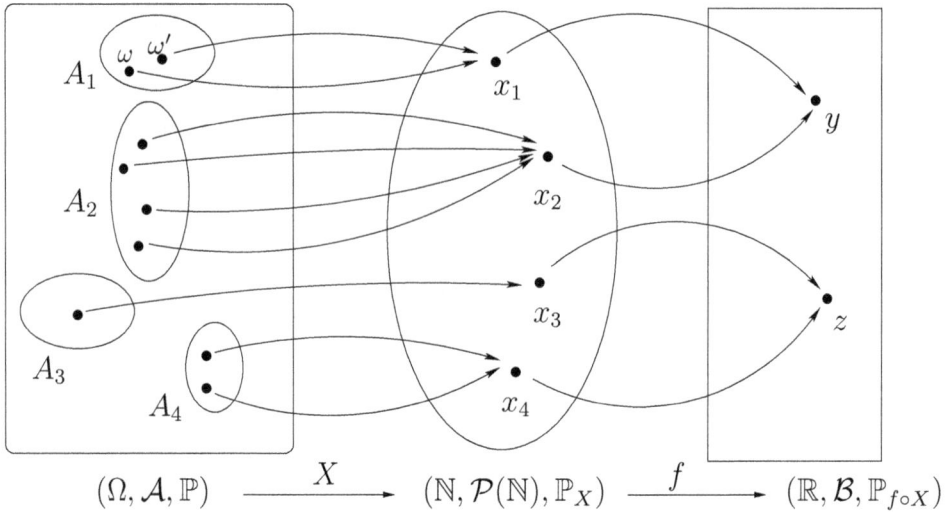

Abbildung 4.1: *Eine Zufallsvariable $X : \Omega \to \mathbb{N}$ gefolgt von einer Abbildung $f : \mathbb{N} \to \mathbb{R}$*

Etwas allgemeiner wollen wir eine Zufallsvariable $X : \Omega \to M$ diskret verteilt nennen, wenn $M \subset \mathbb{R}$ eine beliebige endliche oder abzählbar unendliche Menge ist. Bei Rechnungen im W–Raum $(M, \mathcal{P}(M), \mathbb{P}_X)$ schreiben wir dann für $m \in M$ häufig auch $p(m)$ statt $\mathbb{P}_X(\{m\})$.

Betrachten wir nun eine Zufallsvariable $X : \Omega \to \mathbb{R}$ und ersetzen in der Mitte der Abbildung 4.1 die Menge $\mathbb{N}$ durch $\mathbb{R}$ und $\mathcal{P}(\mathbb{N})$ durch die Borel–Algebra $\mathcal{B}$. Natürlich könnten wir auch hier wieder wie im Fall einer diskreten Zufallsvariable für $x \in \mathbb{R}$ die Menge $\{X = x\}$ betrachten. Nur erhalten wir dadurch im Allgemeinen kein uns interessierendes Ereignis. Denken wir z.B. an den W–Raum $([0,1], \mathcal{B}_{[0,1]}, \mathbb{L})$, der ja die zufällige Wahl eines Punktes im Einheitsintervall modelliert, dann ist eben das Ereignis, dass dieser Punkt bei genau $x = 7/24$ liegt, völlig uninteressant und besitzt zudem die Wahrscheinlichkeit Null. Es sind eben nicht mehr einzelne Punkte von Interesse, sondern z.B. einzelne Intervalle (a, b), also Ereignisse der Form

$$A = \{X \in (a,b)\} = \{a < X < b\}.$$

Analog zum diskreten Fall können wir nun für das Intervall (a, b) eine Wahrscheinlichkeit $\mathbb{P}_X\big((a,b)\big)$ definieren, nämlich

$$\mathbb{P}_X\big((a,b)\big) := \mathbb{P}(\{X \in (a,b)\}) = \mathbb{P}(A). \tag{4.1}$$

In Worten: Die Wahrscheinlichkeit eines Intervalls gemessen mit dem W–Maß $\mathbb{P}_X$ ist gleich der Wahrscheinlichkeit, dass die Werte der Zufallsvariablen X im Intervall liegen. Diese Definition schließt übrigens den Fall einer diskreten Zufallsvariable $X : \Omega \to M$ mit ein, denn man kann zu jedem $m \in M$ ein Intervall (a_m, b_m) wählen, welches außer m kein weiteres Element von M enthält, so dass also $\{a_m < X < b_m\} = \{X = m\}$ ist.

Aber für die in Gleichung (4.1) gegebene Definition von $\mathbb{P}_X$ muss natürlich die Menge $A = \{a < X < b\}$ in $\mathcal{A}$ liegen, denn sonst können wir sie ja gar nicht mit $\mathbb{P}$ messen.

Und genau das haben wir aus genau diesem Grund für jede Zufallsvariable in der Definition 4.1.1 gefordert. Dieser Zusatz garantiert uns die Existenz der Verteilung einer Zufallsvariablen.

Definition 4.1.5 *Wahrscheinlichkeitsverteilung*

Ist $X : \Omega \to \mathbb{R}$ eine Zufallsvariable auf dem W–Raum $(\Omega, \mathcal{A}, \mathbb{P})$, dann heißt das W–Maß $\mathbb{P}_X$ auf $\mathcal{B}$, welches für Intervalle $I \subset \mathbb{R}$ die Gleichung $\mathbb{P}_X(I) = \mathbb{P}(\{X \in I\})$ erfüllt, die *(Wahrscheinlichkeits-)Verteilung von X.*

Diskrete Verteilungen bilden, wie bereits erwähnt, eine Klasse spezieller Verteilungen, die in der gerade gegebenen allgemeinen Definition enthalten ist.[3] Wir wollen noch einer weiteren wichtigen Klasse von Verteilungen einen eigenen Namen geben.

Definition 4.1.6 *Absolut stetige Wahrscheinlichkeitsverteilung*

Ist das W–Maß $\mathbb{P}_X$ absolut stetig, dann nennt man $\mathbb{P}_X$ eine *absolut stetig Verteilung* und X heißt *absolut stetig verteilt.*

Selbstverständlich muss nicht jede Zufallsvariable X auf einem W–Raum $(\Omega, \mathcal{A}, \mathbb{P})$ diskret oder absolut stetig verteilt sein. Man kann beide Eigenschaften auch mischen. In diesem Buch jedoch beschränken wir uns auf Zufallsvariablen und Verteilungen, die entweder diskret oder absolut stetig sind: Für diskrete Zufallsvariablen $X : \Omega \to M$ wählen wir den W–Raum $(M, \mathcal{P}(M), \mathbb{P}_X)$ und für absolut stetige Zufallsvariablen $X : \Omega \to \mathbb{R}$ den W–Raum $(\mathbb{R}, \mathcal{B}, \mathbb{P}_X)$.

Es scheint noch eine letzte Bemerkung zum W–Raum $(\Omega, \mathcal{A}, \mathbb{P})$ angebracht, der bei all unserem Tun und bei allen Definitionen dieses Kapitels unentbehrlich scheint. Es stimmt zwar, dass er für eine Zufallsvariable X sehr wichtig ist: Schließlich ist Ω der Definitionsbereich von X, die σ–Algebra $\mathcal{A}$ stellt Forderungen an X und ohne das W–Maß $\mathbb{P}$ könnten wir die Verteilung $\mathbb{P}_X$ gar nicht definieren. Aber: Nachdem man einmal sowohl den Wertebereich E von X, als auch eine σ–Algebra $\mathcal{E}$ über E mitsamt der Verteilung $\mathbb{P}_X$ gefunden hat, kann man $(\Omega, \mathcal{A}, \mathbb{P})$ schlicht vergessen. Denn nun kann man stattdessen den W–Raum $(E, \mathcal{E}, \mathbb{P}_X)$ und die identische Abbildung id_E auf der Menge E betrachten. Diese Identität ist dann natürlich eine Zufallsvariable, die genau die Verteilung $\mathbb{P}_X$ besitzt. Was wie ein Taschenspielertrick erscheint, der geeignet ist, jeden zu verwirren, ist in Wahrheit die mathematische Rechtfertigung dafür, dass für jedes beliebige W–Maß stets auch eine Zufallsvariable existiert, die genau dieses W–Maß als Verteilung hat.

---

[3]Gemeint ist: Für eine diskrete Zufallsvariable $X : \Omega \to M$ mit abzählbarer Menge $M \subset \mathbb{R}$ ist die Verteilung $\mathbb{P}_X$ gemäß Definition 4.1.4 dieselbe, wie gemäß Definition 4.1.5. Man beachte dazu $\mathcal{P}(M) \subset \mathcal{B}$ und $\mathbb{P}_X(A) = \mathbb{P}_X(A \cap M)$ für alle $A \in \mathcal{B}$.

Beispiele 4.1.7

1. Nehmen wir wieder den Laplace–Raum über $\Omega = \{1, \ldots, 16\}$ aus dem Beispiel 4.1.2.2. Es ist $H(\Omega) = \{0, 1, 2\} = M$ und

$$p(0) = \mathbb{P}_H(\{0\}) = \mathbb{P}(\{H = 0\}) = \mathbb{P}(\{2, 3, 4, 5, 6, 7, 8, 9\}) = \tfrac{1}{2}$$
$$p(1) = \mathbb{P}_H(\{1\}) = \mathbb{P}(\{H = 1\}) = \mathbb{P}(\{1, 10, 12, 13, 14, 15, 16\}) = \tfrac{7}{16}$$
$$p(2) = \mathbb{P}_H(\{2\}) = \mathbb{P}(\{H = 2\}) = \mathbb{P}(\{11\}) = \tfrac{1}{16},$$

so dass sich die ursprüngliche Laplace–Wahrscheinlichkeit $\mathbb{P}$ auf $\{1, \ldots, 16\}$ durch die diskrete Zufallsvariable H neu verteilt zu einem Wahrscheinlichkeitsmaß $\mathbb{P}_H$ auf $\{0, 1, 2\}$, der Verteilung von H (s. Seite 100, Abbildung 4.2).

2. Auf dem W–Raum $(\Omega, \mathcal{A}, \mathbb{P})$ für den n–fachen fairen Würfelwurf definieren wir die Zufallsvariable $S : \Omega \to \mathbb{N}$, welche die Summe der Augenzahlen der Würfe berechnet. Es ist also $\mathbb{P}$ die Laplace–Wahrscheinlichkeit auf der Grundmenge

$$\Omega = \{\omega = (\omega_1, \ldots, \omega_n) \mid \omega_i \in \{1, \ldots, 6\},\ 1 \le i \le n\}$$

und $S = \omega_1 + \ldots + \omega_n$. Offenbar ist S eine diskret verteilte Zufallsvariable und für $n \le k \le 6n$ gilt

$$\mathbb{P}_S(\{k\}) = \mathbb{P}(\{S = k\}) = \frac{\text{Anzahl der } \omega \text{ mit } S(\omega) = k}{6^n}.$$

Wenn wir uns nun erinnern, dass bei jedem Würfel die gegenüberliegenden Flächen stets die Augensumme 7 ergeben, dann erkennen wir, dass die Anzahl der $\omega \in \Omega$ mit $S(\omega) = k$ gleich der Anzahl der $\bar{\omega} \in \Omega$ mit $S(\bar{\omega}) = 7n - k$ ist, da jedes ω genau einem $\bar{\omega}$ entspricht. Denn wir können die n Würfel ja auf eine Glasplatte werfen und dann durch die Platte hindurch von unten schauen, welche Augenzahl $\bar{\omega}_i$ beim i–ten Würfel unten liegt. Dann liegt $\omega_i = 7 - \bar{\omega}_i$ oben und daher ist $S(\omega) = 7n - S(\bar{\omega})$. Somit besitzt die Verteilung $\mathbb{P}_S$ eine Symmetrie: Für alle $n \le k \le 6n$ ist

$$\mathbb{P}_S(\{k\}) = \mathbb{P}_S(\{7n - k\}).$$

3. Betrachten wir das Beispiel 3.6.9, bei dem ein zufällig im Einheitsquadrat gewählter Punkt ω die Spitze eines Dreiecks über $[0, 1]$ war. Diesen Punkt modellierten wir mit dem W–Raum $([0, 1]^2, \mathcal{Q}, \mathbb{F})$, wobei wir jetzt erkennen, dass die beiden Koordinaten x und y des Punktes nichts anderes als die Werte von Zufallsvariablen X und Y auf besagtem W–Raum sind, die beide dieselbe Verteilung $\mathbb{F}_X = \mathbb{F}_Y = \mathbb{L}$ haben. Fragen wir nun z.B. nach dem Flächeninhalt A des zufälligen Dreiecks, so ist auch $A : [0, 1]^2 \to \mathbb{R}$ eine Zufallsvariable und offenbar gilt $A = Y/2$. Die Verteilung $\mathbb{F}_A$ ist absolut stetig, denn für jedes Intervall (a, b) gilt

$$\mathbb{F}(\{A \in (a, b)\}) = \mathbb{F}(\{Y \in (2a, 2b)\}) = \mathbb{F}_Y\big((2a, 2b)\big) = \mathbb{L}\big((2a, 2b)\big).$$

Daher ist $\mathbb{F}(\{A \in (a, b)\} = \int_{2a}^{2b} 1_{[0,1]}(x)\, dx = \int_a^b 2 \cdot 1_{[0,1/2]}(x)\, dx$ und wir identifizieren die Dichte von $\mathbb{F}_A$ als

$$2 \cdot 1_{[0,1/2]} : \mathbb{R} \to [0, \infty).$$

4. Wir definieren $\varrho(x) = \frac{7}{2}x^{-8}$ für $0 \neq x \in \mathbb{R}$ und $\varrho(0) = 0$. Dann ist ϱ eine W–Dichte und wir können eine Zufallsvariable Z betrachten, die zu dieser Dichte absolut stetig verteilt ist, d.h. mit $\mathbb{P}_Z = \mathbb{D}\varrho$ (vgl. die Bemerkung auf Seite 89). Allerdings kennen wir bis jetzt kein Experiment, welches Z irgendeine tiefere Bedeutung geben würde.

Wir wollen noch einmal die Abbildung 4.1 betrachten und fragen, wie eine weitere Abbildung $f : \mathbb{N} \to \mathbb{R}$ zu behandeln ist, welche auf den Werten x_i der Zufallsvariablen X definiert ist. Diese Situation ist keineswegs ungewöhnlich, sondern eher die Regel. Denn eine Zufallsvariable konzentriert zwar die im W–Raum $(\Omega, \mathcal{A}, \mathbb{P})$ gegebene Information auf die für uns wesentlichen Daten, jedoch ist damit häufig nicht das Ende allen Rechnens erreicht, sondern im Gegenteil ein tragfähiger Ausgangspunkt für interessante Fragen.

Es sollte nicht überraschen, dass wir auch an die Funktion f die Forderung stellen, eine Zufallsvariable zu sein, allerdings auf dem W–Raum $(\mathbb{N}, \mathcal{P}(\mathbb{N}), \mathbb{P}_X)$. Denn damit wird die Verkettung $f \circ X : \Omega \to \mathbb{R}$ eine Zufallsvariable auf dem W–Raum $(\Omega, \mathcal{A}, \mathbb{P})$ und als solche besitzt sie auch eine Verteilung $\mathbb{P}_{f \circ X}$, die z.B. Intervallen $(a, b) \subset \mathbb{R}$ die Wahrscheinlichkeit

$$\mathbb{P}_{f \circ X}\big((a, b)\big) = \mathbb{P}(\{f \circ X \in (a, b)\})$$

gibt. Entsprechendes gilt natürlich auch für den Fall, dass $f : \mathbb{N} \to \mathbb{N}$ eine Abbildung nach $\mathbb{N}$ statt nach $\mathbb{R}$ ist, oder dass bereits $X : \Omega \to \mathbb{R}$ eine Zufallsvariable mit reellen Werten ist. Stets fordern wir sowohl von X als auch von f, sie mögen Zufallsvariablen (auf den entsprechenden W–Räumen) sein, damit dieses auch für $f \circ X$ gelte.

Beispiele 4.1.8

1. Jemand bietet Ihnen ein Glücksspiel an: Ein fairer Würfel wird dreimal geworfen und Sie gewinnen, wenn die Summe der Augenzahlen mindestens vier Teiler hat. Was ist Ihre Gewinnchance?

   Der dreifache Würfelwurf wird mit dem Laplace–Raum $(\Omega, \mathcal{P}(\Omega), \mathbb{P})$ über der Grundmenge

   $$\Omega = \{\omega = (\omega_1, \omega_2, \omega_3) \mid \omega_i \in \{1, \ldots, 6\} \text{ für } i = 1, 2, 3\}$$

   modelliert. Die Zufallsvariable $S : \Omega \to \mathbb{N}$ ermittele nun die Summe der drei Augenzahlen und die Abbildung $f : \mathbb{N} \to \mathbb{N}$ gebe für jede natürliche Zahl die Anzahl der Teiler an. Ihre Gewinnchance C ist somit

   $$C = \mathbb{P}_{f \circ S}(\{4, 5, \ldots\}) = 1 - \mathbb{P}_{f \circ S}(\{1, 2, 3\}).$$

   Wir schreiben $\mathbb{P}_{f \circ S}(\{1, 2, 3\}) = \mathbb{P}(\{f \circ S \in \{1, 2, 3\}\})$ und beachten, dass S nur Zahlen zwischen 3 und 18 liefert, von denen keine genau einen Teiler hat, die Primzahlen in diesem Bereich genau zwei Teiler haben und nur die Zahlen 4 und 9 (nämlich die Quadrate von Primzahlen) in diesem Bereich genau drei Teiler haben. Somit ist $f \circ S(\omega) \in \{1, 2, 3\}$ genau dann, wenn $S(\omega) \in \{3, 4, 5, 7, 9, 11, 13, 17\} =: M$ und wir müssen $\mathbb{P}(\{S \in M\})$ berechnen. Das kombinatorische Abzählen, auf wieviele Arten wir die in M aufgezählten Augensummen werfen können, ist sehr mühsam und es empfiehlt sich, die Erkenntnis aus Beispiel 4.1.7.2 zu verwenden. Wir bilden die Menge

$$\bar{M} = \{21 - m \mid m \in M\} = \{18, 17, 16, 14, 12, 10, 8, 4\}$$

und wissen wegen der Symmetrie von $\mathbb{P}_S$, dass $\mathbb{P}_S(M) = \mathbb{P}_S(\bar{M})$ gilt. Da in $M \cup \bar{M}$ alle Augensummen außer 6 und 15 liegen, ist

$$\begin{aligned} 2 \cdot \mathbb{P}_S(M) &= \mathbb{P}_S(M) + \mathbb{P}_S(\bar{M}) = \mathbb{P}_S(M \cup \bar{M}) + \mathbb{P}_S(M \cap \bar{M}) \\ &= 1 - \mathbb{P}_S(\{6, 15\}) + \mathbb{P}_S(\{4, 17\}) \\ &= 1 - 2 \cdot \mathbb{P}_S(\{6\}) + 2 \cdot \mathbb{P}_S(\{4\}) \\ &= 1 - 2 \cdot \frac{10}{216} + 2 \cdot \frac{3}{216} = \frac{202}{216}. \end{aligned}$$

Ihre Gewinnchance ist also $C = 115/216$ und das Spiel ist für Sie vorteilhaft.

2. Wir knicken einen Meterstab an einem zufälligen Punkt rechtwinklig ab und verbinden die beiden freien Enden, so dass ein rechtwinkliges Dreieck entsteht. Welche Verteilung besitzt der Umfang des Dreiecks?

Die Katheten des rechtwinkligen Dreiecks haben die zufälligen Längen X und $1 - X$, wobei die Zufallsvariable X die Verteilung $\mathbb{L}$ auf $[0, 1]$ besitzt. Der Umfang wird durch die Zufallsvariable

$$U = X + (1 - X) + \sqrt{X^2 + (1 - X)^2} = 1 + \sqrt{2\left(X - \frac{1}{2}\right)^2 + \frac{1}{2}}$$

gegeben. Wir schreiben $U = f \circ g(X)$ mit den Funktionen $g(x) = (x - \frac{1}{2})^2$ und $f(y) = 1 + \sqrt{2y + \frac{1}{2}}$ und ermitteln zunächst die Verteilung der Zufallsvariablen $g(X)$. Wegen $0 \leq X \leq 1$ ist $0 \leq g(X) \leq \frac{1}{4}$. Für ein Intervall $(a, b) \subset [0, \frac{1}{4}]$ gilt

$$\{a < g(X) < b\} = \{\sqrt{a} < X - \frac{1}{2} < \sqrt{b})\} \cup \{-\sqrt{b} < X - \frac{1}{2} < -\sqrt{a})\}$$

und daher

$$\begin{aligned} \mathbb{P}_{g(X)}\big((a, b)\big) &= \mathbb{L}\Big(\{\sqrt{a} < X - \frac{1}{2} < \sqrt{b})\}\Big) + \mathbb{L}\Big(\{-\sqrt{b} < X - \frac{1}{2} < -\sqrt{a})\}\Big) \\ &= 2(\sqrt{b} - \sqrt{a}). \end{aligned}$$

Und nun berechnen wir mit der Kenntnis der Verteilung von $Y = g(X)$ die Verteilung von $f(Y) = U$. Wegen $0 \leq Y \leq \frac{1}{4}$ ist $1 + 1/\sqrt{2} \leq f(Y) \leq 2$. Für ein Intervall $(\alpha, \beta) \subset [1 + 1/\sqrt{2}, 2]$ gilt

$$\{\alpha < f(Y) < \beta\} = \left\{\frac{(\alpha - 1)^2}{2} - \frac{1}{4} < Y < \frac{(\beta - 1)^2}{2} - \frac{1}{4}\right\}$$

und daher ist $\mathbb{P}_U\big((\alpha, \beta)\big) = 2\left(\sqrt{\frac{(\beta-1)^2}{2} - \frac{1}{4}} - \sqrt{\frac{(\alpha-1)^2}{2} - \frac{1}{4}}\right)$.

An den Beispielen 4.1.8 sehen wir, dass die konkrete Berechnung einer Verteilung manchmal recht mühsam sein kann. Im Fall von Beispiel 4.1.8.2 liegt das auch daran, dass wir mit unserem besten Werkzeug, nämlich mit dem Begriff der Dichte, noch gar nicht gearbeitet haben.

Satz 4.1.9

Sei X eine Zufallsvariable auf $(\Omega, \mathcal{A}, \mathbb{P})$ und ϱ eine (stückweise stetige) W–Dichte. Gilt für alle $t \in \mathbb{R}$

$$\mathbb{P}(\{X < t\}) = \int_{-\infty}^{t} \varrho(x)\,dx,$$

dann ist X absolut stetig verteilt mit Dichte ϱ. Insbesondere ist dann ϱ in den Stetigkeitsstellen gleich der Ableitung der Abbildung $t \mapsto \mathbb{P}(\{X < t\})$.

Beweis. Für jedes Intervall $(a, b) \in \mathbb{R}$ ist

$$\mathbb{P}(\{X \in [a,b)\}) = \mathbb{P}(\{X < b\} \setminus \{X < a\}) = \int_{-\infty}^{b} \varrho(x)\,dx - \int_{-\infty}^{a} \varrho(x)\,dx = \int_{a}^{b} \varrho(x)\,dx.$$

Wählen wir nun eine gegen a konvergente, monoton fallende Folge $(b_n)_{n \in \mathbb{N}}$, dann ist

$$0 \leq \mathbb{P}(\{X = a\}) \leq \mathbb{P}(\{X \in [a, b_n)\}) = \int_{a}^{b_n} \varrho(x)\,dx \longrightarrow_{n \to \infty} 0,$$

also $\mathbb{P}(\{X = a\}) = 0$ für jedes $a \in \mathbb{R}$. Der Rest der Behauptung folgt aus dem Hauptsatz der Differential– und Integralrechnung. ∎

Aufgaben

1. Bestimmen Sie die Verteilung der Zufallsvariablen D aus Beispiel 4.1.2.2.

2. Sie ziehen zufällig eine der Zahlen 1 bis 10. Die Zufallsvariable K gebe die „Anzahl der Konsonanten im Zahlwort" an, also z.B.

   $$K(\{3\}) = \text{Anzahl der Konsonanten in } \texttt{DREI} = 2.$$

   Bestimmen Sie die Verteilung von K.

3. Aus einem Skatspiel werden Ihnen zufällig 10 Karten zugeteilt. Bestimmen Sie die Verteilung der Zufallsvariablen „Anzahl der Buben".

4. Ein Mathematiker ist einer von insgesamt 12 Anwesenden einer Stehparty, bei der die Getränke draußen auf dem Balkon stehen. Von dort holt er sich eine Flasche Bier und wählt dann eine zufällige Person aus, um sich mit ihr zu unterhalten. Ist die Flasche leer, so holt er sich eine neue Flasche Bier und wählt wieder rein zufällig aus allen Personen seinen Gesprächspartner. Nach 8 Flaschen Bier ist er betrunken und fährt mit dem Taxi nach Hause. Am anderen Morgen kann er sich nicht mehr erinnern, mit wieviel verschiedenen Personen er gesprochen hat. Können Sie ihm weiterhelfen und die Verteilung dieser Zufallsvariablen bestimmen?

5. Im Radio gibt es jeweils zur halben Stunde für 3 Minuten und zur vollen Stunde für 5 Minuten Nachrichten. Sei T die Wartezeit bis zum Beginn der nächsten Nachrichten, wenn Sie Ihr Radio zu einem zufälligen Zeitpunkt einschalten. Bestimmen Sie die Dichte der Verteilung von T.

6. Bestimen Sie die Dichte der Verteilung von $g(X)$ aus Beispiel 4.1.8.2 mittels Satz 4.1.9.

7. Bestimmen Sie die Dichten der Verteilungen von X^3, X^4 und $\sqrt{X}$, wenn X die Verteilung $\mathbb{L}$ auf $[0, 1]$ besitzt.

8. Sie knicken einen Meterstab an einem zufälligen Punkt rechtwinklig ab und ergänzen die entstandene Figur zu einem Rechteck. Welche Dichte besitzt die Fläche dieses Rechtecks?

4.2   Der Erwartungswert von Zufallsvariablen

Jede statistische Datenerhebung mit den n Untersuchungseinheiten einer Menge $\Omega = \{\omega_1, \ldots, \omega_n\}$ definiert einen Laplace–Raum $(\Omega, \mathcal{P}(\Omega), \mathbb{P})$. Sind die gemessenen Merkmalsausprägungen reelle Zahlen, so lässt sich die Messung als Zufallsvariable auffassen, indem $X : \Omega \to \mathbb{R}$ jeder Untersuchungseinheit ω_i gerade seine Merkmalsausprägung $X(\omega_i) = x_i$ zuordnet. Aus der Laplace–Wahrscheinlichkeit auf Ω wird dann die neue Verteilung $\mathbb{P}_X$ auf der Menge der Merkmalsausprägungen.

Haben wir etwa eine Stichprobe Ω von 20 geschiedenen Personen und interessieren wir uns für die Dauer ihrer Ehe, so ist $X : \Omega \to \mathbb{R}$ die Zufallsvariable, die für jede Person gerade die Anzahl der Ehejahre angibt. Ist die Verteilung von X dann z.B. gegeben durch

$X =$	2	3	4	5	6	7	8
Häufigkeit	2	4	1	2	0	6	5
$\mathbb{P}_X$	$\frac{1}{10}$	$\frac{1}{5}$	$\frac{1}{20}$	$\frac{1}{10}$	0	$\frac{3}{10}$	$\frac{1}{4}$,

so berechnet sich der empirische Mittelwert gemäß Kapitel 2 zu

$$\bar{x} = 2 \cdot \frac{1}{10} + 3 \cdot \frac{1}{5} + 4 \cdot \frac{1}{20} + 5 \cdot \frac{1}{10} + 7 \cdot \frac{3}{10} + 8 \cdot \frac{1}{4} = \frac{28}{5}.$$

Ganz analog definieren wir den „Mittelwert" einer Zufallsvariablen, wenn der zugrunde liegende W–Raum nicht aus einer Datenerhebung stammt.

4.2.1   Diskrete Zufallsvariablen

Definition 4.2.1   *Erwartungswert diskreter Zufallsvariablen*

Besitzt die Zufallsvariable X die diskrete Verteilung $\mathbb{P}_X = (p(m))_{m \in M}$ auf einer abzählbaren Menge $M \subset \mathbb{R}$ und gilt $\sum_{m \in M} |m| \cdot p(m) < +\infty$, dann heißt

$$\mathbb{E}X = \sum_{m \in M} m \cdot p(m)$$

Erwartungswert von X.

Die Bedingung

$$\sum_{m \in M} |m| \cdot p(m) < +\infty$$

in der Definition des Erwartungswertes stellt sicher, dass einerseits $\mathbb{E}X$ auch eine endliche Größe ist und wir andererseits die Summe bei der Berechnung von $\mathbb{E}X$ beliebig umordnen dürfen. Für eine endliche Summe, also eine endliche Menge M, ist diese Forderung stets erfüllt.

Wir können den Erwartungswert einer diskreten Zufallsvariable $X : \Omega \to M$ aber auch noch anders ausrechnen, zumindest dann, wenn der W–Raum $(\Omega, \mathcal{P}(\Omega), \mathbb{P})$ eine nur abzählbare Grundmenge Ω besitzt. Schreiben wir

$$A_m = \{\omega \in \Omega \mid X(\omega) = m\}$$

für jedes $m \in M$, so wissen wir, dass $\mathbb{P}(A_m) = \mathbb{P}_X(\{m\})$ gilt und die Ereignisse A_m, $m \in M$, eine Zerlegung von Ω bilden. Genau so hatten wir ja auf Seite 87 die Verteilung einer Zufallsvariablen eingeführt. Rechnen wir nun

$$\mathbb{E}X = \sum_{m \in M} m \cdot \mathbb{P}_X(\{m\}) = \sum_{m \in M} m \cdot \mathbb{P}(A_m) = \sum_{m \in M} m \cdot \sum_{\omega \in A_m} \mathbb{P}(\{\omega\})$$

$$= \sum_{m \in M} \sum_{\omega \in A_m} X(\omega)\mathbb{P}(\{\omega\}) = \sum_{\omega \in \Omega} X(\omega)\mathbb{P}(\{\omega\}).$$

Wir haben also durch einfaches Umordnen der Summanden eine andere Darstellung für $\mathbb{E}X$ gefunden. Und dieses Umordnen ist stets erlaubt, wenn $\sum_{\omega} |X(\omega)|\mathbb{P}(\{\omega\})$ endlich ist, denn dann liegt ja eine absolut konvergente Reihe vor. Halten wir dieses Ergebnis in einem Satz fest.

Satz 4.2.2

Sei $(\Omega, \mathcal{P}(\Omega), \mathbb{P})$ ein W–Raum über einer abzählbaren Menge Ω und X eine diskrete Zufallsvariable auf Ω. Der Erwartungswert $\mathbb{E}X$ existiert genau dann, wenn

$$\sum_{\omega \in \Omega} |X(\omega)| \cdot \mathbb{P}(\{\omega\}) < +\infty$$

ist. In diesem Fall gilt

$$\mathbb{E}X = \sum_{\omega \in \Omega} X(\omega) \cdot \mathbb{P}(\{\omega\}).$$

Die folgende Bemerkung kann man beim ersten Lesen des Kapitels auslassen. Sie sollte jedoch dann, wenn der Leser durch die nachfolgenden Beispiele Erfahrung mit dem Begriff *Erwartungswert* gesammelt hat, gelesen werden.

Bemerkung Es liege eine ähnliche Situation wie in Abbildung 4.1 vor, also

$$(\Omega, \mathcal{A}, \mathbb{P}) \xrightarrow{X} (M, \mathcal{P}(M), \mathbb{P}_X) \xrightarrow{f} (J, \mathcal{P}(J), \mathbb{P}_{f \circ X})$$

mit zwei abzählbaren Mengen $J, M \subset \mathbb{R}$ und zwei diskreten Zufallsvariablen X und f. Gemäß der Definition 4.2.1 des Erwartungswertes gilt zunächst

$$\mathbb{E}[f \circ X] = \sum_{j \in J} j \cdot \mathbb{P}_{f \circ X}(\{j\}), \tag{4.2}$$

wenn der Erwartungswert denn überhaupt existiert, also die Reihe absolut konvergiert. Aber dann erfüllt $f : M \to J$ auch die Voraussetzungen von Satz 4.2.2, denn selbstverständlich ist f eine diskrete Zufallsvariable auf dem W–Raum $(M, \mathcal{P}(M), \mathbb{P}_X)$ und daher ist

$$\mathbb{E}f = \sum_{m \in M} f(m) \cdot \mathbb{P}_X(\{m\}). \tag{4.3}$$

Es sollte jetzt nicht überraschen, dass der Erwartungswert in Gleichung (4.2) gleich dem Erwartungswert in Gleichung (4.3) ist, denn tatsächlich ist der eine Ausdruck wieder nur eine Umordnung des anderen. Wenn X eine Zufallsvariable auf dem W–Raum $(\Omega, \mathcal{P}(\Omega), \mathbb{P})$ mit einer abzählbaren Menge Ω ist, dann können wir sogar noch einen dritten Ausdruck schreiben, der auch nur eine Umordnung ist:

$$\mathbb{E}[f \circ X] = \underbrace{\sum_{j \in J} j \cdot \mathbb{P}_{f \circ X}(\{j\})}_{(I)} = \underbrace{\sum_{m \in M} f(m) \cdot \mathbb{P}_X(\{m\})}_{(II)} = \underbrace{\sum_{\omega \in \Omega} f \circ X(\omega) \cdot \mathbb{P}(\{\omega\})}_{(III)}.$$

Es ist genau diese Freiheit bei der Wahl eines für die Rechnung möglichst einfachen Ausdrucks, der die Stärke von Zufallsvariablen ausmacht. Jeder der in der nachfolgenden Tabelle aufgeführten Ausdrücke liefert den gleichen Wert, aber der Rechenaufwand kann sehr verschieden sein:

Der Ausdruck	(III)	(II)	(I)
ist Erwartungswert der Funktion	$f \circ X : \Omega \to J$ $\omega \mapsto f(X(\omega))$	$f : M \to J$ $m \mapsto f(m)$	$\mathrm{id}_J : J \to J$ $j \mapsto j$
bzgl. der Verteilung	$\mathbb{P}$	$\mathbb{P}_X$	$\mathbb{P}_{f \circ X}$

Beispiele 4.2.3

1. Im Beispiel 4.1.7.1 war $(p(0), p(1), p(2)) = (\frac{1}{2}, \frac{7}{16}, \frac{1}{16})$ die Verteilung der Zufallsvariablen H, und damit ist

$$\mathbb{E}H = 0 \cdot \frac{1}{2} + 1 \cdot \frac{7}{16} + 2 \cdot \frac{1}{16} = \frac{9}{16}.$$

Wir können also sagen, dass eine zufällig aus $\{1, \ldots, 16\}$ gezogene Zahl im Mittel 0,5625 Einsen hat.

2. Beim Wurf eines fairen Würfels ist die geworfene Augenzahl A ein Laplace–Experiment auf $\{1, \ldots, 6\}$, so dass

$$\mathbb{E}A = 1 \cdot \frac{1}{6} + 2 \cdot \frac{1}{6} + 3 \cdot \frac{1}{6} + 4 \cdot \frac{1}{6} + 5 \cdot \frac{1}{6} + 6 \cdot \frac{1}{6} = \frac{7}{2}.$$

Die erwartete Augenzahl bei einem fairen Würfel ist somit $3,5$.

Bezeichnet allgemeiner die Zufallsvariable X den Ausgang eines Laplace–Experiments auf $\{1, \ldots, n\}$ für ein $n \in \mathbb{N}$, so berechnet sich

$$\mathbb{E}X = 1 \cdot \frac{1}{n} + 2 \cdot \frac{1}{n} + \cdots + n \cdot \frac{1}{n} = \frac{1}{n} \sum_{i=1}^{n} i = \frac{1}{2}(n + 1),$$

wobei wir die bekannte Summenformel für arithmetische Progressionen benutzt haben (siehe Anhang A.1, (I)).

3. Im Beispiel 3.6.1 besaß die Wartezeit W auf das erste Erscheinen von „Kopf" die Verteilung $\mathbb{P}_W = \big(p(n)\big)_{n \in \mathbb{N}}$ mit

$$p(n) = 2^{-n}$$

und daher berechnet sich der Erwartungswert zu

$$\mathbb{E}W = 1 \cdot 2^{-1} + 2 \cdot 2^{-2} + 3 \cdot 2^{-3} + \ldots = \sum_{n=1}^{\infty} n \cdot 2^{-n} = 2.$$

Die für die letzte Gleichheit benutzte Formel finden Sie im Anhang (siehe Anhang A.1, (VII)).

Im Schnitt muss man also zweimal werfen, um „Kopf" zu sehen.

4. Im Beispiel 3.6.2 besaß die Nummer B des Busses, in den Sie einsteigen können, die Verteilung

$$\mathbb{P}_B = \big(p(n)\big)_{n \in \mathbb{N}} = \left(\frac{1}{n(n + 1)}\right)_{n \in \mathbb{N}}.$$

Zur Bestimmung des Erwartungswerts müssen wir die Summe

$$1 \cdot p(1) + 2 \cdot p(2) + 3 \cdot p(3) + 4 \cdot p(4) + \ldots = \frac{1}{2} + \frac{1}{3} + \frac{1}{4} + \frac{1}{5} + \ldots$$

berechnen; diese Summe ergibt aber $+\infty$ (siehe Anhang A.2, (XIII)). Gemäß unserer Definition existiert der Erwartungswert also nicht. Man kann die Gleichung $\mathbb{E}B = +\infty$ aber trotzdem versuchen zu deuten: Sie müssen im Durchschnitt unendlich lange warten, bis Sie in einen Bus einsteigen können (was dem Beispiel wieder eine gewisse Realitätsnähe gibt).

5. Betrachten wir auf einem W–Raum $(\Omega, \mathcal{A}, \mathbb{P})$ eine Indikatorvariable 1_A für ein $A \in \mathcal{A}$, so ist

$$\mathbb{E}1_A = 0 \cdot \mathbb{P}(\{1_A = 0\}) + 1 \cdot \mathbb{P}(\{1_A = 1\}) = \mathbb{P}(A).$$

Bevor wir nun einige diskrete Verteilungen kennenlernen wollen, soll noch auf eine der wichtigsten Eigenschaften des Erwartungswertes, nämlich die so genannte *Linearität*, hingewiesen werden. Dies ist nicht überraschend, denn auch der empirische Mittelwert besitzt dieses lineare Verhalten: Wenn ein männlicher Angestellter im Durchschnitt 7,5 Tage pro Jahr krank gemeldet ist, eine weibliche Angestellte hingegen nur 5 Tage pro Jahr, dann sollten in einem Betrieb mit 14 männlichen und 7 weiblichen Angestellten im Schnitt eben

$$14 \cdot 7,5 + 7 \cdot 5 = 140 \text{ Krankheitstage pro Jahr}$$

erwartet werden.

Satz 4.2.4: *Linearität des Erwartungswerts*

Auf einem W–Raum $(\Omega, \mathcal{P}(\Omega), \mathbb{P})$ mit einer abzählbaren Menge Ω seien zwei diskrete Zufallsvariablen X und Y mit existierenden Erwartungswerten $\mathbb{E}X$ und $\mathbb{E}Y$ gegeben. Dann existiert auch der Erwartungswert der Zufallsvariablen $a \cdot X + b \cdot Y$ für alle $a, b \in \mathbb{R}$ und es ist

$$\mathbb{E}[a \cdot X + b \cdot Y] = a \cdot \mathbb{E}X + b \cdot \mathbb{E}Y.$$

Weiterhin gilt $\mathbb{E}X \geq 0$, falls $X(\omega) \geq 0$ für alle $\omega \in \Omega$.

Ebenso gilt $\mathbb{E}X \leq \mathbb{E}Y$, falls $X(\omega) \leq Y(\omega)$ für alle $\omega \in \Omega$.

Insbesondere ist stets $|\mathbb{E}X| \leq \mathbb{E}|X|$.

Beweis. Aufgrund der Dreiecksungleichung gilt

$$\sum_{\omega \in \Omega} |aX(\omega) + bY(\omega)| \cdot \mathbb{P}(\{\omega\}) \leq |a| \sum_{\omega \in \Omega} |X(\omega)| \cdot \mathbb{P}(\{\omega\}) + |b| \sum_{\omega \in \Omega} |Y(\omega)| \cdot \mathbb{P}(\{\omega\}) < \infty.$$

Nach Satz 4.2.2 existiert also $\mathbb{E}[aX + bY]$ und es folgt durch Umordnen

$$\begin{aligned}
\mathbb{E}[aX + bY] &= \sum_{\omega \in \Omega} (aX(\omega)) + bY(\omega))\mathbb{P}(\{\omega\}) \\
&= a \sum_{\omega \in \Omega} X(\omega)\mathbb{P}(\{\omega\}) + b \sum_{\omega \in \Omega} Y(\omega)\,\mathbb{P}(\{\omega\}) = a\,\mathbb{E}X + b\,\mathbb{E}Y.
\end{aligned}$$

Wenn nun $X(\omega) \geq 0$ für alle $\omega \in \Omega$, dann ist offenbar $\mathbb{E}X \geq 0$ nach Satz 4.2.2.

Gilt $X(\omega) \leq Y(\omega)$ dann gilt $Z(\omega) \geq 0$ für die Zufallsvariable $Z = Y - X$, d.h.

$$0 \leq \mathbb{E}Z = \mathbb{E}[Y - X] = \mathbb{E}Y - \mathbb{E}X$$

und somit $\mathbb{E}X \leq \mathbb{E}Y$.

Es ist stets $-X \leq |X|$ und $X \leq |X|$, also ist $-\mathbb{E}X \leq \mathbb{E}|X|$ und $\mathbb{E}X \leq \mathbb{E}|X|$, d.h. zusammen $-\mathbb{E}|X| \leq \mathbb{E}X \leq \mathbb{E}|X|$ oder eben $|\mathbb{E}X| \leq \mathbb{E}|X|$. ∎

Beispiele 4.2.5

Seien ein W–Raum $(\Omega, \mathcal{A}, \mathbb{P})$ und eine Zufallsvariable $X : \Omega \to \mathbb{R}$ gegeben.

1. *Die Bernoulli–Verteilung zum Parameter p*

   Die Zufallsvariable X heißt zu Ehren von Jakob Bernoulli[4] (1655–1705) Bernoulli–verteilt zum Parameter $p \in [0, 1]$, falls

   $$\mathbb{P}(\{X = 1\}) = p \quad \text{und} \quad \mathbb{P}(\{X = 0\}) = 1 - p$$

   gilt. Jede Indikatorvariable ist also Bernoulli–verteilt: die Zufallsvariable 1_A zum Parameter $p = \mathbb{P}(A)$. Ebenso wie $\mathbb{E}1_A = \mathbb{P}(A)$ berechnet sich

   $$\mathbb{E}X = 1 \cdot \mathbb{P}(\{X = 1\}) + 0 \cdot \mathbb{P}(\{X = 0\}) = p.$$

2. *Die Laplace–Verteilung auf $\{1, \dots, n\}$*

   Die Zufallsvariable X heißt Laplace–verteilt auf $\{1, \dots, n\}$, $n \in \mathbb{N}$, wenn

   $$\mathbb{P}(\{X = k\}) = \frac{1}{n} \quad \text{für alle } k = 1, \dots, n$$

   gilt. Bereits in Beispiel 4.2.3.2 berechneten wir $\mathbb{E}X = \frac{1}{2}(n + 1)$.

3. *Die hypergeometrische Verteilung zu den Parametern r, s und n*

   Seien $r, s, n \in \mathbb{N}$ mit $n \leq r$ und $n \leq s$, dann heißt die Zufallsvariable X hypergeometrisch verteilt zu den Parametern r, s, n, falls

   $$\mathbb{P}(\{X = k\}) = \frac{\binom{r}{k} \cdot \binom{s}{n-k}}{\binom{r+s}{n}} \quad \text{für } k = 0, 1, \dots, n.$$

   Die Zufallsvariable X beschreibt dann gerade die Wahrscheinlichkeit, bei einem Stichprobenumfang von n genau k markierte Individuen zu erhalten, wenn in der Gesamtpopulation der Größe $r + s$ genau r Individuen markiert sind. Im Beispiel 3.4.4 hatten wir diese Verteilung bereits anhand eines modifizierten Lottospiels kennengelernt: Es werden r Gewinnzahlen gezogen, aber ein Tipp besteht aus nur n Zahlen, $n \leq r$.

   Zur Berechnung des Erwartungswerts $\mathbb{E}X$ schauen wir uns die auftretenden Terme $k \cdot \mathbb{P}(\{X = k\})$ einmal genauer an. Für $1 \leq k \leq n$ ist

   $$k \cdot \mathbb{P}(\{X = k\}) = \frac{k \cdot \frac{r!}{k!(r-k)!} \cdot \binom{s}{n-k}}{\frac{(r+s)!}{n!(r+s-n)!}} = \frac{r \cdot \binom{r-1}{k-1}\binom{s}{(n-1)-(k-1)}}{\frac{r+s}{n} \cdot \binom{r-1+s}{n-1}}$$

   $$= \frac{nr}{r+s} \cdot \mathbb{P}(\{Y = k - 1\}), \tag{4.4}$$

---

[4]Findet man in der Literatur abweichend 1654 als Geburtsjahr, so liegt diesem noch der Julianische Kalender zugrunde. In Jakob Bernoullis Geburtsort galt damals allerdings schon der Gregorianische Kalender.

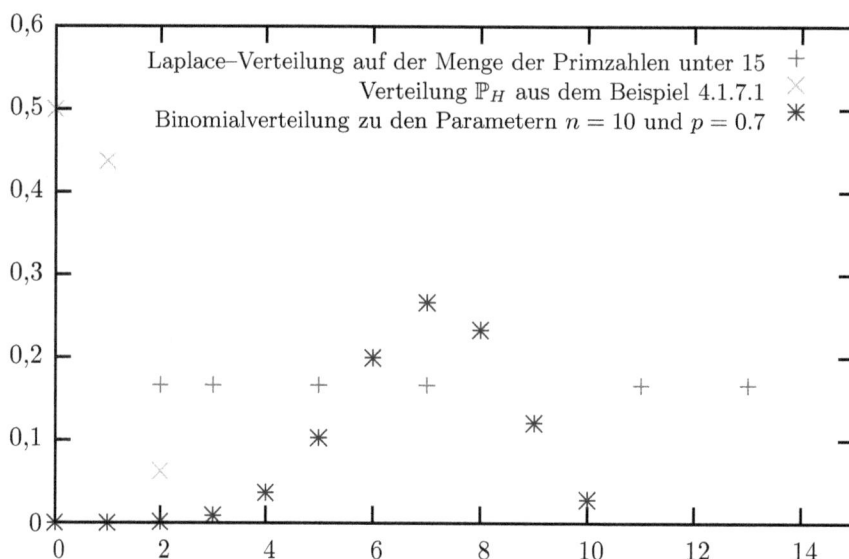

Abbildung 4.2: *Diskrete Verteilungen auf endlichen Mengen*

für eine zu den Parametern $r-1, s, n-1$ hypergeometrisch verteilte Zufallsvariable Y. Somit ist

$$\mathbb{E}X = \sum_{k=0}^{n} k \cdot \mathbb{P}(\{X = k\}) = \sum_{k=1}^{n} \frac{nr}{r+s} \cdot \mathbb{P}(\{Y = k-1\}) = \frac{nr}{r+s}.$$

Beispiel 4.2.6: *Die Binomialverteilung zu den Parametern n und p*

Die Zufallsvariable X heißt binomialverteilt zu den Parametern $n \in \mathbb{N}$ und $p \in [0,1]$ (kurz $B(n,p)$–verteilt), falls

$$\mathbb{P}(\{X = k\}) = \binom{n}{k} p^k (1-p)^{n-k} \quad \text{für } k = 0, 1, \ldots, n.$$

Um diesen Ausdruck zu verstehen, betrachten wir eine Münze, die mit Wahrscheinlichkeit p eine Eins zeigt und dementsprechend mit Wahrscheinlichkeit $q := 1 - p$ eine Null. Das n–fache unabhängige Werfen dieser Münze wird wie bei einer fairen Münze auf der Grundmenge

$$\Omega = \{\omega = (\omega_1, \ldots, \omega_n) \mid \omega_i \in \{0,1\}, \ 1 \le i \le n\}$$

mit der σ–Algebra $\mathcal{P}(\Omega)$ modelliert; nur sollten wir hier keine Laplace–Verteilung auf Ω nehmen. Denn für z.B. $p > 1/2$ ist eine Eins wahrscheinlicher als eine Null, so dass ein ω mit mehr als der Hälfte Einsen auch wahrscheinlicher sein sollte als ein ω mit weniger als der Hälfte Einsen.

Wir können die Wahrscheinlichkeit $\mathbb{P}(\{\omega\})$ für jedes $\omega \in \Omega$ berechnen. Gebe es in ω z.B. k Einsen und daher $n - k$ Nullen, so ist nach der Pfadregel

$$
\begin{array}{rcl}
& & \overbrace{k \text{ Einsen und } n-k \text{ Nullen}} \\
\omega & = & (\omega_1, \ldots, \omega_n) = (0, 1, 0, 0 \ldots 1, 0, 1 \ldots 0, 1, 1) \\
\mathbb{P}(\{\omega\}) = \mathbb{P}(\{(\omega_1, \ldots, \omega_n)\}) & = & \underbrace{q \cdot p \cdot q \cdot q \cdots p \cdot q \cdot p \cdots q \cdot p \cdot p}_{k\text{–mal } p \text{ und } (n-k)\text{–mal } q} = p^k \cdot q^{n-k}.
\end{array}
$$

Offenbar ist es für $\mathbb{P}(\{\omega\})$ völlig egal, an welcher Stelle die Einsen stehen; allein ihre Anzahl bestimmt die Wahrscheinlichkeit. Jedes ω mit k Einsen besitzt die Wahrscheinlichkeit[5] $p^k \cdot (1 - p)^{n-k}$.

Die Frage nach der Anzahl aller ω mit genau k Einsen ist ein einfaches kombinatorisches Problem, welches wir bereits gelöst haben: $\binom{n}{k}$. Somit berechnen wir mit dem oben angegebenen $\mathbb{P}(\{X = k\})$ gerade die Wahrscheinlichkeit, in einem n–fachen unabhängigen Münzwurf (mit Wahrscheinlichkeit p für eine Eins) genau k Einsen zu erhalten.[6] Und die Zufallsvariable X selbst zählt die Einsen.

Und genauso, wie der Münzwurf mit Wahrscheinlichkeit p für eine Eins der Prototyp eines Experiments mit zwei möglichen Ausgängen ist, taucht die Binomialverteilung überall dort auf, wo derartige Versuche n–fach und unabhängig wiederholt werden. Übrigens ist die Binomialverteilung für $n = 1$ natürlich genau die Bernoulli–Verteilung zum Parameter p.

Zur Bestimmung des Erwartungswerts einer $B(n, p)$–verteilten Zufallsvariablen X müssen wir

$$
\mathbb{E}X = \sum_{k=0}^{n} k \cdot \mathbb{P}(\{X = k\}) = \sum_{k=0}^{n} k \cdot \binom{n}{k} p^k (1-p)^{n-k} \tag{4.5}
$$

ausrechnen und das ist nicht ganz einfach. Wir benutzen stattdessen geschickt Zufallsvariablen $X_1, \ldots, X_n$ auf Ω, die durch

$$
X_i(\omega) = \begin{cases} 1, & \text{falls } \omega_i = 1 \\ 0, & \text{falls } \omega_i = 0 \end{cases} \quad \text{für } i = 1, \ldots, n
$$

definiert sind. Anders gesagt: X_i ist die Indikatorvariable für das Ereignis „eine Eins im i–ten Wurf". Somit ist $\mathbb{E}X_i = p$ für alle $1 \leq i \leq n$. Das Zählen der Einsen im n–fachen Wurf geschieht dann durch Addition

$$
X = X_1 + X_2 + \ldots + X_n
$$

---

[5]Man beachte, dass sich für $p = 1/2$ hier $2^{-k} \cdot 2^{k-n} = 2^{-n}$ ergibt, d.h. die Wahrscheinlichkeit ist für alle ω gleich; egal wie viele Einsen oder Nullen ω hat. Bei einer fairen Münze sollte dies auch so sein und die Laplace–Verteilung auf Ω ist genau richtig.

[6]Somit ist $\binom{n}{k} 2^{-n}$ die Wahrscheinlichkeit, in einem n–fachen fairen Münzwurf genau k Einsen (oder mit gleichem Recht genau k Nullen) zu erhalten. Und dies wissen wir bereits seit dem Beispiel 3.4.5.1. Wir haben übrigens gerade auch die Formel $\sum_{k=0}^{n} \binom{n}{k} p^k (1-p)^{n-k} = 1$ bewiesen, denn die Summe aller Wahrscheinlichkeiten über alle möglichen Ausgänge eines Zufallsexperimentes ergibt Eins. Ein alternativer Beweis benutzt die binomische Formel (siehe Anhang A.1, (X)).

und mit Satz 4.2.4 berechnet sich

$$\mathbb{E}X = \mathbb{E}X_1 + \mathbb{E}X_2 + \ldots + \mathbb{E}X_n = p + p + \ldots + p = n \cdot p.$$

Bei einer fairen Münze erwarten wir also $n/2$ Einsen und damit auch ebenso viele Nullen. Mit dieser einfachen Rechnung haben wir natürlich auch gezeigt, dass die komplizierte Summe in Gleichung (4.5) den Wert np besitzt.

Beispiel 4.2.7:   *Die geometrische Verteilung zum Parameter p*

Wir verallgemeinern das Beispiel 3.6.1 ein wenig und werfen eine Münze, die mit Wahrscheinlichkeit p eine Eins zeigt, so lange, bis die Eins auch erscheint. Die Zufallsvariable X gebe die Anzahl der dafür notwendigen Würfe an.

Zur Berechnung von $\mathbb{P}(\{X = n\})$ für $n \in \mathbb{N}$ benutzen wir die Pfadregel. Das Ereignis $\{X = n\}$ bedeutet, dass die ersten $n-1$ Würfe nur Nullen fallen und im n–ten Wurf die Eins, so dass

$$\mathbb{P}(\{X = n\}) = (1 - p)^{n-1} \cdot p \quad \text{für alle } n \in \mathbb{N}.$$

Man kann leicht zeigen (siehe Anhang A.1, (VI)), dass dies tatsächlich eine Wahrscheinlichkeitsverteilung auf $\mathbb{N}$ definiert: die *geometrische Verteilung zum Parameter* p. Der Erwartungswert von X berechnet sich mit der im Anhang (siehe Anhang A.1, (VII)) aufgeführten Summenformel zu

$$\mathbb{E}X = \sum_{n=1}^{\infty} n \cdot (1 - p)^{n-1} \cdot p = \frac{p}{1-p} \sum_{n=1}^{\infty} n \cdot (1 - p)^n = \frac{p}{1-p} \cdot \frac{1-p}{(1-p-1)^2} = \frac{1}{p}.$$

Man muss also durchschnittlich $1/p$ Würfe warten, bis erstmalig die Eins fällt; für eine faire Münze kannten wir dies Ergebnis bereits aus dem Beispiel 4.2.3.3.

Beispiel 4.2.8:   *Die negative Binomialverteilung zu den Parametern r und p*

Wir können im vorangegangenen Beispiel 4.2.7 eine Münze mit Wahrscheinlichkeit p für eine Eins auch so lange werfen, bis wir insgesamt $r \in \mathbb{N}$ Einsen gesehen haben. Bezeichnet die Zufallsvariable X wieder die Anzahl der dazu nötigen Würfe, so suchen wir die Wahrscheinlichkeit für Ereignisse der Form $\{X = n\}$; hierbei ist selbstverständlich $n \geq r$, denn um r Einsen zu sehen müssen wir mindestens r–mal werfen.

Genauer müssen wir sogar im letzten, also n–ten Wurf eine Eins werfen und die anderen $r-1$ Einsen müssen irgendwann in den vorhergehenden $n-1$ Würfen gefallen sein. Nur so benötigen wir weder weniger noch mehr, sondern genau n Würfe. Wir haben also

$$\{X = n\} = \{r - 1 \text{ Einsen in } n - 1 \text{ Würfen}\} \cap \{ \text{ eine Eins im } n\text{–ten Wurf}\}$$

und die rechts stehenden Ereignisse sind wegen der Unabhängigkeit der einzelnen Münzwürfe ebenfalls unabhängig. Die Wahrscheinlichkeiten der einzelnen Ereignisse können wir aber leicht berechnen; wir kennen ja bereits die Binomial– und die Bernoulli–Verteilung. Daher ist für alle $n \geq r$

$$\mathbb{P}(\{X = n\}) = \binom{n-1}{r-1} p^{r-1}(1-p)^{n-1-(r-1)} \cdot p = \binom{n-1}{r-1} p^r (1-p)^{n-r}.$$

Diese Verteilung der Zufallsvariablen X nennen wir *negative Binomialverteilung zu den Parametern r und p*, denn tatsächlich ist $\sum_{n=r}^{\infty} \mathbb{P}(\{X = n\}) = 1$ (siehe Anhang A.1, (XII)). Zur Berechnung des Erwartungswerts von X beobachten wir, dass für alle $n \geq r$

$$n \cdot \mathbb{P}(\{X = n\}) = n \cdot \frac{(n-1)!}{(r-1)!\,(n-r)!} p^r (1-p)^{n-r}$$

$$= \frac{r}{p} \binom{n}{r} p^{r+1}(1-p)^{(n+1)-(r+1)} = \frac{r}{p} \mathbb{P}(\{Y = n+1\}) \qquad (4.6)$$

gilt, wobei die Zufallsvariable Y negativ binomialverteilt zu den Parametern $r+1$ und p ist. Daher ergibt sich

$$\mathbb{E}X = \sum_{n=r}^{\infty} n \cdot \mathbb{P}(\{X = n\}) = \frac{r}{p} \sum_{n=r}^{\infty} \mathbb{P}(\{Y = n+1\}) = \frac{r}{p} \sum_{n=r+1}^{\infty} \mathbb{P}(\{Y = n\}) = \frac{r}{p}.$$

Dieses Resultat können wir sehr gut verstehen: Wenn wir im Mittel $1/p$ Würfe benötigen, bis die erste Eins fällt (und genau das haben wir ja im Beispiel 4.2.7 ausgerechnet), dann dauert es im Durchschnitt eben r–mal so lange bis r Einsen fallen. Tatsächlich ist die geometrische Verteilung also nur der Spezialfall der negativen Binomialverteilung für $r = 1$, wie ein Vergleich der Formeln sofort bestätigt.

Beispiel 4.2.9: *Die Poisson–Verteilung zum Parameter λ*

Eine Zufallsvariable X heißt zu Ehren von Siméon Denise Poisson (1781–1840) Poisson–verteilt zum Parameter $0 < \lambda \in \mathbb{R}$ (kurz π_λ–verteilt), falls

$$\mathbb{P}(\{X = n\}) = \pi_\lambda(n) := \frac{\lambda^n}{n!} e^{-\lambda} \text{ für } n = 0, 1, 2, \ldots$$

Durch π_λ wird in der Tat eine Wahrscheinlichkeitsverteilung auf $\mathbb{N}_0$ definiert, denn

$$\sum_{n=0}^{\infty} \pi_\lambda(n) = e^{-\lambda} \sum_{n=0}^{\infty} \frac{\lambda^n}{n!} = e^{-\lambda} \cdot e^{\lambda} = 1,$$

wobei wir die Darstellung von e^λ mittels der Exponentialreihe (siehe Anhang A.3, (XIV)) benutzt haben. Der Erwartungswert einer Poisson–verteilten Zufallsvariablen berechnet sich ebenfalls mithilfe dieser Reihe zu

$$\mathbb{E}X = \sum_{n=0}^{\infty} n \cdot \frac{\lambda^n}{n!} e^{-\lambda} = e^{-\lambda}\lambda \cdot \sum_{n=1}^{\infty} \frac{\lambda^{n-1}}{(n-1)!} = e^{-\lambda}\lambda \cdot \sum_{n=0}^{\infty} \frac{\lambda^n}{n!} = e^{-\lambda}\lambda \cdot e^{\lambda} = \lambda.$$

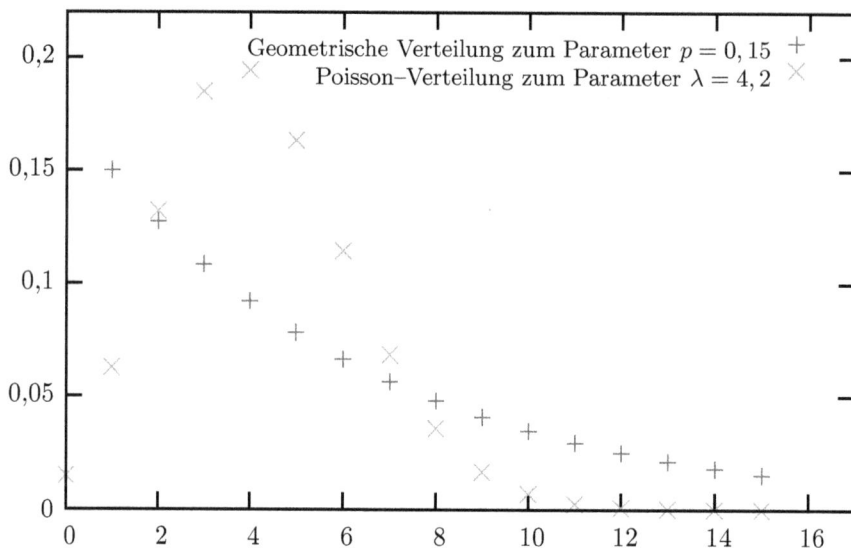

Abbildung 4.3: *Diskrete Verteilungen auf unendlichen Mengen*

Um die Bedeutung dieser Verteilung zu verstehen und Experimente kennenzulernen, die mit der Poisson–Verteilung modelliert werden können, müssen wir uns noch ein wenig gedulden.

4.2.2   Absolut stetige Zufallsvariablen

Bis jetzt haben wir den Erwartungswert nur für diskrete Verteilungen definiert und berechnet. Die Definition des Erwartungswertes für absolut stetige Verteilungen orientiert sich an der Definition 4.2.1 für den diskreten Fall.

Definition 4.2.10 *Erwartungswert absolut stetiger Zufallsvariablen*

Ist die Zufallsvariable X auf $\mathbb{R}$ absolut stetig verteilt mit Wahrscheinlichkeitsdichte ϱ und gilt $\int_{-\infty}^{\infty} |x| \cdot \varrho(x)\, dx < +\infty$, dann heißt

$$\mathbb{E}X = \int_{-\infty}^{\infty} x \cdot \varrho(x)\, dx$$

der *Erwartungswert* von X.

Um in einer Situation wie

$$(\Omega, \mathcal{A}, \mathbb{P}) \xrightarrow{X} (\mathbb{R}, \mathcal{B}, \mathbb{P}_X) \xrightarrow{f} (\mathbb{R}, \mathcal{B}, \mathbb{P}_{f \circ X})$$

mit zwei absolut stetigen Zufallsvariablen X und f also den Erwartungswert $\mathbb{E}[f \circ X]$ zu bestimmen, müssen wir gemäß der gerade gegebenen Definition die Dichte $\varrho_{f \circ X}$ der Verteilung $\mathbb{P}_{f \circ X}$ bestimmen und können dann

$$\mathbb{E}[f \circ X] = \int_{-\infty}^{\infty} y \cdot \varrho_{f \circ X}(y) \, dy$$

berechnen. Und das alles unter der Voraussetzung, dass das Integral absolut konvergiert, dass also $\int |y| \varrho_{f \circ X}(y) dy$ endlich ist. Zum Glück kann man auch im absolut stetigen Fall „Umordnen" und es gibt ein Analogon zu Satz 4.2.2, das wir hier ohne Beweis angeben.

Satz 4.2.11

Die Zufallsvariable X sei absolut stetig verteilt mit Dichte ϱ und $f : \mathbb{R} \to \mathbb{R}$ sei stückweise stetig. Gilt

$$\int_{-\infty}^{\infty} |f(x)| \cdot \varrho(x) \, dx < +\infty,$$

dann existiert der Erwartungswert der Zufallsvariablen $f \circ X$ und es ist

$$\mathbb{E}[f \circ X] = \int_{-\infty}^{\infty} f(x) \cdot \varrho(x) \, dx.$$

Nun aber endlich zu den längst überfälligen Beispielen absolut stetiger Zufallsvariablen.

Beispiel 4.2.12: *Die Gleichverteilung auf dem Intervall* $[\alpha, \beta]$

Für reelle Zahlen $\alpha < \beta$ definieren wir

$$\varrho(x) = \begin{cases} 1/(\beta - \alpha) & \text{, für } x \in [\alpha, \beta] \\ 0 & \text{, für } x \in \mathbb{R} \setminus [\alpha, \beta] \end{cases},$$

dann ist ϱ offenbar eine Dichte, denn $\int_{-\infty}^{\infty} \varrho(x) \, dx = 1$. Eine Zufallsvariable X heißt *gleichverteilt auf* $[\alpha, \beta]$, falls $\mathbb{P}_X$ diese Dichte ϱ hat.

Für $\alpha = 0$ und $\beta = 1$ erhalten wir gerade die Gleichverteilung auf $[0, 1]$ und dadurch modellierten wir (siehe Seite 79) die Wahl eines zufälligen Punktes im Einheitsintervall. Ebenso modelliert nun $\mathbb{P}_X$ die zufällige Wahl eines Punktes aus $[\alpha, \beta]$.

Der Erwartungswert berechnet sich zu

$$\mathbb{E}X = \int_{-\infty}^{\infty} x \cdot \varrho(x) \, dx = \int_{\alpha}^{\beta} x \cdot \frac{1}{\beta - \alpha} \, dx = \frac{1}{\beta - \alpha} \left[\frac{1}{2} x^2 \right]_{\alpha}^{\beta} = \frac{\alpha + \beta}{2}.$$

Dieses Resultat ist nicht sehr überraschend: einen zufällig in $[\alpha, \beta]$ gewählten Punkt erwarten wir genau in der Mitte des Intervalls. Interessieren wir uns beispielsweise auch für $\mathbb{E}[X^2]$, so berechnen wir

$$\mathbb{E}[X^2] = \int_{-\infty}^{\infty} x^2 \cdot \varrho(x) \, dx = \frac{1}{\beta - \alpha} \int_{\alpha}^{\beta} x^2 \, dx = \frac{1}{\beta - \alpha} \left[\frac{1}{3} x^3 \right]_{\alpha}^{\beta} = \frac{\alpha^2 + \alpha\beta + \beta^2}{3}.$$

Von der Anschauung her erwarten wir, dass es keinen Unterschied machen sollte, ob ein zufälliger Punkt im Intervall $[\alpha, \beta]$ gewählt wird, oder ob wir im Intervall $[0, \beta-\alpha]$ wählen und dann α dazu addieren. Tatsächlich gilt folgendes: Ist die Zufallsvariable U gleichverteilt auf $[0, 1]$, dann ist die Zufallsvariable

$$X = (\beta - \alpha)U + \alpha$$

gleichverteilt auf $[\alpha, \beta]$. Für den Beweis dieser Aussage betrachten wir ein Intervall $[a, b] \subseteq [\alpha, \beta]$ und berechnen

$$\mathbb{P}_X\big([a, b]\big) = \mathbb{P}(\{X \in [a, b]\}) = \mathbb{P}\left(\left\{U \in \left[\frac{a-\alpha}{\beta-\alpha}, \frac{b-\alpha}{\beta-\alpha}\right]\right\}\right) = \frac{b-\alpha}{\beta-\alpha} - \frac{a-\alpha}{\beta-\alpha}.$$

Also ist $\mathbb{P}_X\big([a, b]\big) = (b-a)/(\beta-\alpha)$ und dies ist genau die Wahrscheinlichkeit für eine auf $[\alpha, \beta]$ gleichverteilte Zufallsvariable X.

Beispiel 4.2.13

Wir verändern das in Beispiel 3.6.10 beschriebene Zufallsexperiment, indem wir den 1 Meter langen Stab nun einmal durchbrechen und dann das *größere* der beiden Stücke noch einmal durchbrechen. Wie stehen jetzt die Chancen, dass wir ein Dreieck bilden können?

Die Wahrscheinlichkeit für ein Dreieck sollte jetzt größer als $1/4$ sein, denn wir wählen ja beim zweiten Brechen bewusst dasjenige Stück, welches länger als $1/2$ ist. Daher sollte es hier wahrscheinlicher sein, dass am Ende alle drei Stücke kürzer als $1/2$ sind; und dies war ja die Bedingung für ein Dreieck. Identifizieren wir den Stab wieder mit dem Intervall $[0, 1]$, dann gibt die auf $[0, 1]$ gleichverteilte Zufallsvariable X die erste Bruchstelle an. Das kürzere Stück hat dann die Länge $\min(X, 1 - X)$ und ist selbstverständlich höchstens gleich $1/2$, d.h. es ist als Seite für ein Dreieck zulässig. Das andere Stück besitzt die Länge $\max(X, 1 - X)$ und wird nun zufällig durchgebrochen.

Dafür benötigen wir eine auf dem Intervall $[0, \max(X, 1 - X)]$ gleichverteilte Zufallsvariable, die wir uns aber wegen Beispiel 4.2.12 durch

$$\max(X, 1 - X) \cdot U$$

mit einer auf $[0, 1]$ gleichverteilten Zufallsvariable U verschaffen. Die Bedingungen an die entstehenden Stücke lauten dann

$$\max(X, 1 - X) \cdot U \leq 1/2 \quad \text{und} \quad \max(X, 1 - X) \cdot (1 - U) \leq 1/2 \, ,$$

so dass wir nach der Wahrscheinlichkeit fragen, mit der ein zufällig in $[0, 1]^2$ gewählter Punkt in der Menge

$$A = \left\{(x, u) \in [0, 1]^2 \;\middle|\; 1 - \frac{1}{2 \cdot \max(x, 1 - x)} \leq u \leq \frac{1}{2 \cdot \max(x, 1 - x)}\right\}$$

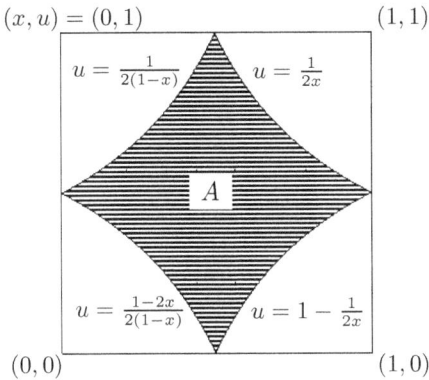

$(x, u) = (0, 1)$ $(1, 1)$

$u = \frac{1}{2(1-x)}$ $u = \frac{1}{2x}$

A

$u = \frac{1-2x}{2(1-x)}$ $u = 1 - \frac{1}{2x}$

$(0, 0)$ $(1, 0)$

Abbildung 4.4: *Bedingung für ein Drei-eck*

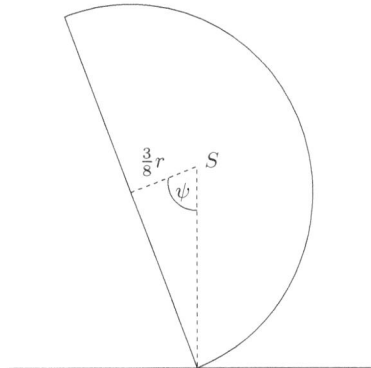

$\frac{3}{8}r$ S

ψ

Abbildung 4.5: *Halbkugel mit Radius r*

liegt. Die Antwort ist wiederum $\mathbb{F}(A)$ und aus der Abbildung 4.4 erkennen wir, dass

$$\mathbb{F}(A) = 4\Big(\int_0^{1/2} \frac{1}{2(1-x)}\, dx - \frac{1}{4}\Big) = -2\log(1-x)\Big|_0^{1/2} - 1 = 2\log 2 - 1 \approx 0,3863$$

ist. Tatsächlich ist die Wahrscheinlichkeit für ein Dreieck nun etwas größer als $1/4$.

Beispiel 4.2.14: *Die Normalverteilung zu den Parametern μ und σ^2*

Zu reellen Zahlen $\mu \in \mathbb{R}$ und $\sigma^2 > 0$ sei die Funktion $\varphi_{\mu,\sigma^2} : \mathbb{R} \to \mathbb{R}$ definiert durch

$$\varphi_{\mu,\sigma^2}(x) = \frac{1}{\sqrt{2\pi\sigma^2}} e^{-(x-\mu)^2/(2\sigma^2)} \, , \; x \in \mathbb{R}.$$

Wir nennen eine Zufallsvariable X normalverteilt zu den Parametern μ und σ^2 (kurz $\mathcal{N}(\mu, \sigma^2)$–verteilt), wenn $\mathbb{P}_X$ die Dichte φ_{μ,σ^2} besitzt. Falls $\mu = 0$ und $\sigma^2 = 1$ ist, nennen wir X standardnormalverteilt.

Es ist Aufgabe der *Analysis* zu zeigen, dass tatsächlich $\int_{-\infty}^{\infty} \varphi_{\mu,\sigma^2}(x)\, dx = 1$ gilt. Wir begnügen uns mit dem Hinweis, dass für jedes $k \in \mathbb{N}$ die Funktion $x \mapsto |x|^k \varphi_{\mu,\sigma^2}(x)$ über $\mathbb{R}$ integrierbar ist.

Sei also X nun standardnormalverteilt, dann wissen wir, dass die beiden Erwartungswerte $\mathbb{E}X$ und $\mathbb{E}[X^2]$ existieren, und es ist

$$\mathbb{E}X = \int_{-\infty}^{\infty} x \cdot \varphi_{0,1}(x)\, dx = \frac{1}{\sqrt{2\pi}} \int_{-\infty}^{\infty} x \cdot e^{-x^2/2}\, dx = \frac{1}{\sqrt{2\pi}} \Big[-e^{-x^2/2} \Big]_{-\infty}^{\infty} = 0$$

und mittels partieller Integration

$$\mathbb{E}[X^2] = \frac{1}{\sqrt{2\pi}} \int_{-\infty}^{\infty} x^2 \cdot e^{-x^2/2}\, dx = \frac{1}{\sqrt{2\pi}} \Big(\Big[-xe^{-x^2/2} \Big]_{-\infty}^{\infty} + \int_{-\infty}^{\infty} e^{-x^2/2}\, dx \Big) = 1.$$

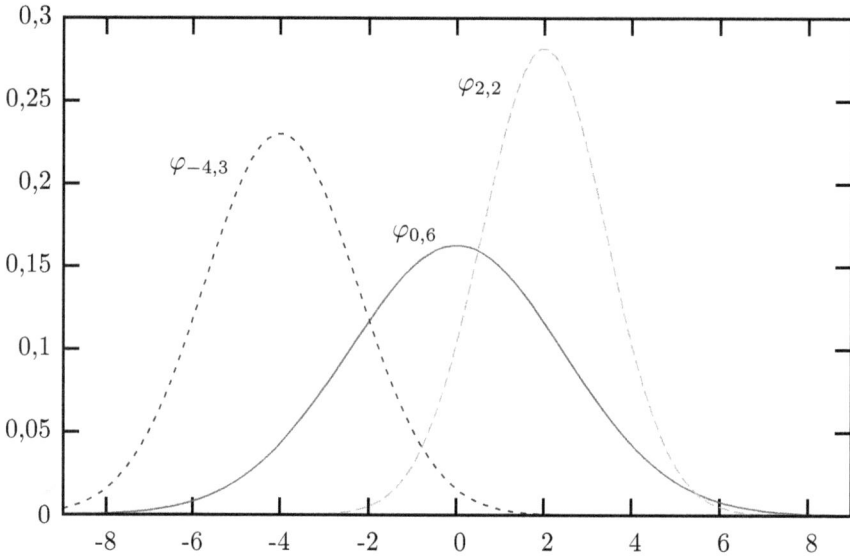

Abbildung 4.6: *Die Dichten φ_{μ,σ^2} einiger Normalverteilungen*

Benutzen wir die Substitution $x = (y - \mu)/|\sigma|$, so erhalten wir für $a < b$

$$\int_a^b \varphi_{\mu,\sigma^2}(y)\, dy = \frac{1}{\sqrt{2\pi\sigma^2}} \int_a^b e^{-(y-\mu)^2/(2\sigma^2)}\, dy = \frac{1}{\sqrt{2\pi}} \int_{(a-\mu)/|\sigma|}^{(b-\mu)/|\sigma|} e^{-x^2/2}\, dx$$

$$= \mathbb{P}_X\left(\left(\frac{a-\mu}{|\sigma|}, \frac{b-\mu}{|\sigma|}\right)\right) = \mathbb{P}_{|\sigma|X+\mu}((a,b)).$$

Wir sehen also, dass φ_{μ,σ^2} die Dichte der Verteilung der Zufallsvariablen

$$f(X) = |\sigma|X + \mu$$

ist. Einerseits gilt daher tatsächlich $\int_{-\infty}^{\infty} \varphi_{\mu,\sigma^2}(y)\, dy = 1$ für alle $\mu \in \mathbb{R}$ und $\sigma^2 > 0$ und andererseits können wir nun auch leicht die Erwartungswerte $\mathbb{E}Y$ und $\mathbb{E}[Y^2]$ für eine $\mathcal{N}(\mu,\sigma^2)$-verteilte Zufallsvariable Y ausrechnen, denn

$$\mathbb{E}Y = \mathbb{E}[f(X)] = \mathbb{E}[|\sigma|X + \mu] = |\sigma| \cdot \mathbb{E}X + \mu = \mu$$

und

$$\mathbb{E}[Y^2] = \mathbb{E}[(|\sigma|X + \mu)^2] = \mathbb{E}[\sigma^2 X^2 + 2|\sigma|X + \mu^2] = \sigma^2 + \mu^2.$$

Die zentrale Bedeutung der Normalverteilung werden wir schon bald erkennen.

Beispiel 4.2.15: *Die Exponentialverteilung zum Parameter λ*

Für ein $0 < \lambda \in \mathbb{R}$ definieren wir

$$\varrho(x) = \begin{cases} \lambda e^{-\lambda x} & \text{für } x \geq 0 \\ 0 & \text{für } x < 0 \end{cases},$$

dann ist ϱ wegen

$$\int_{-\infty}^{\infty} \varrho(x)\, dx = \int_{0}^{\infty} \lambda e^{-\lambda x}\, dx = \left[-e^{-\lambda x} \right]_{0}^{\infty} = 1$$

eine Dichte und wir nennen eine Zufallsvariable X exponentialverteilt zum Parameter λ, wenn $\mathbb{P}_X$ diese Dichte hat. Der Erwartungswert dieser Verteilung berechnet sich durch partielle Integration zu

$$\mathbb{E}X = \int_{0}^{\infty} x \cdot \lambda e^{-\lambda x}\, dx = \left[-x e^{-\lambda x} \right]_{0}^{\infty} + \int_{0}^{\infty} e^{-\lambda x}\, dx = \frac{1}{\lambda}.$$

Ebenso gilt

$$\mathbb{E}[X^2] = \int_{0}^{\infty} x^2 \cdot \lambda e^{-\lambda x}\, dx = \left[-x^2 e^{-\lambda x} \right]_{0}^{\infty} + \int_{0}^{\infty} 2x e^{-\lambda x}\, dx = \frac{2}{\lambda^2}.$$

Eine Interpretation der Exponentialverteilung werden wir durch Satz 4.6.7 kennenlernen. Ist X exponentialverteilt zum Parameter λ und betrachten wir die Zufallsvariable $Y = \nu X$ für ein reelles $\nu > 0$, so ist Y wieder exponentialverteilt, allerdings zum Parameter λ/ν. Für den Beweis ist nur zu beachten, dass für alle $0 \leq a < b$

$$\mathbb{P}(\{Y \in [a,b]\}) = \mathbb{P}\left(\left\{X \in \left[\frac{a}{\nu}, \frac{b}{\nu}\right]\right\}\right) = \int_{a/\nu}^{b/\nu} \lambda e^{-\lambda x}\, dx = \int_{a}^{b} \frac{\lambda}{\nu} e^{-\frac{\lambda}{\nu} t}\, dt$$

gilt, indem wir die Integrationsvariable $t = \nu x$ substituieren.

Aufgaben

1. Sie wählen aus 11 Liedern eines Interpreten ein Lied zufällig aus, hören es sich an und wählen dann wieder. Nach durchschnittlich wie vielen Liedern werden Sie Ihr Lieblingslied hören, wenn

   (a) Sie immer wieder aus allen 11 Liedern wählen?

   (b) Sie bereits gehörte Lieder nicht mehr wählen?

   Erkennen Sie, wie Ihnen bei der zweiten Frage die duale Version eines Urnenmodells hilft?

2. Vor dem Schlafengehen wählen Sie einen zufälligen Zeitpunkt innerhalb der nächsten 24 Stunden und stellen Ihren Wecker auf diese Zeit ein.

   (a) Mit welcher Wahrscheinlichkeit schlafen Sie mindestens 2 Stunden?

   (b) Wie viel Schlaf dürfen Sie erwarten?

(c) Angenommen, Sie wachen auch ohne Wecker immer nach acht Stunden Schlaf auf. Wie viel Schlaf dürfen Sie jetzt erwarten?

3. (a) Die Zufallsvariable X sei geometrisch verteilt zum Parameter p. Zeigen Sie

$$\mathbb{P}(\{X > 5\}) = (1 - p)^5 \quad \text{und} \quad \mathbb{P}(\{X > 13\} \mid \{X > 5\}) = \mathbb{P}(\{X > 8\}).$$

Deuten Sie diese Resultate im Rahmen der Wartezeitinterpretation von X.

(b) Die Zufallsvariable Y sei exponentialverteilt zum Parameter $\lambda > 0$. Zeigen Sie

$$\mathbb{P}(\{Y > 5\}) = e^{-5\lambda} \quad \text{und} \quad \mathbb{P}(\{Y > 13\} \mid \{Y > 5\}) = \mathbb{P}(\{Y > 8\}).$$

4. Wir ziehen aus den Zahlen $1, \ldots, 100$ genau 37–mal mit Zurücklegen und fragen uns, wie viel *verschiedene* Zahlen wir durchschnittlich ziehen werden.

(a) Betrachten Sie zu jeder Zahl $n \in \{1, \ldots, 100\}$ eine Indikatorvariable T_n, die genau dann gleich 1 ist, wenn n in keiner Ziehung getroffen wird. Berechnen Sie $\mathbb{E}T_n$.

(b) Berechnen Sie mithilfe der Zufallsvariablen T_n die erwartete Anzahl der Zahlen, die in keiner Ziehung getroffen werden.

(c) Folgern Sie, dass wir durchschnittlich ca. 31 verschiedene Zahlen ziehen werden. Berechnen Sie allgemein für s Ziehungen aus den Zahlen $1, \ldots, N$ diesen Erwartungswert als

$$N\left(1 - \left(1 - \frac{1}{N}\right)^s\right).$$

5. Mit welcher Wahrscheinlichkeit landet ein halbierter Apfel auf seiner Schnittfläche, wenn er vom Tisch fällt? Modellieren Sie den halben Apfel hierzu als Halbkugel und benutzen Sie, dass der Schwerpunkt S einer Halbkugel um $3/8$ des Radius' im Innern liegt (siehe Abbildung 4.5 auf Seite 107). Nehmen Sie an, dass der Winkel ψ gleichverteilt ist.

4.3   Unabhängigkeit von Zufallsvariablen

Wir wollen in diesem Abschnitt zunächst den Begriff der Unabhängigkeit, den wir schon für Ereignisse kennengelernt haben, auf Zufallsvariablen übertragen. Intuitiv wollen wir wieder Zufallsvariablen unabhängig nennen, falls der Ausgang einer von ihnen nicht vom Ausgang der anderen abhängt. Technisch nennen wir $X_1, \ldots, X_n$ unabhängig, wenn alle Ereignisse, die sich durch $X_1, \ldots, X_n$ beschreiben lassen, unabhängig sind.

Definition 4.3.1

Seien $X_1, \ldots, X_n$ Zufallsvariablen auf einem Wahrscheinlichkeitsraum $(\Omega, \mathcal{A}, \mathbb{P})$, dann heißen $X_1, \ldots, X_n$ *(stochastisch) unabhängig*, wenn für alle Intervalle $I_1, \ldots, I_n \subseteq \mathbb{R}$

$$\mathbb{P}(\{X_1 \in I_1\} \cap \ldots \cap \{X_n \in I_n\}) = \mathbb{P}(\{X_1 \in I_1\}) \cdots \mathbb{P}(\{X_n \in I_n\}).$$

Da auch die Menge $\mathbb{R}$ selbst ein Intervall ist, enthält obige Gleichung auch

$$\mathbb{P}(\{X_{i_1} \in I_1\} \cap \ldots \cap \{X_{i_k} \in I_k\}) = \mathbb{P}(\{X_{i_1} \in I_1\}) \cdots \mathbb{P}(\{X_{i_k} \in I_k\})$$

für alle $1 \le k \le n$ und $\{i_1, \ldots, i_k\} \subseteq \{1, \ldots, n\}$. Das bedeutet, dass für unabhängige Zufallsvariablen $X_1, \ldots, X_n$ auch die Zufallsvariablen $X_{i_1}, \ldots, X_{i_k}$ unabhängig sind.

Man kann zeigen, dass für unabhängige Zufallsvariablen $X_1, \ldots, X_n$ sogar

$$\mathbb{P}(\{X_1 \in M_1\} \cap \ldots \cap \{X_n \in M_n\}) = \mathbb{P}(\{X_1 \in M_1\}) \cdots \mathbb{P}(\{X_n \in M_n\}) \qquad (4.7)$$

für alle Mengen $M_1, \ldots, M_n \in \mathcal{B}$ gilt. Wir werden dies zwar nicht beweisen, aber durchaus verwenden.

Der Begriff der Unabhängigkeit von Zufallsvariablen $X_1, \ldots, X_n$ ist einer der wichtigsten der gesamten Wahrscheinlichkeitstheorie. Er garantiert uns, dass wir die Wahrscheinlichkeit für Ereignisse, die durch die Gesamtheit der Zufallsvariablen beschrieben werden, bereits dadurch berechnen können, dass wir die daraus für jede einzelne Zufallsvariable resultierenden Bedingungen separat analysieren. Etwas salopp formuliert darf man sagen: das Ganze ist nicht mehr als die Zusammenfassung seiner Teile. Haben wir Kenntnis über die einzelnen Verteilungen $\mathbb{P}_{X_1}$ bis $\mathbb{P}_{X_n}$, so enthält auch die *gemeinsame Verteilung* der $X_1, \ldots, X_n$ zusammen, also die Verteilung des Vektors $(X_1, \ldots, X_n)$, keine weitergehende Information: sie lässt sich aus den einzelnen Verteilungen gemäß Gleichung (4.7) durch Produktbildung berechnen. Dies muss keineswegs immer so sein.

Beispiel 4.3.2

Betrachten wir alle Vornamen von in Deutschland lebenden Frauen. Ist p_e die relative Häufigkeit, ein „E" am Anfang des Namens zu finden und q_e die relative Häufigkeit, an zweiter Stelle ein „e" zu finden, so ist ja keineswegs

$$\mathbb{P}(\text{Name beginnt mit „Ee\ldots"}) = p_e q_e.$$

Aus Elena und Lea wird noch lange keine Eela. Namen besitzen nämlich nicht zuletzt auch einen Klang und genau der verhindert die Unabhängigkeit der einzelnen Buchstaben. Mathematisch ausgedrückt: Es ist eben sehr viel unwahrscheinlicher, dass ein Name auch an zweiter Stelle ein „e" besitzt *bedingt* darauf, an erster Stelle ein „E" zu finden.

Ein anderes Beispiel ist etwa die Wahl eines zufälligen Punktes (x, y) im Einheitskreis. Beide Koordinaten x und y können alle Werte im Intervall $[-1, 1]$ annehmen, aber nicht unabhängig voneinander. Denn es muss ja stets $x^2 + y^2 \le 1$ gelten. Ist beispielsweise $x \ge 3/5$, so kommen für y höchstens noch Werte im Intervall $[-\frac{4}{5}, \frac{4}{5}]$ in Frage.

Eine hübsche und wichtige Tatsache ist nun, dass Unabhängigkeit sozusagen erblich ist: Wendet man auf unabhängige Zufallsvariablen Funktionen an, so bleiben diese unabhängig. Genauer gilt der folgende Satz.

Satz 4.3.3

Sind $X_1, \ldots, X_n$ stochastisch unabhängige Zufallsvariablen und

$$f_i : \mathbb{R} \to \mathbb{R} , \ 1 \leq i \leq n,$$

stückweise stetige Funktionen, dann sind auch $f_1(X_1), \ldots, f_n(X_n)$ stochastisch unabhängige Zufallsvariablen.

Beweis. Die Abbildungen $f_i(X_i)$ sind Zufallsvariablen und für Intervalle $I_1, \ldots, I_n \subseteq \mathbb{R}$ gilt unter Verwendung von (4.7) die Gleichheit

$$
\begin{aligned}
\mathbb{P}\big(\{f(X_1) \in I_1\} \cap \ldots \cap \{f(X_n) \in I_n\}\big) &= \mathbb{P}\big(\{X_1 \in f_1^{-1}(I_1)\} \cap \ldots \cap \{X_n \in f_n^{-1}(I_n)\big) \\
&= \mathbb{P}(\{X_1 \in f_1^{-1}(I_1)\} \cdots \mathbb{P}(\{X_n \in f_n^{-1}(I_n)) \\
&= \mathbb{P}(\{f(X_1) \in I_1\}) \cdots \mathbb{P}(\{f(X_n) \in I_n\}).
\end{aligned}
$$

∎

Für diskrete Zufallsvariablen kann man die Unabhängigkeit auch einfacher formulieren.

Satz 4.3.4

Seien $X_1, \ldots, X_n$ diskret verteilte Zufallsvariablen auf einem W–Raum $(\Omega, \mathcal{A}, \mathbb{P})$, dann sind $X_1, \ldots, X_n$ genau dann unabhängig, wenn für alle $a_1, \ldots, a_n \in \mathbb{R}$ gilt

$$\mathbb{P}(\{X_1 = a_1\} \cap \ldots \{X_n = a_n\}) = \mathbb{P}(\{X_1 = a_1\}) \cdots \mathbb{P}(\{X_n = a_n\}). \tag{4.8}$$

Beweis. Für jedes Intervall $I_k \subseteq \mathbb{R}$ mit $1 \leq k \leq n$ ist die Menge $A_k := I_k \cap X_k(\Omega)$ abzählbar, also

$$
\begin{aligned}
\mathbb{P}(\{X_1 &\in I_1\} \cap \ldots \cap \{X_n \in I_n\}) \\
&= \mathbb{P}\Big(\bigcup_{a_1 \in A_1} \{X_1 = a_1\} \cap \ldots \cap \bigcup_{a_n \in A_n} \{X_n = a_n\}\Big) \\
&= \mathbb{P}\Big(\bigcup_{a_1 \in A_1} \cdots \bigcup_{a_n \in A_n} \{X_1 = a_1\} \cap \ldots \cap \{X_n = a_n\}\Big) \\
&= \sum_{a_1 \in A_1} \cdots \sum_{a_n \in A_n} \mathbb{P}(\{X_1 = a_1\} \cap \ldots \cap \{X_n = a_n\}) \\
&= \sum_{a_1 \in A_1} \cdots \sum_{a_n \in A_n} \mathbb{P}(\{X_1 = a_1\}) \cdots \mathbb{P}(\{X_n = a_n\}) \\
&= \sum_{a_1 \in A_1} \mathbb{P}(\{X_1 = a_1\}) \cdots \sum_{a_n \in A_n} \mathbb{P}(\{X_n = a_n\}) \\
&= \mathbb{P}(X_1 \in I_1) \cdots \mathbb{P}(X_n \in I_n).
\end{aligned}
$$

Dies zeigt, dass die Bedingung (4.8) hinreichend für die Unabhängigkeit der Zufallsvariablen $X_1, \ldots, X_n$ ist. Notwendig ist sie, da wir $I_k = \{a_k\}$ wählen können.   ∎

Beispiel 4.3.5

In einem n–stufigen Zufallsexperiment beschreibe die Zufallsvariable X_k für $1 \leq k \leq n$ gerade den Ausgang der k–ten Stufe. Gegeben sei also $(\Omega, \mathcal{A}, \mathbb{P})$ und für alle $\omega \in \Omega$ ist $X_k(\omega) = X_k((\omega_1, \ldots, \omega_n)) = \omega_k$. Die einzelnen Stufen des Experiments heißen voneinander unabhängig, wenn die Zufallsvariablen $X_1, \ldots, X_n$ unabhängig sind. Damit knüpfen wir an die Beschreibung der n–fachen unabhängigen Wiederholung eines einzelnen Experiments an, wie wir sie beim mehrfachen unabhängigen Münzwurf oder Würfelwurf vorfanden. In diesem Kontext ist Gleichung (4.8) nichts anderes als die bereits bekannte Pfadregel.

Satz 4.3.6

Sind X und Y diskret verteilte und stochastisch unabhängige Zufallsvariablen mit existierenden Erwartungswerten und existiert auch $\mathbb{E}[X \cdot Y]$, so gilt

$$\mathbb{E}[X \cdot Y] = \mathbb{E}X \cdot \mathbb{E}Y. \tag{4.9}$$

Beweis. Wegen $\mathbb{E}[X \cdot Y] = \sum_{z \in (X \cdot Y)(\Omega)} z \cdot \mathbb{P}(\{X \cdot Y = z\})$ zerlegen wir

$$\mathbb{P}(\{X \cdot Y = z\}) = \sum_{\substack{x \in X(\Omega) \\ y \in Y(\Omega) \,:\, xy = z}} z \cdot \mathbb{P}(\{X = x\} \cap \{Y = y\})$$

$$= \sum_{\substack{x \in X(\Omega) \\ y \in Y(\Omega) \,:\, xy = z}} x \cdot y \cdot \mathbb{P}(\{X = x\}) \cdot \mathbb{P}(\{Y = y\})$$

und folgern

$$\mathbb{E}[X \cdot Y] = \sum_{x \in X(\Omega), y \in Y(\Omega)} x \cdot \mathbb{P}(\{X = x\}) \cdot y \cdot \mathbb{P}(\{Y = y\})$$

$$= \Big(\sum_{x \in X(\Omega)} x \cdot \mathbb{P}(X = x) \Big) \cdot \Big(\sum_{y \in Y(\Omega)} y \cdot \mathbb{P}(Y = y) \Big) = \mathbb{E}X \cdot \mathbb{E}Y.$$

∎

Eine zu Satz 4.3.6 analoge Aussage gilt auch für absolut stetig verteilte, ja sogar für irgendwie verteilte Zufallsvariablen. Wir werden dies hier allerdings nicht beweisen. Stattdessen möchten wir anhand eines wichtigen Beispiels demonstrieren, wie nützlich und wichtig der Begriff der Unabhängigkeit von Zufallsvariablen ist.

Gegeben seien hierzu zwei diskrete Zufallsvariablen X und Y auf einem W–Raum $(\Omega, \mathcal{P}(\Omega), \mathbb{P})$, also $X, Y : \Omega \to M$ mit einer abzählbaren Menge $M \subset \mathbb{R}$. Wir schreiben $\mathbb{P}_X = (p(m))_{m \in M}$ und $\mathbb{P}_Y = (q(m))_{m \in M}$ für die Verteilungen der beiden Zufallsvariablen. Interessieren wir uns nun für die Verteilung der Summe $X + Y$, so müssen wir $\mathbb{P}(\{X + Y = s\})$ für ein beliebiges $s \in \mathbb{R}$ bestimmen.

Wir rechnen

$$\mathbb{P}(\{X+Y=s\}) = \mathbb{P}\Big(\bigcup_{k\in M}\{X=k \text{ und } Y=s-k\}\Big) = \sum_{k\in M}\mathbb{P}(\{X=k\}\cap\{Y=s-k\})$$

und sehen jetzt, dass sich unter der Voraussetzung der Unabhängigkeit der beiden Zufallsvariablen X und Y die Rechnung fortführen lässt zu

$$\mathbb{P}(\{X+Y=s\}) = \sum_{k\in M}\mathbb{P}(\{X=k\})\cdot\mathbb{P}(\{Y=s-k\}).$$

Wir formulieren diese Beobachtung in einem Satz.

Satz 4.3.7

Seien $(p(m))_{m\in M}$ und $(q(m))_{m\in M}$ die Verteilungen zweier diskreter Zufallsvariablen X und Y. Sind X und Y unabhäng, dann besitzt die Summe $X+Y$ die diskrete Verteilung u mit

$$u(s) = \sum_{m\in M} p(m)\cdot q(s-m) \quad \text{für alle } s\in\mathbb{R}.$$

Tatsächlich ist die Verteilung u diskret, denn es kann nur dann $u(s)\neq 0$ sein, wenn sich s als Summe zweier Zahlen aus M schreiben lässt. Da aber M abzählbar ist, kann man auch nur abzählbar viele verschiedene Zahlen als Summe schreiben.

Beispiel 4.3.8

Seien X und Y unabhängige, geometrisch verteilte Zufallsvariablen, also

$$\mathbb{P}_X = (p(n))_{n\in\mathbb{N}} = (p(1-p)^{n-1})_{n\in\mathbb{N}} \text{ und } \mathbb{P}_Y = (q(n))_{n\in\mathbb{N}} = (r(1-r)^{n-1})_{n\in\mathbb{N}}$$

mit den Parametern $p,r\in(0,1)$. Zur Berechnung der Verteilung $(u(k))_{k\geq 2}$ der Summe $X+Y$ berechnen wir für $k\geq 2$

$$u(k) = \sum_{n\in\mathbb{N}}p(n)q(k-n) = pr\sum_{n=1}^{k-1}(1-p)^{n-1}(1-r)^{k-n-1}$$

$$= pr(1-r)^{k-2}\sum_{n=0}^{k-2}\Big(\frac{1-p}{1-r}\Big)^n = pr(1-r)^{k-2}\cdot\frac{1-(\frac{1-p}{1-r})^{k-1}}{1-\frac{1-p}{1-r}}$$

$$= pr\frac{(1-r)^{k-1}-(1-p)^{k-1}}{p-r}.$$

Insbesondere sehen wir am ersten Term in der vorletzten Zeile, dass

$$u(k) = (k-1)p^2(1-p)^{k-2}$$

für alle $k\geq 2$ gilt, wenn beide Zufallsvariablen denselben Parameter $p=r$ haben.

Definition 4.3.9 *Faltung diskreter Verteilungen*

Sind zwei diskrete W–Verteilungen $p = (p(m))_{m \in M}$ und $q = (q(m))_{m \in M}$ auf einer abzählbaren Menge $M \subset \mathbb{R}$ gegeben, dann nennt man die Verteilung $(u(s))_{s \in \mathbb{R}}$ mit

$$u(s) = \sum_{m \in M} p(m) \cdot q(s - m) \quad \text{für alle } s \in \mathbb{R}$$

die *Faltung* der beiden gegebenen Verteilungen und schreibt $u = p * q$.

Wir können also zusammenfassend sagen, dass die Verteilung der Summe zweier unabhängiger und diskreter Zufallsvariablen gerade die Faltung der beiden Verteilungen ist. Entsprechendes gilt auch für absolut stetige Verteilungen. Wir müssen dazu nur unsere Definition der Faltung anpassen.

Definition 4.3.10 *Faltung absolut stetiger Verteilungen*

Sind zwei W–Dichten ϱ und ϑ auf $\mathbb{R}$ gegeben, dann heißt die Abbildung

$$\varrho * \vartheta : \mathbb{R} \to \mathbb{R} \quad \text{mit} \quad \varrho * \vartheta(s) = \int_{-\infty}^{\infty} \varrho(t) \cdot \vartheta(s - t) \, dt$$

die *Faltung* von ϱ und ϑ. Besitzen die Verteilungen $\mathbb{D}_\varrho$ bzw. $\mathbb{D}_\vartheta$ die Dichten ϱ bzw. ϑ, dann heißt die Verteilung $\mathbb{D}_\varrho * \mathbb{D}_\vartheta$ mit Dichte $\varrho * \vartheta$ die Faltung von $\mathbb{D}_\varrho$ und $\mathbb{D}_\vartheta$.

Mit dem so erweiterten Begriff der Faltung können wir nun folgenden Satz allgemein formulieren.

Satz 4.3.11

Die Verteilung der Summe zweier unabhängiger Zufallsvariablen ist die Faltung der beiden Verteilungen der Zufallsvariablen.

Beispiel 4.3.12

Seien X und Y unabhängige, normalverteilte Zufallsvariablen. Genauer sei X gemäß $\mathcal{N}(\mu, \sigma^2)$ und Y gemäß $\mathcal{N}(\nu, \tau^2)$ verteilt. Die Verteilung der Summe $X + Y$ hat dann die Dichte

$$\varphi_{\mu, \sigma^2} * \varphi_{\nu, \tau^2}(s) = \frac{1}{2\pi \sqrt{\sigma^2 \tau^2}} \int_{-\infty}^{\infty} e^{-(t-\mu)^2/2\sigma^2} e^{-(s-t-\nu)^2/2\tau^2} \, dt.$$

Im Exponenten rechnen wir

$$-\frac{(t-\mu)^2}{2\sigma^2} - \frac{(s-t-\nu)^2}{2\tau^2} = \frac{-\tau^2(t^2 - 2\mu t + \mu^2) - \sigma^2(t^2 - 2t(s-\nu) + (s-\nu)^2)}{2\sigma^2 \tau^2}$$

$$= \frac{-At^2 + 2Bt - C}{2\sigma^2 \tau^2}$$

mit den Abkürzungen $A = \sigma^2 + \tau^2$, $B = \mu\tau^2 + (s - \nu)\sigma^2$ und $C = \tau^2\mu^2 + \sigma^2(s - \nu)^2$. Nun ist mit quadratischer Ergänzung

$$-At^2 + 2Bt - C = -A\left(t - \frac{B}{A}\right)^2 + \frac{B^2}{A} - C$$

also

$$\varphi_{\mu,\sigma^2} * \varphi_{\nu,\tau^2}(s) = \frac{1}{2\pi\sqrt{\sigma^2\tau^2}} \int_{-\infty}^{\infty} e^{-A(t-\frac{B}{A})^2/(2\sigma^2\tau^2)} \, dt \cdot e^{(B^2-AC)/(2A\sigma^2\tau^2)}$$

$$= \frac{1}{\sqrt{2\pi A}} \int_{-\infty}^{\infty} \varphi_{\frac{B}{A},\frac{\sigma^2\tau^2}{A}}(t) \, dt \cdot e^{(B^2-AC)/(2A\sigma^2\tau^2)}.$$

Das Integral in der letzten Zeile ist gleich Eins, da der Integrand eine W–Dichte ist. Weiter ist $B^2 - AC = -\sigma^2\tau^2(\mu + \nu - s)^2$ und daher ist schließlich

$$\varphi_{\mu,\sigma^2} * \varphi_{\nu,\tau^2}(s) = \frac{1}{\sqrt{2\pi A}} e^{-(\mu+\nu-s)^2/2A} = \varphi_{\mu+\nu,\sigma^2+\tau^2}(s).$$

Die Verteilung von $X + Y$ ist die Normalverteilung $\mathcal{N}(\mu + \nu, \sigma^2 + \tau^2)$. Diese Eigenschaft der Normalverteilung, aus zwei unabhängigen, normalverteilten Zufallsvariablen in der Summe wieder eine normalverteilte Zufallsvariable entstehen zu lassen, begründet ihre zentrale Stellung innerhalb der gesamten Stochastik. Zudem berechnen sich die Parameter der so entstehenden Normalverteilung einfach durch Addition der Parameter der Summanden: Aus $\mathcal{N}(\mu, \sigma^2)$ plus $\mathcal{N}(\nu, \tau^2)$ wird $\mathcal{N}(\mu + \nu, \sigma^2 + \tau^2)$.

4.4 Die Varianz von Zufallsvariablen und die Tschebyschev–Ungleichung

In Abschnitt 4.2 hatten wir den Erwartungswert einer Zufallsvariable X kennengelernt. Motiviert wurde er durch den in Kapitel 2 behandelten Begriff des empirischen Mittelwerts und bereits dort sahen wir, dass ein Mittelwert allein nicht viel Aussagekraft besitzt.

Betrachten wir die drei Verteilungen

$$(p(0)) = (1) \ , \ (p(-100), p(100)) = \left(\frac{1}{2}, \frac{1}{2}\right) \ \text{ und } \ (p(-3), p(86)) = \left(\frac{86}{89}, \frac{3}{89}\right),$$

so besitzen sie alle den Erwartungswert 0. Betrachten wir gemäß diesen Verteilungen verteilte Zufallsvariablen, so ist im ersten Fall die Zufallsvariable konstant gleich Null mit Wahrscheinlichkeit 1. Der Erwartungswert beschreibt diese Zufallsvariable sehr gut. Im zweiten Fall ist diese Beschreibung ausgesprochen schlecht, denn die Zufallsvariable nimmt nur die Werte -100 und 100 an, jeweils mit Wahrscheinlichkeit 1/2. Und im dritten Fall kann man nicht einmal genau sagen, ob der Erwartungswert 0 die Zufallsvariable gut beschreibt.

Diese Problematik führt wie in Kapitel 2 dazu, eine Art „Qualitätsmaß" für den Erwartungswert $\mathbb{E}X$ einzuführen, einen Streuparameter. Hierbei müssen wir uns noch verständigen, wie wir die Abweichung messen wollen. Wir schauen dazu einfach auf die Definition 2.3.7 von s_{n-1}^2 und definieren in völliger Analogie:

Definition 4.4.1

Ist für eine Zufallsvariable X der Ausdruck

$$\mathbb{V}X = \mathbb{E}[(X - \mathbb{E}X)^2]$$

endlich, so heißt er *Varianz von X* und $\sqrt{\mathbb{V}X}$ heißt *Standardabweichung von X*. Ist für zwei Zufallsvariablen X und Y der Ausdruck

$$\mathbb{K}(X,Y) = \mathbb{E}[(X - \mathbb{E}X) \cdot (Y - \mathbb{E}Y)]$$

endlich, so heißt er *Kovarianz von X und Y*.

Diese Definition ist gerade so gemacht, dass der Begriff Varianz seine Bedeutung beibehält, wenn die Zufallsvariable X die Messung eines Merkmals bei einer statistischen Datenerhebung ist (siehe dazu Seite 94). Denn dann ist für die Messung $X : \Omega \to \mathbb{R}$ auf dem Laplace–Raum $(\Omega = \{\omega_1, \ldots, \omega_n\}, \mathcal{P}(\Omega), \mathbb{P})$ offenbar $\mathbb{E}X = \bar{x}$ und somit

$$\mathbb{V}X = \mathbb{E}\big[(X - \mathbb{E}X)^2\big] = \frac{1}{n} \sum_{i=1}^{n} (X(\omega_i) - \bar{x})^2 = \frac{n-1}{n} s_{n-1}^2.$$

Bis auf den Faktor $(n-1)/n$, der für große n nahe bei Eins liegt, ist also die empirische Varianz s_{n-1}^2 eines Datensatzes gleich der Varianz der Messung X.

Lemma 4.4.2

Sind für zwei Zufallsvariablen X und Y auf einem W–Raum $(\Omega, \mathcal{A}, \mathbb{P})$ die Erwartungswerte $\mathbb{E}[X^2]$ und $\mathbb{E}[Y^2]$ endlich, dann gilt dies auch für die Größen

$$\mathbb{E}X \,,\; \mathbb{E}Y \,,\; \mathbb{E}[X \cdot Y] \,,\; \mathbb{V}X \,,\; \mathbb{V}Y \,,\; \mathbb{K}(X,Y).$$

Beweis. Wegen $0 \le \frac{1}{2}(|x| - |y|)^2 = \frac{1}{2}x^2 - |xy| + \frac{1}{2}y^2$ für alle $x, y \in \mathbb{R}$ ist

$$\big|X(\omega) \cdot Y(\omega)\big| \le \frac{1}{2}(X^2(\omega) + Y^2(\omega)) \quad \text{für alle } \omega \in \Omega$$

und daher ist $\mathbb{E}|X \cdot Y|$ endlich. Für $Y = 1$ ergibt sich die Existenz von $\mathbb{E}|X|$ und analog diejenige von $\mathbb{E}|Y|$. Mittels Ausmultiplizieren und der Dreiecksungleichung ist

$$\big|(X(\omega) - \mathbb{E}X)(Y(\omega) - \mathbb{E}Y)\big| \le \big|X(\omega)Y(\omega)\big| + |X(\omega)| \cdot |\mathbb{E}Y| + |Y(\omega)| \cdot |\mathbb{E}X| + |\mathbb{E}X| \cdot |\mathbb{E}Y|$$

und daraus folgt dann auch die Endlichkeit von $\mathbb{K}(X,Y)$. Für $Y = X$ erhalten wir die Existenz von $\mathbb{V}X$ und analog auch die von $\mathbb{V}Y$. ∎

Aufgrund dieses Lemmas werden wir im Folgenden für eine Zufallsvariable X häufig $\mathbb{E}[X^2] < \infty$ fordern, da damit die Endlichkeit von $\mathbb{E}X$ und $\mathbb{V}X$ garantiert ist. Bei der Berechnung von s_{n-1}^2 half uns in Kapitel 2 der Verschiebungssatz 2.3.8. Er gilt hier in entsprechender Form.

Satz 4.4.3: *Verschiebungssatz der Varianz*

Seien X und Y Zufallsvariablen auf einem W–Raum und $\mathbb{E}[X^2] < \infty$ und $\mathbb{E}[Y^2] < \infty$, dann gilt

$$\mathbb{K}(X,Y) = \mathbb{E}[X \cdot Y] - \mathbb{E}X \cdot \mathbb{E}Y.$$

Insbesondere gilt für eine Zufallsvariable X mit $\mathbb{E}[X^2] < \infty$

$$\mathbb{V}X = \mathbb{K}(X,X) = \mathbb{E}[X^2] - (\mathbb{E}X)^2.$$

Beweis. Es gilt

$$\begin{aligned}
\mathbb{K}(X,Y) &= \mathbb{E}[(X - \mathbb{E}X) \cdot (Y - \mathbb{E}Y)] = \mathbb{E}[X \cdot Y - X \cdot \mathbb{E}Y - Y \cdot \mathbb{E}X + \mathbb{E}X \cdot \mathbb{E}Y] \\
&= \mathbb{E}[X \cdot Y] - \mathbb{E}X \cdot \mathbb{E}Y - \mathbb{E}Y \cdot \mathbb{E}X + \mathbb{E}X \cdot \mathbb{E}Y = \mathbb{E}[X \cdot Y] - \mathbb{E}X \cdot \mathbb{E}Y.
\end{aligned}$$

∎

Der Begriff der Kovarianz taucht in natürlicher Weise auf, wenn wir die Varianz von der Summe von Zufallsvariablen betrachten.

Satz 4.4.4

Seien $X_1, \ldots, X_n$ Zufallsvariablen mit $\mathbb{E}[X_i^2] < \infty$, $1 \leq i \leq n$, und $a_1, \ldots, a_n \in \mathbb{R}$, dann gilt

$$\mathbb{V}\left[\sum_{i=1}^n a_i X_i\right] = \sum_{i=1}^n a_i^2 \, \mathbb{V}X_i + \sum_{i \neq j} a_i a_j \, \mathbb{K}(X_i, X_j).$$

Insbesondere gilt für eine Zufallsvariable X mit $\mathbb{E}[X^2] < \infty$ und $a \in \mathbb{R}$

$$\mathbb{V}[a \cdot X] = a^2 \cdot \mathbb{V}X \quad \text{und} \quad \mathbb{V}[X + a] = \mathbb{V}X.$$

Beweis. Wir benutzen die Identität

$$\left(\sum_{i=1}^n z_i\right)^2 = \sum_{i=1}^n z_i^2 + \sum_{i \neq j} z_i z_j,$$

die man durch einfaches Ausmultiplizieren beweist. Daher ist

$$\mathbb{V}\Big[\sum_{i=1}^{n} a_i X_i\Big] = \mathbb{E}\Big[\Big(\sum_{i=1}^{n} a_i X_i - \mathbb{E}\sum_{i=1}^{n} a_i X_i\Big)^2\Big] = \mathbb{E}\Big[\Big(\sum_{i=1}^{n} a_i (X_i - \mathbb{E}X_i)\Big)^2\Big]$$

$$= \mathbb{E}\Big[\sum_{i=1}^{n} a_i^2 (X_i - \mathbb{E}X_i)^2 + \sum_{i \neq j} a_i a_j (X_i - \mathbb{E}X_i)(X_j - \mathbb{E}X_j)\Big]$$

$$= \sum_{i=1}^{n} a_i^2 \, \mathbb{E}[(X_i - \mathbb{E}X_i)^2] + \sum_{i \neq j} a_i a_j \, \mathbb{E}[(X_i - \mathbb{E}X_i)(X_j - \mathbb{E}X_j)]$$

$$= \sum_{i=1}^{n} a_i^2 \, \mathbb{V}X_i + \sum_{i \neq j} a_i a_j \, \mathbb{K}(X_i, X_j).$$

Für $n = 1$ folgt hieraus offenbar $\mathbb{V}[aX] = a^2 \, \mathbb{V}X$. Wegen

$$X + a - \mathbb{E}[X + a] = X - \mathbb{E}X$$

folgt durch Quadrieren und Erwartungswertbilden auch $\mathbb{V}[X + a] = \mathbb{V}X$. ∎

Gerade die letzte Gleichung $\mathbb{V}[X + a] = \mathbb{V}X$ ist nicht überraschend, sondern sollte gelten, wenn die Varianz wirklich eine Kennziffer für die Streuung sein soll. Sie soll ja nicht messen, *wo* die Verteilung der Zufallsvariablen streut, sondern *wie!* Das „wo" ist Sache des Lageparameters, also hier des Erwartungswerts.

Für unabhängige Zufallsvariablen wird die Varianz der Summe besonders einfach.

Korollar 4.4.5

Ist $\mathbb{K}(X_i, X_j) = 0$ für $1 \leq i \neq j \leq n$, so ist mit den Voraussetzungen von Satz 4.4.4

$$\mathbb{V}\Big[\sum_{i=1}^{n} X_i\Big] = \sum_{i=1}^{n} \mathbb{V}X_i. \tag{4.10}$$

Insbesondere gilt dies für paarweise unabhängige Zufallsvariablen $X_1, \ldots, X_n$.

Beweis. Dies folgt sofort aus Satz 4.4.3 und Satz 4.3.6, da für paarweise unabhängige Zufallsvariablen

$$\mathbb{K}(X_i, X_j) = \mathbb{E}[X_i \cdot X_j] - \mathbb{E}X_i \cdot \mathbb{E}X_j = 0$$

für alle $i \neq j$ gilt. ∎

Wir wollen nun die Varianz von einigen Verteilungen berechnen.

Beispiele 4.4.6:   *Die Varianz einiger diskreter Verteilungen*

1. Sei X Bernoulli–verteilt zum Parameter p. Dann ist $X^2 = X$, da X nur die Werte 0 oder 1 annimmt, und diese sich durch Quadrieren nicht ändern. Weiter ist $\mathbb{E}X = p$, also

$$\mathbb{V}X = \mathbb{E}[X^2] - (\mathbb{E}X)^2 = p - p^2 = p(1 - p).$$

Dies gilt natürlich genauso für jede andere Indikatorvariable.

2. Sei X Laplace–verteilt auf $\{1, \ldots, n\}$, dann wissen wir bereits $\mathbb{E}X = \frac{1}{2}(n+1)$ und berechnen

$$\mathbb{E}[X^2] = \frac{1}{n} \sum_{i=1}^{n} i^2 = \frac{1}{6}(n+1)(2n+1),$$

wobei die benutzte Summenformel im Anhang (siehe Anhang A.1, (II)) steht. Damit ist

$$\mathbb{V}X = \mathbb{E}[X^2] - (\mathbb{E}X)^2 = \frac{1}{12}(n+1)(2(2n+1) - 3(n+1)) = \frac{1}{12}(n^2 - 1)$$

3. Sei X hypergeometrisch verteilt zu den Parametern r, s, n, dann wissen wir $\mathbb{E}X = \frac{nr}{r+s}$ und wir beobachten zunächst, dass

$$\mathbb{E}[X(X-1)] = \sum_{k=0}^{n} k(k-1)\mathbb{P}(\{X = k\})$$

$$= \frac{nr}{r+s} \sum_{k=2}^{n} (k-1)\mathbb{P}(\{Y = k-1\}) = \frac{nr}{r+s}\mathbb{E}Y,$$

mit einer zu den Parametern $r-1, s, n-1$ hypergeometrisch verteilten Zufallsvariablen Y. Wir haben hierbei die Gleichung (4.4) benutzt. Den Erwartungswert einer beliebigen hypergeometrischen Verteilung kennen wir aber bereits und so ist

$$\mathbb{E}[X(X-1)] = \frac{n(n-1)r(r-1)}{(r+s)(r+s-1)}.$$

Daher ist

$$\mathbb{V}X = \mathbb{E}[X(X-1)] + \mathbb{E}X - (\mathbb{E}X)^2$$

$$= \frac{n(n-1)r(r-1)}{(r+s)(r+s-1)} + \frac{nr}{r+s} - \frac{n^2 r^2}{(r+s)^2} = \frac{nr(nr-n+s)}{(r+s)(r+s-1)} - \frac{n^2 r^2}{(r+s)^2}$$

$$= \frac{nr}{(r+s)^2(r+s-1)} \cdot ((nr-n+s)(r+s) - nr(r+s-1))$$

$$= \frac{nrs(r+s-n)}{(r+s)^2(r+s-1)}.$$

4. Sei X binomialverteilt zu den Parametern n und p. Wollte man $\mathbb{V}X$ direkt aus der Definition berechnen, so stieße man schnell auf eine recht anspruchsvolle Summe: Wegen $\mathbb{E}X = np$ ist

$$\mathbb{V}X = \sum_{k=0}^{n} (k - np)^2 \binom{n}{k} p^k (1 - p)^{n-k}$$

zu berechnen. Wir machen uns stattdessen Korollar 4.4.5 zunutze und schreiben, wie im Beispiel 4.2.6,

$$X = \sum_{i=1}^{n} X_i$$

mit unabhängigen und zum Parameter p Bernoulli–verteilten Zufallsvariablen $X_1, \ldots, X_n$. Erinnern wir uns: X zählt die Einsen im n–fachen unabhängigen Münzwurf und X_i signalisiert den Ausgang des i–ten Wurfs. Daher ist

$$\mathbb{V}X = \mathbb{V}\left[\sum_{i=1}^{n} X_i\right] = \sum_{i=1}^{n} \mathbb{V}X_i = \sum_{i=1}^{n} p(1 - p) = np(1 - p).$$

5. Sei X geometrisch verteilt zum Parameter p, dann wissen wir, dass $\mathbb{E}X = \frac{1}{p}$ gilt. Weiter berechnen wir

$$\mathbb{E}[X(X - 1)] = \sum_{n=1}^{\infty} n(n - 1)(1 - p)^{n-1} p = \frac{2(1 - p)}{p^2}.$$

unter Benutzung der Formel für die geometrische Reihe (siehe Anhang A.1, (VIII)). Daher ist dann

$$\mathbb{V}X = \mathbb{E}[X^2] - (\mathbb{E}X)^2 = \mathbb{E}[X(X - 1)] + \mathbb{E}X - (\mathbb{E}X)^2$$
$$= \frac{2(1 - p)}{p^2} + \frac{1}{p} - \frac{1}{p^2} = \frac{1 - p}{p^2}.$$

6. Sei X negativ binomialverteilt zu den Parametern r und p, dann erinnern wir uns, dass X die Anzahl der Würfe einer Münze (mit Erfolgswahrscheinlichkeit p) bis um r–ten Erfolg beschreibt. Genauso gut können wir natürlich auch r Münzen unabhängig voneinander werfen und für jede der Münzen die Anzahl der Würfe bis zum ersten Erfolg zählen. Sei also X_i die Wurfzahl bis zum Erfolg für die Münze i, dann sind die Zufallsvariablen $X_1, \ldots, X_r$ unabhängig und jede ist geometrisch verteilt zum Parameter p und es ist

$$X = \sum_{i=1}^{r} X_i.$$

So erhalten wir noch einmal auf anderem Wege $\mathbb{E}X = \frac{r}{p}$ und außerdem

$$\mathbb{V}X = \sum_{i=1}^{r} \mathbb{V}X_i = r \cdot \frac{1 - p}{p^2}.$$

7. Sei X Poisson–verteilt zum Parameter λ, dann ist

$$\mathbb{E}[X(X-1)] = \sum_{n=0}^{\infty} n(n-1) \cdot \frac{\lambda^n}{n!} e^{-\lambda} = e^{-\lambda} \sum_{n=2}^{\infty} \frac{\lambda^n}{(n-2)!}$$

$$= e^{-\lambda} \lambda^2 \cdot \sum_{n=0}^{\infty} \frac{\lambda^n}{n!} = e^{-\lambda} \lambda^2 \cdot e^{\lambda} = \lambda^2.$$

Damit berechnen wir wegen $\mathbb{E}X = \lambda$ sofort

$$\mathbb{V}X = \mathbb{E}[X(X-1)] + \mathbb{E}X - (\mathbb{E}X)^2 = \lambda^2 + \lambda - \lambda^2 = \lambda.$$

Der Erwartungswert und auch die Varianz sind gleich dem Parameter λ.

Ebenso berechnen wir die Varianz für absolut stetig verteilte Zufallsvariablen.

Beispiele 4.4.7: *Die Varianz einiger absolut stetiger Verteilungen*

1. Sei X gleichverteilt auf $[\alpha, \beta]$, dann wissen wir aus Beispiel 4.2.12, dass

$$\mathbb{E}X = \frac{1}{2}(\alpha + \beta) \quad \text{und} \quad \mathbb{E}[X^2] = \frac{1}{3}(\alpha^2 + \alpha\beta + \beta^2).$$

Daher ist

$$\mathbb{V}X = \mathbb{E}[X^2] - (\mathbb{E}X)^2 = \frac{1}{12}\left(4(\alpha^2 + \alpha\beta + \beta^2) - 3(\alpha^2 + 2\alpha\beta + \beta^2)\right) = \frac{1}{12}(\alpha - \beta)^2.$$

2. Sei X normalverteilt zu den Parametern μ und σ^2, dann ist wegen Beispiel 4.2.14

$$\mathbb{V}X = \mathbb{E}[X^2] - (\mathbb{E}X)^2 = (\sigma^2 + \mu^2) - \mu^2 = \sigma^2.$$

Die Parameter μ und σ^2 geben also gerade den Erwartungswert bzw. die Varianz von X an. Wir betonen hier noch einmal, was wir bereits in Beispiel 4.2.14 sahen: Die $\mathcal{N}(\mu, \sigma^2)$–Verteilung ist das Bildmaß der $\mathcal{N}(0, 1)$–Verteilung unter der Abbildung

$$t \mapsto |\sigma| \cdot t + \mu.$$

Ausgedrückt durch Zufallsvariablen heißt dies, dass $|\sigma| \cdot X + \mu$ genau dann $\mathcal{N}(\mu, \sigma^2)$–verteilt ist, wenn X standardnormalverteilt ist.

3. Sei X exponentialverteilt zum Parameter λ, dann folgt aus Beispiel 4.2.15

$$\mathbb{V}X = \mathbb{E}[X^2] - (\mathbb{E}X)^2 = \frac{2}{\lambda^2} - \frac{1}{\lambda^2} = \frac{1}{\lambda^2}.$$

Wir beschließen diesen Abschnitt mit einer der wichtigsten Ungleichungen der Wahrscheinlichkeitsrechnung, der nach Pafnuty Tschebyschev (1821–1894) benannten Tschebyschev–Ungleichung. Diese wird uns nicht nur im nächsten Abschnitt noch von großem Nutzen sein.

Satz 4.4.8: *Tschebyschev–Ungleichung*

Es sei X eine Zufallsvariable mit $\mathbb{E}[X^2] < \infty$, dann gilt für jedes $a > 0$

$$\mathbb{P}(\{|X - \mathbb{E}X| \geq a\}) \leq \frac{\mathbb{V}X}{a^2}.$$

Beweis. Sei 1_A die Indikatorvariable der Menge $A := \{|X - \mathbb{E}X| \geq a\}$, dann gilt offenbar

$$|X - \mathbb{E}X| \geq a \cdot 1_A,$$

denn 1_A ist ja gerade nur dort gleich 1, wo $|X - \mathbb{E}X|$ größer oder gleich a ist. Und dort, wo 1_A gleich 0 ist, gilt die Ungleichung sowieso. Daher wird wegen $1_A^2 = 1_A$

$$\mathbb{V}X = \mathbb{E}\big[(X - \mathbb{E}X)^2\big] \geq \mathbb{E}[a^2 \cdot 1_A] = a^2 \mathbb{E}1_A = a^2 \mathbb{P}(A).$$

Division durch a^2 ergibt unsere Behauptung. ∎

Diese unschuldig aussehende Ungleichung ist interessanterweise im Allgemeinen schon nicht mehr zu verbessern, wie das folgende Beispiel zeigt.

Beispiel 4.4.9

Sei $a > 0$ und X eine Zufallsvariable mit der Verteilung

$$\mathbb{P}_X = \big(p(-a), p(0), p(a)\big) = \Big(\frac{1}{2a^2}, 1 - \frac{1}{a^2}, \frac{1}{2a^2}\Big),$$

dann erhalten wir offenbar $\mathbb{E}X = 0$ und

$$\mathbb{V}X = \mathbb{E}[X^2] = a^2 \cdot \frac{1}{2a^2} + a^2 \cdot \frac{1}{2a^2} = 1$$

und damit

$$\mathbb{P}(\{|X - \mathbb{E}(X)| \geq a\}) = P(\{|X| \geq a\}) = p(-a) + p(a) = \frac{1}{a^2} = \frac{\mathbb{V}X}{a^2}.$$

Dennoch ist die Tschebyschev–Ungleichung in vielen Fällen keine sehr gute quantitative Abschätzung; ihre enorme Bedeutung ist in der Theorie zu finden. Für viele Zufallsvariablen können Abweichungen vom Erwartungswert sehr viel besser als mit dieser Ungleichung abgeschätzt werden. Wir werden dies aber nicht weiter verfolgen. Hier sei nur bemerkt, dass es noch eine viel allgemeinere Version der Tschebyschev-Ungleichung gibt, die nach Andrei Markov (1856–1922) benannte Markov–Ungleichung

$$\mathbb{P}(\{X \geq a\}) \leq \frac{\mathbb{E}[g(X)]}{g(a)} \ , \ a > 0,$$

für eine beliebige positive, monoton steigende Funktion $g : \mathbb{R} \to \mathbb{R}$ mit $\mathbb{E}[g(X)] < +\infty$. Die Markov–Ungleichung folgt sofort aus

$$g(X) \geq g(a) \cdot 1_{\{X \geq a\}}.$$

4.5   Das Gesetz der großen Zahlen

Wenn man jemanden auf der Straße fragt, was denn die Wahrscheinlichkeit eines Ereignisses sei, so wird er oder sie vermutlich ungefähr so antworten: „Führt man ein Experiment, bei dem das Ereignis A eintreten kann, häufig durch, so wird sich auf lange Sicht die relative Häufigkeit des Eintretens von A bei einem Wert einpendeln. Dies ist die Wahrscheinlichkeit von A."

Wie schon in der Einleitung von Kapitel 3 besprochen, kann man dies nicht bedenkenlos als Definition des Begriffs *Wahrscheinlichkeit* verwenden. Wir werden in diesem Abschnitt allerdings zeigen, dass diese umgangssprachliche Beschreibung von Wahrscheinlichkeit innerhalb unserer Axiomatik hergeleitet werden kann: Die alltägliche Sichtweise ist also mit der mathematischen Sichtweise verträglich (und umgekehrt ebenso).

Dieses Gesetz, das heutzutage unter dem Namen *Gesetz der großen Zahlen* bekannt ist, wurde 1705 von Jakob Bernoulli entdeckt und 1713 posthum publiziert. Es ist gewissermaßen das fundamentale Naturgesetz der Wahrscheinlichkeitstheorie, ohne dessen Gültigkeit große Teile der Stochastik bedeutungslos wären. Insbesondere wäre es völlig unsinnig, immer größere Stichproben zur Bestimmung einer Wahrscheinlichkeit zu erheben, wenn nicht sichergestellt wäre, dass die relativen Häufigkeiten in einem noch zu bestimmenden Sinn gegen die Wahrscheinlichkeit eines Ereignisses konvergieren. In letzter Konsequenz ist es eben dieses Gesetz der großen Zahlen, das dem Begriff *Wahrscheinlichkeit* jenen Sinn zuordnet, der ihn im Gegensatz zum Begriff *Schicksal* zum wissenschaftlichen Untersuchungsobjekt macht.

Satz 4.5.1:   *Gesetz der großen Zahlen*

Sind $X_1, \ldots, X_n$ für jedes $n \in \mathbb{N}$ paarweise unabhängige Zufallsvariablen mit gleichem Erwartungswert $m := \mathbb{E}X_i$ und gleicher Varianz $s^2 := \mathbb{V}X_i < \infty$ für alle $1 \leq i \leq n$, dann gilt für jedes $\varepsilon > 0$

$$\lim_{n \to \infty} \mathbb{P}\Big(\Big\{\Big|\frac{1}{n}\sum_{i=1}^{n} X_i - m\Big| > \varepsilon\Big\}\Big) = 0.$$

Beweis. Wegen $\mathbb{E}[\frac{1}{n}\sum_{i=1}^{n} X_i] = m$ folgt aus der Tschebyschev–Ungleichung und Korollar 4.4.5

$$0 \leq \mathbb{P}\Big(\Big\{\Big|\frac{1}{n}\sum_{i=1}^{n} X_i - m\Big| > \varepsilon\Big\}\Big) \leq \frac{1}{\varepsilon^2}\mathbb{V}\Big[\frac{1}{n}\sum_{i=1}^{n} X_i\Big] = \frac{1}{\varepsilon^2 n^2}\sum_{i=1}^{n} \mathbb{V}X_i = \frac{s^2}{n\varepsilon^2}. \quad (4.11)$$

Also konvergiert die rechte Seite von (4.11) gegen 0, woraus die Behauptung folgt. ■

Bevor wir uns eingehender mit der Aussage dieses Satzes beschäftigen, wollen wir aus ihm die erwähnte umgangssprachliche Interpretation von Wahrscheinlichkeit ableiten:

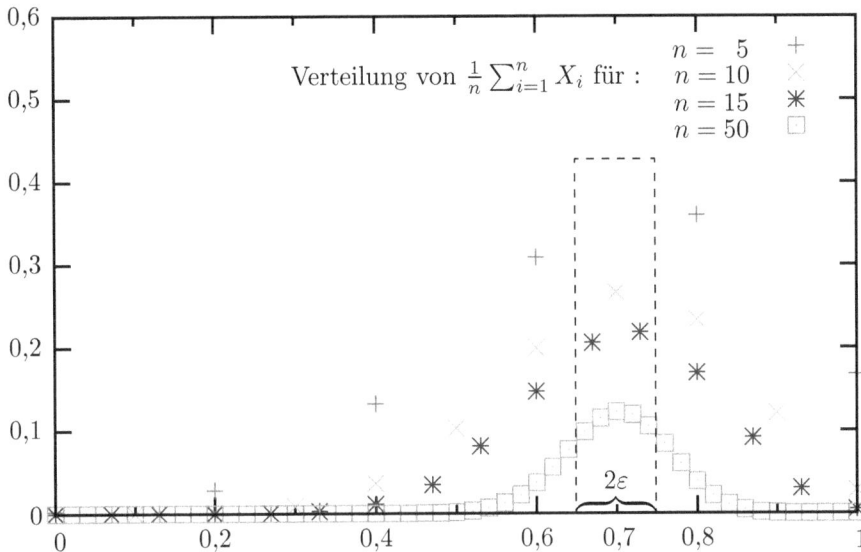

Abbildung 4.7: *Zum Parameter $p = 0,7$ Bernoulli–verteilte, unabhängige X_i*

Korollar 4.5.2

Ein Experiment werde n–mal unabhängig durchgeführt und es sei X_i die Indikator-variable für ein Ereignis A im i-ten Versuch: Also 1, falls A im i–ten Versuch eintritt und 0 sonst. Dann gilt

$$\lim_{n \to \infty} \mathbb{P}\Big(\Big\{\Big|\frac{1}{n}\sum_{i=1}^{n} X_i - \mathbb{P}(A)\Big| > \varepsilon\Big\}\Big) = 0.$$

Beweis. Dies folgt aus Satz 4.5.1, da $\mathbb{E}X_i = \mathbb{P}(A)$ für alle $1 \leq i \leq n$ gilt. ∎

Es lohnt sich, über das gerade Bewiesene einige Worte zu verlieren. Zunächst behauptet das Gesetz der großen Zahlen in der Fassung von Satz 4.5.1 so etwas wie die Konvergenz eines Mittelwerts von Zufallsvariablen gegen den Erwartungswert bzw. in der Fassung von Korollar 4.5.2 die Konvergenz der relativen Häufigkeit eines Ereignisses gegen die Wahrscheinlichkeit dieses Ereignisses. Diese Konvergenz ist aber nicht die Konvergenz im üblichen Sinne, also verstanden als Konvergenz einer Folge reeller Zahlen.

Eine Folge reeller Zahlen konvergiert ja, wenn sie sich ihrem Grenzwert beliebig annähert (und aus dieser Nachbarschaft irgendwann auch nicht mehr ausbricht). Und in diesem Sinn muss die Folge der relativen Häufigkeiten keineswegs konvergieren! Denn im Gesetz der großen Zahlen haben wir als zusätzliche Komponente den Zufall: Es kann ja passieren, dass wir selbst mit einem fairen Würfel nur Sechsen würfeln. Allerdings wird die Wahrscheinlichkeit für eine „Glückssträhne" aus lauter Sechsen immer geringer, je länger die Versuchsreihe dauert.

Und genau das besagt auch das Gesetz der großen Zahlen: Nicht die Folge der Mittelwerte konvergiert gegen den Erwartungswert, sondern eine bestimmte Folge von Wahrscheinlichkeiten konvergiert gegen Null; und diese Folge tut das natürlich im üblichen Sinn, also als Folge reeller Zahlen. Betrachten wir die Abbildung 4.7, so können wir sehen, dass sich in einer ε-Umgebung des Erwartungswerts immer mehr Wahrscheinlichkeit ansammelt. Es wird bei immer länger werdenden Versuchsreihen also nur immer unwahrscheinlicher, dass der Mittelwert nicht in der Nähe des Erwartungswerts liegt. Mehr besagt dieses Gesetz der großen Zahlen nicht.

Der Satz 4.5.1 wird genauer als das *Schwache Gesetz der großen Zahlen* bezeichnet. Es gibt auch das *Starke Gesetz der großen Zahlen* und dieses besagt, dass mit Wahrscheinlichkeit 1 eben doch die Mittelwerte unabhängiger, identisch verteilter Zufallsvariablen gegen den Erwartungswert konvergieren, also dass

$$\mathbb{P}\left(\left\{ \lim_{n\to\infty} \frac{1}{n} \sum_{i=1}^{n} X_i = m \right\}\right) = 1.$$

Dies ist kein Widerspruch zum bereits Gesagten, denn auch dieses Gesetz besagt nicht, dass die Mittelwerte gegen den Erwartungswert konvergieren, sondern dass sie mit Wahrscheinlichkeit 1 gegen den Erwartungswert konvergieren.

Zur Verdeutlichung: Der Erwartungswert der Augenzahl beim fairen Würfel ist 3,5. Kein Gesetz der Welt, weder schwach noch stark, kann einem Würfel verbieten, die nächsten 10^{200} Würfe nur Sechsen zu zeigen. Schlimmer noch: Selbst wenn wir ihn theoretisch unendlich oft werfen, könnte er selbst dann nur Sechsen zeigen. Der Mittelwert der geworfenen Augenzahl wäre offenbar immer konstant gleich 6 und von einer Konvergenz gegen 3,5 kann nicht die Rede sein. Ein anderer Würfel könnte z.B. immer abwechselnd eine Eins und eine Drei zeigen. Die Mittelwertfolge ist zwar nicht konstant, sie konvergiert aber offenbar gegen 2; also liegt auch hier keineswegs eine Konvergenz gegen 3,5 vor.

Und so gibt es sicherlich sehr viele Folgen (sogar unendlich viele), für welche der Mittelwert ganz und gar nicht gegen 3,5 konvergiert. Das Starke Gesetz der großen Zahlen besagt nun, dass all diese Folgen zusammen vernachlässigbar sind, im Vergleich zu all den Folgen, deren Mittelwert gegen den Erwartungswert 3,5 konvergiert.

Mathematisch ist das Starke Gesetz der großen Zahlen wesentlich anspruchsvoller als das Schwache Gesetz der großen Zahlen. Es setzt die Existenz einer Folge von unabhängigen Zufallsvariablen voraus, die auf einem W-Raum $(\Omega, \mathcal{A}, \mathbb{P})$ definiert sind; die Elementarereignisse sind also z.B. unendliche Abfolgen von gewürfelten Augenzahlen. Und bildet man für jede dieser unendlichen Abfolgen den Mittelwert, so kommt „fast immer" 3,5 heraus. Das Schwache Gesetz der großen Zahlen kennt keine unendliche Anzahl von Würfen, sondern nur eine beliebig große Anzahl von Würfen.

Mit Methoden, die auf der Markov-Ungleichung basieren, kann man z.B. für einen fairen

Würfel Folgendes zeigen.

Nach n Würfen	ist $\frac{1}{n}\sum_{i=1}^{n} X_i$ gleich $3,5$ auf k Stellen ($\varepsilon = 9 \cdot 10^{-k-1}$)	mit einer Wahrscheinlichkeit von mindestens p.
$n =$ 38 156 606	$k =$ 3	$p = 1 - 10^{-2} = 0,99$
71 321 411	3	$1 - 10^{-4} = 0,9999$
170 815 826	3	$1 - 10^{-10}$
10^{16}	7	$1 - 10^{-5}$
$2 \cdot 10^{16}$	7	$1 - 10^{-10}$
10^{42}	20	$1 - 10^{-5}$
$2 \cdot 10^{42}$	20	$1 - 10^{-10}$
$2 \cdot 10^{2004}$	1000	$1 - 10^{-1000}$

Wenden wir das Korollar 4.5.2 nun im Folgenden einmal auf den n–fachen fairen Münzwurf an, so erhalten wir, dass die relative Häufigkeit der geworfenen Einsen gegen $1/2$ konvergiert. Dies bedeutet aber nicht, dass beispielsweise für gerades $n \in \mathbb{N}$ die Wahrscheinlichkeit, dass in n Würfen genau $n/2$ Einsen fallen, gegen 1 geht. Im Gegenteil: Diese Wahrscheinlichkeit ist etwa $\sqrt{\frac{2}{\pi n}}$ und konvergiert daher mit wachsendem n gegen 0. Um dies einzusehen benutzt man die Stirlingformel, die wir ja bereits kennengelernt haben (siehe Seite 57), um für gerades n und eine $B(n, \frac{1}{2})$–verteilte Zufallsvariable X die Wahrscheinlichkeit $\mathbb{P}(\{X = \frac{n}{2}\})$ wie folgt zu approximieren:

$$\mathbb{P}\left(\left\{X = \frac{n}{2}\right\}\right) = \binom{n}{\frac{n}{2}} 2^{-n} = \frac{n!}{(\frac{n}{2})! \cdot (\frac{n}{2})!} \cdot 2^{-n}$$

$$\sim \frac{\sqrt{2\pi n}\left(\frac{n}{e}\right)^n}{\left(\sqrt{2\pi \frac{n}{2}}\left(\frac{n}{2e}\right)^{n/2}\right)^2} \cdot 2^{-n} = \sqrt{\frac{2}{\pi n}}.$$

In Worten: Es wird zwar immer unwahrscheinlicher, dass die relative Häufigkeit der Einsen deutlich von $1/2$ abweicht, jedoch wird es auch immer unwahrscheinlicher, dass diese Häufigkeit genau gleich $1/2$ ist. Es sind also die vielen möglichen Versuchsausgänge, bei denen *ungefähr* zur Hälfte Einsen fallen, auf die sich die Wahrscheinlichkeit immer mehr konzentriert.

Obwohl der Erwartungswert des Anteils der Einsen bei z.B. 1000 Würfen gleich $1/2$ ist, sollten wir also nicht glauben, dass genau 500 Einsen fallen. Zählen wir etwa 522 Einsen, so wird der Mittelwert in den kommenden Würfen von diesen $0,522$ eher wieder in Richtung 0,5 fallen. Dies tut er allerdings nicht deshalb, weil die Münze nach einem Überschuss an Einsen nun gefälligst auch mal ein paar mehr Nullen zeigen sollte! Keineswegs: Die Würfe sind unabhängig, die Münze kennt ihre Vergangenheit gar nicht. Der Mittelwert wird deswegen eher fallen, weil die Münze, um ihn auf $0,522$ oder noch höher zu halten, auch in den nächsten 1000 Würfen 522 oder mehr Einsen braucht: Und das ist bei einer fairen Münze eben unwahrscheinlicher als weniger als 522 Einsen zu zeigen.

Betrachtet man eine faire Münze mit den Seiten 1 und -1, so kann man damit ein simples und faires Spiel modellieren. Fällt die 1, so gewinnt Tom einen Euro, bei einer

−1 zahlt Tom einen Euro an Jerry. Sind X_i, $1 \leq i \leq n$, wieder die Zufallsvariablen, die jeweils den Ausgang im i–ten Wurf angeben, dann ist $\sum_{i=1}^{n} X_i$ gerade Toms Kontostand nach n Runden. Fiele z.B. in 11 Würfen

$$-1 \; , \; 1 \; , \; 1 \; , \; -1 \; , \; -1 \; , \; -1 \; , \; -1 \; , \; -1 \; , \; 1 \; , \; -1 \; , \; 1 \; ,$$

so hat Tom $3 \, €$ Schulden, denn sein Konto zeigt -3.

Das Schwache Gesetz der großen Zahlen besagt nun, dass sich Toms Kontostand geteilt durch die Anzahl der Spiele auf lange Sicht sehr wahrscheinlich in der Nähe von Null befindet; obwohl, wie wir ja gerade erkannten, ein exakt ausgeglichenes Konto recht unwahrscheinlich ist. Garantiert das Schwache Gesetz der großen Zahlen auch, dass mit großer Wahrscheinlichkeit Toms Konto ungefähr die Hälfte der Spielzeit positiv und die andere Hälfte negativ ist? Dass also sowohl Tom als auch Jerry ungefähr die halbe Spieldauer in Führung liegen? Nein! Das sogenannte Arcus–Sinus–Gesetz besagt im Gegenteil, dass mit sehr großer Wahrscheinlichkeit ein Spieler beinahe über das ganze Spiel führt.

Mithilfe des Gesetzes der großen Zahlen lassen sich auch einige erstaunliche Beispiele konstruieren:

Beispiel 4.5.3:   *Ein vorteilhaftes Spiel, bei dem man auf Dauer verliert*

Wir wollen ein Spiel *fair* nennen, wenn in jeder Runde der erwartete Verlust gleich dem erwarteten Gewinn ist. Ist der erwartete Gewinn größer als der erwartete Verlust, dann heißt das Spiel *vorteilhaft*. Überraschend ist nun, dass es vorteilhafte Spiele gibt, bei denen man auf Dauer verliert! Ein erstes Beispiel wurde bereits 1945 von William Feller (1906-1970) gegeben. Wir betrachten hier ein in [Krg] ausgearbeitetes Beispiel.

Sei $X_0 = 1$ das Startkapital. Man wirft in jeder Runde eine faire Münze und das Kapital halbiert sich, wenn eine Null fällt. Fällt eine Eins, so gewinnen wir zwei Drittel unseres Kapitalstands hinzu. Definieren wir für $n \in \mathbb{N}$

$$Y_n = \begin{cases} \frac{1}{2} & \text{, bei einer Null im } n\text{–ten Wurf} \\ \frac{5}{3} & \text{, bei einer Eins im } n\text{–ten Wurf,} \end{cases}$$

so sind die Zufallsvariablen $Y_1, \ldots, Y_n$ unabhängig mit Erwartungswert

$$\mathbb{E} Y_n = \frac{1}{2} \cdot \frac{1}{2} + \frac{1}{2} \cdot \frac{5}{3} = \frac{13}{12}$$

für alle $n \in \mathbb{N}$. Unser Kapital X_n nach der n–ten Runde ist

$$X_n = Y_1 \cdot Y_2 \cdots Y_n.$$

Dieses Spiel ist sicherlich vorteilhaft, denn bei einem Kapital von x nach n Runden ist das erwartete Kapital eine Runde später gleich

$$\mathbb{E}[x \cdot Y_{n+1}] = \frac{13}{12} x,$$

d.h. wir erwarten einen Gewinn von $x/12$. Aus der Unabhängigkeit der Y_i folgt die Identität

$$\mathbb{E}X_n = \mathbb{E}Y_1 \cdots \mathbb{E}Y_n = \left(\frac{13}{12}\right)^n$$

und daher wächst der Erwartungswert von X_n, nachdem er anfänglich etwas träge ist, mit größer werdendem n rasant an:

$n =$	10	20	50	100	1000
$\mathbb{E}X_n$	$2,23$	$4,96$	ca. 55	ca. 3000	5.78×10^{34}

Dennoch folgt aus dem Gesetz der großen Zahlen, dass man bei diesem Spiel auf lange Sicht verliert. Wenn μ den Erwartungswert von $\log Y_i$ bezeichnet, besagt dieses nämlich, dass für alle $\varepsilon > 0$

$$\mathbb{P}\left(\left\{\frac{1}{n}\log X_n - \mu > \varepsilon\right\}\right) \leq \mathbb{P}\left(\left\{\left|\frac{1}{n}\sum_{i=1}^n \log Y_i - \mu\right| > \varepsilon\right\}\right) \longrightarrow_{n\to\infty} 0.$$

Dies gilt insbesondere für $\varepsilon = -\mu/2$, denn

$$\mu = \mathbb{E}\log Y_i = \frac{1}{2}\log\frac{1}{2} + \frac{1}{2}\log\frac{5}{3} = \frac{1}{2}\log\frac{5}{6} < 0.$$

Daher ist

$$\mathbb{P}(\{X_n > e^{\frac{\mu}{2}n}\}) = \mathbb{P}\left(\left\{\frac{1}{n}\log X_n - \mu > -\frac{\mu}{2}\right\}\right) \longrightarrow_{n\to\infty} 0.$$

Also wird es immer wahrscheinlicher, dass für unser Kapital

$$X_n \leq e^{\frac{\mu}{2}n} = \left(\frac{5}{6}\right)^{\frac{n}{4}}$$

gilt und es somit offenbar gegen Null strebt. Es ist also höchstwahrscheinlich, dass wir auf lange Sicht kaum noch Kapital haben.

Wie ist dieses paradoxe Ergebnis zu erklären? Einerseits ist $\mathbb{E}X_n = (\frac{13}{12})^n$; andererseits ist immer sicherer $X_n \leq (\frac{5}{6})^{n/4}$. Nun, die Antwort kennen wir bereits: Ein Erwartungswert allein beschreibt eine Situation eben häufig nicht ausreichend. Unser großer Erwartungswert wird im Grunde durch ein paar Ausreißer bestimmt, während die viel wahrscheinlicheren Ausgänge ihn nicht deutlich beeinflussen. Wenn wir gleich zu Beginn des Spiels dreißigmal gewinnen würden, dann hätten wir zwar

$$\left(\frac{5}{3}\right)^{30} \approx 4\,523\,374$$

Euro, aber dies passiert eben auch nur mit einer Wahrscheinlichkeit von $2^{-30} \approx 10^{-9}$. Dies spiegelt sich dementsprechend auch in einer divergenten Varianz $\mathbb{V}X_n$ wider.

Das behandelte Beispiel ist verwandt mit einem anderen, sehr bekannten Paradoxon aus der Theorie der Glücksspiele.

```
                            ┌─────────────────────┐
                            │ Niclaus             │
                            │ (1623–1708)         │
                            │ Ratsherr und        │
                            │ Händler             │
                            └─────────────────────┘
```

Jakob I.	Johannes I.	Niclaus sen.
(1655–1705)	(1667–1748)	(1662–1716)
Mathematiker	Mathematiker	Ratsherr und
		Maler

Niclaus II.	Daniel	Johannes II.	Niclaus I.
(1695–1726)	(1700–1782)	(1710–1790)	(1687–1759)
Mathematiker	Mathematiker	Mathematiker	Mathematiker
	und Physiker		und Jurist

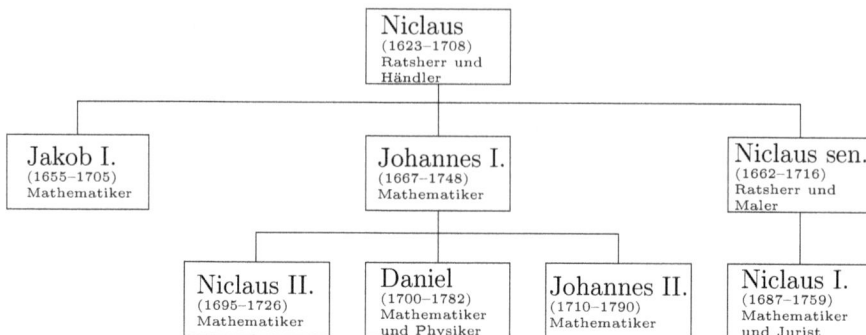

Abbildung 4.8: *Einige Mitglieder der Sippe der Bernoulli*

Beispiel 4.5.4: *Petersburger Paradoxon*

An der Akademie von St. Petersburg wurde 1730 eine Arbeit veröffentlicht, in der
Daniel Bernoulli (1700–1782) ein Problem diskutierte, welches sein Cousin Niclaus I.
Bernoulli (1687–1759) im Jahre 1727 formuliert hatte (beide Bernoullis sind übrigens
Neffen von Jakob Bernoulli, dem „Entdecker" des Schwachen Gesetzes der großen
Zahlen).

Tom und Jerry werfen eine faire Münze solange, bis zum ersten Mal Kopf fällt.
Erfolgt dies beim n–ten Wurf, so erhält Tom von Jerry 2^n Euro. Natürlich muss
Tom auch einen Spieleinsatz $a > 0$ leisten. Wie viel Einsatz sollte gefordert werden,
um ein gerechtes Spiel zu erreichen? Gerecht meint hier, dass der Erwartungswert
für Toms reinen Gewinn 0 sein soll.

Gewinnt Tom nach n Runden, so ist sein Gewinn 2^n und da dies mit einer Wahrscheinlichkeit von 2^{-n} geschieht, wäre der Erwartungswert

$$-a + 2 \cdot 2^{-1} + 2^2 \cdot 2^{-2} + 2^3 \cdot 2^{-3} + \ldots = -a + 1 + 1 + 1 + \ldots$$

Diese Reihe divergiert für jedes $a > 0$; wir können also keinen gerechten Einsatz
bestimmen. Selbst wenn der Einsatz bei einer Million Euro läge, wäre der erwartete
Gewinn noch unendlich. Fällt dann andererseits im dritten Wurf „Kopf", so erhält
Tom gerade einmal 8 €. Aus dieser Perspektive ist man wohl kaum geneigt, den
gewaltigen Einsatz für fair zu halten.

Man muss das Spiel viele Male wiederholen, damit die Fairness zum Tragen kommt.
Alternativ können natürlich auch n Spiele gleichzeitig gespielt werden. Dazu werden
n Münzen gleichzeitig geworfen und diejenigen, die „Kopf" zeigen, erzeugen einen
Gewinn und scheiden aus; die restlichen werden weiter geworfen. Ist man nun bereit,
den Begriff „fair" anders zu interpretieren, so gibt es tatsächlich einen fairen Einsatz;
er wurde zuerst von William Feller vorgestellt.

Sei e_n der Einsatz bei einem Spiel mit n Münzen und $G_n = X_1 + \cdots + X_n$ die Summe
der Gewinnauszahlungen der einzelnen Spiele, dann bezeichnet Feller ein Spiel als

fair, wenn

$$\mathbb{P}\Big(\Big\{\Big|\frac{G_n}{e_n} - 1\Big| > \varepsilon\Big\}\Big) \longrightarrow_{n \to \infty} 0 \tag{4.12}$$

für jedes $\varepsilon > 0$ gilt. Nach dieser Definition ist ein Spiel also fair, wenn der Quotient aus Einsatz und Auszahlung bei einer großen Anzahl von Spielen mit immer größerer Wahrscheinlichkeit nahe bei 1 liegt.

Feller zeigte, dass das Petersburger Spiel in diesem Sinn fair ist, wenn $e_n = n \log_2 n$ gewählt wird. Wir wollen diese etwas andere Form des Schwachen Gesetzes der großen Zahlen für das Petersburger Spiel beweisen. Die Gewinnauszahlung X_i der i–ten Münze besitzt die Verteilung

$$\mathbb{P}_{X_i} = (p(2), p(2^2), p(2^3), \ldots) = (p(2^i))_{i \in \mathbb{N}} = (2^{-i})_{i \in \mathbb{N}}.$$

Außerdem sind die Zufallsvariablen X_i, $1 \le i \le n$, unabhängig.

Um nun (4.12) zu beweisen, können wir die Tschebyschev–Ungleichung nicht direkt anwenden: Die Voraussetzung $\mathbb{E}G_n^2 < \infty$ ist leider nicht erfüllt. Mit einem Trick kommen wir jedoch weiter: Wir schreiben

$$X_i = \underbrace{X_i \cdot 1_{\{X_i \le e_n\}}}_{U_i} + \underbrace{X_i \cdot 1_{\{X_i > e_n\}}}_{V_i} = U_i + V_i \text{ für alle } 1 \le i \le n.$$

Dann ist

$$G_n = \sum_{i=1}^n X_i = \underbrace{\sum_{i=1}^n U_i}_{S_n} + \underbrace{\sum_{i=1}^n V_i}_{T_n} = S_n + T_n$$

und damit[7]

$$\{|G_n - e_n| > \varepsilon \cdot e_n\} \subseteq \{T_n \ne 0\} \cup (\{T_n = 0\} \cap \{|S_n - e_n| > \varepsilon \cdot e_n\}).$$

Somit erhalten wir

$$\mathbb{P}\Big(\Big\{\Big|\frac{G_n}{e_n} - 1\Big| > \varepsilon\Big\}\Big) \le \mathbb{P}(\{T_n \ne 0\}) + \mathbb{P}\Big(\Big\{\Big|\frac{S_n}{e_n} - 1\Big| > \varepsilon\Big\}\Big) \tag{4.13}$$

und hier können wir zumindest den zweiten Summanden sehr wohl durch die Tschebyschev–Ungleichung abschätzen. Die Verteilung der Zufallsvariablen U_i ist

$$\mathbb{P}_{U_i} = (p(0), p(2), p(2^2), \ldots, p(2^{\alpha_n})) = (2^{-\alpha_n}, 2^{-1}, 2^{-2}, \ldots, 2^{-\alpha_n}),$$

---

[7]Diese Art der Zerlegung von Mengen ist häufig ausgesprochen trickreich; man nähert sich ihnen am Besten von der rechten Seite aus. In diesem Fall wird dort die Grundmenge Ω zerlegt in $\{T_n \ne 0\}$ und in das Komplement $\{T_n = 0\}$. Auf der Menge $\{T_n = 0\}$ ist aber $G_n = S_n$. Diese Argumentation ergibt obige Inklusion.

wobei wir $\alpha_n := \lfloor \log_2 e_n \rfloor$ gesetzt haben. Wir berechnen nun

$$\mathbb{E}U_i = 0 \cdot 2^{-\alpha_n} + \sum_{i=1}^{\alpha_n} 2^i \cdot 2^{-i} = \alpha_n$$

und

$$\mathbb{E}[U_i^2] = \sum_{i=1}^{\alpha_n} 2^{2i} \cdot 2^{-i} = \sum_{i=1}^{\alpha_n} 2^i = 2^{\alpha_n+1} - 2 \leq 2e_n.$$

Daher ist $\mathbb{E}S_n = \sum_{i=1}^n \mathbb{E}U_i = n\alpha_n$ und mit Korollar 4.4.5 ist

$$\mathbb{V}S_n = \sum_{i=1}^n \mathbb{V}U_i \leq \sum_{i=1}^n \mathbb{E}[U_i^2] \leq 2ne_n.$$

Nun folgern wir mit der Tschebyschev–Ungleichung auch[8]

$$\mathbb{P}\left(\left\{\left|\frac{S_n}{e_n} - 1\right| > \varepsilon\right\}\right) \leq \mathbb{P}\left(\left\{\left|\frac{S_n}{e_n} - \mathbb{E}\left[\frac{S_n}{e_n}\right]\right| > \underbrace{\varepsilon - \left|\mathbb{E}\left[\frac{S_n}{e_n}\right] - 1\right|}_{\delta_n}\right\}\right)$$

$$\leq \delta_n^{-2} \frac{1}{e_n^2} \mathbb{V}S_n \leq 2\delta_n^{-2} \frac{n}{e_n} = \frac{2}{\delta_n^2 \log_2 n} \xrightarrow{n\to\infty} 0,$$

denn δ_n konvergiert gegen ε wegen

$$\frac{\mathbb{E}S_n}{e_n} = \frac{n\alpha_n}{e_n} = \frac{\lfloor \log_2(n \log_2 n) \rfloor}{\log_2 n} \xrightarrow{n\to\infty} 1.$$

Somit wissen wir, dass der zweite Summand in Gleichung (4.13) gegen Null strebt. Der erste Summand tut dies ebenfalls, denn aufgrund von $\{V_i \neq 0\} = \{U_i = 0\}$ ist

$$\mathbb{P}(\{T \neq 0\}) = \mathbb{P}(\{V_1 + \cdots + V_n \neq 0\}) = \mathbb{P}\left(\bigcup_{i=1}^n \{V_i \neq 0\}\right)$$

$$\leq \sum_{i=1}^n \mathbb{P}(\{U_i = 0\}) = n2^{-\alpha_n} \leq \frac{2}{\log_2 n} \xrightarrow{n\to\infty} 0.$$

Insgesamt haben wir daher Gleichung (4.12) gezeigt.

4.6   Weitere Grenzwertsätze

Mit dem Gesetz der großen Zahlen haben wir einen Grenzwertsatz in der Wahrscheinlichkeitstheorie kennengelernt. Solche Grenzwertsätze sind ihre eigentliche Stärke, denn

---

[8]Wir benutzen $\{|Z| > \varepsilon\} \subseteq \{|Z + a| > \varepsilon - |a|\}$, was unmittelbar aus der Dreiecksungleichung folgt.

sie besagen, dass es in dem scheinbaren Chaos zufälliger Folgen regelmäßige Strukturen gibt: Zufällig bedeutet also nicht etwa willkürlich. Für die direkte Berechnung von
Wahrscheinlichkeiten hilft das Gesetz der großen Zahlen zwar wenig, jedoch gestatten
derartige Grenzwertsätze trotzdem, Berechnungen zu vereinfachen, indem sie nämlich
den Übergang von einer zwar bekannten, aber schwierig zu berechnenden Verteilung zu
einer leichter handhabbaren erlauben. Solche Anwendungen sollen in diesem Abschnitt
vorgestellt werden.

Beispiel 4.6.1

Wir werfen mehrmals eine Münze, die mit Wahrscheinlichkeit p die Eins zeigt; der
Ausgang X_i im i–ten Wurf ist also Bernoulli–verteilt zum Parameter p. Gehen wir bei
jeder geworfenen Eins einen Meter nach Osten und bei jeder Null einen Meter nach
Norden, so können wir uns fragen, welchen Abstand wir auf lange Sicht von unserem
Startpunkt haben. Da sich unser Abstand allerdings bei jedem Schritt vergrößert,
sollten wir ihn lieber ins Verhältnis zum maximal in n Schritten erreichbaren Abstand
setzen, also zu n. Wir interessieren uns somit für den Erwartungswert von

$$A_n = \frac{\text{Abstand nach } n \text{ Würfen}}{n}$$

für große n.

Für den Abstand ist es nun egal, wann wir nach Osten bzw. nach Norden gehen:
Nur die Anzahl der jeweiligen Schritte ist entscheidend. Nach n Würfen haben wir
$\sum_{i=1}^{n} X_i$ Einsen und $n - \sum_{i=1}^{n} X_i$ Nullen geworfen, so dass unsere Zufallsvariable
nach n Würfen also den Wert

$$A_n = \frac{1}{n}\sqrt{\left(\sum_{i=1}^{n} X_i\right)^2 + \left(n - \sum_{i=1}^{n} X_i\right)^2} = \sqrt{2\left(\frac{1}{n}\sum_{i=1}^{n} X_i\right)^2 - 2\cdot\frac{1}{n}\sum_{i=1}^{n} X_i + 1}$$

besitzt. Schreiben wir $Z_n := \frac{1}{n}\sum_{i=1}^{n} X_i$ und $f(t) := \sqrt{2t^2 - 2t + 1}$, so ist

$$\mathbb{E}A_n = \mathbb{E}[f(Z_n)],$$

wobei wir den Erwartungswert $\mathbb{E}Z_n = \frac{1}{n}\sum_{i=1}^{n} \mathbb{E}X_i = p$ kennen. Leider ist nun aber,
nur weil p der Erwartungswert von Z_n ist, nicht auch $f(p)$ der Erwartungswert von
$f(Z_n)$; es gilt i.A.

$$\mathbb{E}[g(Z)] \neq g(\mathbb{E}Z) \tag{4.14}$$

für eine Zufallsvariable Z und eine beliebige Abbildung[9] g. Aber das sollte uns nicht
erstaunen, denn da wir den Erwartungswert doch im Wesentlichen durch Addition über die einzelnen Versuchsausgänge berechnen, sollten wir eine Gleichheit in
Gleichung (4.14) ebensowenig erwarten, wie z.B. in $\sqrt{a+b} \neq \sqrt{a} + \sqrt{b}$.

---

[9]Falls g eine affin lineare Abbildung ist, also $g(t) = \alpha t + \beta$, so gilt in Gleichung (4.14) selbstverständlich Gleichheit. Das besagt gerade Satz 4.2.4.

Aber wie berechnen wir nun den Erwartungswert $\mathbb{E}A_n$ für große n? Wir wissen zwar, dass $\sum_{i=1}^{n} X_i$ auf den Zahlen $0, 1, 2, \ldots, n$ zu den Parametern n und p binomialverteilt ist, aber die tatsächliche Berechnung des wahrhaft furchterregenden Ausdrucks

$$\mathbb{E}A_n = \mathbb{E}[f(Z_n)] = \sum_{i=0}^{n} \sqrt{2\left(\frac{i}{n}\right)^2 - 2 \cdot \frac{i}{n} + 1} \binom{n}{i} p^i (1-p)^{n-i}$$

möchte man keinem Menschen und sollte man keinem Rechner zumuten. Hier hilft uns das Schwache Gesetz der großen Zahlen.

Beachten wir, dass für $s, t \in [0, 1]$ stets

$$|f(s) - f(t)| \leq \sqrt{2|s - t|}$$

gilt, dann ist für jedes $\varepsilon > 0$

$$\begin{aligned}
|\mathbb{E}A_n - f(p)| &= |\mathbb{E}[f(Z_n) - f(p)]| \leq \mathbb{E}|f(Z_n) - f(p)| & (4.15) \\
&= \mathbb{E}[|f(Z_n) - f(p)| \cdot 1_{\{|Z_n - p| > \varepsilon\}}] + \mathbb{E}[|f(Z_n) - f(p)| \cdot 1_{\{|Z_n - p| \leq \varepsilon\}}] \\
&\leq \sqrt{2} \cdot \mathbb{P}(\{|Z_n - p| > \varepsilon\}) + \sqrt{2\varepsilon}.
\end{aligned}$$

Aufgrund des Gesetzes der großen Zahlen ist also

$$\lim_{n \to \infty} |\mathbb{E}A_n - f(p)| \leq \sqrt{2\varepsilon}$$

für alle $\varepsilon > 0$, d.h. schließlich $\lim_{n \to \infty} \mathbb{E}A_n = f(p)$. Und das ist nun ausgesprochen schön. Denn wie sehr man die nicht vorhandene Gleichheit in Gleichung (4.14) auch betrauern mag: Für große $n \in \mathbb{N}$ kommt man ihr unter geeigneten Voraussetzungen beliebig nah! Das Schwache Gesetz der großen Zahlen garantiert uns

$$\lim_{n \to \infty} \mathbb{E}A_n = \lim_{n \to \infty} \mathbb{E}[f(Z_n)] = f(p).$$

Eine ganz ähnliche Argumentation kann man für eine große Klasse von Abbildungen f durchführen. Es ist Aufgabe der Analysis, hinreichende Bedingungen für die Gleichheit zu finden, und wir möchten hier den folgenden Satz ohne Beweis angeben.

Satz 4.6.2

Gilt für eine Folge $(Z_n)_{n \in \mathbb{N}}$ von Zufallsvariablen

$$\lim_{n \to \infty} \mathbb{P}(\{|Z_n - z| > \varepsilon\}) = 0 \quad \text{für ein } z \in \mathbb{R} \text{ und alle } \varepsilon > 0,$$

so ist für jede stetige und beschränkte Funktion $f : \mathbb{R} \to \mathbb{R}$

$$\lim_{n \to \infty} \mathbb{E}[f(Z_n)] = f(z).$$

Um den nächsten Grenzwertsatz kennenzulernen, versetzen wir uns in die Situation eines Mitarbeiters eines Marktforschungsinstituts. Dieser soll die Kundenmeinung zu einem bestimmten Produkt einholen. Die einfachste Methode besteht darin, eine gewisse Anzahl von Kunden zu befragen, ob sie das Produkt mögen oder nicht. Wir nehmen der Einfachheit halber an, dass es sich dabei also um eine einfache Ja–oder–Nein–Entscheidung handelt.

Natürlich würde niemand bei einer solchen Umfrage dieselbe Person zweimal befragen; man wird eine Umfrage also als ein Ziehen ohne Zurücklegen aus einer Urne mit r roten Kugeln und s schwarzen Kugeln ansehen, wobei jede rote Kugel eine Person darstellt, die dem Produkt positiv gegenübersteht, und eine schwarze Kugel eine ablehnende Haltung bedeutet.

Wir wissen, dass die Anzahl der roten Kugeln in einer Stichprobe vom Umfang n hypergeometrisch verteilt ist zu den Parametern r, s, n. Diese Verteilung kann auch explizit angegeben werden; wir haben das ja in den Beispielen 4.2.5 getan.

Leider aber ist für größere Werte von r, s und n diese Verteilung nur sehr umständlich zu berechnen. Außerdem sind bei der hypergeometrischen Verteilung die Einzelversuche nicht unabhängig: Die Wahrscheinlichkeit, im k–ten Versuch eine rote Kugel zu ziehen, hängt davon ab, wie viele rote Kugeln man in den vorhergehenden Versuchen schon der Urne entnommen hat. Diese Abhängigkeit entspringt natürlich unserer Forderung, Mehrfachbefragungen derselben Person zu vermeiden. All dies macht die mathematische Behandlung des Modells häufig kompliziert.

Unsere Erfahrung sagt uns nun, dass bei einem Stichprobenumfang n, der klein ist im Verhältnis zur Gesamtanzahl $r + s$ der Kugeln, die Frage, ob man eine Stichprobe mit oder ohne Zurücklegen entnimmt, nur eine unbedeutende Rolle spielen sollte: Die Wahrscheinlichkeit, eine Kugel mehrfach zu ziehen, ist sowieso sehr klein.

Dies ist etwa die Situation in der oben beschriebenen Anwendung. Meist wählen Marktforschungsinstitute eine Stichprobengröße von ca. 1000 Menschen bei einer Gesamtpopulation der Bundesrepublik Deutschland von ca. 80 Millionen. In der Praxis muss schon sehr viel Pech im Spiel sein, um bei der zufälligen Auswahl der Stichprobe eine Person mehrmals zu erwischen. Ein derartiges Größenverhältnis der Stichprobe zur Gesamtpopulation garantiert uns übrigens auch häufig, dass tatsächlich $n \leq r$ und $n \leq s$ ist.

Können wir nun aber bei der Stichprobenentnahme so tun, als sei sie mit Zurücklegen durchgeführt worden, dann ist die Anzahl der roten Kugeln (d.h. der Produktbefürworter) in der Stichprobe nicht mehr hypergeometrisch verteilt, sondern binomialverteilt zu den Parametern n und $p = r/(r + s)$; und diese Verteilung ist viel einfacher zu handhaben.

Das Ersetzen wird mathematisch durch den folgenden Grenzwertsatz gerechtfertigt:

Satz 4.6.3

Für ein $n \in \mathbb{N}$ und jedes $i \in \mathbb{N}$ sei die Zufallsvariable Z_i hypergeometrisch verteilt zu den Parametern r_i, s_i, n. Falls die Folgen $(r_i)_{i \in \mathbb{N}}$ und $(s_i)_{i \in \mathbb{N}}$ divergieren, jedoch der Grenzwert

$$a := \lim_{i \to \infty} \frac{r_i}{s_i}$$

existiert und $a > 0$ gilt, so ist

$$\lim_{i \to \infty} \mathbb{P}(\{Z_i = k\}) = \binom{n}{k} \left(\frac{a}{1+a}\right)^k \left(\frac{1}{1+a}\right)^{n-k} \quad \text{für alle } k = 0, 1, \ldots, n.$$

Ist die Zufallsvariable Z binomialverteilt zu den Parametern n und $p := \frac{a}{1+a}$, so gilt für jede Funktion $f : \mathbb{N}_0 \to \mathbb{R}$

$$\lim_{i \to \infty} \mathbb{E}[f(Z_i)] = \mathbb{E}[f(Z)].$$

Beweis. Es ist

$$\begin{aligned}
\mathbb{P}(\{Z_i = k\}) &= \frac{r_i! \cdot s_i! \cdot n! \cdot (r_i + s_i - n)!}{k! \cdot (r_i - k)! \cdot (n-k)! \cdot (s_i - n + k)! \cdot (r_i + s_i)!} \\
&= \binom{n}{k} \cdot \frac{r_i(r_i - 1) \cdots (r_i - (k-1)) \cdot s_i(s_i - 1) \cdots (s_i - (n-k-1))}{(r_i + s_i)(r_i + s_i - 1) \cdots (r_i + s_i - (n-1))} \\
&= \binom{n}{k} \frac{r_i^k s_i^{n-k}}{(r_i + s_i)^n} \frac{(1 - \frac{1}{r_i}) \cdots (1 - \frac{k-1}{r_i}) \cdot (1 - \frac{1}{s_i}) \cdots (1 - \frac{n-k-1}{s_i})}{(1 - \frac{1}{r_i + s_i}) \cdots (1 - \frac{n-1}{r_i + s_i})} \\
&\xrightarrow{i \to \infty} \binom{n}{k} \frac{a^k}{(a+1)^n} = \binom{n}{k} \left(\frac{a}{a+1}\right)^k \left(\frac{1}{a+1}\right)^{n-k}
\end{aligned}$$

und daher auch

$$\mathbb{E}[f(Z_i)] = \sum_{k=0}^{n} f(k) \mathbb{P}(\{Z_i = k\}) \xrightarrow{i \to \infty} \sum_{k=0}^{n} f(k) \binom{n}{k} \left(\frac{a}{a+1}\right)^k \left(\frac{1}{a+1}\right)^{n-k} = \mathbb{E}[f(Z)].$$

∎

Beispiel 4.6.4

Wir wählen aus einer Gruppe von 100 Frauen und 100 Männern zufällig zehn Personen. Mit welcher Wahrscheinlichkeit wählen wir mindestens doppelt soviele Männer wie Frauen?

Die Zufallsvariable F, die die Anzahl der Frauen in der Stichprobe angibt, ist hypergeometrisch verteilt zu den Parametern 100, 100, 10. Da die Stichprobe $10 - F$ Männer enthält, erhalten wir wegen Satz 4.6.3

$$\mathbb{P}(\{2F \leq 10 - F\}) = \mathbb{P}(\{F \leq 3\}) = \sum_{k=0}^{3} \frac{\binom{100}{k}\binom{100}{10-k}}{\binom{200}{10}} \approx \sum_{k=0}^{3} \binom{10}{k} 2^{-10} = \frac{11}{64}.$$

Dieser Grenzwertsatz ist von einer etwas anderen Art als das Gesetz der großen Zahlen, denn hier konzentriert sich die Wahrscheinlichkeit nicht um einen einzigen Wert. Stattdessen bleibt die Menge der möglichen Versuchsausgänge gleich und für jeden dieser

Ausgänge konvergiert die Folge der Wahrscheinlichkeiten gegen eine neue Wahrscheinlichkeit; die Wahrscheinlichkeit bleibt also auch im Limes noch auf mehrere Ereignisse verteilt. Andererseits kann man natürlich auch dann, wenn sich die gesamte Wahrscheinlichkeit auf ein Ereignis konzentriert, von einer Wahrscheinlichkeitsverteilung sprechen. In diesem Sinn beschreiben dann doch beide Grenzwertsätze ähnliche Phänomene, nämlich die Konvergenz einer Folge von Wahrscheinlichkeitsverteilungen gegen eine neue Verteilung.

Kommen wir zu einem anderen Grenzwertsatz. Betrachten wir die Laplace–Verteilung auf den Zahlen $1, \ldots, n$, so liegt es sicher nahe, sie zu einer Verteilung auf den Zahlen $\frac{1}{n}, \frac{2}{n}, \ldots, \frac{n-1}{n}, 1$ zu machen. Sie ist dann ein diskretes Analogon zur Gleichverteilung auf dem Intervall $[0, 1]$ und tatsächlich gilt der folgende Grenzwertsatz:

Satz 4.6.5

Ist für jedes $n \in \mathbb{N}$ die Zufallsvariable X_n Laplace–verteilt auf $\{1, \ldots, n\}$, dann gilt für jedes Intervall $I \subseteq [0, 1]$

$$\lim_{n \to \infty} \mathbb{P}\Big(\Big\{\frac{1}{n} X_n \in I\Big\}\Big) = \mathbb{L}(I).$$

Ist die Funktion $f : [0, 1] \to \mathbb{R}$ Riemann–integrierbar, so gilt

$$\lim_{n \to \infty} \mathbb{E}\Big[f\Big(\frac{1}{n} X_n\Big)\Big] = \int_0^1 f(x)\, dx.$$

Beweis. Seien $a, b \in [0, 1]$ mit $(a, b) \subseteq I \subseteq [a, b]$, dann ist

$$\mathbb{P}\Big(\Big\{\frac{1}{n} X_n \in I\Big\}\Big) \leq \mathbb{P}(\{\lfloor an \rfloor \leq X_n \leq \lceil bn \rceil\}) = \frac{\lceil bn \rceil - \lfloor an \rfloor + 1}{n} \leq b - a + \frac{3}{n}$$

und ebenso

$$\mathbb{P}\Big(\Big\{\frac{1}{n} X_n \in I\Big\}\Big) \geq \mathbb{P}(\{\lceil an \rceil \leq X_n \leq \lfloor bn \rfloor\}) = \frac{\lfloor bn \rfloor - \lceil an \rceil + 1}{n} \geq b - a - \frac{1}{n}.$$

Daher ist $\lim_{n \to \infty} \mathbb{P}(\{\frac{1}{n} X_n \in I\}) = b - a$. Weiter ist

$$\mathbb{E}\Big[f\Big(\frac{1}{n} X_n\Big)\Big] = \sum_{k=1}^{n} f\Big(\frac{k}{n}\Big) \cdot \frac{1}{n}$$

und dies ist offenbar eine Riemannsche Zwischensumme, die gegen das behauptete Integral konvergiert. ∎

Beispiel 4.6.6

Wir wählen aus $1, \ldots, n$ zufällig eine Zahl k und fragen uns, um wie viel wir den Bruch n/k typischerweise bis zur nächsten ganzen Zahl abrunden müssen. Bezeichnen wir mit

$$\{x\} = x - \lfloor x \rfloor \,, \ x \geq 0,$$

den *gebrochenen Anteil* einer Zahl x, also gerade den Teil, der hinter dem Komma steht, so interessieren wir uns für

$$\mathbb{E}\left[\left\{\frac{n}{X_n}\right\}\right],$$

wobei X_n eine auf $1, \ldots, n$ Laplace–verteilte Zufallsvariable ist. Dieses Beispiel wurde von Charles–Jean de la Vallée–Poussin (1866–1962) vorgestellt.

Aufgrund von Satz 4.6.5 wissen wir, dass für große n dieser Erwartungswert ungefähr gleich

$$\int_0^1 \left\{\frac{1}{x}\right\} dx$$

ist, wobei es gleichgültig ist, welchen Wert wir dem Intergranden an der Stelle $x = 0$ geben. Es ist

$$\int_0^1 \left\{\frac{1}{x}\right\} dx = \sum_{k \geq 1} \int_{\frac{1}{k+1}}^{\frac{1}{k}} \left\{\frac{1}{x}\right\} dx = \sum_{k \geq 1} \int_{\frac{1}{k+1}}^{\frac{1}{k}} \left(\frac{1}{x} - k\right) dx$$

$$= \sum_{k \geq 1} \left(\ln\left(\frac{k+1}{k}\right) - \frac{1}{k+1}\right)$$

$$= \lim_{n \to \infty} \left(\ln n - \sum_{k=2}^{n} \frac{1}{k}\right) = 1 - \gamma \approx 0,4228 \,,$$

wobei γ die berühmte Euler–Mascheroni–Konstante bezeichnet. Wir werden also typischerweise um deutlich weniger als $0,5$ abrunden.

Zur Interpretation des nächsten Grenzwertsatzes erinnern wir uns an einige Aussagen über geometrisch verteilte Zufallsvariablen. Sei X geometrisch verteilt zum Parameter p, so besitzt X die Interpretation als Wartezeit auf die erste Eins beim Münzwurf mit Erfolgswahrscheinlichkeit p und wir wissen, dass $\mathbb{E}X = 1/p$ gilt. Ist also z.B. $p = 1/6$, so benötigen wir im Durchschnitt 6 Würfe bis zur ersten Eins oder, was dasselbe ist, wir warten im Durchschnitt eine Minute, wenn wir die Münze alle 10 Sekunden werfen.

Nun sagt uns unser Alltagswissen, dass natürlich auch eine Minute verstreichen kann, in der wir Pech haben und keine Eins fällt. Das Gesetz der großen Zahlen sagt uns, dass wir besser lägen, wenn wir z.B. jede Sekunde werfen würden, denn je mehr Würfe wir machen desto wahrscheinlicher liegt der Versuchsausgang nahe beim Erwartungswert.

Bei sekündlichem Werfen rechnen wir allerdings nicht mehr mir einer Eins pro Minute, sondern eher mit 10 Einsen. Wollen wir wieder im Schnitt nur eine Eins haben, so sollten wir eine andere Münze nehmen, nämlich eine mit $p = 1/60$. Denn eine solche benötigt genau 60 Würfe in der Minute, um durchschnittlich eine Eins zu zeigen.

Wenn wir also die zeitliche *Rate* mit der die Eins fällt, d.h. die durchschnittliche Anzahl der Einsen pro Minute, konstant gleich 1 halten wollen, und auch sehr sicher sein wollen, dass diese Rate tatsächlich erreicht wird, dann sollten wir in einer Minute möglichst viele Würfe, sagen wir k, machen und zwar mit einer Münze mit $p = 1/k$. Die tatsächliche Wartezeit auf die erste Eins wird dann durch die Zufallsvariable pX beschrieben, wobei X zum Parameter p geometrisch verteilt ist; der Faktor p taucht hier auf, da wir ja die Skala, in der wir die Zeit messen, geändert haben. Wir zählen nicht mehr die Würfe bis zur ersten Eins, sondern messen die Zeit in der üblichen Weise. Daher ist

$$\text{Zeit bis zur ersten Eins} = \frac{\text{Anzahl der Würfe bis zur ersten Eins}}{\text{Anzahl der Würfe pro Zeiteinheit}} = \frac{X}{k}$$

oder eben pX. Selbstverständlich ist der Erwartungswert

$$\mathbb{E}[pX] = p \cdot \mathbb{E}X = p \cdot \frac{1}{p} = 1,$$

denn wir warten ja im Durchschnitt genau eine Zeiteinheit (hier eine Minute). Wie sieht es aber mit der Verteilung der Zufallsvariablen pX aus, noch dazu, wenn wir immer kleinere p zulassen?

Satz 4.6.7

Für jedes $n \in \mathbb{N}$ sei die Zufallsvariable X_n geometrisch verteilt zum Parameter $p_n > 0$. Konvergiert die Folge $(p_n)_{n \in \mathbb{N}}$ gegen Null, so gilt

$$\lim_{n \to \infty} \mathbb{P}(\{a \le p_n X_n \le b\}) = \int_a^b e^{-t}\, dt = e^{-a} - e^{-b} \text{ für alle } 0 < a < b.$$

Beweis. Wegen $\mathbb{P}(\{a \le p_n X_n \le b\}) = \mathbb{P}(\{a \le p_n X_n\}) - \mathbb{P}(\{b < p_n X_n\})$ müssen wir die Wahrscheinlichkeit von Mengen der Form $\{X_n \ge a/p_n\}$ bzw. $\{X_n > b/p_n\}$ berechnen. Da X_n geometrisch verteilt ist, gilt für alle $r \in \mathbb{N}$

$$\mathbb{P}(\{X_n > r\}) = \sum_{i=r+1}^{\infty} \mathbb{P}(\{X_n = i\}) = \sum_{i=r+1}^{\infty} (1 - p_n)^{i-1} p_n$$

$$= (1 - p_n)^r p_n \sum_{i=0}^{\infty} (1 - p_n)^i = (1 - p_n)^r.$$

Für eine beliebige positive Zahl $0 < r \in \mathbb{R}$ ist $X \ge r$ natürlich gleichbedeutend mit $X \ge \lceil r \rceil$, d.h. es ist

$$(1 - p_n)^{r+1} \le (1 - p_n)^{\lceil r \rceil} = \mathbb{P}(\{X_n > \lceil r \rceil\}) \le \mathbb{P}(\{X_n > r\}) \le \mathbb{P}(\{X_n \ge r\})$$
$$= \mathbb{P}(\{X_n \ge \lceil r \rceil\}) \le \mathbb{P}(\{X_n > \lceil r \rceil - 1\}) = (1 - p_n)^{\lceil r \rceil - 1} \le (1 - p_n)^{r-1}.$$

Wählen wir in dieser Ungleichungskette $r = a/p_n$, so erhalten wir

$$(1 - p_n)^{\frac{a}{p_n} + 1} \leq \mathbb{P}\left(\left\{X_n \geq \frac{a}{p_n}\right\}\right) \leq (1 - p_n)^{\frac{a}{p_n} - 1}$$

und daher wegen $p_n \to 0$ auch

$$\lim_{n \to \infty} \mathbb{P}(\{p_n X_n \geq a\}) = \lim_{n \to \infty} (1 - p_n)^{\frac{a}{p_n}} = e^{-a}$$

(siehe Gleichung (A.6) des Anhangs). Ebenso folgt $\lim_n \mathbb{P}(\{p_n X_n > b\}) = e^{-b}$, wenn wir in obiger Ungleichungskette $r = b/p_n$ wählen. Insgesamt ist also tatsächlich

$$\lim_{n \to \infty} \mathbb{P}(\{a \leq p_n X_n \leq b\}) = e^{-a} - e^{-b}$$

und das ist die Behauptung.   ∎

Fassen wir unser Ergebnis in Worte, so besagt Satz 4.6.7, dass die Folge der Verteilungen der Zufallsvariablen $p_n X_n$ gegen die Exponentialverteilung zum Parameter $\lambda = 1$ konvergiert. Und dies gibt uns endlich auch eine Interpretation der Exponentialverteilung: Tritt ein zufälliges Ereignis mit der zeitlichen Rate $\lambda > 0$ ein, d.h. erwarten wir λ Ereignisse pro Zeiteinheit, dann ist die Wartezeit auf das erste Eintreffen dieses Ereignisses exponentialverteilt zum Parameter λ. Zwar liefert Satz 4.6.7 diese Interpretation zunächst nur für $\lambda = 1$, jedoch wissen wir bereits, dass wir eine zum Parameter λ exponentialverteilte Zufallsvariable Y auffassen können als

$$Y = \frac{1}{\lambda} X \, ,$$

wobei X zum Parameter 1 exponentialverteilt ist. Verändern wir also die Rate, mit der das Ereignis auftaucht, von 1 auf λ, so verändert sich die Wartezeit von X zu X/λ; und das steht in sehr guter Übereinstimmung mit unserer Anschauung.

Beispiel 4.6.8

Etwa 0,5% aller sich in Gebrauch befindlichen PKW fahren in Deutschland ohne den vorgeschriebenen Versicherungsschutz. Die Polizei kann diese Fahrzeuge im Vorbeifahren anhand des Autokennzeichens mithilfe von Lesegeräten identifizieren. Wie lange muss sie im Durchschnitt auf den ersten Verkehrssünder warten?

Die Antwort hängt natürlich von der Rate ab, mit der die Autos am Lesegerät vorbeifahren. Kommen pro Stunde nur drei Autos vorbei, dann kann es lange dauern. Darum werden diese Geräte typischerweise auch nicht in Sackgassen oder Spielstraßen aufgestellt, sondern an Kraftverkehrstraßen und Autobahnen. Dort sind 800 Autos pro Stunde keine Seltenheit, von denen dann 0,5%, also 4 Autos keine Versicherung besitzen. Die Wartezeit ist exponentialverteilt zum Parameter $\lambda = 4$ (pro Stunde) und besitzt den Erwartungswert $1/\lambda$. Nach 15 Minuten darf die Polizei also schon mit dem ersten Fahrer rechnen.

Die beiden zuletzt behandelten Grenzwertsätze 4.6.5 und 4.6.7 sind Beispiele, wie aus einer diskreten Verteilung auf einer endlichen oder unendlichen Menge durch Grenzwertbildung eine absolut stetige Verteilung werden kann. Der übernächste Grenzwertsatz, den wir kennenlernen werden, ist ebenfalls von dieser Art. Der folgende Grenzwertsatz jedoch behandelt die Konvergenz einer Folge diskreter Verteilungen gegen eine ebenfalls diskrete Verteilung auf einer unendlichen Menge.

Genauer werden wir durch den *Poissonsche Grenzwertsatz* Bedingungen kennenlernen, unter denen eine Folge binomialverteilter Zufallsvariablen gegen eine Poisson–verteilte Zufallsvariable konvergiert.

Satz 4.6.9: *Poissonscher Grenzwertsatz*

Für jedes $n \in \mathbb{N}$ sei die Zufallsvariable X_n binomialverteilt zu den Parametern n und p_n. Konvergiert die Folge $(n \cdot p_n)_{n \in \mathbb{N}}$ gegen ein $\lambda > 0$, so gilt

$$\lim_{n \to \infty} \mathbb{P}(\{X_n = k\}) = \frac{\lambda^k}{k!} e^{-\lambda} \quad \text{für alle } k = 0, 1, 2, \ldots$$

Beweis. Es gilt für jedes $k \in \mathbb{N}_0$ und $n > k$

$$\mathbb{P}(\{X_n = k\}) = \binom{n}{k} p_n^k (1 - p_n)^{n-k} = \frac{1}{k!} n(n-1) \cdots (n - (k-1)) p_n^k (1 - p_n)^{n-k}$$

$$= \frac{1}{k!} \cdot (np_n)^k \cdot \left(1 - \frac{1}{n}\right) \cdots \left(1 - \frac{k-1}{n}\right) \cdot (1 - p_n)^{-k} \cdot e^{n \log(1 - p_n)}.$$

Aus $\lim_{n \to \infty} np_n = \lambda$ folgt nun insbesondere $\lim_{n \to \infty} p_n = 0$. Benutzen wir die aus der Analysis bekannte Ungleichung (siehe Anhang A.3, (XVI))

$$-\frac{t}{1-t} \leq \log(1-t) \leq -t \,, \text{ für alle } 0 < t < 1,$$

so können wir $n \log(1 - p_n) \longrightarrow_{n \to \infty} -\lambda$ folgern und somit gilt tatsächlich

$$\mathbb{P}(\{X_n = k\}) \longrightarrow_{n \to \infty} \frac{1}{k!} \cdot \lambda^k \cdot 1 \cdots 1 \cdot 1 \cdot e^{-\lambda} = \frac{1}{k!} \lambda^k e^{-\lambda}.$$

∎

Die Poisson–Verteilung wird aufgrund dieses Grenzwertsatzes auch die *Verteilung seltener Ereignisse* genannt, denn offenbar konvergiert die Wahrscheinlichkeit p_n des beobachteten Ereignisses gegen 0. Jedoch geschieht dies derart, dass sich die Anzahl der erwarteten Erfolge np_n einem Grenzwert λ nähert.

Beispiel 4.6.10

Auf einem viel befahrenen Autobahnabschnitt ereignen sich monatlich im Durchschnitt 2 schwere Verkehrsunfälle. Mit welcher Wahrscheinlichkeit ereignen sich in einem Monat mindestens 4 schwere Unfälle?

Wer diese Frage zum ersten Mal hört, könnte meinen, dass man sie ohne zusätzliche Information nicht sinnvoll beantworten kann. Wir kennen weder die Stichprobengröße n, also die Anzahl der Autos pro Monat, die diesen Abschnitt befahren, noch die

Unfallwahrscheinlichkeit p für ein einzelnes Auto. Selbst wenn wir die Binomialverteilung anwenden wollten: Wir wüssten gar nicht wie.

Die Poisson–Verteilung fragt weder nach n noch nach p: Ihr genügt $\lambda = 2$. Das unbekannte, monatliche Verkehrsaufkommen n ist eben genau so groß, dass es mit der ebenfalls unbekannten Unfallwahrscheinlichkeit p einen Erwartungswert von $np = 2$ monatlichen Unfällen ergibt. Und daher ist

$$\mathbb{P}(\geq 4 \text{ Unfälle/Mon}) = 1 - \mathbb{P}(\leq 3 \text{ Unfälle/Mon}) = 1 - \sum_{k=0}^{3} \frac{2^k}{k!} e^{-2} \approx 0,1429.$$

Alle sieben Monate sollten wir also mit mindestens 4 schweren Unfällen rechnen.

Fragen wir nach der Wahrscheinlichkeit, mit der sich auf dieser Strecke mindestens 2 Unfälle in einer Woche ereignen, so nutzen wir die Poisson–Verteilung mit $\lambda = 1/2$, denn monatlich 2 Unfälle bedeuten 0,5 Unfälle pro Woche. Somit ist

$$\mathbb{P}(\geq 2 \text{ Unfälle/Wo}) = 1 - e^{-\frac{1}{2}}\left(1 + \frac{1}{2}\right) \approx 0,0902.$$

Beispiel 4.6.11

Bekanntermaßen werden Flüge von den betreibenden Fluggesellschaften überbucht, da erfahrungsgemäß 3% aller Ticketinhaber nicht rechtzeitig zum Abflug erscheinen. Mit welcher Wahrscheinlichkeit p_0 muss kein Passagier auf einen späteren Flug warten, wenn für die 250 Plätze einer Maschine 260 Tickets verkauft wurden?

Mit einer Binomialverteilung ergibt sich die gesuchte Wahrscheinlichkeit zu

$$p_0 = \sum_{k=10}^{260} \binom{260}{k} \cdot 0,03^k \cdot 0,97^{260-k} = 1 - \sum_{k=0}^{9} \binom{260}{k} \cdot 0,03^k \cdot 0,97^{260-k},$$

denn mindestens 10 Personen müssen ausfallen. Wir benutzen den Poissonschen Grenzwertsatz und approximieren

$$p_0 \approx 1 - e^{-\lambda} \sum_{k=0}^{9} \frac{\lambda^k}{k!}$$

mit $\lambda = np = 260 \cdot 0,03 = 7,8$. Es ergibt sich $p_0 \approx 0,26$.

Wir wollen uns nun einem weiteren Grenzwertsatz zuwenden. Dieser stellt zusammen mit dem Gesetz der großen Zahlen so etwas wie das erste und zweite Gebot der Wahrscheinlichkeitstheorie dar. Sein Name „Zentraler Grenzwertsatz" stammt jedoch nicht von seiner zentralen Rolle in der Wahrscheinlichkeitstheorie, sondern daher, dass er erlaubt, die Wahrscheinlichkeit zentraler Ereignisse, d.h. solcher, die in der Nähe des Erwartungswertes stattfinden, zu berechnen.

Betrachten wir nochmals die Abbildung 4.7, so erkennen wir, dass sich für die Verteilung von $\frac{1}{n} \sum_{i=1}^{n} X_i$ mit Bernoulli–verteilten Zufallsvariablen $X_1, \ldots, X_n$ für größer werdendes n eine charakteristische Kurvenform ausbildet; und diese Form erinnert doch stark an die Dichte einer Normalverteilung (siehe Abbildung 4.6). Allerdings wird sie immer kleiner, je größer n wird: man sollte die Summe vielleicht nicht durch n dividieren, sondern durch etwas Kleineres.

Satz 4.6.12: *Zentraler Grenzwertsatz*

Für jedes $n \in \mathbb{N}$ seien die Zufallsvariablen $X_1, \ldots, X_n$ unabhängig und besitzen dieselbe Verteilung mit $\mathbb{E}[X_i^2] < \infty$. Bezeichnet $\mu := \mathbb{E}X_i$ und $\sigma^2 := \mathbb{V}X_i > 0$, $1 \leq i \leq n$, dann gilt für alle $a, b \in \mathbb{R}$ mit $a < b$

$$\lim_{n \to \infty} \mathbb{P}\left(\left\{a \leq \frac{\sum_{i=1}^n (X_i - \mu)}{\sqrt{n\sigma^2}} \leq b\right\}\right) = \frac{1}{\sqrt{2\pi}} \int_a^b e^{-x^2/2} \, dx = \int_a^b \varphi_{0,1}(x) \, dx. \quad (4.16)$$

Es ist klar, dass der Zentrale Grenzwertsatz, ähnlich wie das Schwache Gesetz der großen Zahlen, sehr häufig Anwendung finden kann. Denn anders als viele der in diesem Kapitel vorgestellten Grenzwertsätze macht er keine spezifischen Voraussetzungen über die Art der Verteilung der Zufallsvariablen X_i. Allerdings sagt er auch nichts über das Grenzwertverhalten der Verteilung einer einzelnen Zufallsvariablen X_i aus, sondern über das Verhalten der Verteilung der Summe $S_n := \sum_{i=1}^n X_i$.

Der Beweis von Satz 4.6.12 ist nicht ganz einfach. Im Anhang A.5 wird ein Beweis vorgestellt, der zwar mathematisch elegant ist, jedoch kaum den Grund erkennen lässt, warum im Zentralen Grenzwertsatz ausgerechnet die Normalverteilung auftaucht. Wir wollen an dieser Stelle dazu einige Bemerkungen machen.

Subtrahiert man von jeder Zufallsvariablen X_i ihren Erwartungswert μ, so besitzt $X_i - \mu$ und damit auch deren Summe den Erwartungswert Null, d.h. $\mathbb{E}[\sum_{i=1}^n (X_i - \mu)] = 0$. Aus der Unabhängigkeit der $X_1, \ldots, X_n$ folgt

$$\mathbb{V}\left[\frac{\sum_{i=1}^n (X_i - \mu)}{\sqrt{n\sigma^2}}\right] = \frac{1}{n\sigma^2} \sum_{i=1}^n \mathbb{V}[X_i - \mu] = \frac{1}{n\sigma^2} \cdot n\sigma^2 = 1.$$

Dadurch, dass man also nicht einfach das Verhalten der Summe der X_i untersucht, sondern diese Zufallsvariablen erst geeignet zu $Y_i = (X_i - \mu)/\sqrt{n\sigma^2}$ transformiert, man spricht von *Standardisierung*, gelangen wir zur Zufallsvariablen

$$\sum_{i=1}^n \frac{X_i - \mu}{\sqrt{n\sigma^2}} = \sum_{i=1}^n Y_i,$$

die Erwartungswert 0 und Varianz 1 hat. Und die Verteilung dieser Zufallsvariablen konvergiert gegen die Normalverteilung $\mathcal{N}(0, 1)$. Genau dies besagt ja Gleichung (4.16). Jeder Summanden Y_i selbst hat dabei jetzt auf die Summe nur einen kleinen Einfluss, denn es ist ja $\mathbb{E}Y = 0$ und $\mathbb{V}Y = \frac{1}{n}$. Wären nun alle Y_i schon selbst normalverteilt, also gemäß $\mathcal{N}(0, \frac{1}{n})$ verteilt, dann wäre deren Summe exakt $\mathcal{N}(0, 1)$–verteilt, denn bei der Summe von unabhängigen Normalverteilungen addieren sich einfach die Erwartungswerte und Varianzen (vgl. Beispiel 4.3.12). Die Normalverteilung ändert also nicht ihre Form, wenn man immer mehr richtig skalierte Zufallsvariablen addiert. Und genau so ein Verhalten erhoffen wir uns ja auch, wenn wir den Limes auf der linken Seite des Zentralen Grenzwertsatzes hinschreiben. Daher ist die Normalverteilung ein guter Kandidat für die Limesverteilung.

Wir wollen die Formulierung des Zentralen Grenzwersatzes für den n–fachen Münzwurf in einem eigenen Korollar festhalten.

Korollar 4.6.13

Für jedes $n \in \mathbb{N}$ seien $X_1, \ldots, X_n$ unabhängige und zum Parameter p Bernoulli-verteilte Zufallsvariablen. Dann gilt für alle $a < b$:

$$\lim_{n \to \infty} \mathbb{P}\left(\left\{a \leq \frac{\sum_{i=1}^{n} X_i - np}{\sqrt{np(1-p)}} \leq b\right\}\right) = \int_a^b \varphi_{0,1}(x)\, dx.$$

Beweis. Wir können in Satz 4.6.12 einfach die Werte μ und σ^2 für die Bernoulli–Verteilung einsetzen. ∎

Bevor wir Beispiele rechnen sollte noch bemerkt werden, dass es keinen geschlossenen Ausdruck für eine Stammfunktion von $x \mapsto e^{-x^2/2}$ gibt. Man nennt die Stammfunktion von $\varphi_{0,1}$, die natürlich existiert, zwar Φ, d.h. genauer

$$\Phi(z) := \int_{-\infty}^{z} \varphi_{0,1}(x)\, dx\ ,\quad \text{für alle } z \in \mathbb{R},$$

jedoch kann man dieses Φ nicht als Summe oder Verkettung oder durch andere elementare Operationen aus ihrerseits elementaren Funktionen gewinnen. Jedes Mathematik-programm eines Rechners besitzt jedoch numerische Verfahren, um für ein konkretes $z \in \mathbb{R}$ auch $\Phi(z)$ zu approximieren. Dadurch lässt sich dann auch die oben erwähnte Wahrscheinlichkeit berechnen und zwar wegen

$$\int_a^b \varphi_{0,1}(x)\, dx = \Phi(b) - \Phi(a).$$

Beispiel 4.6.14

Wie groß ist die Wahrscheinlichkeit, dass bei $n = 6\,000$ Würfen eines fairen Würfels mindestens $1\,100$ Sechsen fallen? Selbst mit viel Geduld und einem sehr guten Computerprogramm ist es sehr schwer, die Wahrscheinlichkeit

$$\sum_{k=1100}^{6000} \binom{6000}{k} \left(\frac{1}{6}\right)^k \left(\frac{5}{6}\right)^{6000-k}$$

einfach direkt zu berechnen. Hier hilft uns Korollar 4.6.13, denn das Würfeln einer Sechs ist ein Bernoulli–Experiment mit $p = 1/6$. Mit $S_{6000} = \sum_{i=1}^{6000} X_i$ rechnen wir

$$\mathbb{P}(\{S_{6000} \geq 1100\}) = \mathbb{P}\left(\left\{\frac{S_{6000} - np}{\sqrt{np(1-p)}} \geq \frac{1100 - np}{\sqrt{np(1-p)}}\right\}\right) \approx \int_{\frac{1100-np}{\sqrt{np(1-p)}}}^{\infty} \varphi_{0,1}(x)\, dx.$$

Setzen wir für p und n ein, so ist

$$\mathbb{P}\Big(\Big\{\sum_{k=1}^{6000} X_k \geq 1100\Big\}\Big) \approx \int_{2\sqrt{3}}^{\infty} \varphi_{0,1}(x)\,dx = 1 - \Phi(2\sqrt{3}) \approx 0,00028.$$

Die Wahrscheinlichkeit für mindestens 1 100 Sechsen ist also extrem gering.

Interessieren wir uns für die Wahrscheinlichkeit, dass bei 600 Würfen mindestens 110 Sechsen fallen, so ist man versucht, auch dieses Ereignis für extrem unwahrscheinlich zu halten. Vielleicht besitzt es sogar exakt die gerade berechnete Wahrscheinlichkeit, denn schließlich verlangen wir in beiden Fällen denselben Anteil der Sechsen an der Anzahl der Würfe. Wir rechnen mit $n = 600$

$$\mathbb{P}\Big(\Big\{\sum_{k=1}^{600} X_k \geq 110\Big\}\Big) \approx \int_{\frac{110-np}{\sqrt{np(1-p)}}}^{\infty} \varphi_{0,1}(x)\,dx = 1 - \Phi\Big(\sqrt{\frac{6}{5}}\Big) \approx 0,1367.$$

Es ist also durchaus nicht unwahrscheinlich, bei 600 Würfen 110 Sechsen oder mehr zu erhalten!

Beispiel 4.6.15

Nehmen wir an, dass bei der Geburt eines Kindes die Wahrscheinlichkeit für ein Mädchen mit $p = 0,495$ geringfügig niedriger liegt als die Wahrscheinlichkeit für einen Jungen. Mit welcher Wahrscheinlichkeit gibt es in einer Population von 80 Millionen Individuen höchstens 39 Millionen Frauen?

Sind $X_1, \ldots, X_n$ Bernoulli–verteilte Zufallsvariablen mit obiger Erfolgswahrscheinlichkeit p und $n = 80\,000\,000$, so ist $\sum_{i=1}^{n} X_i$ die Anzahl der weiblichen Individuen und wir rechnen

$$\mathbb{P}\Big(\Big\{\sum_{i=1}^{n} X_i \leq 3,9 \cdot 10^7\Big\}\Big) \approx \int_{-\infty}^{\frac{3,9\cdot 10^7 - np}{\sqrt{np(1-p)}}} \varphi_{0,1}(x)\,dx = \Phi\Big(-\frac{600}{\sqrt{19,998}}\Big) \approx 10^{-3\,911}.$$

Dieses Ereignis ist also praktisch unmöglich! Das ist schon überraschend, denn bei einem Erwartungswert von $np = 39\,600\,000$ Frauen bedeuten 600 000 Frauen weniger nur eine Schwankung von etwa $1,5\%$.

Wir möchten noch den Zusammenhang zwischen dem Poissonschen und dem Zentralen Grenzwertsatz etwas klarer herausstellen. Betrachten wir dazu eine zu den Parametern p_n und n binomialverteilte Zufallsvariable X_n, $n \in \mathbb{N}$, und eine Teilmenge $A_n \subseteq \{0, 1, \ldots, n\}$. Für diese Situation gibt es viele Beispiele; wir geben hier zwei stellvertretend an.

- Sei X_n die Anzahl der Fünfen beim n–fachen Würfeln, also $B(n, \frac{1}{6})$ die Verteilung von X_n. Weiter könnte $A_n = \{0\}$ oder $A_n = \{k \in \mathbb{N} \mid |\frac{n}{2} - k| \leq \frac{n}{10}\}$ sein. Wir würden uns dann mit $\{X_n \in A_n\}$ im ersten Fall dafür interessieren, dass keine Fünf fällt und im zweiten dafür, dass in 40–60% aller Würfe die Fünf fällt.

- Auf n Tassen Kaffee werden rein zufällig n Zuckerwürfel verteilt und X_n ist die Anzahl der Zuckerstücke in einer vorher ausgesuchten Tasse. Dann ist X_n binomialverteilt und zwar nach $B(n, \frac{1}{n})$. Wieder könnten wir z.B. durch $A_n = \{0, 1, 2\}$ oder $A_n = \{n-1, n\}$ uns interessierende Ereignisse $\{X_n \in A_n\}$ formulieren.

Sowohl die Erfolgswahrscheinlichkeit p_n, als auch die Menge A_n können also von n abhängen, oder auch nicht. Die Wahrscheinlichkeit $\mathbb{P}(\{X_n \in A_n\})$ für eine $B(n, p_n)$-verteilte Zufallsvariable X_n kann prinzipiell natürlich immer direkt durch

$$\mathbb{P}(\{X_n \in A_n\}) = \sum_{k \in A_n} \binom{n}{k} p_n^k (1 - p_n)^{n-k}$$

ausgerechnet werden; nur führt dies häufig zu numerischen Problemen. Genau hier helfen die genannten Grenzwertsätze als Approximation.

Ist $p_n = p$ unabhängig von n, so erwarten wir mit wachsendem n immer mehr Erfolge, nämlich np, und daher sollte auch A_n von n abhängen. Dies ist die Situation im Zentralen Grenzwertsatz, denn er besagt

$$\mathbb{P}(\{X_n \in [np + a\sqrt{np(1-p)}, np + b\sqrt{np(1-p)}]\}) \approx \int_a^b \varphi_{0,1}(x)\, dx.$$

Ist p_n abhängig von n und zwar so, dass der Erwartungswert np_n im Wesentlichen konstant bleibt, nämlich gleich λ, so sollte $A_n = A$ unabhängig von n sein, denn wir dürfen ja keineswegs mit immer mehr Erfolgen rechnen. Dies ist die Situation im Poissonschen Grenzwertsatz, denn er besagt

$$\mathbb{P}(\{X_n \in [a, b]\}) \approx \sum_{k \in [a,b]} \frac{\lambda^k}{k!} e^{-\lambda}.$$

Beide Grenzwertsätze stellen jedoch Idealisierungen dar: weder gibt es in der Praxis unendlich viele Beobachtungen $X_1, X_2, X_3, \ldots$, wie es der Zentrale Grenzwertsatz fordert, noch wird die Wahrscheinlichkeit p_n in einem Experiment wirklich gegen Null konvergieren, wenn die Anzahl n der Beobachtungen steigt; dies fordert aber der Poissonsche Grenzwertsatz. Man sollte die Unterscheidung zwischen der Anwendbarkeit des einen oder des anderen Satzes daher auch nicht dogmatisch sehen, sondern eher pragmatisch: ist p sehr klein oder sogar nur das Produkt $\lambda = np$ bekannt, so bietet sich die Poissonapproximation an. Für moderat große n kann man die Binomialwahrscheinlichkeit exakt berechnen und für $np(1-p) \geq 9$ liefert auch die Approximation durch die Normalverteilung brauchbare Werte. In Aufgabe 8 beschäftigen wir uns mathematisch mit diesem Übergang von der Poisson– zur Normalverteilung.

4.7   Verteilungen im Überblick

Für die korrekte Modellierung eines Zufallsexperiments ist es unerlässlich, einige immer wieder auftauchende Wahrscheinlichkeitsverteilungen mit bestimmten Schlagworten in

Verbindung zu bringen. Wir wollen hierbei die etwas willkürliche Unterscheidung zwischen zwei Arten von Fragen treffen:

* Mit welcher Wahrscheinlichkeit tritt das Ereignis A ein?

* Mit welcher Wahrscheinlichkeit tritt A zu einer gewissen Zeit ein?

Diese Unterscheidung, *ob* und *wann* ein Ereignis eintritt hat mehr mit der Sichtweise des Modellierenden als mit dem Experiment selbst zu tun; trotzdem hat sich der Begriff *Wartezeitprobleme* für den zweiten Typ von Fragen eingebürgert.

Wir beginnen mit den Verteilungen, die für die einmalige Durchführung eines Experiments typisch sind und gehen dann über die mehrstufigen Experimente zu den Wartezeitmodellen.

Einfacher Münzwurf

Die Zufallsvariable X zeigt Erfolg bzw. Misserfolg an und ist Bernoulli–verteilt zum Parameter $p = \mathbb{P}(\{X = 1\})$. Es ist $\mathbb{P}(\{X = 0\}) = 1 - p$ und der Erwartungswert $\mathbb{E}X = p$.

Einfaches Ziehen aus unterschiedlichen Objekten

Die Zufallsvariable X zeigt die Nummer des gezogenen Objekts und ist Laplace–verteilt zum Parameter n, wenn insgesamt n Objekte gleichberechtigt zur Auswahl stehen. Es ist $\mathbb{P}(\{X = k\}) = 1/n$ für alle $k = 1, \ldots, n$ und $\mathbb{E}X = (n + 1)/2$.

Zufällige Wahl eines Punktes

Die Zufallsvariable X gibt die Position des gewählten Punktes an und ist gleichverteilt in dem betreffenden Intervall I oder Rechteck R. Einzelne Punkte besitzen hierbei die Wahrscheinlichkeit Null, so dass typischerweise $\mathbb{P}(\{X \in A\})$ für Teilmengen $A \subseteq I$ bzw. $A \subseteq R$ gefragt ist. Diese ist gleich dem geometrisch berechneten Anteil von A an der Länge von I bzw. an der Fläche von R. Speziell also für $I = [0, 1]$ bzw. $R = [0, 1]^2$:

$$\mathbb{P}(\{X \in A\}) = \begin{cases} \mathbb{L}(A) \ , \ \text{für } A \subseteq [0, 1] \\ \mathbb{F}(A) \ , \ \text{für } A \subseteq [0, 1]^2 \end{cases} \ .$$

Der Erwartungswert von X ist der Mittelpunkt des Intervalls bzw. des Rechtecks.

Mehrfacher Münzwurf bzw. mehrfaches Ziehen mit Zurücklegen

Beim mehrfachen Münzwurf gibt die Zufallsvariable X die Anzahl der Erfolge an, und ist zu den Parametern n und p binomialverteilt, wenn p die Erfolgswahrscheinlichkeit beim einfachen Wurf und n die Gesamtzahl der Würfe ist. Es ist $\mathbb{E}X = np$ und

$$\mathbb{P}(\{X = k\}) = \binom{n}{k} p^k (1 - p)^{n-k} \text{ für } k = 0, \ldots, n.$$

Mathematisch äquivalent dazu ist ein Urnenmodell, in welchem aus einer Urne mit zwei unterschiedlichen Arten von Objekten mit Zurücklegen gezogen wird. Auch hier gibt die Zufallsvariable X die Anzahl der gezogenen Objekte der gewählten Art an, wenn p den Anteil dieser Objekte an der Gesamtzahl bezeichnet.

Mehrfaches Ziehen aus zwei Klassen ohne Zurücklegen

Gibt es n Ziehungen aus einer Urne mit $r \geq n$ Objekten der ersten und $s \geq n$ Objekten der zweiten Klasse, und gibt die Zufallsvariable X die Anzahl der gezogenen Objekte der ersten Klasse an, so ist X hypergeometrisch verteilt zu r, s und n:

$$\mathbb{P}(\{X = k\}) = \frac{\binom{r}{k}\binom{s}{n-k}}{\binom{r+s}{n}} \text{ für } k = 0, \dots, n.$$

Der Erwartungswert ist gleich $\mathbb{E}X = nr/(r + s)$.

Typische Ereignisse bei sehr häufigem Münzwurf

Die Anzahl X_n der Erfolge bei der unabhängigen Wiederholung eines Münzwurfs (mit Erfolgswahrscheinlichkeit p) wird in Abhängigkeit von der Anzahl n der Würfe beliebig groß. Bezeichnet

$$X = \frac{X_n - np}{\sqrt{np(1-p)}}$$

die standardisierte Anzahl der Erfolge, so ist X annähernd normalverteilt mit Erwartungswert Null und Varianz Eins:

$$\mathbb{P}(\{X \in [a,b]\}) \approx \frac{1}{\sqrt{2\pi}} \int_a^b e^{-\frac{x^2}{2}} \, dx = \Phi(b) - \Phi(a) \text{ für } [a,b] \subset \mathbb{R}.$$

Die Approximation wird umso besser, je größer n ist, d.h. je mehr Wiederholungen stattfinden.

Seltene Ereignisse

Ist der Erfolg in einem Zufallsexperiment so selten, dass es einer großen Anzahl n von Wiederholungen bedarf, um wenigstens einige Erfolge zu beobachten, so wählen wir diese Anzahl von Wiederholungen als neue Beobachtungseinheit und bezeichnen mit λ die typische Anzahl an Erfolgen in dieser Einheit. Bezeichnet die Zufallsvariable X dann die tatsächliche Anzahl an Erfolgen in einer Beobachtungseinheit, so ist X annähernd zum Parameter λ Poisson–verteilt:

$$\mathbb{P}(\{X = k\}) \approx \frac{\lambda^k}{k!}e^{-\lambda} \text{ für } k = 0, 1, 2, \dots.$$

Die Approximation ist umso besser, je größer n ist, d.h. je mehr Wiederholungen die Beobachtungseinheit bilden.

Diskrete Wartezeit auf den ersten Treffer im Münzwurf

Die Zufallsvariable X gibt die Anzahl der benötigten Münzwürfe bis zum ersten Erfolg an und ist geometrisch verteilt zur Erfolgswahrscheinlichkeit p der Münze. Es gilt $\mathbb{P}(\{X = k\}) = p(1-p)^{k-1}$ für $k = 1, 2, 3, \dots$ und $\mathbb{E}X = 1/p$.

Diskrete Wartezeit auf den r–ten Treffer im Münzwurf

Die Zufallsvariable X gibt die Anzahl der benötigten Münzwürfe bis zum r–ten Erfolg an und ist negativ binomialverteilt zu den Parametern r und p:

$$\mathbb{P}(\{X = k\}) = \binom{k-1}{r-1} p^r (1-p)^{k-r} \text{ für } k = r, r+1, r+2, \dots.$$

Der Erwartungswert ist gleich $\mathbb{E}X = r/p$.

Kontinuierliche Wartezeit auf den ersten Erfolg

Die Zufallsvariable X gibt die Wartezeit auf den ersten Erfolg an, wenn Erfolge mit einer zeitlichen Rate λ eintreten. X ist zum Parameter λ exponentialverteilt, d.h.

$$\mathbb{P}(\{X \in [a, b]\}) = \lambda \int_a^b e^{-\lambda x} \, dx = e^{-\lambda a} - e^{-\lambda b} \text{ für } 0 \le a < b$$

und $\mathbb{E}X = 1/\lambda$.

Bemerkungen

Mit dem Ende dieses Kapitels haben wir eine solide Grundlage an Wissen aus der Wahrscheinlichkeitstheorie erworben. Dadurch können wir uns nun mit Fragestellungen beschäftigen, deren Beantwortung durchaus anspruchsvolle Methoden und ein gutes Maß an Abstraktion voraussetzt. Hierfür gibt es zwei sich natürlicherweise anbietende Richtungen.

Zum einen die statistischen Fragestellungen; die dort behandelten und häufig aus dem Alltag stammenden Probleme haben im weitesten Sinne mit *Schätzen* und *Testen* zu tun. Da jede statistische Datenerhebung einen Wahrscheinlichkeitsraum erzeugt, ist es nur konsequent, die abstrakt für allgemeine Wahrscheinlichkeitsräume hergeleiteten Resultate mit Datenerhebungen in Verbindung zu bringen. Dies werden wir im folgenden Kapitel tun.

Zum anderen können wir uns in spezielle stochastische Modelle vertiefen und dort die bereits erlernten Mehoden anwenden und weiterentwickeln. Dabei bietet sich eine Fülle von Möglichkeiten an und die Autoren haben letztendlich aufgrund subjektiver Kriterien eine Auswahl getroffen. Im übernächsten Kapitel stellen wir also einige Themenbereiche der Wahrscheinlichkeitstheorie vor, welche die Bedeutung der bisher vorgestellten Konzepte vor Augen führen.

Aufgaben

1. Die Zufallsvariablen X und Y seien unabhängig und gleichverteilt auf $[0,1]$. Zeichnen Sie in einem x–y–Koordinatensystem den Bereich, in dem für ein beliebiges $0 \leq t \leq 2$ die Ungleichung $X + Y \leq t$ gilt. Interpretieren Sie dazu (X,Y) als zufälligen Punkt in $[0,1]^2$ und beachten Sie den Unterschied zwischen $t > 1$ und $t < 1$. Beweisen Sie

$$\mathbb{P}(\{X + Y \leq t\}) = \begin{cases} \frac{1}{2}t^2 & \text{, für } 0 \leq t < 1 \\ 1 - \frac{1}{2}(2-t)^2 & \text{, für } 1 \leq t \leq 2 \end{cases}$$

und folgern Sie, dass $X + Y$ die Dichte $\varrho(t) = \min(t, 2 - t)$ für alle $0 \leq t \leq 2$ besitzt.

2. Berechnen Sie den Erwartungswert μ und die Varianz σ^2 der Zufallsvariablen $X + Y$, wenn X und Y unabhängige und auf $[0,1]$ gleichverteilte Zufallsvariablen bezeichnen. Berechnen Sie mit dem Ergebnis der Aufgabe 1 die Dichte von $(X + Y - \mu)/\sqrt{\sigma^2}$ und fertigen Sie eine Grafik an, in der Sie diese Dichte mit der Dichte $\varphi_{0,1}$ der Normalverteilung vergleichen.

3. Eine Stadt besitze $800\,000$ wahlberechtigte Einwohner, die dazu aufgerufen seien, ihre Stimme für oder gegen ein städtisches Bauvorhaben abzugeben. Eine Gruppe von n Personen stimmt geschlossen dafür, während sich die übrigen zufällig entscheiden, also durch den Wurf einer fairen Münze.

   (a) Zeigen Sie, dass schon für $n = 800$ die Abstimmung mit einer Wahrscheinlichkeit von mehr als 80% mehrheitlich für das Bauvorhaben ausfällt.

   (b) Zeigen Sie allgemein, dass der Bau mit einer Wahrscheinlichkeit von ungefähr

   $$\Phi\left(-\frac{n}{\sqrt{800\,000 - n}}\right)$$

   abgelehnt wird. Bei welcher Gruppengröße n wird das Vorhaben mit 99% Sicherheit mit einfacher Mehrheit angenommen?

   (c) Bei welcher Gruppengröße n wird das Vorhaben mit 99% Sicherheit mit einer 2/3–Mehrheit angenommen? Was ist die Wahrscheinlichkeit für eine 2/3–Mehrheit, wenn $n = 0$ ist, also jeder Bürger rein zufällig abstimmt?

4. Die Abfertigung eines Fluggastes beim Check–In dauert durchschnittlich 100 Sekunden mit einer Standardabweichung von 20 Sekunden. Mit welcher Wahrscheinlichkeit warten Sie länger als 2 Stunden, wenn in der Schlange vor Ihnen 70 Leute stehen?

5. Im Weinregal des Supermarktes stehen von einer Sorte preiswerten Rotweins 76 Flaschen vom Jahrgang 2003 und 89 Flaschen vom Jahrgang 2004. Sie nehmen 9 dieser Flaschen, ohne dabei auf den Jahrgang zu achten. Mit welcher Wahrscheinlichkeit haben Sie genau 6 Flaschen des Jahrgangs 2004? Vergleichen Sie das exakt berechnetet Ergebnis mit der Wahrscheinlichkeit, die Sie mittels Approximation durch die Binomialverteilung erhalten.

6. Man kann den Erwartungswert und die Varianz der hypergeometrischen Verteilung zu den Parametern r, s, n auch mithilfe von Indikatorvariablen ausrechnen. Wir ziehen also ohne Zurücklegen n Kugeln aus einer Urne mit r roten und s schwarzen Kugeln und die Zufallsvariable X bezeichne die Anzahl der roten Kugeln in der Stichprobe.

   (a) Berechnen Sie $\mathbb{E}X_i$ und $\mathbb{E}[X_i X_j]$ für $1 \leq i \neq j \leq r$, wobei X_i die Indikatorvariable für das Ereignis ist, dass sich die i–te rote Kugel in der Stichprobe befindet.

   (b) Berechnen Sie mithilfe der $X_1, \dots, X_r$ nun $\mathbb{E}X$ und $\mathbb{V}X$.

7. Eine Grundschullehrerin teilt ihre Klasse in Gruppen von je drei Schülern, lässt jedes Kind eine ganze Zahl zwischen 1 und 10 wählen und dann innerhalb jeder Gruppe das Produkt der Zahlen berechnen. Das Ganze wiederholt sie einige Male und stellt dann fest, dass sich die Ergebnisse keineswegs gleichmäßig verteilen, sondern sich zu häufen scheinen. Können Sie Angaben über die Lage und die Streuung der Ergebnisse machen?

8. (a) Die unabhängigen Zufallsvariablen Y und Z seien zum Parameter λ bzw. μ Poisson–verteilt. Zeigen Sie mithilfe der binomischen Formel (siehe Anhang A.1, (X)), dass

$$\mathbb{P}(\{Y + Z = n\}) = \frac{(\lambda + \mu)^n}{n!} \, e^{-\lambda - \mu} \text{ für alle } n = 0, 1, 2, \ldots$$

gilt. Welche Verteilung besitzt somit die Zufallsvariable $Y + Z$?

   (b) Die Zufallsvariable X sei zum Parameter λ Poisson–verteilt. Zeigen Sie unter Benutzung des gerade Bewiesenen und Satz 4.6.12, dass die Verteilung von

$$\frac{X - \lambda}{\sqrt{\lambda}}$$

für $\lambda \to \infty$ gegen die Normalverteilung $\mathcal{N}(0, 1)$ konvergiert.

9. Wir interessieren uns im Rahmen des Beispiels 4.6.8 für die Zufallsvariablen

   X = Anzahl der beobachteten Fahrzeuge bis zum ersten PKW ohne Versicherung

   Y = Anzahl der PKW ohne Versicherung bei 1000 beobachteten Fahrzeugen

   Z = Anzahl der PKW ohne Versicherung während einer Beobachtung von 4 Stunden.

Welche jeweilige Wahrscheinlichkeitsverteilung besitzen diese Zufallsvariablen? Berechnen Sie die Wahrscheinlichkeit der Menge $\{1, 2, 3, 4, 5, 6\}$ unter jeder der Verteilungen und überlegen Sie, ob Sie die gesuchten Wahrscheinlichkeiten mittels eines Grenzwertsatzes approximieren können.

10. Eine Gruppe von n Personen hat sich zu einer Fahrradtour verabredet; man trifft sich am Sonntagmorgen zwischen 9 und 10 Uhr und fährt dann gemeinsam los. Die Personen treffen unabhängig voneinander ein und zwar jeweils zu einem in der verabredeten Stunde gleichverteilten Zeitpunkt. Mit welcher Wahrscheinlichkeit fährt die Gruppe vor 9:45 Uhr los? Bestimmen Sie die Verteilung des Zeitpunkts der Abfahrt der Gruppe.

5   Beurteilende Statistik

Während es in Kapitel 2 darum ging, die Daten einer statistischen Erhebung aufzubereiten und Kenngrößen zu berechnen, wollen wir hier Schlüsse aus unseren Daten ziehen. Hierbei versuchen wir gewissermaßen eine Aufgabe zu lösen, die der Sichtweise der Wahrscheinlichkeitstheorie genau entgegengesetzt ist: Wir versuchen von den Daten einer Stichprobe auf die der Stichprobe zugrunde liegende Verteilung zu schließen.

In der Wahrscheinlichkeitstheorie ist ja der erste Schritt jeglicher Rechnung die Modellierung, also die Wahl des Wahrscheinlichkeitsraums $(\Omega, \mathcal{A}, \mathbb{P})$. Danach versuchen wir zu berechnen, was man mit welcher Wahrscheinlichkeit von einer Stichprobe, die gemäß $\mathbb{P}$ aus Ω gewählt wird, erwarten sollte.

In der beurteilenden Statistik fragt man nun andersherum: Angenommen, ich kenne das $\mathbb{P}$ nicht, aber ich kenne eine Stichprobe, die gemäß $\mathbb{P}$ gewählt wurde. Was kann ich aufgrund dieser Stichprobe über $\mathbb{P}$ aussagen? Ein Beispiel soll das Problem verdeutlichen.

Ein Kondom wird in der Qualitätskontrolle nicht nur auf Undurchlässigkeit, sondern auch auf Elastizität, Hautverträglichkeit, spermatozoide Wirkung und vieles mehr getestet. Während z.B. die Dichtheit mithilfe von Laserlicht geprüft werden kann, ist dies für andere Eigenschaften nicht möglich. Eins ist daher sicher: Ein vollständig getestetes Kondom gelangt nicht in den Verkauf! Damit stellt sich die Frage, mit welcher Zuversicht man eigentlich ein Kondom benutzen sollte, wenn alle sich im Umlauf befindlichen Kondome zwangsläufig unvollständig getestet sind.

Wir sehen also, dass sich eine Untersuchung aller Elemente einer Grundmenge Ω zur Bestimmung der Wahrscheinlichkeitsverteilung $\mathbb{P}$ häufig nicht nur aus Kostengründen verbietet: Man ist auf Aussagen der Statistik angewiesen. Dabei gibt es verschiedene Schwierigkeitsgrade für die Problemstellungen der beurteilenden Statistik. Das schwierigste und leider das realistischste Problem hiervon, dass wir nämlich *à priori* nichts oder so gut wie nichts über die Verteilung der Daten wissen, können wir hier noch nicht einmal ansatzweise behandeln. Dies fällt in den Bereich der sogenannten *nicht–parametrischen Statistik*.

In der hier vorzustellenden *parametrischen Statistik* gehen wir davon aus, dass wir schon von vornherein wissen, dass die Verteilung der beobachteten Daten ein Element einer gegebenen Familie $(\mathsf{P}_\theta)_{\theta \in \Theta}$ von Verteilungen auf Ω ist. Wir müssen also nur Kriterien finden, nach denen wir unsere Wahl treffen sollten. Hierbei beschränken wir uns auf einparametrige Modelle, d.h. es gelte stets $\Theta \subseteq \mathbb{R}$.

Seien beispielsweise n Beobachtungen $x_1, \ldots, x_n$ gegeben, die wir durch n–faches Werfen einer Münze erhalten haben, von der wir jedoch nicht wissen, mit welcher Wahrscheinlichkeit sie eine 0 bzw. eine 1 zeigt. Dann ist $\Theta = [0, 1]$ und der Parameter $\theta \in \Theta$ ist die uns unbekannte Erfolgswahrscheinlichkeit p der Münze. Sollen wir nun Aussagen über die Wahrscheinlichkeitsverteilung

$$\mathsf{P}_p = (p(0), p(1)) = (1 - p, p)$$

der Münze machen, dann kann unser Ziel nur sein, auf Basis der Beobachtungen folgende Aufgaben anzugehen:

1. eine gute Schätzung abzugeben, welche Verteilung P_p dem Münzwurf zugrunde liegt.

2. vorgegebene Hypothesen über P_p zu testen und sie anzunehmen oder zu verwerfen.

3. eine Auswahl $\{\mathsf{P}_p \mid p \in K \subset [0,1]\}$ anzugeben, unter der sich mit großer Wahrscheinlichkeit die dem Münzwurf zugrunde liegende Verteilung befindet.

Wir werden uns im Verlauf dieses Kapitels den ersten beiden Punkten widmen. Das zentrale Beispiel bleibt dabei der angesprochene Münzwurf, wobei jedoch die Definitionen und Sätze so allgemein gehalten werden, das auch andere Beispiele zur Verfügung stehen. Im Folgenden seien also unabhängige Zufallsvariablen $X_1, \ldots, X_n$ gegeben, die alle dieselbe Verteilung P_θ für ein uns unbekanntes $\theta \in \Theta$ besitzen. Die Verteilung des Vektors $(X_1, \ldots, X_n)$ bezeichnen wir mit $\mathbb{P}_\theta$.

5.1   Das Schätzproblem

Ein Zufallsexperiment werde n–fach unter gleichen Bedingungen wiederholt. Wir interpretieren den Ausgang x_i des i-ten Experiments als Wert der Zufallsvariablen X_i und fassen die einzelnen Beobachtungsdaten x_i, $1 \leq i \leq n$, zu einer Beobachtung in einem Vektor zusammen. Eine Schätzung des unbekannten Parameters θ sollte natürlich tunlichst von den gemachten Beobachtungen abhängen. Dies führt uns auf die Definition einer Schätzfunktion.

Definition 5.1.1

Eine Schätzfunktion für θ ist eine Funktion $\hat{\theta}$ von der Menge der möglichen Beobachtungen nach Θ.

Bilden wir $\hat{\theta}(x_1, \ldots, x_n)$ mit Beobachtungsdaten $x_1, \ldots, x_n$, so erhalten wir einen konkreten Schätzwert für θ. Setzen wir die Zufallsvariablen ein und bilden

$$\hat{\theta}(X_1, \ldots, X_n),$$

so erhalten wir eine Zufallsvariable mit Werten in Θ und genau diese Zufallsvariable werden wir nun genauer untersuchen.

Definition 5.1.2

Die Zufallsvariable $\hat{\theta}(X_1, \ldots, X_n)$ heißt *Schätzer für θ*.

Beispiele 5.1.3: *Schätzer für die Bernoulli-Verteilung (Münzwurf)*

Wie bereits einführend beschrieben ist $\Theta = [0, 1]$ und wir suchen einen Schätzer für die Erfolgswahrscheinlichkeit $p \in \Theta$ des Münzwurfs.

1. Die einfältigste Schätzung ist, stets zu vermuten, dass die Münze fair ist, d.h. man wählt

$$\hat{p}(x_1, \ldots, x_n) = \frac{1}{2}$$

   für alle $x_1, \ldots, x_n \in \{0, 1\}^n$. Diese Wahl ist zwar höflich aber vielleicht nicht besonders clever. Wenn man z.B. in n Würfen ausschließlich Einsen beobachtet hat, sollte einem der Verdacht kommen, dass die Münze vielleicht doch nicht fair ist.

2. Die bekannteste Schätzfunktion für p ist das arithmetische Mittel, welches sicher beinahe jeder nennen würde, den man nach einer Schätzung für p fragte. Beobachten wir in 10 Würfen 3 Einsen und 7 Nullen, so schätzen wir die Wahrscheinlichkeit p für eine Eins auf $\frac{3}{10}$. Der zugehörige Schätzer ist also

$$\hat{p}(X_1, \ldots, X_n) = \frac{1}{n} \sum_{i=1}^{n} X_i. \tag{5.1}$$

Beispiel 5.1.4: *Schätzer für die Poisson-Verteilung*

Die Zufallsvariablen X_i seien nun Poisson-verteilt zum unbekannten Parameter λ, d.h. es ist $\lambda \in \Theta = [0, +\infty)$. Wir stehen z.B. im Fall $n = 9$ konkret vor der Frage, wie man aus einer Beobachtung wie

$$(x_1, x_2, x_3, x_4, x_5, x_6, x_7, x_8, x_9) = (2, 0, 2, 1, 6, 0, 3, 4, 4)$$

das λ schätzen soll. Wenn man sich nun daran erinnert, dass λ auch der Erwartungswert einer Poisson-Verteilung ist, so kann man hoffen, mit dem Mittelwert der Beobachtungsdaten diesen Erwartungswert und damit λ selbst zu schätzen. Einen Versuch ist es allemal wert und so definieren wir den Schätzer

$$\hat{\lambda}(X_1, \ldots, X_n) = \frac{1}{n} \sum_{i=1}^{n} X_i. \tag{5.2}$$

Beispiel 5.1.5: *Schätzer für die geometrische Verteilung*

Die X_i seien nun geometrisch verteilt zum unbekannten Parameter p, d.h. es ist $p \in \Theta = [0,1]$. Auch hier ist es sicher nicht verboten, wieder mit dem Erwartungswert einer geometrischen Verteilung zu argumentieren, der ja $1/p$ ist. Wenn also der Mittelwert der Beobachtungsdaten dem Erwartungswert der Verteilung entspricht, dann können wir seinen Kehrwert

$$\hat{p}(X_1, \ldots, X_n) = \frac{n}{\sum_{i=1}^n X_i} \tag{5.3}$$

als Schätzer für p vorschlagen. Zumindest liefert dieser Schätzer tatsächlich ausschließlich Werte in Θ, da ja $x_i \in \mathbb{N}$ gilt.

Die Schätzer in (5.1), (5.2) und (5.3) nennen wir *naive Schätzer* für die jeweiligen Parameter, wobei man das Wort „naiv" nicht mit „dumm" assoziieren sollte, sondern mit „unvoreingenommen". Wir haben in allen drei Beispielen den gesuchten Parameter mithilfe des Erwartungswertes ausdrücken können und im jeweiligen Term dann den Erwartungswert durch den Mittelwert der Beobachtungsdaten ersetzt. Tatsächlich sind die so gewonnenen naiven Schätzer manchmal auch mathematisch gut zu rechtfertigen. Genau dies wollen wir jetzt zeigen.

Wir fragen uns zunächst, was ein sinnvolles Prinzip wäre, um die Güte eines Schätzers zu messen oder welche Kriterien er erfüllen sollte. Ausgangspunkt unserer Überlegungen ist die Häufigkeitsinterpretation der Wahrscheinlichkeit. Danach werden wir eher ein wahrscheinliches als ein unwahrscheinliches Ereignis beobachten, weil das wahrscheinlichere Ereignis häufiger eintritt.

Das grundlegende Prinzip, das sogenannte *Maximum–Likelihood–Prinzip*, ist nun, einen Schätzer für θ zu konstruieren, der unter allen zur Verfügung stehenden Verteilungen diejenige auswählt, die die gemachte Beobachtung mit der größten Wahrscheinlichkeit misst. Denken wir an den Münzwurf und an 3 Einsen in 10 Würfen, so wollen wir nach dem Maximum–Likelihood–Prinzip das p so schätzen, dass für keine Münze mit anderer Verteilung die Beobachtung wahrscheinlicher ist.

Definition 5.1.6 *Maximum–Likelihood–Schätzer*

Jeder Schätzer $\hat{\theta}$ für θ, der für alle Beobachtungen $(x_1, \ldots, x_n)$

$$\mathbb{P}_{\hat{\theta}}(\{(x_1, \ldots, x_n)\}) = \max_{\theta \in \Theta} \mathbb{P}_\theta(\{(x_1, \ldots, x_n)\})$$

erfüllt, heißt Maximum–Likelihood–Schätzer für θ.

Unser erster Satz besagt, dass die drei erwähnten naiven Schätzer wirklich Maximum–Likelihood–Schätzer sind und darüber hinaus, dass sie in ihrem jeweiligen Modell auch die einzigen Maximum–Likelihood–Schätzer sind.

Satz 5.1.7

1. Für die Erfolgswahrscheinlichkeit beim Münzwurf ist der naive Schätzer der einzige Maximum–Likelihood–Schätzer.

2. Für den Parameter λ der Poisson–Verteilung ist der naive Schätzer der einzige Maximum–Likelihood–Schätzer.

3. Für den Parameter p der geometrischen Verteilung ist der naive Schätzer der einzige Maximum–Likelihood–Schätzer.

Beweis.

1. Die Münze habe die unbekannte Erfolgswahrscheinlichkeit p. Eine Beobachtung $(x_1, \ldots, x_n) \in \{0, 1\}^n$ mit $k := \sum_{i=1}^n x_i$ Einsen und $n - k$ Nullen hat dann die Wahrscheinlichkeit

$$\mathbb{P}_p(\{(x_1, \ldots, x_n)\}) = p^k (1-p)^{n-k}.$$

Dies wissen wir seit Beispiel 4.2.6. Der Maximum–Likelihood–Schätzer ist nun gerade jenes $p \in [0, 1]$ welches diese Wahrscheinlichkeit maximiert. Wir suchen daher das Maximum der Funktion $f_k : [0, 1] \to [0, 1]$ mit

$$f_k(p) = p^k (1-p)^{n-k}.$$

Hierbei hilft uns die Analysis. Die erste Ableitung berechnet sich nach der Produktregel

$$\begin{aligned} f_k'(p) &= k p^{k-1}(1-p)^{n-k} - (n-k)p^k(1-p)^{n-k-1} \\ &= (k - np)\, p^{k-1}(1-p)^{n-k-1}. \end{aligned} \tag{5.4}$$

und diese Gleichung besitzt höchstens die Nullstellenmenge $\{0, 1, \frac{k}{n}\}$.

Schauen wir uns die Situation für den Fall $k = 0$ an, so ist $f_0(p) = (1-p)^n$ und diese Funktion besitzt ihr Maximum offenbar an der Stelle $p = 0$. Für den Fall $k = n$ sehen wir, dass die Funktion $f_n(p) = p^n$ ihr Maximum an der Stelle $p = 1$ annimmt. Für alle anderen $k \in \{1, \ldots, n-1\}$ ist $f_k(0) = f_k(1) = 0$ und somit gibt es eine Extremalstelle in $(0, 1)$. Diese muss dann $\frac{k}{n}$ sein, und da $f_k(\frac{k}{n}) > 0$ gilt, ist dies tatsächlich eine Maximalstelle.

Insgesamt ist daher $\frac{k}{n}$ sogar für alle $k = 0, 1, \ldots, n$ die Maximalstelle von f_k oder anders gesagt: Die eindeutige Schätzfunktion jedes Maximum–Likelihood–Schätzers ist $\frac{1}{n} \sum_{i=1}^n x_i$.

2. Da wir die n Teilversuche als unabhängig voraussetzen, besitzt eine Beobachtung $x = (x_1, \ldots, x_n) \in \mathbb{N}_0^n$ die Wahrscheinlichkeit

$$\mathbb{P}_\lambda(\{x\}) = e^{-\lambda}\frac{\lambda^{x_1}}{x_1!} \cdot \ldots \cdot e^{-\lambda}\frac{\lambda^{x_n}}{x_n!} = \frac{1}{\prod_i x_i!}\, e^{-n\lambda} \cdot \lambda^{\sum_i x_i}$$

und die Ableitung nach λ zeigt, dass nur ein Maximum bei $(\sum_i x_i)/n$ vorliegt.

3. Eine Beobachtung $x = (x_1, \ldots, x_n) \in \mathbb{N}^n$ hat die Wahrscheinlichkeit

$$\mathbb{P}_p(\{x\}) = p(1-p)^{x_1-1} \cdot \ldots \cdot p(1-p)^{x_n-1} = p^n(1-p)^{\sum_i x_i - n}.$$

Dieser Ausdruck besitzt in Abhängigkeit von p nur ein Maximum bei $n/\sum_i x_i$, wie man durch Ableiten leicht berechnet.

■

Fallen also in 10 Münzwürfen 3 Einsen, so wissen wir jetzt, dass $p = 0,3$ nicht nur die naive Schätzung, sondern sogar die Maximum–Likelihood–Schätzung ist: es ist der Wert von p, für den die Wahrscheinlichkeit $p^3(1-p)^7$ maximal wird. Und sinngemäß gilt dasselbe für die geometrische Verteilung und die Poisson–Verteilung.

Das Maximum–Likelihood–Prinzip ist *die* Methode schlechthin, um gute Schätzer zu konstruieren; und dies gilt für eine sehr große Klasse von Problemen. Für drei diskrete Verteilungen haben wir gesehen, dass der naive Schätzer der Maximum–Likelihood–Schätzer ist. Dies bedeutet, dass er aus einem uns vernünftig erscheinenden Prinzip konstruiert werden kann. Aber es bedeutet natürlich nicht, dass er auch andere Gütekriterien, die wir für einen Schätzer aufstellen können, erfüllt. Tatsächlich gibt es noch weitere Qualitätsmerkmale für Schätzer und wir wollen überprüfen, ob die erwähnten naiven Schätzer auch diese besitzen.

Das erste dieser Qualitätsmerkmale betrachtet eine Schätzung unter folgendem Aspekt: Wenn wir θ aufgrund einer konkreten Beobachtung $(x_1, \ldots, x_n)$ mit einem Schätzer $\hat{\theta}$ schätzen, so werden wir in der Regel einen Wert

$$\hat{\theta}(x_1, \ldots, x_n) - \theta$$

als *Schätzfehler* in Kauf nehmen müssen; der wahre Wert θ wird nur mit viel Glück exakt gleich unserer Schätzung sein. Auch dieser Schätzfehler ist eine Zufallsvariable

$$\hat{\theta}(X_1, \ldots, X_n) - \theta,$$

die natürlich von der Verteilung der $X_1, \ldots, X_n$ abhängt. Wenn nun Schätzfehler unvermeidlich sind, dann sollten sich die einzelnen Schätzfehler wenigstens gegenseitig aufheben, wenn man über alle möglichen Beobachtungen mittelt: Der durchschnittliche Schätzfehler sollte 0 sein. Ist er es nicht, so gibt es eine systematische Über– bzw. Unterschätzung von θ, die nicht gewollt ist.

Definition 5.1.8

Ein Schätzer $\hat{\theta}$ für θ heißt *erwartungstreu*, wenn

$$\mathbb{E}_\theta\big[\hat{\theta}(X_1, \ldots, X_n) - \theta\big] = 0 \quad \text{für alle } \theta \in \Theta.$$

Hierbei bezeichnet $\mathbb{E}_\theta$ den gemäß der Verteilung $\mathbb{P}_\theta$ berechneten Erwartungswert. Häufig schreibt man die Gleichung in der Definition 5.1.8 auch

$$\mathbb{E}_\theta[\hat{\theta}(X_1, \ldots, X_n)] = \theta \quad \text{für alle } \theta \in \Theta.$$

Satz 5.1.9

1. Der naive Schätzer $\hat{p}$ für den Münzwurf ist erwartungstreu.

2. Der naive Schätzer $\hat{\lambda}$ für die Poisson–Verteilung ist erwartungstreu.

3. Der naive Schätzer $\hat{p}$ für die geometrische Verteilung ist *nicht* erwartungstreu.

Beweis.

1. Wegen $\mathbb{E}_p X_i = p$ und $\hat{p}(X_1, \ldots, X_n) = \frac{1}{n} \sum_{i=1}^{n} X_i$ berechnen wir

$$\mathbb{E}_p \left[\frac{1}{n} \sum_{i=1}^{n} X_i \right] = \frac{1}{n} \sum_{i=1}^{n} \mathbb{E}_p X_i = \frac{1}{n} \sum_{i=1}^{n} p = \frac{1}{n} \cdot np = p.$$

2. Aus $\mathbb{E}_\lambda[X_i] = \lambda$ folgt sofort die Erwartungstreue von $\hat{\lambda}$.

3. Die Erwartungstreue des Schätzers $\hat{p}$ würde durch die Gleichung

$$\mathbb{E}_p \left[\frac{n}{\sum_{i=1}^{n} X_i} \right] = p$$

beschrieben und diese Gleichung gilt beispielsweise nicht, wenn $n = 1$ ist. Tatsächlich ist nämlich dann

$$\mathbb{E}_p \left[\frac{1}{X_1} \right] = \sum_{k=1}^{\infty} \frac{1}{k} p(1-p)^{k-1} > p,$$

da ja bereits der erste Summand gleich p ist. Man kann zeigen, dass $\hat{p}$ für kein $n \in \mathbb{N}$ erwartungstreu ist.

∎

Dieses Ergebnis ist bzgl. der geometrischen Verteilung überraschend. Der naive Schätzer, der ja auch der Maximum–Likelihood–Schätzer ist, führt zu einer systematischen Abweichung: er ist nicht erwartungstreu. Man kann mit einigem rechnerischen Aufwand zeigen, dass stattdessen der Schätzer

$$\tilde{p} = \frac{n-1}{\sum_{i=1}^{n} X_i - 1}$$

erwartungstreu ist. Und dies ist nicht einmal das einzige Beispiel, in dem anstelle des Stichprobenumfangs n plötzlich der um einen verminderte Wert $n-1$ auftaucht. Am bekanntesten dürfte dabei folgendes Beispiel sein.

Beispiel 5.1.10

Die Messungen $X_1, \ldots, X_n$ seien unabhängige Zufallsvariablen, die alle den uns unbekannten Erwartungswert μ und die uns ebenfalls unbekannte Varianz σ^2 haben. Selbst wenn wir nun gar nichts über die zugrunde liegende Verteilung der X_i wissen, so ist doch nach wie vor der empirische Mittelwert eine gute Schätzfunktion, da wir so einen erwartungstreuen Schätzer für μ erhalten (vgl. auch die Erläuterungen zu Gleichung (5.5) auf Seite 161). Was ist nun eine gute Schätzfunktion, die uns einen erwartungstreuen Schätzer für σ^2 liefert?

Die Funktion

$$(x_1, \ldots, x_n) \mapsto \frac{1}{n} \sum_{i=1}^{n} (x_i - \mu)^2$$

ist sicherlich diejenige, welche wir als erste genauer unter die Lupe nehmen sollten. Die Erwartungstreue des so gewonnenen Schätzers ergibt sich unmittelbar aus der Definition der Varianz einer Zufallsvariablen, denn offenbar ist

$$\mathbb{E}_{\mu,\sigma^2}\left[\frac{1}{n} \sum_{i=1}^{n} (X_i - \mu)^2\right] = \frac{1}{n} \sum_{i=1}^{n} \mathbb{E}_{\mu,\sigma^2}\left[(X_i - \mu)^2\right] = \frac{1}{n} \sum_{i=1}^{n} \sigma^2 = \sigma^2.$$

Leider besitzt dieser Schätzer einen Schönheitsfehler: er setzt die Kenntnis von μ voraus. Typischerweise kennen wir jedoch den Erwartungswert der Messungen nicht, sondern schätzen ja auch diesen z.B. mithilfe des empirischen Mittels $\hat{\mu}$. Wir ersetzen in obiger Schätzfunktion also μ durch $\hat{\mu}$ und rechnen unter Benutzung von Gleichung (2.1), des Verschiebungssatzes 4.4.3 und Korollar 4.4.5

$$\mathbb{E}_{\mu,\sigma^2}\left[\sum_{i=1}^{n} (X_i - \hat{\mu})^2\right] = \mathbb{E}_{\mu,\sigma^2}\left[\sum_{i=1}^{n} X_i^2 - n\hat{\mu}^2\right]$$

$$= \sum_{i=1}^{n} \mathbb{E}_{\mu,\sigma^2}[X_i^2] - \frac{1}{n}\mathbb{E}_{\mu,\sigma^2}\left[\left(\sum_{i=1}^{n} X_i\right)^2\right]$$

$$= \sum_{i=1}^{n} (\mathbb{V}_{\mu,\sigma^2} X_i + \mu^2) - \frac{1}{n}\left(\mathbb{V}_{\mu,\sigma^2}\left[\sum_{i=1}^{n} X_i\right] + (n\mu)^2\right)$$

$$= n(\sigma^2 + \mu^2) - \frac{1}{n}(n\sigma^2 + n^2\mu^2) = (n-1)\sigma^2.$$

Wir müssen also erstaunt feststellen, dass bei gleichzeitiger Schätzung des Erwartungswerts und der Varianz die Funktion

$$(x_1, \ldots, x_n) \mapsto \frac{1}{n-1} \sum_{i=1}^{n} (x_i - \hat{\mu})^2$$

einen erwartungstreuen Schätzer für die Varianz liefert. Und natürlich kennen wir diese Schätzfunktion bereits: es ist die empirische Varianz s_{n-1}^2. Umgekehrt wird nun auch deutlich, warum wir bei der Definition der empirischen Varianz durch $n - 1$ statt durch n dividieren; nur dadurch ist sie erwartungstreu.

Das zweite Qualitätsmerkmal einer Schätzung geht von der Überlegung aus, dass für endlich viele Beobachtungen $x_1, \ldots, x_n$ jede Schätzung fehlerbehaftet sein mag, wir uns aber immerhin wünschen können, dass für immer größere Stichproben die Qualität unseres Schätzers immer besser wird. Die Schätzung sollte mit wachsendem n gegen den wahren Wert konvergieren.

Definition 5.1.11

Ein Schätzer $\hat{\theta}$ heißt *konsistent*, wenn für alle $\varepsilon > 0$

$$\lim_{n \to \infty} \mathbb{P}_\theta(|\hat{\theta}(X_1, \ldots, X_n) - \theta| \geq \varepsilon) = 0 \quad \text{für alle } \theta \in \Theta.$$

In dieser Definition der Konsistenz eines Schätzers erkennen wir den Konvergenzbegriff aus dem Schwachen Gesetz der großen Zahlen wieder. Für konsistente Schätzer wird es also immer wahrscheinlicher, dass der Schätzfehler klein ist.

Satz 5.1.12

Sowohl der naive Schätzer $\hat{p}$ für den Münzwurf, als auch der naive Schätzer $\hat{\lambda}$ für die Poisson–Verteilung ist konsistent.

Beweis. Betrachten wir zunächst den Münzwurf, dann folgt wegen $\mathbb{E}_p X_i = p$ und $\hat{p}(X_1, \ldots, X_n) = \frac{1}{n} \sum_{i=1}^{n} X_i$ die Behauptung aus dem Gesetz der großen Zahlen (Satz 4.5.1) für den unabhängigen Münzwurf.

Mit den gleichen Argumenten folgt aus dem Gesetz der großen Zahlen für unabhängige Poisson–Variablen die konsistenz von $\hat{\lambda}$. ∎

Um noch ein weiteres Qualitätsmerkmal von Schätzern zu diskutieren, wollen wir eine Art Abstand eines Schätzers zum wahren Wert definieren. Dabei beschränken wir uns auf erwartungstreue Schätzer für θ und bezeichnen die Klasse aller erwartungstreuen Schätzer mit $\mathcal{U}$. Dann besagt Satz 5.1.9 gerade, dass die beiden naiven Schätzer für den Münzwurf und für die Poisson–Verteilung im jeweiligen $\mathcal{U}$ liegen. Aber auch andere Schätzer in diesen Modellen sind erwartungstreu.

Denn in beiden Modellen sind die zu schätzenden Parameter gleich dem Erwartungswert der zugrunde liegenden Verteilung. Der Erwartungswert μ einer sogar beliebigen Verteilung (mit existierendem Erwartungswert) lässt sich jedoch immer erwartungstreu und konsistent durch eine beliebige konvexe Kombination der Beobachtungsdaten schätzen. Das liegt bzgl. der Erwartungstreue einfach an der Linearität des Erwartungswertes, die uns für $0 \leq \alpha_1, \ldots, \alpha_n \leq 1$ mit $\sum_{i=1}^{n} \alpha_i = 1$ sofort

$$\mathbb{E}_\mu \Big[\sum_{i=1}^{n} \alpha_i X_i \Big] = \sum_{i=1}^{n} \alpha_i \mathbb{E}_\mu[X_i] = \mu \tag{5.5}$$

liefert, und es liegt bzgl. der Konsistenz am Gesetz der großen Zahlen, dessen Beweis sich für unabhängige Zufallsvariablen X_i wörtlich vom einfachen Mittelwert der X_i auf den Fall einer beliebigen Konvexkombination $\sum_i \alpha_i X_i$ der X_i verallgemeinern lässt.

Insbesondere ist jede einzelne Beobachtung x_i also eine erwartungstreue und konsistente Schätzung für θ, wenn der zu schätzende Parameter θ gleich dem Erwartungswert der Verteilung ist. Das mag zunächst verwundern, denn wir beobachten beispielsweise im Münzwurf entweder eine 0 oder eine 1, und beide Werte werden eher nicht die tatsächliche Erfolgswahrscheinlichkeit p der Münze treffend schätzen. Aber z.B. Erwartungstreue garantiert eben auch nur, dass sich der Schätzfehler zu Null aufsummiert, wenn alle möglichen Beobachtungen in die Rechnung einbezogen werden. Die einzelne Schätzung selbst kann dabei eben meilenweit entfernt vom wahren Wert liegen. Gerade darum bemühen wir uns ja um Qualitätskriterien, die über einfache Erwartungstreue und auch Konsistenz hinausgehen.

Um nun ein weiteres Qualitätskriterium für Schätzer einzuführen, wird man von zwei Schätzern $\hat{\theta}, \tilde{\theta} \in \mathcal{U}$ für θ denjenigen für den Besseren halten, der *im Mittel* weniger um den wahren Wert streut.

Definition 5.1.13

Das *quadratische Risiko* eines erwartungstreuen Schätzers $\hat{\theta}$ für θ ist seine Varianz

$$R(\theta, \hat{\theta}) = \mathbb{V}_\theta[\hat{\theta}(X_1, \ldots, X_n)].$$

Natürlich bezeichnet hier $\mathbb{V}_\theta$ die gemäß $\mathbb{P}_\theta$ berechnete Varianz. Ein Qualitätsmerkmal für einen Schätzer ist nun offenbar ein möglichst kleines quadratisches Risiko.

Satz 5.1.14: *Satz von Cramér und Rao*

Unter allen erwartungstreuen Schätzern für die Erfolgswahrscheinlichkeit p im Münzwurf besitzt der naive Schätzer das kleinste quadratische Risiko.

Beweis. Sei $\hat{p} \in \mathcal{U}$ ein beliebiger erwartungstreuer Schätzer für p. Unser Ziel ist es,

$$\mathbb{E}_p\big[(\hat{p}(X_1, \ldots, X_n) - p)^2\big] \geq \frac{p(1-p)}{n} \tag{5.6}$$

zu beweisen, denn das quadratische Risiko des naiven Schätzers ist ja

$$\mathbb{V}_p\Big[\frac{1}{n}\sum_{i=1}^n X_i\Big] = \frac{1}{n^2}\sum_{i=1}^n \mathbb{V}_p X_i = \frac{p(1-p)}{n}.$$

Wir können uns im Beweis auf $0 < p < 1$ konzentrieren, denn für $p = 0$ oder $p = 1$ ist die Ungleichung offensichtlich wahr. Die folgende Argumentation ist nicht schwer, aber etwas trickreich. Wir kennen die Wahrscheinlichkeit

$$\mathbb{P}_p(\{x\}) = \mathbb{P}_p(\{(x_1, \ldots, x_n)\}) = p^k(1-p)^{n-k}$$

einer Beobachtung $x = (x_1, \ldots, x_n)$ mit $k = \sum_{i=1}^n x_i$ Einsen und auch deren erste Ableitung nach p, die wir schon in Gleichung (5.4) berechneten:

$$\mathbb{P}'_p(\{x\}) = (k - np)p^{k-1}(1-p)^{n-k-1} = \frac{1}{p(1-p)}(k - np)\mathbb{P}_p(\{x\}). \tag{5.7}$$

Die Erwartungstreue von $\hat{p}$ bedeutet

$$p = \mathbb{E}_p[\hat{p}(X_1, \ldots, X_n)] = \sum_{x \in \{0,1\}^n} \hat{p}(x)\mathbb{P}_p(\{x\})$$

und nach einmaligem Ableiten dieser Gleichung nach p erhalten wir durch Einsetzen von Gleichung (5.7)

$$1 = \sum_{x \in \{0,1\}^n} \hat{p}(x)\mathbb{P}'_p(\{x\}) = \frac{1}{p(1-p)}\mathbb{E}_p\Big[\hat{p}(X_1, \ldots, X_n) \cdot \Big(\sum_{i=1}^n X_i - np\Big)\Big]. \tag{5.8}$$

Schreiben wir abkürzend $S_n = \sum_{i=1}^n X_i$, so ist $\mathbb{E}_p[p(S_n - np)] = p\,(\mathbb{E}S_n - np) = 0$ und

$$\mathbb{E}_p\Big[\hat{p}(X_1, \ldots, X_n)\Big(\sum_{i=1}^n X_i - np\Big)\Big] = \mathbb{E}_p[\hat{p}(X_1, \ldots, X_n)(S_n - np)] - \mathbb{E}_p[p(S_n - np)]$$

$$= \mathbb{E}_p[(\hat{p}(X_1, \ldots, X_n) - p)(S_n - np)].$$

Setzen wir dies in das Quadrat der Gleichung (5.8) ein, dann folgt mit der Cauchy–Schwarz–Ungleichung (siehe Anhang A.3, (XVIII))

$$1 = \frac{(\mathbb{E}_p[(\hat{p}(X_1, \ldots, X_n) - p)(S_n - np)])^2}{p^2(1-p)^2} \leq \frac{\mathbb{E}_p[(\hat{p}(X_1, \ldots, X_n) - p)^2] \cdot \mathbb{E}_p[(S_n - np)^2]}{p^2(1-p)^2}.$$

Dies ist wegen $\mathbb{E}_p[(S_n - np)^2] = \mathbb{V}S_n = np(1-p)$ genau die Ungleichung (5.6), die wir beweisen wollten. ∎

Der naive Schätzer $\frac{1}{n}\sum_{i=1}^n X_i$ für das unbekannte p im Münzwurf ist der eindeutige Maximum–Likelihood–Schätzer, erwartungstreu, konsistent und er besitzt unter allen erwartungstreuen Schätzern das kleinste quadratische Risiko. Deshalb wählen wir gerade ihn, wenn wir im nächsten Abschnitt Hypothesen über das dem Münzwurf zugrunde liegende p testen wollen.

5.2 Testtheorie im Münzwurf

Im vorhergehenden Abschnitt hatten wir gesehen, dass der naive Schätzer ein sehr guter Schätzer für die unbekannte Erfolgswahrscheinlichkeit p im Münzwurf ist. In der Klasse der erwartungstreuen Schätzer ist er gemessen am quadratischen Risiko sogar der beste. Ist nun aber unser p eine irrationale Zahl, so werden wir dieses p mit keiner Schätzung unseres naiven Schätzers richtig schätzen: Egal, wie viele Beobachtungen $x_1, \ldots, x_n$ wir machen, stets wird $\frac{1}{n}\sum_{i=1}^n x_i$ ein Bruch sein und damit rational, also ungleich p.

Eine Möglichkeit, dieser situationsbedingten Schwierigkeit zu entgehen, ist es nun, Aussagen über p zu formulieren, die wir mit großer Wahrscheinlichkeit als richtig oder falsch nachweisen können. Wir werden also Hypothesen aufstellen und versuchen, diese mathematisch aufgrund der Beobachtungen zu untermauern oder zu widerlegen. Häufig handelt es sich dabei nur um eine Hypothese und ihre Alternative. Schauen wir uns ein Beispiel genauer an.

Wir stellen uns vor, dass ein Weinliebhaber behauptet, er könne erschmecken, ob ein Wein vom Südhang eines Weinbergs stamme oder vom Hang Richtung Osten.[1] Vorausgesetzt der Weinliebhaber behauptet nicht, unfehlbar zu sein, sondern nur eine Tendenz zu haben, die richtige Lage zu erraten, dann können wir folgendes Experiment durchführen: Wir befüllen $n = 16$ (kleine) Gläser mit Wein, wobei wir jedesmal rein zufällig zwischen einem Wein vom Südhang und einem vom Osthang wählen. Dann lassen wir den Weinliebhaber testen und nach jedem Glas entscheiden, welche Lage verkostet wurde. Mithilfe der beobachteten richtigen und falschen Antworten haben wir zwischen zwei Hypothesen zu entscheiden:

H_0: Der Weinliebhaber rät rein zufällig.

H_1: Der Weinliebhaber besitzt die behauptete Fähigkeit.

Eine Hypothese, die *Nullhypothese* H_0, behauptet also die Zufälligkeit der Beobachtungen, während die *Gegenhypothese* H_1 eine deterministische Ursache behauptet. Man kann dieses Experiment dadurch mathematisieren, dass man sich die 16 Weinproben als Folge $x_1, \ldots, x_{16}$ von Nullen und Einsen vorstellt, wobei eine Eins bedeutet, dass der Weinliebhaber die Lage richtig erkannt hat und eine Null, dass er sich irrte. Jede Beobachtung x_i ist dann die Realisierung einer Zufallsvariablen X_i, $1 \leq i \leq 16$, und wir wollen annehmen, dass diese Zufallsvariablen stochastisch unabhängig sind, d.h. dass das Ergebnis einer Probe die anderen nicht beeinflusst. Wir sind damit in der Situation des 16–fachen Wurfs einer Münze mit Erfolgswahrscheinlichkeit p und versuchen nun aufgrund der Beobachtungen zwischen den beiden Hypothesen

$$H_0 : p = \frac{1}{2} \qquad \text{und} \qquad H_1 : p > \frac{1}{2}$$

zu entscheiden. Dass $p < 1/2$ sein könnte, schließen wir aus, da $p = 1/2$ schon die Erfolgswahrscheinlichkeit bei purem Raten ist.

Natürlich wollen wir eine Regel zur Entscheidung zwischen beiden Hypothesen haben, die sowohl H_0 als auch H_1 eine faire Chance gibt, angenommen zu werden. Damit aber entsteht auch sofort die Möglichkeit, dass unsere Entscheidung ein Fehler ist. Es gibt

den Fehler 1. Art: H_0 ist wahr und wird verworfen

den Fehler 2. Art: H_0 ist falsch und wird angenommen.

---

[1]Das ist eine Variante des berühmten Problems der *tea tasting lady*, in dem eine englische Dame behauptet, sie könne geschmacklich erkennen, ob bei einem Tee mit Milch zuerst der Tee oder zuerst die Milch eingegossen wurde. Anhand dieses Problems wurden in der ersten Hälfte des 20. Jahrhunderts einige Grundgedanken der Testtheorie und des Designs von Experimenten diskutiert.

Offensichtlich ist es unmöglich, beide Fehler gleichzeitig in den Griff zu bekommen. Versucht man beispielsweise den Fehler erster Art kleinzuhalten, indem man das Ablehnen von H_0 erschwert, so vergrößert dies unausweichlich die Chancen auf einen Fehler zweiter Art.

In der Statistik hat sich nun eingebürgert, vorrangig den Fehler 1. Art klein zu halten und dannach erst im Rahmen der Möglichkeiten den Fehler 2. Art. Zunächst also suchen wir nach einer Entscheidungsregel, bei welcher der Fehler 1. Art kleiner ist als ein vorgegebenes *Signifikanzniveau* α. Typische Werte für α sind 5%, 2,5%, 1% oder 0,5%. Die Wahl des Werts für α hängt natürlich von der jeweiligen Situation ab: je gravierendere Folgen ein Irrtum hätte, desto kleiner sollten wir α wählen. In unserem Beispiel hat ein Fehler 1. Art keine desaströsen Auswirkungen und wir wählen $\alpha = 5\%$.

Das folgende Testverfahren liegt nahe: Wir schätzen p aus den Daten mithilfe des naiven Schätzers $\hat{p}$. Wenn $\hat{p}$ so aussieht, wie wir es unter H_0 vermuten würden (also z.B. nicht zu weit entfernt von $1/2$ liegt), so nehmen wir H_0 an, sonst H_1. Hierbei tolerieren wir eine Wahrscheinlichkeit von α für einen Fehler 1. Art. Genauer sieht das Testverfahren so aus:

– schätze p durch $\hat{p}$

– bestimme eine Schranke Γ für p

– akzeptiere H_0, falls $\hat{p} < \Gamma$ und verwerfe H_0 andernfalls.

Und der Wert für die Schranke $\Gamma = \Gamma(\alpha)$ berechnet sich dabei so, dass die Wahrscheinlichkeit für einen Fehler 1. Art höchstens gleich α ist. Da wir H_0 ablehnen, wenn $\hat{p}$ mindestens gleich Γ ist, müssen wir sicherstellen, dass bei Gültigkeit von H_0

$$\mathbb{P}_{\frac{1}{2}}(\hat{p} \geq \Gamma) \leq \alpha$$

gilt. Es ist zu beachten, dass wir zur Berechnung dieser Wahrscheinlichkeit $p = \frac{1}{2}$ unterstellen, denn genau das besagt ja H_0. Setzen wir in unserem Beispiel den naiven Schätzer und $\alpha = 5\%$ ein und nutzen, dass unter H_0 die Summe $\sum_{i=1}^{n} X_i$ gemäß $B(16, \frac{1}{2})$ binomialverteilt ist, so haben wir

$$\sum_{16\Gamma \leq k \leq 16} \binom{16}{k} 2^{-16} = \mathbb{P}_{\frac{1}{2}}\left(\sum_{i=1}^{16} X_i \geq 16\,\Gamma\right) \leq 0,05$$

zu erfüllen. Aus dieser Ungleichung müssen wir Γ ermitteln; dabei werden wir aus allen möglichen Γ das kleinste wählen, denn dadurch verringern wir wenigstens im Rahmen der Möglichkeiten die Chance auf einen Fehler 2. Art. Berechnet man dazu die Werte der Binomialverteilung, so sieht man, dass

$$0,0384 \approx \sum_{k=12}^{16} \binom{16}{k} 2^{-16} < 0,05 < \sum_{k=11}^{16} \binom{16}{k} 2^{-16} \approx 0,1051,$$

und daher wählen wir $16\,\Gamma = 12$, d.h. $\Gamma = \frac{3}{4}$. Ist also $\hat{p} < \frac{3}{4}$, so werden wir H_0 annehmen; ansonsten verwerfen wir die Hypothese.

Fassen wir die anhand des Beispiels eingeführten Grundbegriffe der Testtheorie zusammen: Zu testen ist immer eine Nullhypothese H_0 gegen ihre Alternative H_1. Den Test selbst beschreiben wir (für den Fall des n–fachen Münzwurfs) durch eine Funktion

$$\varphi : \{0,1\}^n \to \{0,1\},$$

wobei $\varphi(x) = 0$ für das Annehmen von H_0 steht und $\varphi(x) = 1$ für die Ablehnung; natürlich jeweils in Abhängigkeit von der gemachten Beobachtung $x = (x_1, \ldots, x_n)$. Diese Beobachtung ist der zufällige Wert eines Vektors $X = (X_1, \ldots, X_n)$ von Zufallsvariablen.[2]

Schreiben wir kurz $p \in H_0$ (bzw. $p \in H_1$) für ein mit H_0 (bzw. H_1) verträgliches p, dann steht

$$\mathbb{P}_p(\{\varphi(X) = 1\}) \quad \begin{matrix} \text{für einen Fehler 1. Art, falls } p \in H_0 \\ \text{bzw.} \\ \text{für die Güte des Tests, falls } p \in H_1. \end{matrix}$$

Statt Güte nennt man $\mathbb{P}_p(\{\varphi(X) = 1\})$ für $p \in H_1$ auch die *Macht* des Tests in p, denn dieser Wert entspricht ja offenbar der Chance, die Gegenhypothese H_1 anzunehmen, wenn sie in Form von $p \in H_1$ vorliegt.

Die Funktion φ wird so konstruiert, dass erstens das *Niveau* des Tests

$$\max_{p \in H_0} \mathbb{P}_p(\{\varphi(X) = 1\})$$

unterhalb einer gegebenen Signifikanz $\alpha > 0$ liegt, denn damit kontrollieren wir den Fehler 1. Art. Zweitens werden wir, allerdings mit geringerer Priorität, bei der Konstruktion von φ darauf achten, dass die Macht in p, also

$$\mathbb{P}_p(\{\varphi(X) = 1\})$$

für alle $p \in H_1$ möglichst groß ist, denn damit kontrollieren wir den Fehler 2. Art.

Und innerhalb dieses mathematischen Rahmens behandeln wir alle sogenannten *einseitigen* Testprobleme gleich. Haben wir

$$\begin{array}{llll} H_0 : p \leq p_0 & \text{gegen} & H_1 : p > p_0 & \text{oder} \\ H_0 : p < p_0 & \text{gegen} & H_1 : p \geq p_0 & \text{oder} \\ H_0 : p = p_0 & \text{gegen} & H_1 : p > p_0 \end{array}$$

auf dem Signifikanzniveau α zu testen, so

1. schätzen wir p mittels des naiven Schätzers $\hat{p}$

2. berechnen wir $\Gamma = \Gamma(\alpha)$ aus

$$\mathbb{P}_{p_0}(\{\hat{p}(X) \geq \Gamma\}) \leq \alpha,$$

    wobei wir Γ möglichst klein wählen, um die Güte des Tests zu steigern

---

[2]Im Beispiel ist also $\varphi(x) = 1_{[12,16]}(x_1 + \ldots + x_{16})$.

3. akzeptieren wir H_0, falls $\hat{p}(x) < \Gamma$ ist und verwerfen H_0 andernfalls.

Hierbei ist zu erwähnen, dass wir tatsächlich stets mit der Verteilung $\mathbb{P}_{p_0}$ rechnen, selbst wenn die Hypothese H_0 nicht $p = p_0$ sondern z.B. $p \leq p_0$ lautet. Das liegt an der Monotonie des zu untersuchenden Ausdrucks in p. Es gilt

$$\mathbb{P}_p(\{\hat{p}(X) \geq \Gamma\}) \leq \mathbb{P}_{p_0}(\{\hat{p}(X) \geq \Gamma\}) \quad \text{für } p \leq p_0,$$

d.h. das Niveau des Tests wird durch $\mathbb{P}_{p_0}$ bestimmt. Die erwähnte Monotonie ist sehr plausibel, denn das Ereignis $\{\hat{p}(X) \geq \Gamma\}$ beschreibt eine Mindestanzahl an Einsen im n–fachen Münzwurf, und die Wahrscheinlichkeit dieses Ereignisses sinkt mit kleiner werdendem p. Ein Beweis dieser Tatsache kann z.B. mit der *Beta–Darstellung der Binomialverteilung* gegeben werden. Es ist

$$\mathbb{P}(\{Z \geq k + 1\}) = \binom{n}{k}(n - k) \int_0^p t^k (1 - t)^{n-k-1} \, dt$$

für eine zu den Parametern n und $0 < p < 1$ binomialverteilte Zufallsvariable Z und $k \in \{0, 1, \ldots, n-1\}$. Offensichtlich ist die rechte Seite monoton in p und damit auch die linke Seite. Die behauptete Darstellung selbst beweist man z.B. durch Ableiten nach p, wodurch auf der linken Seite eine Teleskopsumme entsteht.

Selbstverständlich bleibt das Testverfahren dem Wesen nach unverändert, wenn wir etwa $H_0 : p > p_0$ gegen $H_1 : p \leq p_0$ oder ähnliche Hypothesen testen wollen. Wir bestimmen dann in völliger Analogie aus

$$\mathbb{P}_{p_0}(\{\hat{p}(X) \leq \Gamma\}) \leq \alpha$$

ein möglichst *großes* Γ, schätzen $\hat{p}$ aus den Daten und akzeptieren H_0 genau dann, wenn $\hat{p}(x) > \Gamma$ ist.

Beispiel 5.2.1

Zwei Spieler A und B würfeln. Dabei behauptet B, dass der Würfel gezinkt ist und weniger Sechsen würfelt als zu erwarten sei. A hingegen behauptet, der Würfel sei fair. Bei den folgenden 20 Würfen wird genau eine Sechs beobachtet. Was können die Spieler daraus schließen?

Bezeichnet p die Wahrscheinlichkeit für eine Sechs, so lauten die Hypothesen

$$H_0 : \ p = \frac{1}{6} \quad \text{gegen} \quad H_1 : p < \frac{1}{6}.$$

Wir entscheiden uns für ein Signifikanzniveau von $\alpha = 5\%$ und tabellieren die Wahrscheinlichkeiten $\mathbb{P}_{1/6}(\{Z = k\})$, die für uns relevant sind. Hierbei beschreibt die $B(20, \frac{1}{6})$–verteilte Zufallsvariable Z die Anzahl der Sechsen in 20 Würfen.

k	$\mathbb{P}_{1/6}(\{Z = k\})$	$\mathbb{P}_{1/6}(\{Z \leq k\})$
0	0,026	0,026
1	0,104	0,130

Damit sehen wir, dass die Wahrscheinlichkeit für höchstens eine Sechs bei 20 Würfen nicht unterhalb von 0,05 liegt, wir also die Hypothese H_0 nicht verwerfen können; konsequenterweise akzeptieren wir H_0. Wäre hingegen überhaupt keine Sechs gefallen, so hätten wir H_0 verworfen.

Einen wichtigen Aspekt der Testtheorie erkennen wir übrigens, wenn wir den gleichen Test mit nur 10 Würfen und demselben Signifikanzniveau $\alpha = 5\%$ durchführen. Berechnen wir unter H_0 die Wahrscheinlichkeit, keine einzige Sechs zu werfen, so ist

$$\mathbb{P}_{\frac{1}{6}}(\{Z = 0\}) = \left(\frac{5}{6}\right)^{10} \approx 0,161 > 0,05 = \alpha.$$

Wir müssen die Hypothese H_0 daher stets annehmen, egal wie wenig Sechsen wir im Experiment sehen. Das bedeutet natürlich nicht, dass der Würfel auf jeden Fall fair ist, sondern es bedeutet, dass unser Stichprobenumfang *zu klein* ist. Auf Basis von 10 Beobachtungen können wir die Nullhypothese nicht signifikant widerlegen. Die Frage, ob wir eine Hypothese akzeptieren oder nicht, kann also nicht nur von der Hypothese selbst abhängen, sondern durch das gewählte Signifikanzniveau auch vom Stichprobenumfang maßgeblich beeinflusst werden.

Neben den bisher behandelten einseitigen Tests gibt es auch *zweiseitige* Tests. Hier sind Hypothese bzw. Alternative von der Form

$$H_0 : p = p_0 \qquad \text{gegen} \qquad H_1 : p \neq p_0.$$

Es liegt auf der Hand, den Test folgendermaßen zu gestalten:

1. schätze p durch den naiven Schätzer $\hat{p}$

2. finde ein möglichst kleines $\Gamma = \Gamma(\alpha)$ mit

$$\mathbb{P}_{p_0}(\{\hat{p}(X) \notin (p_0 - \Gamma, p_0 + \Gamma)\}) \leq \alpha$$

3. akzeptiere H_0, falls $\hat{p}(x) \in (p_0 - \Gamma, p_0 + \Gamma)$, ansonsten verwerfe H_0.

Beispiel 5.2.2: *Sind Ratten farbenblind?*

Wir wollen klären, ob Ratten eine der Farben Rot oder Grün vorziehen. Hierfür planen wir den folgenden Versuch: Ratten werden durch einen Gang geschickt, der sich in zwei Gänge verzweigt, die grün bzw. rot gestrichen sind. Bezeichnet p die Wahrscheinlichkeit, mit der eine Ratte den roten Gang wählt, so entscheiden wir uns je nach dem Ausgang des Experiments für

H_0 :   Die Ratten bevorzugen keinen der beiden Gänge ($p = \frac{1}{2}$)
oder
H_1 :   Die Ratten bevorzugen einen der Gänge, d.h. eine der Farben ($p \neq \frac{1}{2}$).

Wir wenden nun den oben beschriebenen Weg an: Es stehen uns 10 Ratten zur Verfügung, wir können also eine Stichprobe vom Umfang $n = 10$ erheben. Um den Verwerfungsbereich zu finden müssen wir zu gegebenem α unser Γ so wählen, dass

$$\mathbb{P}_{\frac{1}{2}}\left(\left\{\frac{1}{10}Z \notin \left(\frac{1}{2} - \Gamma, \frac{1}{2} + \Gamma\right)\right\}\right) \leq \alpha$$

wird und Γ dabei möglichst klein. Hier ist Z eine $B(10, \frac{1}{2})$-verteilte Zufallsvariable und wir berechnen

k	0	1	2	......	8	9	10
$\mathbb{P}_{\frac{1}{2}}(\{Z = k\})$	$\frac{1}{1024}$	$\frac{10}{1024}$	$\frac{45}{1024}$	......	$\frac{45}{1024}$	$\frac{10}{1024}$	$\frac{1}{1024}$

Wir sehen also, dass

$$\mathbb{P}_{\frac{1}{2}}(\{|Z - 5| \geq 4\}) = \mathbb{P}_{\frac{1}{2}}(\{Z \in \{0, 1, 9, 10\}\}) = \frac{22}{1024} < 0,05,$$

während $\mathbb{P}_{1/2}(\{|Z - 5| \geq 3\}) > 0,1$ ist. Unsere Entscheidungsregel sieht also folgendermaßen aus: Wählen die Ratten einen der Gänge neun- oder zehnmal, so werden wir die Hypothese H_0, dass Ratten farbenblind sind, verwerfen. Anderenfalls werden wir sie zum Signifikanzniveau $\alpha = 0,05$ akzeptieren.

Wir hatten bereits bemerkt, dass bei einem einseitigen Test, beispielsweise der Form

$$H_0 : p \leq p_0 \qquad \text{gegen} \qquad H_1 : p > p_0,$$

prinzipiell auch ein Vertauschen der Hypothesen H_0 und H_1 möglich ist. Dabei tauscht man auch die Fehler 1. und 2. Art, man sichert somit einen anderen Fehler ab. Ein solches Vertauschen ist bei einem zweiseitigen Test

$$H_0 : p = p_0 \qquad \text{gegen} \qquad H_1 : p \neq p_0$$

nicht möglich. Das liegt daran, dass man, um den Fehler 1. Art klein zu halten, stets eine Art „Sicherheitsbereich" um H_0 legt; das ist es ja, was wir mit Γ beschreiben. Ist $\hat{p}(x)$ innerhalb dieses Bereichs, nimmt man H_0 an, sonst verwirft man es. Wäre unsere Nullhypothese nun $H_0 : p \neq p_0$, also $p \in [0, 1] \setminus \{p_0\}$, so wäre unser „Sicherheitsbereich" naturgemäß etwas größer als diese Menge und damit automatisch das ganze Intervall $[0, 1]$. Man würde also immer H_0 annehmen, egal wie groß die Stichprobe ist und ganz gleich, was die Beobachtung ist: Das ist nicht sehr sinnvoll.

Mit anderen Worten: Sowohl $p \leq p_0$ als auch z.B. $p = p_0$ oder $p > p_0$ sind sinnvolle Nullhypothesen, jedoch $p \neq p_0$ ist es nicht. Man kann statistisch sinnvoll testen, ob ein unbekannter Parameter kleiner oder größer einem Schwellenwert ist, oder eventuell sogar gleich; aber man kann im Allgemeinen *nicht* statistisch sinnvoll testen, ob ein Parameter *ungleich* einem bestimmten Wert ist. Es mangelt einfach an statistisch belegbaren Kriterien, mit deren Hilfe man eine Hypothese der *Ungleichheit* ablehnen kann.

Weiterhin möchten wir betonen, dass die Verwerfungsbereiche von ein– und zweiseitigen Tests verschieden sind. Eine einseitige Hypothese kann verworfen werden, während die zweiseitige angenommen wird. Weiß man z.B. in Beispiel 5.2.2, dass Ratten – wenn überhaupt – die Farbe Rot bevorzugen, dann testet man eher

$$H_0 : p = \frac{1}{2} \qquad \text{gegen} \qquad H_1 : p > \frac{1}{2},$$

und wir sehen, dass der Verwerfungsbereich für $\alpha = 10\%$ so konstruiert wird, dass man H_0 bei 8, 9 oder 10 Entscheidungen für den roten Gang ablehnt, denn

$$\mathbb{P}_{\frac{1}{2}}(\{Z \in \{8,9,10\}\}) = \frac{56}{1024} < 0,1$$

und $\mathbb{P}_{1/2}(\{Z \geq 7\}) > 0,1$. Im zweiseitigen Test hingegen würden wir die Nullhypothese $H_0 : p = \frac{1}{2}$ bei 8 Entscheidungen für den roten Gang *nicht* verwerfen, wie wir ja oben berechneten. Das ist in gewisser Weise paradox, denn obwohl man eine stärkere Evidenz für H_0 hat (da $p < \frac{1}{2}$ bei diesem einseitigen Test ja von vorneherein ausgeschlossen ist), genügt trotzdem schon eine weniger auffällige Beobachtung, um H_0 abzulehnen.

In den obigen Beispielen haben wir immer explizit die Wahrscheinlichkeiten unter der Binomialverteilung verwendet. Für große Versuchsumfänge n können wir natürlich stattdessen wieder die Approximation durch die Normalverteilung verwenden.

Beispiel 5.2.3

Eine Münze wird 1 000 Mal geworfen und es soll wieder

$$H_0 : p = \frac{1}{2} \qquad \text{gegen} \qquad H_1 : p \neq \frac{1}{2}$$

getestet werden; wir fragen also, ob die Münze fair ist. Das Testniveau betrage $\alpha = 5\%$. Können wir H_0 bestätigen, wenn wir 550 Einsen beobachten?

Zur Konstruktion des Verwerfungsbereichs suchen wir Γ, so dass

$$\mathbb{P}_{\frac{1}{2}}(\{|S_{1000} - 500| \geq \Gamma\}) \leq 0,05$$

und dabei Γ möglichst klein. Nach dem Zentralen Grenzwertsatz ist

$$\mathbb{P}_{\frac{1}{2}}(\{|S_{1000} - 500| \geq \Gamma\}) \approx 1 - \int_{-\frac{\Gamma}{\sqrt{250}}}^{\frac{\Gamma}{\sqrt{250}}} \varphi_{0,1}(x)\, dx = 2 \cdot \Phi(-\frac{\Gamma}{\sqrt{250}}).$$

Die Ungleichung $2\Phi(-\frac{\Gamma}{\sqrt{250}}) \leq 0,05$ lösen wir numerisch zu $\Gamma \geq 31$. Wir werden H_0 also annehmen, wenn wir zwischen 469 und 531 Einsen sehen, und ansonsten verwerfen. In der vorgegebenen Situation mit 550 Einsen werden wir H_0 also verwerfen. Ist stattdessen $\alpha = 0,001$ vorgegeben, so führt dieselbe Rechnung zur Ungleichung

$$2\Phi(-\frac{\Gamma}{\sqrt{250}}) \leq 0,001$$

mit der numerischen Lösung $\Gamma \geq 53$. Auf diesem Signifikanzniveau müssten wir H_0 annehmen.

Beispiel 5.2.4: *Berechnung einer Stichprobengröße*

Man will den Anteil p der Raucher in einer sehr großen Bevölkerung schätzen und zwar auf 3% genau. Will man diese Toleranz mit 100%iger Sicherheit einhalten, so muss man offenbar mindestens 97% der Bevölkerung befragen. Ist man dagegen mit z.B. 95%iger Sicherheit zufrieden, so genügt eine kleinere Stichprobe, die wir uns der Einfachheit halber als „mit Zurücklegen" gezogen vorstellen. Wie groß muss der Stichprobenumfang n nun sein?

Eine Stichprobe vom Umfang n enthält nun $S_n = \sum_{i=1}^{n} X_i$ Raucher, wobei X_i unabhängige zum Parameter p Bernoulli–verteilte Zufallsvariablen sind. Natürlich schätzen wir p mithilfe des naiven Schätzers, so dass wir die Ungleichung

$$\mathbb{P}_p\left(\left\{\left|\frac{1}{n}S_n - p\right| \leq 0,03\right\}\right) \geq 0,95 \tag{5.9}$$

erfüllen müssen. Leider ist sowohl p, als auch n unbekannt. Allerdings können wir, wenn n, wie hier vorausgesetzt, groß ist, immerhin den Zentralen Grenzwertsatz zitieren[3]:

$$\mathbb{P}_p\left(\left\{\left|\frac{S_n - np}{\sqrt{np(1-p)}}\right| \leq a\right\}\right) \approx \int_{-a}^{a} \varphi_{0,1}(x)\,dx = 2 \cdot \Phi(a) - 1 \ , \quad \text{für } a > 0.$$

Wir lösen nun numerisch $2 \cdot \Phi(a) - 1 = 0,95$ und erhalten $a \approx 2,054$. Daher wissen wir, dass das Ereignis

$$\left\{\left|\frac{S_n - np}{\sqrt{np(1-p)}}\right| \leq 2,1\right\} = \left\{\left|\frac{1}{n}S_n - p\right| \leq 2,1\sqrt{\frac{p(1-p)}{n}}\right\}$$

in sehr guter Näherung eine Wahrscheinlichkeit von 0,95 besitzt. Und dies konnten wir tatsächlich herleiten, auch ohne die Werte für p oder n zu kennen. Umgekehrt können wir nun sogar eine Abschätzung für n hieraus gewinnen. Wir erfüllen die Ungleichung (5.9) sicherlich, wenn

$$2,1\sqrt{\frac{p(1-p)}{n}} \leq 0,03,$$

d.h. $n \geq 4\,900\,p(1-p)$ gilt. Nun wissen wir zwar dummerweise nicht, wie groß $p(1-p)$ ist, denn wir wollen ja gerade p schätzen, aber immerhin gilt

$$p(1-p) = \frac{1}{4} - \left(\frac{1}{2} - p\right)^2 \leq \frac{1}{4} \ , \quad \text{für alle } 0 \leq p \leq 1,$$

---

[3]Wir setzen hierbei voraus, dass die unbekannte Wahrscheinlichkeit p eine Größenordnung besitzt, welche die Anwendung des Zentralen Grenzwertsatzes rechtfertigt, und nicht etwa die des Poissonschen Grenzwertsatzes. Dies ist im vorliegenden Beispiel sicher gerechtfertigt, denn unsere Erfahrung sagt uns, dass der Anteil der Raucher sicher irgendwo zwischen 20 und 80 Prozent der Bevölkerung liegt. Würden wir jedoch stattdessen nach dem Anteil derjenigen an der Bevölkerung fragen, die z.B. eine Trainerlizenz für Wasserball besitzen, so sollten wir die Anwendung des Zentralen Grenzwertsatzes besser unterlassen.

so dass $n = 1225$ Probanden genügen, um den Anteil der Raucher in der Bevölkerung mit 95%iger Sicherheit auf 3% genau zu schätzen.

Wir überlassen es dem Leser zu verifizieren, dass bei einer geforderten Sicherheit von 98% und einer Genauigkeit von 1% bereits ein Stichprobenumfang von $n = 13\,530$ nötig ist. Solche Ergebnisse lösen in den Geistes- und Sozialwissenschaften und der Medizin oftmals Bestürzung aus, weil typische Stichproben dort aus Kostengründen um Größenordnungen kleiner sind.[4]

5.3 Ein kleinste–Quadrate–Schätzer: die Ausgleichsgerade

Wir werden in diesem Abschnitt ein Schätzproblem ansprechen, das sehr häufig in Anwendungen auftaucht. Zu diesem Zweck stellen wir uns vor, wir haben ein Experiment gemacht und im Laufe dieses Experiments Datenpaare (x_i, y_i), $i = 1, \ldots, n$ erhoben. Beispielsweise könnten die x_i Zeitpunkte sein, an denen wir die Position y_i eines Objekts messen. Oder aber wir messen den Stammdurchmesser y_i eines Baumes in der Höhe x_i.

Wir möchten die *funktionale Abhängigkeit* der y_i von den x_i quantifizieren; dabei gehen wir davon aus, dass bereits bekannt sei, dass die y_i (in guter Näherung) linear von den x_i abhängen, d.h.

$$y_i = f(x_i) = \alpha + \beta x_i \ , \quad \text{für alle } 1 \le i \le n.$$

Dies kann entweder aufgrund theoretischer Überlegungen klar sein, wie z.B. bei einer unbeschleunigten Bewegung im ersten Fall, oder durch empirische Untersuchungen bestätigt sein, wie im zweiten Fall.

Zeichnen wir die Punkte (x_i, y_i) in ein cartesisches Koordinatensystem, so erwarten wir zwar, dass sie auf einer Geraden liegen, jedoch werden sie – etwa bedingt durch Messfehler wie im ersten Beispiel oder durch geringfügige Abweichungen von dem linearen Zusammenhang wie im zweiten Beispiel – nicht exakt eine Gerade beschreiben, sondern eher eine langgestreckte Punktwolke. Die Frage ist nun: Gegeben die Messwerte (x_i, y_i), $1 \le i \le n$, wie können wir eine sinnvolle Gerade durch diese Punkte legen, was sind die Parameter $\hat{\alpha}$ und $\hat{\beta}$ dieser sogenannten *Ausgleichsgeraden*.

Dieses Problem unterscheidet sich von dem in Abschnitt 5.1 behandelten Schätzproblem, denn hier liegen ja nicht n durch den Zufall beeinflusste Beobachtungen ein und desselben Experiments vor. Stattdessen setzen wir voraus, die x_i genau zu kennen, und wollen durch eine geschickte Wahl von $\hat{\alpha}$ und $\hat{\beta}$ erreichen, dass die Daten

$$y_i - (\hat{\alpha} + \hat{\beta} x_i) \ , \ 1 \le i \le n,$$

---

[4]Häufig wird durch eine Voruntersuchung p sehr grob geschätzt und daraus dann das benötigte n für eine genauere Schätzung berechnet. Wüssten wir z.B., dass sicher $p \le 0,3$ ist, dann folgt $p(1-p) \le 0,21$ statt der verwendeten Ungleichung $p(1-p) \le 0,25$, und wir könnten unsere Stichprobe immerhin um 16% kleiner wählen.

möglichst wenig um den Wert 0 streuen. Diese Bedingung ist sicher sinnvoll, denn bei perfekter linearer Abhängigkeit der Daten und bei Kenntnis der Parameter hätte diese Differenz den Wert Null für alle $1 \leq i \leq n$.

In Kapitel 2 haben wir den empirischen Mittelwert und die Varianz als Lage– bzw. Streuparameter von Daten kennengelernt. Wir werden also die Bedingungen

$$\sum_{i=1}^{n}(y_i - (\hat{\alpha} + \hat{\beta}x_i)) = 0 \quad \text{und} \quad \sum_{i=1}^{n}(y_i - (\hat{\alpha} + \hat{\beta}x_i))^2 \quad \text{minimal} \tag{5.10}$$

für die Wahl von $\hat{\alpha}$ und $\hat{\beta}$ berücksichtigen. Diese Methode geht auf Carl Friedrich Gauß (1777–1855) zurück und wird wegen der zweiten Bedingung auch die *Methode der kleinsten Quadrate* genannt. Wir setzen zur Abkürzung

$$\overline{x} := \frac{1}{n}\sum_{i=1}^{n}x_i \ , \quad \overline{xx} := \frac{1}{n}\sum_{i=1}^{n}x_i^2 \ , \quad \overline{xy} := \frac{1}{n}\sum_{i=1}^{n}x_iy_i \ , \tag{5.11}$$

und $\overline{y}$ und $\overline{yy}$ analog. Beachten Sie, dass $\overline{xx} - (\overline{x})^2 = \frac{1}{n}\sum_{i=1}^{n}(x_i - \overline{x})^2 > 0$ ist, wenn nicht alle $x_i = \overline{x}$ sind. Dies ist aber erfüllt, sobald wir zwei verschiedene Daten x_i und x_j haben. Wir berechnen den Ausdruck

$$\begin{aligned}
Q &:= (\hat{\alpha} - (\overline{y} - \hat{\beta}\,\overline{x}))^2 + (\overline{xx} - (\overline{x})^2)\Big(\hat{\beta} - \frac{\overline{xy} - \overline{x}\cdot\overline{y}}{\overline{xx} - (\overline{x})^2}\Big)^2 + \Big(\overline{yy} - (\overline{y})^2 - \frac{(\overline{xy} - \overline{x}\cdot\overline{y})^2}{\overline{xx} - (\overline{x})^2}\Big) \\
&= (\hat{\alpha} - (\overline{y} - \hat{\beta}\,\overline{x}))^2 + \hat{\beta}^2(\overline{xx} - (\overline{x})^2) - 2\hat{\beta}(\overline{xy} - \overline{x}\cdot\overline{y}) + \overline{yy} - (\overline{y})^2 \\
&= \hat{\alpha}^2 - 2\hat{\alpha}\,\overline{y} + 2\hat{\alpha}\hat{\beta}\,\overline{x} + \hat{\beta}^2\overline{xx} - 2\hat{\beta}\,\overline{xy} + \overline{yy} \\
&= \frac{1}{n}\sum_{i=1}^{n}(\hat{\alpha}^2 - 2\hat{\alpha}y_i + 2\hat{\alpha}\hat{\beta}x_i + \hat{\beta}^2x_i^2 - 2\hat{\beta}x_iy_i + y_i^2) \\
&= \frac{1}{n}\sum_{i=1}^{n}(y_i - (\hat{\alpha} + \hat{\beta}x_i))^2
\end{aligned}$$

und sehen, dass Q der zu minimierende Ausdruck in den Bedingungen (5.10) ist; und Q ist leicht zu minimieren. Die ersten beiden Summanden von Q sind stets nicht negativ und nur sie enthalten die frei wählbaren Parameter $\hat{\alpha}$ und $\hat{\beta}$. Das Minimum von Q erreichen wir also, wenn diese beiden Summanden verschwinden, und genau so wählen wir unsere Parameter, d.h.

$$\hat{\beta} = \frac{\overline{xy} - \overline{x}\cdot\overline{y}}{\overline{xx} - (\overline{x})^2} \quad \text{und} \quad \hat{\alpha} = \overline{y} - \hat{\beta}\,\overline{x}.$$

Damit erfüllen wir übrigens auch gleichzeitig die erste Bedingung in (5.10), denn die fordert ja gerade, dass $n\overline{y} - n(\hat{\alpha} + \hat{\beta}\,\overline{x}) = 0$ sein soll. Also ist die Gerade $y = \hat{\alpha} + \hat{\beta}x$ die Ausgleichsgerade der Datenpunkte $(x_1, y_1), \ldots, (x_n, y_n)$.

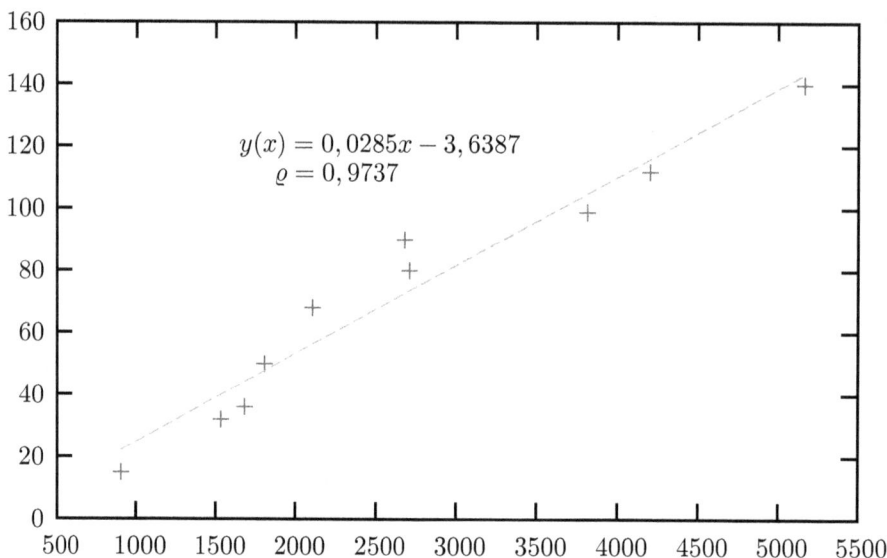

$$y(x) = 0,0285x - 3,6387$$
$$\varrho = 0,9737$$

Abbildung 5.1: *Datensatz und Ausgleichsgerade im Beispiel 5.3.2*

Definition 5.3.1

Die Gerade $y = \hat{\alpha} + \hat{\beta}x$ mit

$$\hat{\beta} = \frac{\overline{xy} - \overline{x} \cdot \overline{y}}{\overline{xx} - (\overline{x})^2} \quad \text{und} \quad \hat{\alpha} = \overline{y} - \hat{\beta}\overline{x}$$

heißt *Ausgleichsgerade der Datenpunkte* $(x_1, y_1), \ldots, (x_n, y_n)$ und $\hat{\beta}$ der *empirische Regressionskoeffizient.*

Beispiel 5.3.2

Es soll der Zusammenhang zwischen dem verfügbaren Haushaltseinkommen x_i pro Monat und den monatlichen Ausgaben y_i für kulturelle Zwecke (Bücher, Musik, Kino– und Theaterbesuche, Museumseintritte usw.) an $n = 10$ Haushalten untersucht werden. Wir nehmen an, dass bei der Stichprobe die folgenden Daten erhoben wurden.

i	1	2	3	4	5	6	7	8	9	10
x_i	1 805	2 107	1 532	3 812	4 200	908	5 164	1 680	2 680	2 712
y_i	50	68	32	99	112	15	140	36	90	80

Wir vermuten eine lineare Abhängigkeit

$$y_i = \alpha + \beta x_i \,, \ 1 \leq i \leq 10,$$

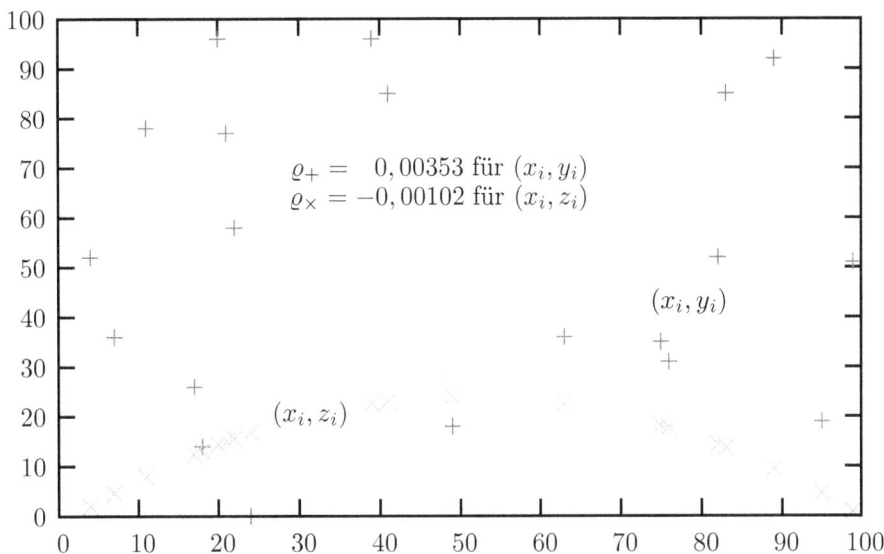

Abbildung 5.2: *die Datensätze* (x_i, y_i) *als* $+$ *und* (x_i, z_i) *als* $\times$

zwischen den Werten und berechnen die Parameter der Ausgleichsgeraden. Mit den Daten erhalten wir

$$\overline{x} = 2\,660 \; , \; \overline{y} = 72,2 \; , \; \overline{xy} = 238\,555,8 \; , \; \overline{xx} = 8\,706\,694,6$$

und daher

$$\hat{\beta} = \frac{\overline{xy} - \overline{x} \cdot \overline{y}}{\overline{xx} - (\overline{x})^2} \approx 0,0285 \;\; \text{und} \;\; \hat{\alpha} = \overline{y} - \hat{\beta}\,\overline{x} \approx -3,6387.$$

Die gesucht Ausgleichsgerade ist also (siehe Abbildung 5.1)

$$y = 0,0285x - 3,6387.$$

Allerdings sollten wir diesen linearen Zusammenhang der Daten nicht überinterpretieren, denn aufgrund dieser Ausgleichsgeraden gehen wir davon aus, dass Personen mit einem Einkommen unterhalb 127 € einen negativen Betrag für Kultur ausgeben, also etwas daran verdienen. Mit viel Phantasie könnte man argumentieren, dass diese Personen vielleicht selbst Künstler sind.

5.4 Der empirische Korrelationskoeffizient

Anders als im vorigen Abschnitt, wo wir einen linearen Zusammenhang der Daten unterstellten, soll nun eine Kennzahl vorgestellt werden, die häufig bei der Entscheidung, ob überhaupt eine lineare Abhängigkeit vorliegt, genutzt wird. Gegeben seien also wieder Daten $(x_1, y_1), \ldots, (x_n, y_n)$. Mit den Abkürzungen aus (5.11) definieren wir:

Definition 5.4.1

Der *empirische Korrelationskoeffizient* der Daten $(x_1, y_1), \ldots, (x_n, y_n)$ ist gegeben durch

$$\varrho := \frac{\overline{xy} - \overline{x} \cdot \overline{y}}{\sqrt{(\overline{xx} - (\overline{x})^2)(\overline{yy} - (\overline{y})^2)}}.$$

Es ist keine schwere Aufgabe zu zeigen, dass stets

$$-1 \leq \varrho \leq 1$$

gilt und $\varrho = 1$ bzw. $\varrho = -1$ ist, wenn sämtliche Punkte (x_i, y_i) auf einer Geraden mit positiver bzw. negativer Steigung liegen. Daher wählt man den empirischen Korrelationskoeffizienten als ein Maß für die lineare Abhängigkeit der Daten.

Allerdings bleibt zu beachten, dass der Korrelationskoeffizient nur einen Hinweis auf einen linearen Zusammenhang der Daten liefert. Andere, z.B. quadratische Abhängigkeiten können mit ihm nicht untersucht werden. Um dies zu verdeutlichen, haben wir in der Abbildung 5.2 die Punktwolke und den Korrelationskoeffizienten für folgende Daten dargestellt:

x_i	41	39	21	76	4	18	99	49	82	83	$\ldots$
y_i	85	96	77	31	52	14	51	18	52	85	$\ldots$
z_i	23	22,56	15	17,75	1,91	13,11	0,96	23,96	14,39	13,76	$\ldots$

x_i	$\ldots$	7	24	95	22	89	63	20	17	11	75
y_i	$\ldots$	36	0	19	58	92	36	96	26	78	35
z_i	$\ldots$	4,64	16,71	4,64	15,59	9,56	22,56	14,39	12,44	8	18,24

Die Daten (x_i, y_i) sind zufällig gewählte Punkte und daher sind die Zufallsvariablen

$$X = 1. \text{ Koordinate} \qquad \text{und} \qquad Y = 2. \text{ Koordinate}$$

unabhängig. Dies spiegelt auch der Korrelationskoeffizient der Daten recht gut wider; das ϱ_+ ist nahe Null, d.h. es gibt keinen Hinweis auf einen linearen Zusammenhang der Daten. Umgekehrt bedeutet ein ϱ nahe Null jedoch keineswegs, dass die Daten auch unabhängigen Zufallsvariablen entstammen. Die Daten (x_i, z_i) wurden durch die Funktion

$$z(x) = -\frac{1}{100}(x - 51)^2 + 24$$

erzeugt, und besitzen eine deterministische, jedoch quadratische Abhängigkeit. Gleichwohl ist auch hier $\varrho_\times$ fast gleich Null; es gibt keinen Hinweis auf eine lineare Abhängigkeit. Somit ist im Übrigen auch die Berechnung der Ausgleichsgeraden bei beiden Datensätzen natürlich statistisch sinnlos.

5.5   Der exakte Test von Fisher und der χ^2-Test

Wir haben mit dem empirischen Korrelationskoeffizienten ϱ und dem Regressionskoeffizienten $\hat{\beta}$ zwei Kennziffern kennengelernt, die lineare Abhängigkeit der Daten y_i von den Daten x_i, $1 \le i \le n$, aufzeigen und quantifizieren. Es ist sicher wünschenswert, auch statistische Tests zu Verfügung zu haben, welche die Hypothese untersuchen, dass die Daten y_i unabhängig von den Daten x_i sind.

Beispiel 5.5.1

Ein neues Medikament gegen eine tödliche Krankheit werde in einer Untersuchung gegen ein altherkömmliches getestet. An der Studie nehmen zwölf Patienten teil. Dabei wird sechs Patienten das neue Medikament gegeben und den anderen sechs das alte. Wir machen folgende Beobachtungen:

	sterben	überleben	Summe
neues Medikament	1	5	6
altes Medikament	4	2	6
Summe	5	7	12

Auf den ersten Blick sieht es so aus, als sei das neue Medikament eindeutig besser. Wir wollen sehen, ob dies Zufall ist. Dazu stellen wir die Hypothesen

H_0 :   Die Medikamente sind gleich wirksam
und
H_1 :   Das neue Medikament ist wirksamer

auf und argumentieren wie folgt: Unter der Nullhypothese ist die Verabreichung des neuen Medikaments so gut wie die des alten und der Tod von insgesamt fünf Probanden unvermeidlich. Ganz gleich, welches der beiden Medikamente wir ihnen gegeben hätten, sie wären mangels einer noch besseren Behandlung sowieso gestorben. Das Versuchsergebnis ist somit unter Voraussetzung von H_0 dadurch zustande gekommen, dass wir bei der zufälligen Verteilung der Probanden auf die beiden Medikamente eben nur einen einzigen der „Todgeweihten" für die Behandlung mit dem neuen Medikament ausgewählt haben. Bei einem Test von H_0 gegen H_1 müssen wir uns also fragen: Wie wahrscheinlich ist es bei der Zusammenstellung der Patientengruppen, einen oder weniger der „Todgeweihten" in die Gruppe für das neue Medikament zu ziehen?

Offenbar gibt es hierfür bei konstant bleibenden Zeilen– und Spaltensummen genau zwei mögliche Konstellationen, die wir durch die folgenden sogenannten *Vierfeldertafeln* beschreiben:

$$\begin{array}{c|c} 1 & 5 \\ \hline 4 & 2 \end{array} \qquad \begin{array}{c|c} 0 & 6 \\ \hline 5 & 1 \end{array}$$

In Worten: Wir nehmen per Zufall nur einen Sterbenden und fünf Überlebende in die Gruppe oder wir nehmen sechs Überlebende in die Gruppe. Die Wahrscheinlichkeit, dass bei der Verteilung der Patienten eine dieser Versuchsausgänge realisiert wird, beträgt

$$\frac{\binom{5}{1}\binom{7}{5}}{\binom{12}{6}} + \frac{\binom{5}{0}\binom{7}{6}}{\binom{12}{6}} = \frac{4}{33} \approx 0,1212.$$

In fast jeder achten Versuchsreihe würde also selbst bei gleicher Wirksamkeit der Medikamente ein Versuchsausgang beobachtbar sein, der so evident für das neue Medikament zu sprechen schiene, wie der vorliegende. Man kann also die Hypothese H_0 auf keinem vernünftigen Signifikanzniveau verwerfen. Es sei betont, dass dies auch diesmal an der sehr dürftigen Datenmenge liegt.

Wir haben in diesem Beispiel den sogenannten *exakten Test von Fisher* kennengelernt; Ronald Aylmer Fisher (1890–1962) gilt als Pionier der statistischen Datenanalyse und er war es auch, der das „tea tasting lady"–Problem als Erster mathematisch behandelte. Der exakte Test von Fisher ist ein Test auf Unabhängigkeit der Einträge der Vierfeldertafel, denn die Nullhypothese „die Medikamente sind gleich wirksam" bedeutet ja gerade, dass es keinen messbaren Zusammenhang zwischen einer Behandlung und dem Tod gibt.

Im Allgemeinen haben wir folgende Situation: Wir unterteilen eine Grundmenge Ω von N Individuen anhand zweier Merkmale A und B mit je zwei Merkmalsausprägungen 0 und 1 und beobachten die folgenden Häufigkeiten.

	B_1	B_0	Summe
A_1	N_{11}	N_{10}	$N_{11} + N_{10}$
A_0	N_{01}	N_{00}	$N_{01} + N_{00}$
Summe	$N_{11} + N_{01}$	$N_{10} + N_{00}$	N

(5.12)

Wir interpretieren die Beobachtung als Ausgang eines Zufallsexperiments, bei dem die Ausprägung der beiden Merkmale zufällig jedem Individuum zugeordnet wird. Vom zugrunde liegenden Zufallsmechanismus wissen wir gar nichts und wir fragen uns, ob die Ausprägungen voneinander unabhängig zugeordnet werden. Dies ist genau dann der Fall, wenn

$$\mathbb{P}\big(\{\omega \in \Omega \mid \omega \text{ hat } B_1\} \mid \{\omega \in \Omega \mid \omega \text{ hat } A_1\}\big) = \mathbb{P}(\{\omega \in \Omega \mid \omega \text{ hat } B_1\})$$

gilt, und genau dies ist unsere Nullhypothese. Allerdings können wir sie nicht ohne weiteres mit der Binomialverteilung testen, denn die Zuordnung von Ausprägungen bei konstant gehaltenen Randsummen ist ja kein Ziehen mit Zurücklegen. Bezeichnet vielmehr X die Anzahl der ω in der Stichprobe, die sowohl A_1, als auch B_1 haben, so ist diese Zufallsvariable hypergeometrisch verteilt zu den Parametern

$$r = |B_1| = N_{11} + N_{01}, \ s = |B_0| = N_{10} + N_{00} \ \text{und} \ n = |A_1| = N_{11} + N_{10},$$

und gemäß dieser Verteilung berechnen wir die Wahrscheinlichkeit für das beobachtete Ereignis $\{X = N_{11}\}$ oder auch für $\{X \geq N_{11}\}$. Liegt die Wahrscheinlichkeit für

die vorliegende oder noch extremere Beobachtungen dann unter dem vorher gewählten Signifikanzniveau α, so werden wir die Nullhypothese verwerfen und nicht an die
Unabhängigkeit der Zuordnung glauben.

Das folgende Beispiel ist dem Buch [En] entnommen und stammt ursprünglich aus der
Zeitschrift *Science*, Bd. 140 (1963), S. 1414–1415.

Beispiel 5.5.2

Um zu analysieren ob Stress das Immunsystem eher schädigt oder trainiert, wurde
ein Test an 23 Affen vorgenommen. Von diesen wurden elf Tiere ausgelost und 24
Stunden lang Stress ausgesetzt. Dazu mussten sie arbeiten, nämlich einen Hebel fest
drücken, und wurden für ein Nachlassen mit einem Stromstoß bestraft. Die übrigen
zwölf Affen brauchten in diesen 24 Stunden keinerlei Arbeit zu verrichten. Danach
wurden alle 23 mit einem potenziell tödlichen Virus (Polio I) geimpft. Die Statistik
zeigt einen überraschenden Ausgang dieses Versuchs:

	gestorben	überlebt	Summe
mit Stress	4	7	11
ohne Stress	11	1	12
Summe	15	8	23

Wir wollen die Hypothese

H_0 : Stress hat keine Wirkung   gegen H_1 : Stress härtet ab

auf einem Signifikanzniveau von $\alpha = 1\%$ testen.

Unter H_0 hätten auf jeden Fall acht der Affen das Experiment überlebt und es war
pures Glück, dass sieben von diesen in der Gruppe der arbeitenden Affen waren. Wir
berechnen die Wahrscheinlichkeit dafür, dass man bei rein zufälliger Verteilung der
Affen eine solche oder sogar noch extremere Aufteilung erhält, zu

$$\frac{\binom{8}{7}\binom{15}{4} + \binom{8}{8}\binom{15}{3}}{\binom{23}{11}} = \frac{125}{14\,858} \approx 0,0084.$$

Wir verwerfen die Hypothese H_0 also auf unserem Signifikanzniveau von 1%.

Aus den obigen Beispielen wird schon deutlich, dass dieser Test für einen großen Stichprobenumfang auch die Berechnung unhandlicher Binomialkoeffizienten erfordert. Daher wird in der Praxis häufig ein anderer Test verwendet, der sogenannte χ^2–Test. Er
besitzt darüber hinaus den Vorteil, auch dann anwendbar zu sein, wenn mehr als zwei
Merkmale mit je zwei möglichen Ausprägungen zugeordnet werden. Wir wollen uns ihm
anhand eines ausführlichen Beispiels nähern.

Es soll die Frage geklärt werden, ob die Vorliebe für helle oder dunkle Schokolade
geschlechtsabhängig ist. Dazu wird einer Gruppe bestehend aus 200 Männern und 100
Frauen Schokolade zum Verkosten gegeben. Bei den Männern mögen dabei 72 die helle

Schokolade lieber und 128 die dunkle, während bei den Frauen das Verhältnis beinahe ausgeglichen ist: 48 mögen die helle Schokolade lieber und 52 die dunkle. Dies ergibt folgende Tabelle:

	hell	dunkel	Summe
Frauen	48	52	100
Männer	72	128	200
Summe	120	180	300

Wir testen die Hypothese

H_0 :   Die Vorliebe für einen Schokoladentyp ist geschlechtsunabhängig

gegen

H_1 :   Die Vorliebe für einen Schokoladentyp ist geschlechtsspezifisch,

indem wir unsere Daten gegen das kontrastieren, was von den Randwerten her zu erwarten gewesen wäre. Von insgesamt 300 Menschen bevorzugen 120 helle Schokolade und das sind 40%. Ist diese Vorliebe unabhängig vom Geschlecht, so wäre zu erwarten, dass auch 40% der männlichen Probanden, also 80 Männer, helle Schokolade mögen und demzufolge 120 dunkle. Und ebenso würde man erwarten, dass 40 der 100 Frauen helle Schokolade bevorzugen und 60 die dunkle. Unter der Hypothese der Unabhängigkeit der Merkmale „Schokoladentyp" und „Geschlecht" wäre also die folgende Tabelle typisch:

	hell	dunkel
Frauen	40	60
Männer	80	120

und unsere Beobachtung hat eine Abweichung von

	hell	dunkel
Frauen	8	-8
Männer	-8	8

.

Es wäre schön, wenn die Abweichung unserer Beobachtung anhand einer Zahl ausgedrückt würde, und nicht in Form einer Tabelle; dazu bilden wir den Ausdruck

$$\hat{Z} = \frac{8^2}{40} + \frac{(-8)^2}{60} + \frac{(-8)^2}{80} + \frac{8^2}{120} = 4.$$

Man sollte in diesem Ausdruck eine geeignete Größe für den quadrierten Abstand der beobachteten Vierfeldertafel zur typischen sehen. Dieselbe Größe erhält man übrigens auch durch

$$\hat{Z} = \frac{48^2}{40} + \frac{52^2}{60} + \frac{72^2}{80} + \frac{128^2}{120} - 300 = 4.$$

Der erwähnte χ^2–Test verläuft nun so wie jeder andere Test auch, nämlich dass wir anhand der theoretisch hergeleiteten Wahrscheinlichkeitsverteilung der Zufallsvariablen Z untersuchen, ob die beobachtete Realisierung $\hat{Z}$ signifikant unwahrscheinlich ist. Ist dies der Fall, so verwerfen wir die Nullhypothese, andernfalls akzeptieren wir sie.

Bei der Herleitung der Verteilung von Z für große Stichproben werden ganz ähnliche Grenzwertsätze benutzt, wie wir sie bereits kennengelernt haben. Dennoch beschränken wir uns in diesem Buch auf das Resultat und geben keinen Beweis.

Dazu führen wir für $n \in \mathbb{N}$ die Funktion $g_n : (0, \infty) \to \mathbb{R}$ mit

$$g_n(x) = x^{\frac{n}{2}-1} e^{-\frac{x}{2}}$$

ein und erwähnen, dass das Integral $c_n := \int_0^\infty g_n(x)\,dx$ einen endlichen Wert[5] besitzt. Daher ist

$$\gamma_n(x) := \frac{1}{c_n} g_n(x) = \frac{1}{c_n} x^{\frac{n}{2}-1} e^{-x^2} \ , \ x > 0, \tag{5.13}$$

eine Wahrscheinlichkeitsdichte.

Definition 5.5.3

Eine Zufallsvariable X heißt χ^2-verteilt (lies:„chi-Quadrat") mit n Freiheitsgraden, wenn die Verteilung $\mathbb{P}_X$ die Dichte aus Gleichung (5.13) besitzt, wenn also gilt

$$\mathbb{P}(\{a \leq X \leq b\}) = \frac{1}{c_n} \int_a^b x^{\frac{n}{2}-1} e^{-\frac{x}{2}} \, dx \ , \quad \text{für } 0 < a < b.$$

Genau wie bereits bei der Normalverteilung, so ist auch bei der χ^2-Verteilung die Stammfunktion nicht elementar darstellbar, jedoch findet sich auch für sie eine Approximation in jedem guten Programm zur Tabellenkalkulation.

Und die Zufallsvariable Z in unserem Beispiel ist in guter Näherung χ^2-verteilt mit einem Freiheitsgrad. Möchten wir also unsere Nullhypothese auf einem Signifikanzniveau von $\alpha = 5\%$ testen, so berechnen wir die Wahrscheinlichkeit für die beobachtete oder eine noch extremere Abweichung approximativ zu

$$\mathbb{P}(\{Z \geq 4\}) \approx 0,0455.$$

Aufgrund dieses Ergebnisses müssen wir unsere Hypothese H_0 verwerfen. Die Daten geben also durchaus Anlass zur Vermutung, dass es geschlechtsspezifische Vorlieben für helle bzw. dunkle Schokolade gibt.

Im allgemeinen Fall, wenn eine Tabelle wie in Gleichung (5.12) vorliegt, erstellen wir mithilfe der naiven Schätzer

$$\hat{p} := \hat{p}(B_1) = \hat{\mathbb{P}}(\{\omega \in \Omega \mid \omega \text{ hat } B_1\}) = \frac{N_{11} + N_{01}}{N}$$

und $\hat{q} := \hat{q}(A_1) = \frac{N_{11}+N_{10}}{N}$ die typische Tabelle

	B_1	B_0	
A_1	$N\hat{p}\hat{q}$	$N(1-\hat{p})\hat{q}$	(5.14)
A_0	$N\hat{p}(1-\hat{q})$	$N(1-\hat{p})(1-\hat{q})$	

und berechnen den Ausdruck

$$\hat{Z} = \frac{N_{11}^2}{N\hat{p}\hat{q}} + \frac{N_{10}^2}{N(1-\hat{p})\hat{q}} + \frac{N_{01}^2}{N\hat{p}(1-\hat{q})} + \frac{N_{00}^2}{N(1-\hat{p})(1-\hat{q})} - N.$$

---

[5]Dieser Wert ist $c_n = 2^{n/2}\Gamma(n/2)$, wobei Γ die *Gammafunktion* bezeichnet.

Dann berechnen wir numerisch $\mathbb{P}(\{Z \geq \hat{Z}\})$ für eine mit einem Freiheitsgrad χ^2-verteilte Zufallsvariable Z und verwerfen H_0, falls diese Wahrscheinlichkeit unterhalb des Niveaus α liegt; andernfalls akzeptieren wir H_0. Allerdings müssen wir hier gewisse Einschränkungen machen: Dieses Verfahren funktioniert dann zuverlässig, wenn $N \geq 30$ ist und alle Einträge der typischen Tabelle in Gleichung (5.14) größer oder gleich 5 sind. Dadurch wird die Güte der benutzten Approximation gesichert.

Beispiel 5.5.4

Getestet werden soll, ob Zigarrenrauchen und Rotweintrinken unabhängige Merkmalsausprägungen eines Menschen sind. Dafür wird eine Studie unter 100 Personen durchgeführt, die folgende Daten liefert:

	Zigarrenraucher	kein Zigarrenraucher	Summe
Rotweintrinker	15	55	70
kein Rotweintrinker	5	25	30
Summe	20	80	100

Wir wählen $\alpha = 5\%$ und berechnen $\hat{p} = \frac{1}{5}$ und $\hat{q} = \frac{7}{10}$. Damit ist

$$\hat{Z} = \frac{15^2}{100 \cdot 0,2 \cdot 0,7} + \frac{55^2}{100 \cdot 0,8 \cdot 0,7} + \frac{5^2}{100 \cdot 0,2 \cdot 0,3} + \frac{25^2}{100 \cdot 0,8 \cdot 0,3} - 100 = \frac{25}{84}.$$

Weil für eine Zufallsvariable Z mit einer χ^2-Verteilung mit einem Freiheitsgrad

$$\mathbb{P}\left(\left\{Z \geq \frac{25}{84}\right\}\right) \approx 0,5854$$

ist, können wir die Hypothese der Unabhängigkeit der beiden Gewohnheiten hier also nicht verwerfen.

Wir möchten noch erwähnen, wie der χ^2-Test angewendet wird, wenn die Merkmale A und B mehr als zwei Ausprägungen haben: Es gebe die Varianten $A_1, \ldots, A_r$ bzw. $B_1, \ldots, B_s$. Beobachten wir dann die Häufigkeiten

	B_1	B_2	$\ldots$	B_s	Summe
A_1	N_{11}	N_{12}	$\ldots$	N_{1s}	$\sum_{j=1}^{s} N_{1j}$
A_2	N_{21}	N_{22}	$\ldots$	N_{2s}	$\sum_{j=1}^{s} N_{2j}$
$\vdots$	$\vdots$				
A_r	N_{r1}	N_{r2}	$\ldots$	N_{rs}	$\sum_{j=1}^{s} N_{rj}$
Summe	$\sum_{i=1}^{r} N_{i1}$	$\sum_{i=1}^{r} N_{i2}$	$\ldots$	$\sum_{i=1}^{r} N_{is}$	$N = \sum_{i=1}^{r} \sum_{j=1}^{s} N_{ij}$

und schätzen wir wieder naiv

$$\hat{p}_j = \frac{1}{N} \sum_{i=1}^{r} N_{ij} \,, 1 \leq j \leq s, \quad \text{und ebenso} \quad \hat{q}_i = \frac{1}{N} \sum_{j=1}^{s} N_{ij} \,, 1 \leq i \leq r,$$

so bilden wir die Größe

$$\hat{Z} = \sum_{i=1}^{r} \sum_{j=1}^{s} \frac{N_{ij}^2}{N\hat{q}_i\hat{p}_j} - N. \tag{5.15}$$

Der Test auf Unabhängigkeit der Merkmalszuordnung benutzt nun die χ^2-Verteilung mit $(r-1)\cdot(s-1)$ Freiheitsgraden. Besitzt das Ereignis $\{Z \geq \hat{Z}\}$ für eine derart verteilte Zufallsvariable Z eine Wahrscheinlichkeit unterhalb des Signifikanzniveaus α, so werden wir die Nullhypothese, die ja die Unabhängigkeit unterstellt, verwerfen müssen. Als Spezialfall ergibt sich hieraus natürlich für $r = s = 2$ wieder der Fall der Vierfeldertafel.

Beispiel 5.5.5

Wir wollen testen, ob die Schulbildung eines Sportlers unabhängig von der ausgeübten Sportart ist. Wir konzentrieren uns auf Ballsportarten und beobachten die folgenden Daten:

	Fußball	Handball	Volleyball	Basketball	Summe
Abitur	67	33	15	12	127
mittlere Reife	25	17	8	8	58
Hauptschulabschluss	58	20	19	11	108
Summe	150	70	42	31	$N = 293$

Damit ist $\hat{p}_1 = 150/293$, $\hat{q}_1 = 127/293$ usw. und wir berechnen gemäß (5.15)

$$\hat{Z} \approx 5,2970.$$

Wir testen unsere Hypothese der Unabhängigkeit auf einem Signifikanzniveau von $\alpha = 5\%$ mit einer χ^2-Verteilung mit sechs Freiheitsgraden ($r = 3$, $s = 4$). Es ist

$$\mathbb{P}(\{Z \geq \hat{Z}\}) \approx 0,5063$$

und somit geben die Daten keinen Hinweis auf eine eventuelle Abhängigkeit der Merkmale.

Zum Abschluss dieses Kapitels möchten wir auch noch eine sehr natürliche Anwendung des χ^2-Tests vorstellen. Kennen wir von einem Experiment, z.B. dem einfachen Wurf eines Würfels, die Wahrscheinlichkeitsverteilung der geworfenen Augenzahl, also hier die Laplace–Verteilung auf $\{1, \ldots, 6\}$, so können wir den χ^2-Test nutzen, um einen Würfel auf Fairness zu untersuchen. Beobachten wir etwa bei $N = 201$ Würfen folgende Ausgänge

Augenzahl	1	2	3	4	5	6
Häufigkeit	33	30	40	37	31	30

und möchten wir die Echtheit des Würfels auf dem Signifikanzniveau $\alpha = 5\%$ testen, so bilden wir wieder

$$\hat{Z} = \frac{33^2}{Np_1} + \frac{30^2}{Np_2} + \frac{40^2}{Np_3} + \frac{37^2}{Np_4} + \frac{31^2}{Np_5} + \frac{30^2}{Np_6} - 201 = \frac{171}{67} \approx 2,5522$$

und benutzen die χ^2–Verteilung mit fünf Freiheitsgraden. Beachten Sie, dass wir hier $\hat{p}_i$ nicht schätzen, sondern mit $p_i = 1/6$ für alle $1 \le i \le 6$ den genauen Wert (unter Voraussetzung der Nullhypothese) kennen. Die Anzahl der Freiheitsgrade liegt dann um einen unter der Anzahl der möglichen Versuchsausgänge. Daher ist

$$\mathbb{P}(\{Z \ge \hat{Z}\}) \approx 0,76861$$

und somit besteht überhaupt kein Anlass, aufgrund der Daten an der Echtheit des Würfels zu zweifeln.

Beispiel 5.5.6

Verteilen sich Geburten gleichmäßig auf die Monate eines Jahres, oder gibt es typische Geburtstagsmonate? Zur Beantwortung dieser Frage wurde die relative Häufigkeit k_M jedes Monats M anhand von $N = 3093$ Geburten tabelliert:

M	1	2	3	4	5	6	7	8	9	10	11	12
k_M	252	255	240	294	281	266	295	230	257	227	229	267

Wir bilden wegen $Np_i = \frac{3093}{12} = \frac{1031}{4}$ für alle $1 \le i \le 12$ die Größe

$$\hat{Z} = \frac{4}{1031} \sum_{M=1}^{12} k_M^2 - 3093 = \frac{25\,177}{1031} \approx 24,4200$$

und berechnen für eine mit elf Freiheitsgraden χ^2–verteilte Zufallsvariable Z die Wahrscheinlichkeit

$$\mathbb{P}(\{Z \ge \hat{Z}\}) \approx 0,0111.$$

Die Daten erhärten also den Verdacht, dass sich Geburten nicht zufällig über ein Jahr verteilen; diese Hypothese kann zu einem Signifikanzniveau von 5% verworfen werden.

Aufgaben

1. Betrachten Sie statt des naiven Schätzers $\hat{p}$ für die Erfolgswahrscheinlichkeit im Münzwurf nun den Schätzer

$$\tilde{p}(X_1, \ldots, X_n) = \frac{1}{n+2} \Big(1 + \sum_{i=1}^{n} X_i \Big)$$

und zeigen Sie:

(a) $\tilde{p}$ ist asymptotisch erwartungstreu, d.h. es gilt

$$\lim_{n \to \infty} \mathbb{E}_p \tilde{p} = p \quad \text{für alle } p \in [0,1].$$

(b) $\tilde{p}$ ist konsistent.

(c) es gilt $\mathbb{E}_p[(\tilde{p}-p)^2] = \frac{1}{(n+2)^2}\left(n^2 R(p,\hat{p}) + (1-2p)^2\right)$, wobei $R(p,\hat{p})$ das quadratische Risiko des naiven Schätzers ist.

(d) für alle p mit $|p - \frac{1}{2}| \leq \frac{1}{\sqrt{8}}$ gilt

$$\mathbb{E}_p[(\tilde{p}-p)^2] \leq R(p,\hat{p}) \text{ für alle } n \in \mathbb{N}.$$

2. Fällt ein Teelöffel zu Boden, so gibt es offenbar zwei stabile Ruhelagen, die wir mit „offen" bzw. „geschlossen" bezeichnen; die Wahrscheinlichkeit für die Lage „offen" nennen wir p. Halten Sie einen zweiseitigen Test mit einer Alternative der Form $p \neq p_0$ für angebracht oder würden Sie eher einseitig testen wollen? Werfen Sie einen Teelöffel fünfzigmal und testen Sie die von Ihnen gewählte Hypothese für $p_0 = 2/3$ auf einem Niveau von 5%.

3. Zeigen Sie, dass für eine gegebene Datenmenge $(x_1, y_1), \ldots, (x_n, y_n)$ mit perfekter linearer Abhängigkeit $y_i = \alpha + \beta x_i$, $1 \leq i \leq n$, für die Parameter der Ausgleichsgeraden

$$\hat{\alpha} = \alpha \text{ und } \hat{\beta} = \beta$$

gilt.

4. Zeigen Sie, dass für den empirischen Korrelationskoeffizienten

$$\varrho = \frac{\sum_{i=1}^n (x_i - \overline{x})(y_i - \overline{y})}{\sqrt{\sum_{i=1}^n (x_i - \overline{x})^2 \sum_{i=1}^n (y_i - \overline{y})^2}}$$

gilt und folgern Sie mithilfe der Cauchy–Schwarz–Ungleichung, dass stets $|\varrho| \leq 1$ ist.

5. Die Tabelle in Beispiel 3.2.8.1 (auf Seite 38) scheint deutlich dafür zu sprechen, dass sich Frauen eher für eine vegetarische Ernährung entscheiden als Männer. Prüfen Sie zu einem von Ihnen gewählten Irrtumsniveau, ob die Ernährungsweise geschlechterspezifisch ist.

6. Auf einer Geburtstagsparty fällt die Bemerkung, dass „...Horoskope nur von Frauen gelesen werden...". Die einsetzende Empörung über diese Behauptung führt schnell zu einer Umfrage unter den Gästen, die folgendes Ergebnis liefert: von den 10 anwesenden Frauen liest die Hälfte durchaus manchmal ihr Horoskop der Woche, während dies von den 16 Männern nur 4 tun. Bestätigt diese Umfrage die eingangs erwähnte Bemerkung auf einem 5%–Niveau?

6 Wahrscheinlichkeitstheoretische Schlaglichter

Wie bereits am Ende von Kapitel 4 erwähnt wurde, sollen in diesem Kapitel verschiedene Modelle behandelt werden, in denen wahrscheinlichkeitstheoretische Hilfsmittel eine Rolle spielen. Wir möchten dadurch eine Vorstellung von der breiten Anwendbarkeit der erlernten Resultate vermitteln.

6.1 Wie viele Primteiler hat eine Zahl?

Die zentrale Aufgabe der Wahrscheinlichkeitstheorie lässt sich in groben Zügen als das Auffinden regulärer Strukturen in irregulären Situationen beschreiben. Den prominentesten und intuitiv am leichtesten erfassbaren dieser Grenzwertsätze, das Gesetz der großen Zahlen, haben wir in Kapitel 4 kennengelernt. Interessanterweise treffen wir nun auf strukturell ganz ähnliche Aussagen in Gebieten außerhalb der Stochastik.

Die geschilderte Zielsetzung der Wahrscheinlichkeitstheorie legt es nahe, stochastische Methoden auch in solchen Situationen anzuwenden, die, obschon sie keine originär stochastische Struktur tragen, ein hohes Maß an Irregularität aufweisen. Eine solche Situation liegt beispielsweise häufig in der Zahlentheorie, insbesondere der Primzahltheorie vor. Selbstverständlich ist die Antwort auf die Frage, ob eine bestimmte Zahl prim ist oder wie viele Primteiler sie besitzt keineswegs zufällig; andererseits besitzt die Verteilung der Primzahlen eine höchst unregelmäßige Struktur.

Beispielsweise liegt für jedes $n \geq 2$ zwischen n und $2n$ immer mindestens eine Primzahl, während es auf der anderen Seite auch zu jedem $n \in \mathbb{N}$ eine Folge von n aufeinander folgenden, zusammengesetzten (nicht-primen) Zahlen gibt. Diese irreguläre Struktur führte in den 50er Jahren des vergangenen Jahrhunderts zur Einführung der probabilistischen Zahlentheorie, zu deren prominenten Vertretern u.a. Paul Erdös (1913–1996), Alfréd Rényi (1921–1970), Mark Kac (1914–1984) und Paul Turán (1910–1976) gehörten. Einen kurzen Überblick über einige Begriffe der probabilistischen Zahlentheorie und ein paar Resultate über Primzahlen geben wir im folgenden Unterabschnitt.

In 6.1.2 werden wir einen probabilistischen Beweis für einen Satz von Godfrey Harold Hardy (1877–1947) und Srinivasa Iyengar Ramanujan (1887–1920) geben. Dieser besagt, dass für beinahe alle natürlichen Zahlen m die Anzahl ihrer Primteiler $\log \log m$ beträgt (hierbei bezeichnet $\log$ den natürlichen Logarithmus). Die zentrale Idee dieses Beweises – dessen Grundzüge auf Mark Kac [Kac] zurückgehen – ist der Einsatz der Tschebyschevschen Ungleichung sowie eines Satzes über die Summe der Inversen von Primzahlen.

6.1.1   Primzahlen und Dichten

Bekanntlich heißt eine natürliche Zahl $p \neq 1$ *prim*, wenn ihre einzigen Teiler die Zahlen 1 und p sind. Die erste Frage, die sich über Primzahlen stellen lässt, nämlich, ob es sich in dem Sinne um eine interessante Struktur handelt, als es unendlich viele Primzahlen gibt, wurde schon von Euklid von Alexandria (ca. 365–ca. 300 v.Chr.) positiv beantwortet. Sein Beweis identifiziert zu jeder vorgelegten, *endlichen* Menge von Primzahlen $p_1, \ldots, p_n$ den kleinsten von 1 verschiedenen Teiler der Zahl

$$p_1 \cdots p_n + 1$$

als eine weitere, neue Primzahl.

Und weiß man erst einmal, dass es unendlich viele Primzahlen gibt, so liegt die Frage nach der Größe von

$$\pi(n) := \text{Anzahl der Primzahlen kleiner gleich } n$$

für jedes $n \in \mathbb{N}$ nahe. Der berühmte Primzahlsatz von Jacques Salomon Hadamard (1865–1963) und de la Vallée–Poussin aus dem Jahre 1896 besagt, dass

$$\pi(n) \sim \frac{n}{\log n} \tag{6.1}$$

gilt. Sein Beweis ist nicht eben leicht und würde vom Schwierigkeitsgrad den Rahmen dieses Buches sprengen.

Ein wenig bescheidener ist die Frage, ob die Menge der Primzahlen mächtig genug ist, um die Reihe

$$\sum_{p \text{ prim}} \frac{1}{p}$$

divergieren zu lassen, wie es bekanntlich ja für $\sum_{n \in \mathbb{N}} \frac{1}{n}$ der Fall ist (siehe Anhang A.2, (XIII)). Der folgende Satz beantwortet diese Frage nicht nur affirmativ, sondern macht auch eine Aussage über das asymptotische Verhalten dieser Reihe.

Satz 6.1.1

Es gilt

$$\sum_{\substack{p=2 \\ p \text{ prim}}}^{n} \frac{1}{p} \sim \log \log n.$$

Einen etwas längeren Beweis, der ohne die Aussage des Primzahlsatzes (6.1) auskommt, findet der Leser beispielsweise in [HW]. Setzt man die Gültigkeit des Primzahlsatzes voraus, so lässt sich dieser Satz mit elementaren Mitteln der Analysis beweisen.

Beweis. Mithilfe von $\pi(n)$ schreiben wir

$$\sum_{\substack{p=2 \\ p \text{ prim}}}^{n} \frac{1}{p} = \sum_{k=2}^{n} (\pi(k) - \pi(k-1))\frac{1}{k}, \tag{6.2}$$

denn die Differenz $\pi(k) - \pi(k-1)$ ist genau dann gleich Eins, wenn k prim ist und andernfalls gleich Null. Ordnen wir die Summe um und fassen die Terme mit gleichem $\pi(k)$ zusammen, so erhalten wir wegen $\pi(1) = 0$

$$\sum_{\substack{p=2 \\ p \text{ prim}}}^{n} \frac{1}{p} = \sum_{k=2}^{n-1} \pi(k)\Big(\frac{1}{k} - \frac{1}{k+1}\Big) + \pi(n)\frac{1}{n} = \sum_{k=2}^{n} \frac{\pi(k)}{k(k+1)} + \pi(n)\frac{1}{n+1}.$$

Dieses Verfahren ist auch als *partielle Summation* bekannt. Benutzen wir die Asymptotik aus Gleichung (6.1), so erkennen wir, dass $(\pi(n)/(n+1))_{n\in\mathbb{N}}$ eine Nullfolge ist, während in Lemma A.2.2 des Anhangs gezeigt wird, dass

$$\sum_{k=2}^{n} \frac{\pi(k)}{k(k+1)} \sim \log\log n$$

gilt. Dies beweist unsere Behauptung. ∎

Will man nun wahrscheinlichkeitstheoretische Methoden zur Untersuchung von Primzahlstrukturen heranziehen, so stößt man dabei zunächst auf die Schwierigkeit, dass man zwar, um keine Zahl zu bevorzugen, am liebsten mit der Gleichverteilung auf den natürlichen Zahlen arbeiten würde, diese allerdings, wie wir ja bereits wissen, gar nicht existiert.

Man erinnert sich nun an den Grenzwertsatz 4.6.5 und hilft sich mit dem Begriff der Dichte. Genauer definieren wir auf $\mathbb{N}$ für jedes $N \in \mathbb{N}$ das W–Maß $\mathbb{P}_N$ durch

$$\mathbb{P}_N(\{k\}) = \begin{cases} \frac{1}{N}, & \text{für } 1 \le k \le N \\ 0, & \text{für } k > N \end{cases}$$

und bezeichnen mit $\mathbb{E}_N$ den Erwartungswert bzgl. dieser Verteilung. $\mathbb{P}_N$ ist also die Laplace–Verteilung auf $\{1, \dots, N\}$ und konstant gleich Null außerhalb dieser Menge.

Ist dann $A \subseteq \mathbb{N}$ irgendeine Teilmenge von $\mathbb{N}$, so gilt offenbar

$$\mathbb{P}_N(A) = \frac{1}{N} \cdot |A \cap \{1, \dots, N\}|.$$

Existiert der Grenzwert

$$P(A) := \lim_{N\to\infty} \mathbb{P}_N(A) = \lim_{N\to\infty} \frac{1}{N} \cdot |A \cap \{1, \dots, N\}|, \tag{6.3}$$

so nennen wir diese Zahl *Dichte von A in* $\mathbb{N}$. Wir erwähnen ausdrücklich, dass es sich hierbei nicht um eine Wahrscheinlichkeitsdichte handelt, sondern um eine sogenannte

Zähldichte. Ist z.B. $P(A) = \frac{1}{11}$, so besagt die rechte Seite von Gleichung (6.3), dass (für große N) jede elfte Zahl in A liegt. Offenbar ist stets $0 \leq P(A) \leq 1$, denn $P(A)$ ist wegen der mittleren Gleichung in (6.3) ein Limes von Wahrscheinlichkeiten; daher *interpretieren* wir $P(A)$ auch dahingehend als Wahrscheinlichkeit, mit der eine *zufällig aus* $\mathbb{N}$ gewählte Zahl in A liegt. Ebenso definieren wir für eine Funktion $f : \mathbb{N} \to \mathbb{R}$

$$E(f) = \lim_{N \to \infty} \mathbb{E}_N f = \lim_{N \to \infty} \frac{1}{N} \sum_{k=1}^{N} f(k), \tag{6.4}$$

falls der Grenzwert existiert, und *interpretieren* diese Zahl als Erwartungswert von f.

Es sei deutlich gesagt: Weder ist die Abbildung P aus Gleichung (6.3) ein W–Maß, denn dazu müssten wir auch eine brauchbare σ–Algebra angeben können, noch ist dadurch der Operator E aus Gleichung (6.4) ein wirklicher Erwartungswert, denn dazu bräuchten wir ja ein W-Maß. Trotzdem besitzen P und E plausible Eigenschaften, die mit unserer Intuition im Einklang stehen.

Beispiel 6.1.2

Ist $M_2 \subset \mathbb{N}$ die Menge der geraden Zahlen, so ist

$$\left| \mathbb{P}_N(M_2) - \frac{1}{2} \right| = \left| \frac{1}{N} \cdot |M_2 \cap \{1, \dots, N\}| - \frac{1}{2} \right| = \frac{\left| \lfloor \frac{N}{2} \rfloor - \frac{N}{2} \right|}{N} \leq \frac{1}{2N}$$

und daher $P(M_2) = \frac{1}{2}$. Gemäß der vorgestellten Interpretation können wir also sagen, dass die Hälfte aller natürlichen Zahlen gerade ist, bzw. eine zufällig gewählte natürliche Zahl mit einer Wahrscheinlichkeit von $\frac{1}{2}$ gerade ist. Dies leuchtet intuitiv ein; es bleibt jedoch eine Interpretation.

Bezeichnet allgemeiner M_a für ein festes $a \in \mathbb{N}$ die Menge aller natürlichen Vielfachen von a, so ist ebenso

$$\left| \mathbb{P}_N(M_a) - \frac{1}{a} \right| = \left| \frac{1}{N} \cdot |M_a \cap \{1, \dots, N\}| - \frac{1}{a} \right| = \frac{\left| \lfloor \frac{N}{a} \rfloor - \frac{N}{a} \right|}{N} \leq \frac{a-1}{aN} \tag{6.5}$$

und daher $P(M_a) = \frac{1}{a}$. Auch dieses Ergebnis ist gut interpretierbar: Eine zufällig gewählte Zahl ist mit einer Wahrscheinlichkeit von $\frac{1}{a}$ durch a teilbar.

Ist $R \subset \mathbb{N}$ die Menge der Primzahlen, so ist

$$P(R) = \lim_{N \to \infty} \frac{1}{N} |R \cap \{1, \dots, N\}| = \lim_{N \to \infty} \frac{1}{N} \pi(N) = \lim_{N \to \infty} \frac{1}{\log N} = 0,$$

d.h. gemäß unserer Interpretation ist eine zufällig gewählte Zahl mit Wahrscheinlichkeit Null eine Primzahl.

6.1.2   Über die Anzahl der Primteiler einer Zahl

In diesem Unterabschnitt wollen wir versuchen, ein berühmtes Ergebnis von Hardy und Ramanujan nachzuvollziehen; die Beweisidee geht auf Paul Turán zurück. Definieren wir die Funktion $\Pi : \mathbb{N} \to \mathbb{R}$ als die Anzahl der Primteiler einer Zahl, also

$$\Pi(n) = |\{p \in \mathbb{N} \mid p \text{ ist prim und ein Teiler von } n\}| \ , \ n \in \mathbb{N},$$

und für $\varepsilon > 0$ die Menge

$$G = \left\{ n \in \mathbb{N} \ \middle| \ \left| \frac{\Pi(n)}{\log\log n} - 1 \right| > \varepsilon \right\},$$

so ist unser Ziel, $P(G) = \lim_{N \to \infty} \mathbb{P}_N(G) = 0$ zu zeigen. Im Rahmen unserer Interpretation können wir diese Aussage auch so formulieren, dass für eine zufällig aus $\mathbb{N}$ gewählte Zahl n mit Wahrscheinlichkeit Null der Quotient $\Pi(n)/\log\log n$ um mehr als ε von 1 abweicht; allerdings bleibt hier, zum wiederholten Mal sei es gesagt, der Ausdruck *Wahrscheinlichkeit Null* nur eine plausible Interpretation der mathematischen Größen: P ist *kein* W-Maß.

Wir können die Aussage aber auch streng mathematisch verstehen: und zwar als ein Schwaches Gesetz der großen Zahlen. Über der Menge $\Omega = \mathbb{N}$ mit σ–Algebra $\mathcal{A} = \mathcal{P}(\mathbb{N})$ haben wir einen Wahrscheinlichkeitsraum $(\Omega, \mathcal{A}, \mathbb{P}_N)$ für jedes $N \in \mathbb{N}$. Benutzen wir, wie in Beispiel 6.1.2, die Bezeichnung M_p für die Menge aller natürlichen Vielfachen einer Primzahl p, dann definieren wir die Indikatorvariable $X_p = 1_{M_p} : \Omega \to \{0, 1\}$, d.h.

$$X_p(\omega) = \begin{cases} 1 \ , & \text{falls } p \text{ ein Teiler von } \omega \text{ ist} \\ 0 \ , & \text{sonst} \end{cases}$$

und beobachten, dass für alle $\omega \in \Omega$

$$\Pi(\omega) = \sum_{\substack{p=2 \\ p \text{ prim}}}^{\infty} X_p(\omega)$$

gilt; natürlich ist für jedes $\omega \in \Omega$ die rechts stehende Summe endlich, denn $X_p(\omega) = 0$ für alle $p > \omega$. Und mit dieser Modellierung ist die Aussage

$$\lim_{N \to \infty} \mathbb{P}_N(G) = \lim_{N \to \infty} \mathbb{P}_N\left(\left\{ \left| \frac{\Pi(\cdot)}{\log\log(\cdot)} - 1 \right| > \varepsilon \right\} \right) = 0 \qquad (6.6)$$

durchaus ein Schwaches Gesetz der großen Zahlen. Wir erinnern an das Beispiel 4.5.4, in dem wir uns mit einem ganz ähnlichen Ausdruck beschäftigt haben. Und vor dem Hintergrund der im Anschluss an Satz 4.5.1 geführten Diskussion bedeutet die Gleichung (6.6) tatsächlich in mathematisch korrektem Sinn, dass es mit wachsendem N immer unwahrscheinlicher wird, dass für eine aus $1, \dots, N$ zufällig gewählte Zahl der Quotient $\Pi/\log\log$ um mindestens ε von 1 abweicht.

Vor dem Beweis von (6.6) wollen wir jedoch verstehen, warum dieses Ergebnis – setzt man den Primzahlsatz, d.h. Gleichung (6.1) voraus – nicht völlig unerwartet kommt. Der folgende Satz zeigt, dass zumindest die erwartete Anzahl von Primteilern einer zufällig gewählten Zahl die erwähnte Asymptotik besitzt:

Satz 6.1.3

Es gilt

$$\mathbb{E}_N \Pi = \frac{1}{N} \sum_{n=1}^{N} \Pi(n) \sim \log \log N.$$

Beweis. Wir haben

$$\mathbb{E}_N \Pi = \mathbb{E}_N \Big[\sum_{\substack{p=2 \\ p \text{ prim}}}^{\infty} X_p \Big] = \sum_{\substack{p=2 \\ p \text{ prim}}}^{N} \mathbb{E}_N X_p = \sum_{\substack{p=2 \\ p \text{ prim}}}^{N} \mathbb{P}_N(M_p)$$

und daher ist wegen Gleichung (6.5)

$$\Big| \mathbb{E}_N \Pi - \sum_{\substack{p=2 \\ p \text{ prim}}}^{N} \frac{1}{p} \Big| \le \sum_{\substack{p=2 \\ p \text{ prim}}}^{N} \Big| \mathbb{P}_N(M_p) - \frac{1}{p} \Big| \le \sum_{\substack{p=2 \\ p \text{ prim}}}^{N} \frac{p-1}{pN} \le 1.$$

Mit Satz 6.1.1 folgt nun die Behauptung.   ∎

Kommen wir nun zurück zum Beweis von Aussage (6.6). Dieser wird in zwei Schritten vollzogen. Zunächst zeigen wir das

Lemma 6.1.4

Für alle $\varepsilon > 0$ gilt

$$\lim_{N \to \infty} \mathbb{P}_N \Big(\Big\{ \Big| \frac{\Pi}{\mathbb{E}_N \Pi} - 1 \Big| > \varepsilon \Big\} \Big) = 0.$$

Beweis. Die Tschebyschev–Ungleichung besagt

$$\mathbb{P}_N \Big(\Big\{ \Big| \frac{\Pi}{\mathbb{E}_N \Pi} - 1 \Big| > \varepsilon \Big\} \Big) \le \frac{1}{\varepsilon^2} \mathbb{V}_N \Big[\frac{\Pi}{\mathbb{E}_N \Pi} \Big] = \frac{1}{\varepsilon^2 (\mathbb{E}_N \Pi)^2} \big(\mathbb{E}_N[\Pi^2] - (\mathbb{E}_N \Pi)^2 \big).$$

Wir kümmern uns um

$$\mathbb{E}_N[\Pi^2] = \mathbb{E}_N \Big[\Big(\sum_{\substack{p=2 \\ p \text{ prim}}}^{\infty} X_p \Big)^2 \Big] = \mathbb{E}_N \Big[\sum_{\substack{p,q=2 \\ p,q \text{ prim}}}^{\infty} X_p X_q \Big] = \sum_{\substack{p,q=2 \\ p,q \text{ prim}}}^{N} \mathbb{E}_N[X_p X_q],$$

indem wir für $p \ne q$

$$\mathbb{E}_N[X_p X_q] = \mathbb{P}_N(\{X_p = 1\} \cap \{X_q = 1\}) = \mathbb{P}_N(M_p \cap M_q) = \mathbb{P}_N(M_{p \cdot q}) = \frac{1}{N} \Big\lfloor \frac{N}{pq} \Big\rfloor \le \frac{1}{pq}$$

benutzen und $\mathbb{E}_N[X_p^2] = \mathbb{E}_N X_p = \mathbb{P}_N(M_p) \leq 1/p$ für $p = q$. Wir erhalten

$$(\mathbb{E}_N \Pi)^2 \leq \mathbb{E}_N[\Pi^2] \leq \sum_{\substack{p,q=2 \\ p \neq q \text{ prim}}}^N \frac{1}{pq} + \sum_{\substack{p=2 \\ p \text{ prim}}}^N \frac{1}{p} \leq \Big(\sum_{\substack{p=2 \\ p \text{ prim}}}^N \frac{1}{p} \Big)^2 + \sum_{\substack{p=2 \\ p \text{ prim}}}^N \frac{1}{p} \sim (\log \log N)^2$$

wegen Satz 6.1.1, so dass insgesamt wegen Satz 6.1.3

$$\mathbb{P}_N\Big(\Big\{ \Big| \frac{\Pi}{\mathbb{E}_N \Pi} - 1 \Big| > \varepsilon \Big\} \Big) \leq \frac{1}{\varepsilon^2} \Big(\frac{\mathbb{E}_N[\Pi^2]}{(\mathbb{E}_N \Pi)^2} - 1 \Big) \longrightarrow_{N \to \infty} 0$$

folgt. ∎

Dass dieses Lemma nun tatsächlich das eingangs formulierte Schwache Gesetz der großen Zahlen für die Anzahl der Primteiler impliziert, liegt ausschließlich daran, dass die Funktion $\log \log : \mathbb{N} \to \mathbb{R}$ nur extrem langsam wächst.

Satz 6.1.5

Für alle $\varepsilon > 0$ gilt

$$\lim_{N \to \infty} \mathbb{P}_N\Big(\Big\{ n \in \mathbb{N} \mid \Big| \frac{\Pi(n)}{\log \log n} - 1 \Big| > \varepsilon \Big\} \Big) = 0.$$

Beweis. Wir bemerken zunächst, dass für $\alpha > 0$ und $\beta > 0$ und ein $0 < \delta < 1$ aus $|\alpha - 1| \leq \delta$ und $|\beta - 1| \leq \delta$ stets auch

$$(1 - \delta)^2 \leq \alpha\beta \leq (1 + \delta)^2$$

und daher $|\alpha\beta - 1| \leq 3\delta$ folgt. Somit gilt umgekehrt

$$\Big\{ \Big| \frac{\Pi}{\log \log} - 1 \Big| > \varepsilon \Big\} \subseteq \Big\{ \Big| \frac{\Pi}{\mathbb{E}_N \Pi} - 1 \Big| > \frac{\varepsilon}{3} \Big\} \cup \Big\{ \Big| \frac{\mathbb{E}_N \Pi}{\log \log} - 1 \Big| > \frac{\varepsilon}{3} \Big\}.$$

Da für genügend große $N \in \mathbb{N}$ immer $|\frac{\mathbb{E}_N \Pi}{\log \log N} - 1| < \frac{\varepsilon}{9}$ gilt, folgt durch nochmaliges Anwenden dieser Überlegung

$$\Big\{ \Big| \frac{\mathbb{E}_N \Pi}{\log \log} - 1 \Big| > \frac{\varepsilon}{3} \Big\} \subseteq \Big\{ \Big| \frac{\log \log N}{\log \log} - 1 \Big| > \frac{\varepsilon}{9} \Big\}$$

und damit für fast alle $N \in \mathbb{N}$

$$\mathbb{P}_N\Big(\Big\{ \Big| \frac{\Pi}{\log \log} - 1 \Big| > \varepsilon \Big\} \Big) \leq \mathbb{P}_N\Big(\Big\{ \Big| \frac{\Pi}{\mathbb{E}_N \Pi} - 1 \Big| > \frac{\varepsilon}{3} \Big\} \Big) + \mathbb{P}_N\Big(\Big\{ \Big| \frac{\log \log N}{\log \log} - 1 \Big| > \frac{\varepsilon}{9} \Big\} \Big).$$

Der erste Summand auf der rechten Seite konvergiert laut Lemma 6.1.4 gegen Null. Für den zweiten Summanden beachten wir, dass für $\sqrt{N} \leq n \leq N$ auch

$$\log \log n \leq \log \log N \leq \log \log n + \log 2$$

gilt, so dass für fast alle $N \in \mathbb{N}$

$$\mathbb{P}_N\left(\left\{\left|\frac{\log\log N}{\log\log} - 1\right| > \frac{\varepsilon}{9}\right\}\right) = \mathbb{P}_N\left(\{1,\ldots,\lfloor\sqrt{N}\rfloor\} \cap \left\{\left|\frac{\log\log N}{\log\log} - 1\right| > \frac{\varepsilon}{9}\right\}\right)$$

$$\leq \mathbb{P}_N(\{1,\ldots,\lfloor\sqrt{N}\rfloor\}) \leq \frac{1}{\sqrt{N}}$$

ist, woraus dann mit $N \to \infty$ die Behauptung folgt.   ∎

6.2   Informationstheorie

Die mathematische Disziplin, die heutzutage *Informationstheorie* heißt, wurde durch den amerikanischen Ingenieur Claude Elwood Shannon (1916–2001) begründet. Shannon nannte seine bahnbrechende Arbeit "A mathematical theory of communication"; erst später ist die Bezeichnung „Informationstheorie" populär geworden. Diese Bezeichnung birgt allerdings auch die Gefahr, dass sie höhere Erwartungen weckt, als die Theorie erfüllen kann. Denn es ist wichtig, darauf hinzuweisen, dass die Theorie nichts über die Bedeutung, den Inhalt oder den Wert einer Mitteilung, einer *Information* aussagt. Insofern war Shannons ursprüngliche Bezeichnung „Kommunikationstheorie" vielleicht zutreffender. Es geht nämlich eher darum, wie sich Information zum Zweck der Kommunikation gut kodieren lässt.

6.2.1   Entropie und Binärcodes

Wir betrachten ein Zufallsexperiment mit n möglichen Ausgängen, welches wir durch den Wahrscheinlichkeitsraum $(\Omega, \mathcal{P}(\Omega), \mathbb{P})$ beschreiben. Hier ist $\Omega = \{\omega_1, \ldots, \omega_n\}$ und

$$\mathbb{P} = \big(\mathbb{P}(\{\omega_1\}), \ldots, \mathbb{P}(\{\omega_n\})\big) = (p_1, \ldots, p_n) \,,\; p_1, \ldots, p_n > 0.$$

Wir können $\mathbb{P}$ also in Form eines Vektors mit n Koordinaten angeben und wir werden daher auch die Schreibweise $p = (p_1, \ldots, p_n)$ benutzen. Bevor das Zufallsexperiment durchgeführt wird, herrscht Unsicherheit, Ungewissheit über den Ausgang. Wir möchten eine Zahl $H(p)$ definieren, die ein Maß für die Unbestimmtheit sein soll; diese Zahl werden wir *Entropie* nennen. Das Wort „Entropie" leitet sich aus dem griechischen ἐντρέπεω her, was soviel wie „umwenden" bedeutet. Es wurde 1876 von Rudolf Julius Emmanuel Clausius (1822–1888) in die Thermodynamik eingeführt. Auf die Beziehungen zwischen Informationstheorie und statistischer Mechanik kann hier allerdings nicht eingegangen werden.

Das am wenigsten unbestimmte Experiment, das wir uns vorstellen können, ist ein deterministisches Experiment, also eines, dessen Ausgang von vornherein feststeht und vorausgesagt werden kann. Ein solches Experiment muss die Entropie 0 haben. Für alle anderen Experimente haben wir lediglich die Ungleichung $H(p) \geq 0$.

Die mathematische Definition der Entropie ist nicht schwer. Für obiges Experiment mit dem Wahrscheinlichkeitsvektor $p = (p_1, \ldots, p_n)$ definieren wir die Entropie einfach durch

$$H(p) = -\sum_{i=1}^{n} p_i \log_2 p_i, \tag{6.7}$$

wobei $\log_2$ den Logarithmus zur Basis 2 bezeichnet. Die Gründe, die zu dieser Definition der Entropie führen, bleiben zunächst rätselhaft.

Eine Möglichkeit, die Definition plausibel zu machen, ist, dass man unter Unbestimmtheit so etwas wie ein Maß für die Überraschung versteht. Wie überrascht sollte ich vom Ausgang ω_i des Experiments sein? Es liegt auf der Hand, dass die Überraschung über ω_i umso größer sein sollte, je kleiner das zugehörige p_i ist. Darüber hinaus sollte für $p_i = 1$ die Überraschung gleich 0 sein, denn der Ausgang ω_i ist ja dann sicher. Umgekehrt sollte ich bei einem Ausgang mit Wahrscheinlichkeit Null meine größte Überraschung erleben. Eine Funktion, die all das leistet, ist gerade $-\log_2 : (0,1] \to [0, +\infty)$. Und wenn wir diese als „Überraschungsfunktion" nehmen, so ist $H(p)$ nichts anderes als der Erwartungswert der Überraschung oder die mittlerer Überraschung; ein Wert, der angibt, wie viel „Überraschungspotenzial" eine Verteilung birgt.

Eine andere Herleitung der Entropie, die deren Interpretation als Kennzahl für die Unbestimmtheit Rechnung trägt, möchten wir ebenfalls erwähnen. Dazu stellen wir uns vor, dass unser zufälliges Experiment ausgeführt wurde und dass eine Person A weiß, wie es ausgegangen ist, während eine andere Person B nicht über dieses Wissen verfügt. Wie viel ist nun das Wissen von A im Vergleich zu dem Nichtwissen von B wert? Anders gefragt: Wie viel Mühe wird es B kosten, sein Wissen auf dasselbe Niveau wie das von A zu bringen?

Wir können versuchen, diese Mühe z.B. durch die Anzahl der Fragen zu messen, die B braucht, um den Ausgang zu erfahren. Das Problem ist natürlich hierbei, eine vernünftige und wohldefinierte Beschreibung der Strategie der Fragestellung, die B anwenden soll, zu finden. Denken wir einmal nur an Fragen mit möglicher Antwort „ja" oder „nein", so schließt dies eine Frage wie „Welches der ω_i ist es?" natürlich aus. Dies ist auch sinnvoll, denn würden wir eine derartige Frage zulassen, so würde B selbstverständlich unabhängig vom Experiment immer genau diese Frage stellen, und hätte somit immer nach genau einer Frage den Wissensstand von A. Erlaubt sind jedoch Fragen wie beispielsweise „Ist es ein Element der Menge $\{\omega_1, \omega_5\}$?".

Selbst wenn wir nur Ja–Nein–Fragen zulassen, beschreibt dies noch lange keine Strategie und die Anzahl der benötigten Fragen hängt weiterhin vom Geschick des Fragestellers ab; ferner im Allgemeinen natürlich auch noch vom Ausgang des Zufallsexperiments. Wir wollen deshalb zur Vereinfachung die mittlere Anzahl der benötigten Fragen betrachten, unter der Voraussetzung, dass der Fragesteller optimal fragt; selbst das ist nicht einfach zu formalisieren. Und wenn wir dies genau präzisiert haben, ergibt es leider noch nicht die übliche Definition von H, d.h. den Ausdruck in Gleichung (6.7); wir werden diesen Punkt noch ausführlich diskutieren. Die Größe, zu der wir nach einigen Präzisierungen gelangen werden, nennen wir die *Fragen–Entropie* und bezeichnen sie mit H_0. Zur klaren Unterscheidung nennen wir die Entropie H aus Gleichung (6.7) auch die *ideelle Entropie*.

Fassen wir die bisherige Diskussion in der nachfolgenden Definition zusammen; wir werden sie später durch die Definition 6.2.7 präzisieren.

Definition 6.2.1

Für ein Zufallsexperiment $(\Omega, \mathcal{P}(\Omega), p)$ ist die *Fragen–Entropie* $H_0(p)$ definiert als der Erwartungswert der Anzahl benötigter Fragen bei optimaler Fragestrategie.

Beispiel 6.2.2

1. Beim Münzwurf, also bei $\Omega = \{\omega_1, \omega_2\}$ und $p = (1/2, 1/2)$ ist die Strategie klar: Man fragt „Ist es ω_1?". Das ist offensichtlich optimal, denn nach einer Frage kennt man den Ausgang des Versuchs. Somit ist $H_0(1/2, 1/2) = 1$.

2. Auch für $p = (1/2, 1/4, 1/4)$ kann man die optimale Fragestrategie leicht erraten. Man fragt „Ist es ω_1?" und falls die Antwort „nein" ist, so fragt man nach ω_2. Die mittlere Anzahl der Fragen ist

$$\frac{1}{2} \cdot 1 + \frac{1}{4} \cdot 2 + \frac{1}{4} \cdot 2 = \frac{3}{2}.$$

Fragt man zuerst nach ω_2 und dann, falls nötig, nach einem der beiden anderen, so beträgt die mittlere Anzahl der benötigten Fragen

$$\frac{1}{4} \cdot 1 + \frac{1}{2} \cdot 2 + \frac{1}{4} \cdot 2 = \frac{7}{4},$$

was offenbar schlechter ist. Mehr Fragestrategien gibt es nicht, wenn man bedenkt, dass es irrelevant ist, ob zuerst nach ω_2 oder ω_3 gefragt wird.

3. Bei $p = (1/4, 1/4, 1/4, 1/4)$ fragt man am besten zunächst: „Ist es ω_1 oder ω_2?" und dann, je nach Antwort, nach ω_1 bzw. ω_3. Man braucht also immer genau zwei Fragen. Fragt man anders, z.B. der Reihe nach, ob es ω_1 ist und dann, falls nicht, nach ω_2 und nötigenfalls auch noch nach ω_3, so benötigt man zwar nur eine Frage, wenn ω_1 der Ausgang ist, im Mittel jedoch liefert diese Strategie mehr Fragen, nämlich

$$\frac{1}{4} \cdot 1 + \frac{1}{4} \cdot 2 + \frac{1}{4} \cdot 3 + \frac{1}{4} \cdot 3 = \frac{9}{4}.$$

Um nun zu präzisieren, was eine Fragestrategie ist, führen wir einige Begriffe ein.

Definition 6.2.3

Ein *Wort* ist eine endliche Folge von Nullen und Einsen. Ist μ ein Wort, so bezeichnen wir mit $|\mu|$ die Länge des Wortes μ.

Ein Wort μ_1 heißt *Präfix* eines Wortes μ_2, wenn $|\mu_1| < |\mu_2|$ ist und die ersten $|\mu_1|$ Stellen von μ_2 mit μ_1 identisch sind.

Es ist also z.B. $\mu = 001101$ ein Wort der Länge $|\mu| = 6$ und das Wort $\nu = 001$ ist Präfix von μ, während das Wort $\xi = 10$ kein Präfix von μ ist. Die leere Folge nennen wir das leere Wort. Es hat die Länge 0 und ist Präfix jedes anderen nicht–leeren Wortes.

Die Idee, die hinter der folgenden Definition eines *Codes* steht, kann leicht verdeutlicht werden: Gegeben sei eine Fragestrategie für $(\Omega, \mathcal{P}(\Omega), p)$ mit deren Hilfe wir zum Beispiel fünf Fragen brauchen, um den Ausgang ω_1 zu erfragen. Die Folge der Antworten auf die fünf Fragen in diesem Fall sei etwa „ja–ja–nein–ja–nein". Statt „ja" und „nein" verwenden wir die Zeichen 1 und 0, so dass wir dieser Folge das *Codewort* 11010 zuordnen; damit haben wir auf Basis unserer Strategie ω_1 codiert.

Definition 6.2.4

Ein *Code* κ für $(\Omega, \mathcal{P}(\Omega), p)$ ist eine injektive Abbildung, die jedem Versuchsausgang $\omega_i \in \Omega$ ein *Codewort* $\kappa(\omega_i)$ zuordnet. Dabei darf keines der Wörter $\kappa(\omega_i)$ Präfix eines anderen Wortes $\kappa(\omega_j)$ sein.

Der Sinn der Forderung eines *präfixfreien Codes*, also dass kein Codewort Präfix eines anderen Codewortes sein darf, ist unmittelbar einleuchtend: Das Codewort, also die Antworten auf die Ja–Nein–Fragen, wird sequentiell, d.h. von links nach rechts gelesen. Ergibt sich nun beim Lesen ein existierendes Codewort, so breche ich das Lesen ab: Ich habe die Antwort gefunden! Die nachfolgenden Symbole werden gar nicht mehr gelesen.[1]

Wir können einen Code durch eine Tabelle, ein sogenanntes *Codebuch* darstellen; durch ein Schema, in dem in einer Spalte die möglichen Versuchsausgänge (Nachrichten) und in einer anderen Spalte die zugehörigen Codewörter stehen.

Beispiel 6.2.5

Von den fünf Vorschlägen für einen Code in der nachfolgenden Tabelle sind nur κ_3, κ_4 und κ_5 brauchbar, denn κ_1 ist nicht injektiv und κ_2 ist nicht präfixfrei.

	κ_1	κ_2	κ_3	κ_4	κ_5
ω_1	00	0	00	010	1
ω_2	10	01	01	011	01
ω_3	110	001	10	101	001
ω_4	00	000	11	11	000

Es ist nun nicht schwer, den Zusammenhang zwischen Fragestrategien für $(\Omega, \mathcal{P}(\Omega), p)$ und Codes zu erörtern. Eine Fragestrategie liefert uns in Abhängigkeit vom Ausgang

---

[1] Jeder kennt einen präfixfreien Code, nämlich Telefonnummern. Existiert in einer Stadt der Anschluss mit der Nummer 865523, so werden Sie in dieser Stadt keinen Menschen finden, der die Telefonnummer 8655233 besitzt. Beim Wählen dieser Nummer würde nie die gewünschte Verbindung zustande kommen, weil es immer bei der erstgenannten Nummer klingeln würde. Einer der Autoren war schon häufig versucht, einem falsch verbundenen Anrufer, der auf der Richtigkeit der existierenden Telefonnummer plus einer weiteren Ziffer bestand, etwas über ebendiese präfixfreien Codes zu erzählen.

ω_i eine Abfolge von Ja–Nein–Antworten, also ein Codewort μ_i, mit dessen Hilfe wir eindeutig erkennen, welches ω_i im Experiment realisiert wurde. Daher erhalten wir durch $\kappa(\omega_i) := \mu_i$ für alle $\omega_i \in \Omega$ tatsächlich einen Code, wobei die Injektivität von κ durch die erwähnte Eindeutigkeit gesichert ist, und die Präfixfreiheit aus der Frage–Antwort–Situation kommt: Erhält man die gesuchte Antwort, so hört man auf zu fragen.

Ist umgekehrt ein Code κ gegeben, so entspricht jedem Versuchsausgang ω_i ein Codewort $\kappa(\omega_i)$ und unser Ziel ist das Erfragen dieses Wortes, denn wegen der Injektivität kennen wir dann auch ω_i. Also besteht unsere Fragestrategie darin, der Reihe nach zu fragen, ob die erste, zweite, dritte usw. Ziffer des Codewortes eine Eins ist. Sobald wir auf diese Weise eine Abfolge von Einsen und Nullen, also ein Wort erhalten, welches ein Codewort ist, hören wir auf zu fragen. Jede weitere Frage wäre sinnlos, denn es kann wegen der Präfixfreiheit durch Verlängern des Wortes kein anderes Codewort mehr entstehen: Das gefundene Codewort muss gleich $\kappa(\omega_i)$ sein.

Beispiel 6.2.6

1. Fragen wir bei $\Omega = \{\omega_1, \omega_2, \omega_3\}$ zuerst nach ω_1 und dann, falls nötig, noch nach ω_2, so ergibt sich der Code κ_1. Fragen wir z.B. zuerst, ob es *nicht* ω_1 ist und danach, falls nötig, ob es *nicht* ω_3 ist, so ergibt sich als Code κ_2.

	κ_1	κ_2
ω_1	1	0
ω_2	01	11
ω_3	00	10

2. Für $\Omega = \{\omega_1, \omega_2, \omega_3, \omega_4\}$ und die Strategien aus Beispiel 6.2.2.3 ergeben sich die beiden folgenden Codes:

	κ_1	κ_2
ω_1	11	1
ω_2	10	01
ω_3	01	001
ω_4	00	000

Unsere Codes haben eine zusätzliche angenehme Eigenschaft. Stellen wir uns vor, dass das Experiment mehrfach hintereinander ausgeführt wird und wir die Versuchsausgänge laufend in Form ihres jeweiligen Codewortes zu einem uns bekannten Code κ mitgeteilt bekommen. Da kein Codewort Präfix eines anderen ist, sind wir nie im Zweifel darüber, wo ein Codewort aufhört und das nächste anfängt. Die Codewörter können einfach aneinandergehängt werden, wir können sie dennoch identifizieren und entziffern. Wenn wir z.B. den Code κ_1 aus Beispiel 6.2.6.1 benutzen und die Folge 11100101100 empfangen, so entspricht dies eindeutig der Abfolge der Versuchsausgänge ω_1, ω_1, ω_1, ω_3, ω_1, ω_2, ω_1, ω_3.

Welcher Code und damit welche Fragestrategie optimal ist, hängt natürlich vom Wahrscheinlichkeitsvektor $p = (p_1, \ldots, p_n)$ ab. Der Erwartungswert der Länge eines Codes κ ist

$$\mathbb{E}|\kappa| = \sum_{i=1}^{n} p_i |\kappa(\omega_i)|,$$

und dies ist gleichzeitig der Erwartungswert der Anzahl der Fragen bei Verwendung der zu κ gehörenden Fragestrategie. Wir können nun unsere Definition 6.2.1 präzisieren.

Definition 6.2.7

Für ein Zufallsexperiment $(\Omega, \mathcal{P}(\Omega), p)$ ist die *Fragen–Entropie* $H_0(p)$ definiert durch

$$H_0(p) = \min\{\mathbb{E}|\kappa| \mid \kappa \text{ ist Code für } (\Omega, \mathcal{P}(\Omega), p)\}.$$

Man müsste korrekterweise zunächst das Infimum betrachten. Wir werden jedoch sehen, dass stets ein optimaler Code existiert, d.h. ein Code κ_0 mit $\mathbb{E}|\kappa| \geq \mathbb{E}|\kappa_0|$ für jeden anderen Code κ für $(\Omega, \mathcal{P}(\Omega), p)$. Solange bleibt die obige Definition von H_0 allerdings etwas unhandlich, denn da wir den optimalen Code κ_0 mit $H_0(p) = \mathbb{E}|\kappa_0|$ noch nicht kennen, können wir auch $H_0(p)$ nicht berechnen.

Zunächst jedoch möchten wir vorstellen, wie man Codes mithilfe von sogenannten *binären Bäumen* veranschaulichen kann. Dabei sind binäre Bäume nichts anderes als die uns bereits bekannten Baumdiagramme aus Abschnitt 3.2; sie sind sogar noch einfacher, da wir an die Zweige keine Wahrscheinlichkeiten schreiben werden und in jedem Knoten höchstens zwei neue Zweige ansetzen; darum nämlich nennt man sie binär.

Wir starten mit der Wurzel $\emptyset$ ganz links und lassen den Baum dann in jedem Knoten in 0 und 1 verzweigen, falls diese Verzweigung im weiteren Verlauf zu einem Codewort führt. Wie bereits bei den Baumdiagrammen, so werden also auch hier unmögliche Pfade, d.h. Pfade, die nicht zu einem Codewort führen, weggelassen.

Hätten wir beispielsweise auf $\Omega = \{\omega_1, \ldots, \omega_5\}$ das Codebuch

	κ
ω_1	00
ω_2	010
ω_3	10
ω_4	110
ω_5	1111

(6.8)

gegeben, so wird dieser Code durch den Baum in Abbildung 6.1 dargestellt. Und umgekehrt lässt sich aus dem Baum die zugehörige Fragestrategie sofort ablesen: Wir fragen, ob die erste Ziffer des Codes eine Eins ist, also „Ist es ω_3 oder ω_4 oder ω_5?" in unserem Beispiel. Falls ja, so fragen wir „Ist es ω_4 oder ω_5?", andernfalls „Ist es ω_2?".

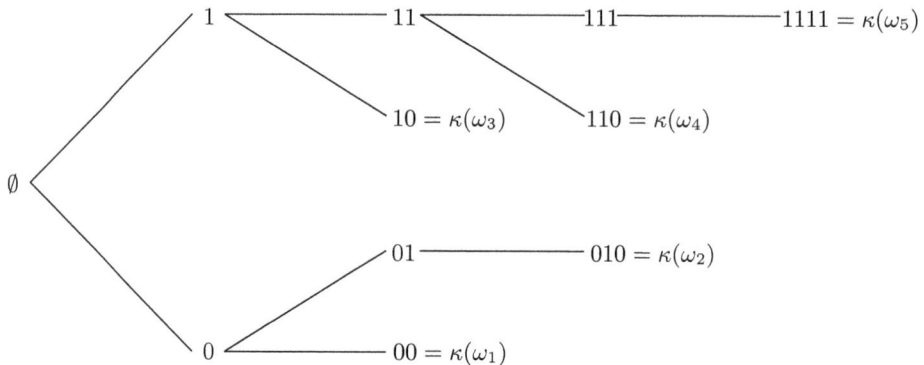

Abbildung 6.1: *Darstellung des Codes κ aus Gleichung* (6.8)

Betrachten wir Abbildung 6.1, so fällt auf, dass sich der Baum nicht in jedem Knoten verzweigt, sondern in 01 und auch in 111 nur einen Zweig besitzt. Z.B. das Codewort 011 existiert nicht und somit ist die Frage, ob die dritte Ziffer eine Eins ist, überflüssig: Eine Strategie, die diese Frage zulässt, kann nicht optimal sein. Wir können uns auf der Suche nach der optimalen Strategie daher auf solche beschränken, für die sich der binäre Baum in jedem Knoten verzweigt.

Definition 6.2.8

Ein binärer Baum heißt *vollständig* für $(\Omega, \mathcal{P}(\Omega), p)$, falls er sich in jedem Knoten verzweigt.

Ein Code heißt *vollständig*, falls sein binärer Baum vollständig ist.

Diese vollständigen Codes entstehen aus beliebigen Codes durch Verkürzen:

Lemma 6.2.9

Zu jedem unvollständigen Code κ für $(\Omega, \mathcal{P}(\Omega), p)$ mit Wortlängen $l_1, \ldots, l_n$ existiert ein Code κ' für $(\Omega, \mathcal{P}(\Omega), p)$ mit Wortlängen $l'_1 \leq l_1, \ldots, l'_n \leq l_n$ und $l'_j < l_j$ für mindestens ein $j \in \{1, \ldots, n\}$.

Beweis. In jedem Knoten, in denen sich der binäre Baum zu κ nicht verzweigt, endet ein von links kommender Zweig und beginnt ein nach rechts verlaufender Zweig. Eliminieren wir diesen Knoten und schieben diese Zweige zu einem einzigen zusammen, so entsteht ein neuer binärer Baum, in dem die Länge aller Pfade, die vorher über den eliminierten Knoten verliefen, nun um 1 kleiner ist. Den Code zu diesem Baum nennen wir κ'. ∎

Ob ein Code vollständig ist, kann man sogar direkt an den Wortlängen ablesen:

Lemma 6.2.10

Für $l_1, \ldots, l_n \in \mathbb{N}$ gilt genau dann $\sum_{i=1}^{n} 2^{-l_i} \leq 1$, wenn ein Code existiert, dessen Wörter die Längen l_i, $1 \leq i \leq n$, haben.

Ein Code mit Wortlängen $l_1, \ldots, l_n$ ist genau dann vollständig, wenn $\sum_{i=1}^{n} 2^{-l_i} = 1$.

Beweis. Wir benutzen Vollständige Induktion nach n.

Für $n = 2$ gilt wegen $l_1, l_2 \geq 1$ stets $2^{-l_1} + 2^{-l_2} \leq 1$ und Gleichheit tritt für $l_1 = l_2 = 1$ auf. Die erste Äquivalenzaussage ist daher trivial und für die zweite bemerken wir, dass der einzige vollständige Code mit zwei Wörtern die Wortlängen $l_1 = l_2 = 1$ hat.

Setzen wir nun voraus, dass beide Äquivalenzaussagen für $n - 1 \geq 2$ gelten. Ferner setzen wir $l_1 \leq l_2 \leq \cdots \leq l_n$ voraus, denn dies können wir immer durch Änderung der Bezeichnung erreichen.

Aus $\sum_{i=1}^{n} 2^{-l_i} \leq 1$ folgt, dass es einen unvollständigen Code mit den Wortlängen $l_1, \ldots, l_{n-1}$ gibt. Im zugehörigen binären Baum existiert also mindestens ein Knoten, an dem sich der Baum nicht verzweigt. An einem dieser Knoten schaffen wir eine Verzweigung durch einen weiteren Pfad, den wir dann ohne weitere Verzweigung bis zur Gesamtlänge l_n weiterführen; dies ist stets möglich, da der Abstand jedes Knotens zur Wurzel des Baums immmer höchstens $l_n - 1$ ist. Der so entstandene Baum stellt einen Code zu den Wortlängen $l_1, \ldots, l_n$ dar. Dies ist der Induktionsschluss für eine Hälfte der ersten Äquivalenzaussage.

Ist ein gegebener Code mit den Wortlängen $l_1, \ldots, l_n$ vollständig und ist l_j ein Wort mit maximaler Länge, so besitzt das zugehörige Codewort μ_j im Baum einen direkten Nachbarn μ_k mit Wortlänge $l_k = l_j$, d.h. $\mu_j = \nu\times$ und $\mu_k = \nu\bar{\times}$ mit einem Präfix ν der Länge $l_j - 1$. Hierbei bezeichnet $\times$ eines der Symbole 0 oder 1 und $\bar{\times}$ das andere. Schneiden wir das jeweils letzte Symbol, im Baum also die letzte Verzweigung, ab und codieren diese Schnittstelle mit ν, so entsteht ein vollständiger Code mit $n - 1$ Wörtern, für den nach Induktionsvoraussetzung

$$1 = \sum_{\substack{i=1 \\ i \neq j,k}}^{n} 2^{-l_i} + 2^{-|\nu|} = \sum_{\substack{i=1 \\ i \neq j,k}}^{n} 2^{-l_i} + 2 \cdot 2^{-l_j} = \sum_{i=1}^{n} 2^{-l_i}$$

gilt. Dies ist der Induktionsschluss für eine Hälfte der zweiten Äquivalenzaussage.

Für die beiden anderen Hälften beider Äquivalenzaussagen braucht man nur zu bemerken, dass man jeden Code mit Wortlängen $l_1, \ldots, l_n$ so modifizieren kann, dass ein vollständiger Code mit kleineren Wortlängen $l'_1 \leq l_1, \ldots, l'_n \leq l_n$ entsteht. Genau dies besagt Lemma 6.2.9. ∎

6.2.2 Optimale Quellencodierung nach Huffman

Um nun einen optimalen Code für $(\Omega, \mathcal{P}(\Omega), p)$ zu finden, d.h. einen Code κ mit minimalem Erwartungswert $\mathbb{E}|\kappa|$, benutzen wir ein Verfahren, das von David Albert Huffman (1925–1999) angegeben wurde; man bezeichnet diesen Code daher als *Huffman–Code*.

Die Konstruktion des Codes erfolgt dabei rekursiv nach der Anzahl n der möglichen Versuchsausgänge. Wir setzen im Folgenden

$$p_1 \geq p_2 \geq \cdots \geq p_n > 0$$

voraus, denn dies können wir stets durch eine entsprechende Wahl der Bezeichnung der Versuchsausgänge erreichen: Wir nennen eben den wahrscheinlichsten Versuchsausgang ω_1, den zweitwahrscheinlichsten ω_2 usw.

Für $n = 2$ ist $\kappa(\omega_1) = 0$ und $\kappa(\omega_2) = 1$ offensichtlich eine optimale Codierung von $p = (p_1, p_2)$. Sei also $n > 2$ und nehmen wir an, dass wir den Huffman–Code für alle Wahrscheinlichkeitsvektoren p der Länge $n-1$ schon konstruiert haben. Zur Konstruktion des Codes für $(p_1, \ldots, p_n)$ addiert man nun die beiden kleinsten Wahrscheinlichkeiten zu $p_{n-1} + p_n$ und ordnet diese Summe gemäß ihrer Größe in die Aufzählung der übrigen $p_1, \ldots, p_{n-2}$ ein, so dass also insgesamt eine Verteilung $p' = (p'_1, \ldots, p'_{n-1})$ der Länge $n - 1$ entsteht, für die wieder

$$p'_1 \geq p'_2 \geq \cdots \geq p'_{j-1} \geq p'_j = p_{n-1} + p_n \geq p'_{j+1} \geq \cdots \geq p'_{n-1}$$

gilt. Von den zugehörigen Ereignissen

$$\omega'_1 = \omega_1, \omega'_2 = \omega_2, \ldots, \omega'_{j-1} = \omega_{j-1}, \omega'_j = \{\omega_{n-1}, \omega_n\}, \omega'_{j+1} = \omega_j, \ldots, \omega'_{n-1} = \omega_{n-2}$$

ist genau eines, sagen wir ω'_j, gleich der Menge $\{\omega_{n-1}, \omega_n\}$, alle ω'_i mit $i > j$ sind gleich ω_{i-1} und alle ω'_i mit $i < j$ sind gleich ω_i. Ist nun der Huffman–Code für dieses p' gleich κ', so definieren wir durch das Codebuch

	κ	
ω_i	$\kappa'(\omega'_i)$	für $1 \leq i \leq j-1$
ω_i	$\kappa'(\omega'_{i+1})$	für $j \leq i \leq n-2$
ω_{n-1}	$\kappa'(\omega'_j)0$	
ω_n	$\kappa'(\omega'_j)1$	

den Huffman–Code κ für p. Diese rekursive Definition impliziert

$$\mathbb{E}|\kappa| = \sum_{i=1}^{n} |\kappa(\omega_i)|p_i = \sum_{i=1}^{n-2} |\kappa(\omega_i)|p_i + (|\kappa'(\omega'_j)| + 1)p_{n-1} + (|\kappa'(\omega'_j)| + 1)p_n$$

$$= \sum_{i=1}^{n-1} |\kappa'(\omega'_i)|p'_i + p_{n-1} + p_n = \mathbb{E}|\kappa'| + p_{n-1} + p_n. \tag{6.9}$$

Offensichtlich ist der Huffman–Code κ vollständig, wenn κ' vollständig ist, denn wir verlängern ein Wort aus κ' entweder gar nicht, oder aber wir benutzen dieses Wort als Präfix von zwei neuen Wörtern. Und da wir für $n = 2$ bei einem vollständigen Code beginnen, ist der Huffman–Code für jedes n vollständig.

Beispiel 6.2.11

Der zu codierende Wahrscheinlichkeitsvektor $p = (p_1, \ldots, p_8)$ für die Grundmenge $\Omega = \{\omega_1, \ldots, \omega_8\}$ steht in der ersten Spalte, während die folgenden Spalten aus der jeweils vorhergehenden durch Addition der beiden kleinsten Wahrscheinlichkeiten und anschließendes Einordnen entstehen. Die neu eingeordnete Summe ist jeweils unterstrichen.

	p	p'	p''	p'''	p^{iv}	p^{v}	p^{vi}
$\omega_1 : p_1 = 0,36$		0,36	0,36	0,36	0,36	0,37	0,63
$\omega_2 : p_2 = 0,21$		0,21	0,21	0,21	0,27	0,36	0,37
$\omega_3 : p_3 = 0,15$		0,15	0,15	0,16	0,21	0,27	
$\omega_4 : p_4 = 0,12$		0,12	0,12	0,15	0,16		
$\omega_5 : p_5 = 0,07$		0,07	0,09	0,12			
$\omega_6 : p_6 = 0,06$		0,06	0,07				
$\omega_7 : p_7 = 0,02$		0,03					
$\omega_8 : p_8 = 0,01$							

$$(6.10)$$

Die Wahrscheinlichkeit p_i für ein ω_i ändert also durch dieses Verfahren von Spalte zu Spalte manchmal auch seine vertikale Position. Verfolgen wir z.B. einmal, in welchen Zeilen sich p_6, eventuell auch als Summand nach einer Addition, befindet; die Wahrscheinlichkeiten, mittels derer p_6 in der jeweiligen Zeile vertreten ist, stehen darunter.

Zeile	6.	vorletzte	vorletzte	3.	letzte	1.	letzte
Wahrscheinlichkeit	0,06	0,06	0,09	0,16	0,16	0,37	0,37

Das Codewort für ω_6 bzw. p_6 ergibt sich nun, indem wir diese Tabelle von hinten nach vorne lesen und für jede letzte Zeile eine 1 und für jede vorletzte Zeile eine 0 schreiben: 1 `nichts` 1 `nichts` 0 0 `nichts`, also $1100 = \kappa(\omega_6)$. Genau dies besagt ja unsere Rekursion für die Konstruktion des Huffman–Codes. Alternativ können wir natürlich das Codewort von rechts nach links konstruieren, wenn wir die Tabelle von vorne nach hinten lesen; und so werden wir es auch tun.

Natürlich werden wir auch nicht für jedes ω_i diese Tabelle erstellen, sondern das Codewort direkt aus dem Schema in Gleichung (6.10) ablesen. Für ω_4 etwa beginnt die Konstruktion des Codeworts erst mit der vierten Spalte p''': letzte, zweite, letzte, vorletzte Zeile, also von rechts nach links geschrieben: $\kappa(\omega_4) = 011$. Insgesamt ergibt sich das Codebuch

	κ
ω_1	00
ω_2	10
ω_3	010
ω_4	011
ω_5	111
ω_6	1100
ω_7	11010
ω_8	11011

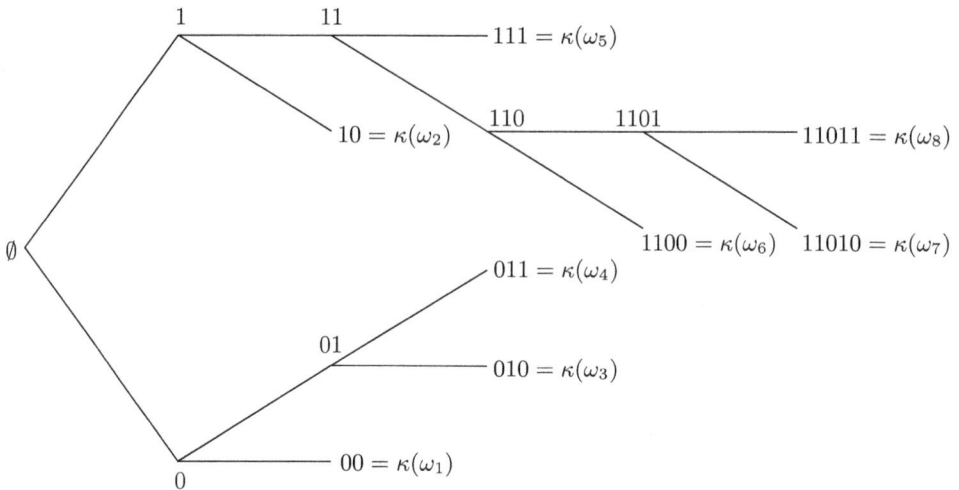

Abbildung 6.2: *Der Baum zum Huffman–Code aus Beispiel 6.2.11*

Somit folgt

$$\mathbb{E}|\kappa| = \sum_{i=1}^{8} |\kappa(\omega_i)| p_i = 2,55 \,,$$

wobei man dieses Resultat übrigens auch dadurch erhalten kann, dass man alle unterstrichenen Wahrscheinlichkeiten unseres Schemas in Gleichung (6.10) addiert und auf diese Summe nochmal 1 addiert:

$$0,63 + 0,37 + 0,27 + 0,16 + 0,09 + 0,03 + 1 = 2,55.$$

Dies ist kein Zufall, sondern kann auch mithilfe der Rekursion in Gleichung (6.9) bewiesen werden. Ist man also nur an dem Erwartungswert $\mathbb{E}|\kappa|$ und nicht an den Codewörtern interessiert, so genügt zur Berechnung die Konstruktion des obigen Schemas. Der binäre Baum dieses Codes ist in Abbildung 6.2 dargestellt.

Die Vorschrift zur Konstruktion des Huffman–Codes ist offenbar nicht eindeutig, denn wenn zwei oder sogar mehr Wahrscheinlichkeiten in einer Spalte des Schemas gleich groß sind, so kann ihre Reihenfolge beliebig gewählt werden. Dies ordnet dann zwar manchem ω_i ein anderes Codewort zu, der Erwartungswert $\mathbb{E}|\kappa|$ bleibt davon jedoch unberührt; auch dies folgt unmittelbar aus Gleichung (6.9).

Bevor wir zeigen, dass der Huffman–Code optimal ist, wollen wir einsehen, dass ein optimaler Code der größten Wahrscheinlichkeit das kürzeste Codewort zuordnet, der zweitgrößten Wahrscheinlichkeit das zweitkürzeste usw. Dies allein reicht natürlich noch nicht aus, um optimal zu sein; diese Bedingung ist notwendig, aber nicht hinreichend.

Lemma 6.2.12

Seien $\mu_1, \ldots, \mu_n$, $n \geq 2$, die Wörter eines Codes κ für $p = (p_1, \ldots, p_n)$ und es gelte $p_1 \geq p_2 \geq \cdots \geq p_n$. Falls nicht

$$|\mu_1| \leq |\mu_2| \leq \cdots \leq |\mu_n|$$

gilt, so existiert ein Code κ' für p mit $\mathbb{E}|\kappa'| \leq \mathbb{E}|\kappa|$.

Beweis. Nach Voraussetzung existieren $1 \leq j < k \leq n$ mit $|\mu_j| > |\mu_k|$. Codieren wir nun p_k durch μ_j und p_j durch μ_k, während wir die restliche Codierung beibehalten, so erhalten wir natürlich wieder einen Code für p, sagen wir κ', und es gilt

$$\mathbb{E}|\kappa'| = \sum_{\substack{i=1 \\ i \neq j,k}}^{n} p_i|\mu_i| + p_j|\mu_k| + p_k|\mu_j| = \sum_{i=1}^{n} p_i|\mu_i| + (p_j - p_k)|\mu_k| + (p_k - p_j)|\mu_j|$$

$$= \mathbb{E}|\kappa| + (p_j - p_k)(|\mu_k| - |\mu_j|) \leq \mathbb{E}|\kappa|,$$

denn $p_j \geq p_k$ und $|\mu_j| > |\mu_k|$. ∎

Satz 6.2.13

Jeder Huffman–Code ist optimal.

Beweis. Wir führen den Beweis mittels Vollständiger Induktion nach der Länge n des Wahrscheinlichkeitsvektors p.

Für den Fall $n = 2$ ist der Huffman–Code offenbar optimal.

Induktionsschluss von $n - 1$ auf n:
Wir nehmen an, dass die Optimalität für Vektoren der Länge $n-1 \geq 2$ bewiesen ist. Sei $p = (p_1, \ldots, p_n)$ ein beliebiger Wahrscheinlichkeitsvektor der Länge n über der Menge $\Omega = \{\omega_1, \ldots, \omega_n\}$ mit $p_1 \geq p_2 \geq \cdots \geq p_n > 0$.

Sei $\kappa_{\text{Huff}}^{(n)}$ ein Huffman-Code für diesen Vektor und κ ein beliebiger anderer Code mit den Codewörtern $\mu_1 := \kappa(\omega_1), \ldots, \mu_n := \kappa(\omega_n)$, dann wollen wir zeigen:

$$\mathbb{E}|\kappa| \geq \mathbb{E}|\kappa_{\text{Huff}}^{(n)}|. \tag{6.11}$$

Zunächst werden wir dafür der Reihe nach begründen, warum man annehmen darf, dass

1. $|\mu_1| \leq \cdots \leq |\mu_n|$ und

2. $|\mu_n| = |\mu_{n-1}|$ und

3. $\mu_n = \nu \times$ und $\mu_{n-1} = \nu \bar{\times}$ für ein Präfix ν und $\times \in \{0, 1\}$, $\bar{\times} = 1 - \times$ gilt.

Danach werden wir unter diesen Voraussetzungen die Ungleichung in (6.11) beweisen.

Sicherlich dürfen wir nun annehmen, dass $|\mu_1| \leq \cdots \leq |\mu_n|$ gilt, denn andernfalls nähmen wir den in Lemma 6.2.12 erwähnten Code κ' und zeigten die Ungleichung (6.11) für diesen Code; wegen $\mathbb{E}|\kappa'| \leq \mathbb{E}|\kappa|$ folgte (6.11) dann auch für κ.

Falls nun weiter $|\mu_n| > |\mu_{n-1}|$ ist, so stutzen wir das Wort μ_n auf die Länge von μ_{n-1}, indem wir die hinteren Symbole einfach weglassen; das so entstandene Wort, das Präfix der Länge $|\mu_{n-1}|$ von μ_n nennen wir μ'_n. Dieses μ'_n ist verschieden von allen übrigen Codewörtern, denn κ ist präfixfrei, d.h. kein Codewort ist Präfix von μ_n. Natürlich ist μ'_n dann erst recht kein Präfix eines der anderen Wörter, denn es ist ja mindestens so lang wie sie. Daher könnten wir p_n mit μ'_n codieren und die restliche Codierung von κ übernehmen, um einen Code κ' zu erhalten, für den $\mathbb{E}|\kappa'| \leq \mathbb{E}|\kappa|$ gilt, und für den nun die beiden längsten Wörter gleichlang sind. Zeigen wir (6.11) für diesen Code, so folgt diese Ungleichung auch für κ.

Wir dürfen bis jetzt also annehmen, dass mindestens zwei Wörter von κ, nämlich μ_{n-1} und μ_n, die maximale Länge m haben; ferner schreiben wir $\mu_n = \nu\times$, d.h. $\times$ ist das letzte Symbol von μ_n und ν das Präfix der Länge $m-1$. Hierbei könnte durchaus $m = 1$ sein, also ν das leere Wort. Um auch die dritte Annahme zu rechtfertigen, unterscheiden wir zwei Fälle:

- Befindet sich unter allen Codewörtern der Länge m ein μ_j, welches sich von μ_n nur im letzten Symbol unterscheidet, so vertauschen wir dieses Wort μ_j mit μ_{n-1}: es entsteht dadurch ein Code κ', der nach wie vor im Einklang mit den beiden bereits eingeführten Voraussetzungen steht, denn $|\mu_j| = |\mu_{n-1}|$, und der auch die dritte erfüllt. Ebenfalls gilt $\mathbb{E}|\kappa'| = \mathbb{E}|\kappa|$, so dass ein Beweis von (6.11) für κ' genügt.

- Befindet sich unter den Codewörtern von κ außer μ_n kein weiteres mit Präfix ν, so ist das Wort $\nu\bar\times$ in κ unbenutzt. Wir vergessen dann das Wort μ_{n-1} und codieren stattdessen p_{n-1} durch $\nu\bar\times$. Dies erzeugt tatsächlich einen neuen Code κ': inklusive Präfixfreiheit. Denn das neue Wort selbst ist aufgrund seiner Länge sicher kein Präfix eines anderen Wortes von κ und umgekehrt ebensowenig, denn jedes andere Codewort, das Präfix wäre, wäre auch Präfix von μ_n; und dies stünde im Widerspruch zur Präfixfreiheit von κ. Offenbar gilt ebenfalls $\mathbb{E}|\kappa'| = \mathbb{E}|\kappa|$.

Wir haben nun also alle drei genannten Voraussetzungen gerechtfertigt.

Der Beweis von (6.11) im Rahmen unseres Induktionsschlusses ist damit schnell erledigt: wir definieren einen Code κ' für die Verteilung p' bestehend aus $p_1, \ldots, p_{n-2}, p_n + p_{n-1}$, indem wir $p_n + p_{n-1}$ durch ν und die übrigen p_i, $1 \leq i \leq n - 2$, durch μ_i codieren.

Vergewissern wir uns, dass dies wirklich ein Code ist: kein μ_i ist Präfix von ν aufgrund der Präfixfreiheit von κ. Insbesondere ist also kein μ_i gleich ν. Umgekehrt ist ν in κ wegen seiner Länge nur Präfix von $\nu\times$ und $\nu\bar\times$, also von μ_n und μ_{n-1} und diese Wörter werden in κ' nicht benutzt.

Da der Wahrscheinlichkeitsvektor p' die Länge $n - 1$ besitzt, greift unsere Induktionsvoraussetzung und wir wissen, dass für den Huffman–Code $\kappa_{\mathrm{Huff}}^{(n-1)}$ von p'

$$\mathbb{E}|\kappa_{\mathrm{Huff}}^{(n-1)}| \leq \mathbb{E}|\kappa'| = \sum_{i=1}^{n-2} |\mu_i| p_i + (p_n + p_{n-1})|\nu| = \mathbb{E}|\kappa| - (p_n + p_{n-1})$$

gilt. Mit Gleichung (6.9) folgt daher $\mathbb{E}|\kappa_{\mathrm{Huff}}^{(n)}| \leq \mathbb{E}|\kappa|$. ∎

Der Beweis des Satzes war sicher nicht ganz einfach. Über die theoretische Bedeutung hinaus haben wir allerdings jetzt endlich auch ein effektives Berechnungsverfahren für die Fragen–Entropie $H_0(p)$ zur Verfügung: es ist $H_0(p) = \mathbb{E}|\kappa_{\mathrm{Huff}}(p)|$.

Wir wollen nun noch die Beziehung zwischen $H_0(p)$ und dem bereits in (6.7) angegebenen Ausdruck für die ideelle Entropie $H(p)$ diskutieren. Im Allgemeinen stimmen $H_0(p)$ und $H(p)$ nicht überein. Das sieht man schon für $n = 2$, denn dort gilt stets $H_0(p) = 1$, während $H(p)$ natürlich schon von p abhängt. Der folgende Satz zeigt, dass die Fragen–Entropie $H_0(p)$ nur wenig oberhalb der ideellen Entropie $H(p)$ liegen kann.

Satz 6.2.14

Für jeden Wahrscheinlichkeitsvektor $p = (p_1, \ldots, p_n)$, $n \geq 2$, gilt

$$H(p) \leq H_0(p) < H(p) + 1.$$

Beweis. Sind l_i, $1 \leq i \leq n$, die Wortlängen für p_i im Huffman–Code für p, dann gilt wegen Lemma 6.2.10

$$\sum_{i=1}^{n} 2^{-l_i} = 1,$$

da ja der Huffman–Code vollständig ist. Daher ist

$$H_0(p) = \sum_{i=1}^{n} l_i p_i = H(p) + \sum_{i=1}^{n} p_i (l_i + \log_2 p_i) = H(p) - \sum_{i=1}^{n} p_i \log_2 \left(\frac{2^{-l_i}}{p_i} \right).$$

Für jedes $x > 0$ gilt $x \leq e^{x-1}$ und daher $\log_2 x \leq (x-1)\log_2 e$. Daher ist

$$H_0(p) \geq H(p) - \sum_{i=1}^{n} p_i \left(\frac{2^{-l_i}}{p_i} - 1 \right) \log_2 e = H(p) - \left(\sum_{i=1}^{n} 2^{-l_i} - \sum_{i=1}^{n} p_i \right) \log_2 e = H(p).$$

Umgekehrt existiert zu jedem p_i eine Zahl $l_i \in \mathbb{N}$, für die

$$-\log_2 p_i \leq l_i < -\log_2 p_i + 1$$

gilt. Aus der ersten Ungleichung folgt daher

$$\sum_{i=1}^{n} 2^{-l_i} \leq \sum_{i=1}^{n} 2^{\log_2 p_i} = \sum_{i=1}^{n} p_i = 1,$$

so dass wegen Lemma 6.2.10 ein Code κ mit den Wortlängen $l_1, \ldots, l_n$ existiert. Wegen der zweiten Ungleichung für die l_i folgt für diesen Code

$$\mathbb{E}|\kappa| = \sum_{i=1}^{n} p_i l_i < -\sum_{i=1}^{n} p_i \log_2 p_i + \sum_{i=1}^{n} p_i = H(p) + 1,$$

so dass aus der Definition der Fragen–Entropie auch $H_0(p) \leq \mathbb{E}|\kappa| < H(p) + 1$ folgt. ∎

Nach allem bisher Bewiesenen können wir also etwas salopp formulieren, dass bei einem optimalen Code die Länge des Codewortes für p_i ungefähr gleich $-\log_2 p_i$ sein wird: Die erwartete Abweichung von dieser Länge ist weniger als 1.

Wir möchten zum Abschluss noch eine andere weitere Beziehung zwischen H_0 und H herleiten. Dazu nehmen wir an, dass unser durch $(\Omega, \mathcal{P}(\Omega), p)$ beschriebenes Zufallsexperiment k–fach unabhängig wiederholt wird. Der entsprechende Wahrscheinlichkeitsraum ist dann $(\Omega', \mathcal{P}(\Omega'), p^{(k)})$ mit

$$\Omega' = \{\xi = (\xi_1, \ldots, \xi_k) \mid \xi_i \in \Omega \text{ für alle } 1 \leq i \leq k\}$$

und $p^{(k)}(\{\xi\})$ berechnet sich aufgrund der Unabhängigkeit einfach als Produkt der Wahrscheinlichkeiten der einzelnen Ausgänge.

Es ist klar, wie man aus einer Fragestrategie für p, z.B. gegeben durch einen Code κ, auch eine Strategie für $p^{(k)}$ erhalten kann: Man fragt zunächst gemäß der Strategie für p solange, bis man den Ausgang ξ_1 des ersten Experiments kennt, dann beginnt man erneut gemäß derselben Strategie nach dem Ausgang des zweiten Versuchs zu fragen usw. In der Sprechweise von Codes bedeutet dies, dass man die Codewörter für ξ_1 bis ξ_k aus κ einfach hintereinander schreibt, um ξ zu codieren. Und für die Darstellung als binärer Baum bedeutet diese Strategie, dass man an jedes Blatt des Codebaums für κ noch einmal den kompletten Baum hängt und diesen Vorgang k–mal wiederholt.

Die gesamte Anzahl der benötigten Fragen, d.h. die Länge eines Codeworts, ergibt sich in diesem Code, den wir mit $\kappa^{(k)}$ bezeichnen, als Summe der Wortlängen der Codewörter für ξ_1 bis ξ_k und somit addieren sich auch die Erwartungswerte: $\mathbb{E}|\kappa^{(k)}| = k \cdot \mathbb{E}|\kappa|$.

Ist κ_0 nun ein optimaler Code für p, so ist ein optimaler Code für $p^{(k)}$ nach Definition natürlich mindestens so gut wie $\kappa_0^{(k)}$, und daher

$$H_0(p^{(k)}) \leq \mathbb{E}|\kappa_0^{(k)}| = k\mathbb{E}|\kappa_0| = kH_0(p).$$

Es sollte keine Überraschung sein, dass im Allgemeinen in dieser Ungleichung *keine* Gleichheit gilt: Es gibt *deutlich* bessere Strategien nach einem Vektor zu fragen als schlicht sukzessiv jede einzelne Komponente zu erfragen.

Beispiel 6.2.15

Die Fragen–Entropie H_0 für $p = (\frac{3}{4}, \frac{1}{8}, \frac{1}{8})$ berechnet sich mithilfe des Huffman–Codes und Gleichung (6.9) zu

$$H_0(p) = \left(\frac{1}{8} + \frac{1}{8}\right) + \left(\frac{3}{4} + \frac{1}{4}\right) = \frac{5}{4}.$$

Führt man das Experiment zweimal durch, so ist

$$p^{(2)} = \left(\frac{9}{16}, \frac{3}{32}, \frac{3}{32}, \frac{3}{32}, \frac{3}{32}, \frac{1}{64}, \frac{1}{64}, \frac{1}{64}, \frac{1}{64} \right)$$

und es berechnet sich

$$H_0(p^{(2)}) = \frac{69}{32} \approx 2,1563.$$

Dieser Wert ist deutlich kleiner als $2 \cdot H_0(p) = 2,5$.

Satz 6.2.16

Sei $p = (p_1, \ldots, p_n)$ ein Wahrscheinlichkeitsvektor, dann gilt

$$\lim_{k \to \infty} \frac{1}{k} H_0(p^{(k)}) = H(p).$$

Beweis. Wir berechnen für $p^{(k)} = \{ p_{i_1} \cdots p_{i_k} \mid 1 \le i_1, \ldots, i_k \le n \}$ anhand von (6.7)

$$H(p^{(k)}) = - \sum_{q \in p^{(k)}} q \log_2 q = - \sum_{j=1}^{k} \sum_{q \in p^{(k)}} q \log_2 p_{i_j} = - \sum_{j=1}^{k} \sum_{p_{i_j} \in p} p_{i_j} \log_2 p_{i_j} = kH(p).$$

Aus Satz 6.2.14 folgt dann $H(p) \le H_0(p^{(k)})/k < H(p) + 1/k$ und damit für den Grenzwert $k \to \infty$ die Behauptung. ∎

In der Regel liegt $H_0(p^{(k)})/k$ schon für kleine k nahe an der ideellen Entropie $H(p)$.

6.3 Das Leben der Amöben

Wir wollen in diesem Abschnitt ein ganz einfaches Modell für die Entwicklung einer Amöbenpopulation studieren. Die Amöben stehen natürlich nur stellvertretend für eine große Klasse von Populationen mit derselben Dynamik. Wir setzen den Beginn unserer Beobachtung als den zeitlichen Nullpunkt und betrachten die Population jeweils nach Ablauf eines festen Zeitintervalls, eines Zeitschritts. Die einzelnen Beobachtungszeitpunkte nummerieren wir mit den natürlichen Zahlen.

Die aller einfachste Modellierung der zeitlichen Entwicklung der Population beginnt mit einer einzigen Amöbe, die sich nach Ablauf des ersten Zeitschritts mit einer Wahrscheinlichkeit $p > 0$ teilt und mit Wahrscheinlichkeit $1 - p$ stirbt. Vorausgesetzt sie ist nicht gestorben, geht der Prozess nach einem weiteren Zeitschritt genauso weiter: jede der beiden Amöben teilt sich mit Wahrscheinlichkeit p und sie stirbt mit Wahrscheinlichkeit $1 - p$. Und hier stehen wir vor einer wichtigen Frage: Sollen die Schicksale der beiden Amöben unabhängig sein? Wollen wir diese Schicksale als unabhängige Ereignisse modellieren?

Die Antwort ist „Ja", aber die Begründung ist rein pragmatisch: Abhängigkeit ist mathematisch ausgesprochen schwer zu modellieren, von der mathematischen Handhabbarkeit solcher Modelle ganz zu schweigen. In der Realität wird diese Unabhängigkeit schwerlich zu finden sein, denn unterschiedliche Individuen derselben Gattung haben (im Wesentlichen) dieselben Lebensgewohnheiten, dieselbe Ernährungsweise, dieselben Feinde und leben im selben Habitat. Wie stark hierdurch die Unabhängigkeit der Schicksale beeinträchtigt wird, muss dann im Einzelfall entschieden werden, in dem man die mathematischen Resultate mit realen Beobachtungen vergleicht.

Wir entscheiden uns jedoch für die Modellierung mit Unabhängigkeit, d.h. jede zum Zeitpunkt n lebende Amöbe erleidet im nächsten Zeitschritt ihr Schicksal unabhängig von allen anderen, jedoch nach derselben Wahrscheinlichkeitsverteilung $(p, 1-p)$. Damit ist bzgl. der Modellbildung alles Notwendige gesagt: wir können nun Fragen über die Population stellen und anhand des Modells Antworten suchen.

Manch einer wird sich vielleicht fragen, wieso wir schon mit der Modellierung fertig sind: Was sind denn unser Ω oder $\mathcal{A}$ und wie sieht $\mathbb{P}$ aus? Wie sollen wir ohne einen W–Raum anfangen zu rechnen? Nun, wir haben bereits einen W–Raum, wir haben ihn nur nicht explizit hingeschrieben. Tatsächlich ist dies unter Mathematikern recht üblich und widerspricht keineswegs dem sehr peniblen Vorgehen in den Kapiteln 3 und 4. Es ist vergleichbar mit der Verfassung eines Staates, die auch sehr akurat formuliert werden muss, jedoch nicht bei jeder Situation des Alltags zitiert werden braucht; die meisten Menschen werfen nie einen Blick in die Verfassung des Staates, in dem sie leben und handeln dennoch konform.

Wollte man unbedingt einen W–Raum angeben, so könnte dies so geschehen: Wir fixieren einen festen Zeitpunkt $N \in \mathbb{N}$ und betrachten alle bis dahin möglichen Entwicklungen ω der Population. Ob wir uns die einzelnen ω dabei graphisch durch einen Baum dargestellt denken oder durch eine Tabelle oder noch anders spielt keine Rolle: Jedes ω bildet einen möglichen Verlauf der Entwicklung komplett ab, jede Veränderung von Generation zu Generation. Damit wissen wir auch, mit welcher Wahrscheinlichkeit eine Generation von ω aus der vorangehenden entsteht, nämlich mit dem Produkt aller Wahrscheinlichkeiten der Schicksale all jener Amöben, die in dieser vorangehenden Generation existieren: Das besagt die Modellierung mit Unabhängigkeit. Und das Produkt über all diese *Übergangswahrscheinlichkeiten* von einer Generation zur nächsten ergibt dann die Wahrscheinlichkeit $\mathbb{P}(\{\omega\})$: Das besagt die Pfadregel zusammen mit unserer Forderung, dass sich jede Amöbe, solange sie lebt, stets gemäß derselben Verteilung $(p, 1-p)$ verhält. Damit ist

$$(\Omega_N = \{\omega \mid \omega \text{ ist mögliche Entwicklung bis Zeitpunkt } N\}, \mathcal{P}(\Omega_N), \mathbb{P})$$

unser W–Raum.

Die Frage, die wir hier nun betrachten wollen, ist:

Was ist die Wahrscheinlichkeit u, dass die Population langfristig überlebt?

Offenbar ist u höchstens dann gleich 1, wenn die Population zunächst einmal den ersten Zeitschritt mit Wahrscheinlichkeit 1 überlebt, d.h. wenn $p = 1$ ist. Umgekehrt sichert $p = 1$ auch das ewige Fortbestehen der Population: $u = 1$ genau dann, wenn $p = 1$.

Für die Berechnung von u für alle anderen p führen wir ein wichtiges Hilfsmittel ein.

Definition 6.3.1

Sei $(\Omega, \mathcal{P}(\Omega), \mathbb{P})$ ein endlicher W–Raum und $X : \Omega \to \mathbb{N}_0$, dann heißt die Abbildung

$$g_X(z) = \mathbb{E}[z^X] \, , \ z \in \mathbb{R},$$

die *erzeugende Funktion* der Verteilung $\mathbb{P}_X$.

Bezeichnen wir mit $X_n : \Omega_N \to \mathbb{N}_0$, $0 \le n \le N$, die Anzahl der lebenden Amöben nach der n–ten und vor der $(n+1)$–ten Entscheidung, also die Größe der n–ten Generation, so ist z.B.

$$\mathbb{P}_{X_1} = \big(\mathbb{P}(\{X_1 = 0\}), \mathbb{P}(\{X_1 = 2\})\big) = (1 - p, p),$$

denn die erste Amöbe stirbt oder teilt sich, so dass wir 0 oder 2 Amöben mit der jeweils angegebenen Wahrscheinlichkeit vorfinden. Daher ist

$$g_{X_1}(z) = pz^2 + (1 - p) \, , \ z \in \mathbb{R},$$

oder ganz allgemein

$$g_{X_n}(z) = \sum_{i=0}^{2^n} z^i \mathbb{P}(\{X_n = i\}),$$

denn zum Zeitpunkt n existieren maximal 2^n Individuen; natürlich ist $g_{X_0}(z) = z$. Wir bemerken, dass stets

$$g_{X_n}(0) = \mathbb{P}(\{X_n = 0\}) \ \text{ und } \ g_{X_n}(1) = 1 \tag{6.12}$$

gilt. Berechnet man die erzeugenden Funktionen für einige X_n, so erkennt man, dass die Funktion

$$g := g_{X_1}$$

eine zentrale Rolle spielt: Es ist nicht nur $g_{X_1} = g(g_{X_0})$, sondern ganz allgemein entsteht g_{X_n} durch die n–fache Verkettung von g mit sich selbst. Dies ist eigentlich nicht überraschend, denn schließlich entwickelt sich jede neue Generation nach demselben Wahrscheinlichkeitsgesetz.

Satz 6.3.2

Für alle $n \ge 0$ und $z \in \mathbb{R}$ gilt

$$g_{X_{n+1}}(z) = g\left(g_{X_n}(z)\right).$$

Insbesondere gilt für $n \ge 1$

$$g_{X_n} = \underbrace{g \circ g \circ \cdots \circ g}_{n\text{–mal}}.$$

Beweis. Mit Wahrscheinlichkeit $1-p$ teilt sich die erste Amöbe nicht und die Population stirbt aus. Für diesen tragischen Verlauf ω_0 ist offensichtlich dann auch $X_{n+1}(\omega_0) = 0$ für alle $n \geq 0$. Bei jedem anderen Verlauf ω teilt sie sich jedoch und es entstehen zwei Amöben. Wir nennen sie I und II, und jede von beiden ist Ursprung für eine Anzahl $X_n^I(\omega)$ und $X_n^{II}(\omega)$ von Nachkommen zum Zeitpunkt $n + 1$. Diese Zufallsvariablen X_n^I und X_n^{II} sind gemäß unseres Modells unabhängig und besitzen dieselbe Verteilung wie X_n, denn sie verhalten sich in unserem Modell exakt so wie die erste Amöbe, nur dass es für die Amöben dieser ersten Generation nur noch n Schritte bis zum Zeitpunkt $n+1$ sind. Natürlich ist $X_{n+1}(\omega) = X_n^I(\omega) + X_n^{II}(\omega)$, so dass

$$g_{X_{n+1}}(z) = \mathbb{E}[z^{X_{n+1}}] = (1-p) + \sum_{\substack{\omega \in \Omega \\ \omega \neq \omega_0}} z^{X_n^I(\omega)+X_n^{II}(\omega)}\mathbb{P}(\{\omega\})$$

$$= (1-p) + p\,\mathbb{E}[z^{X_n^I+X_n^{II}}].$$

Mit den Sätzen 4.3.6 und 4.3.3 berechnen wir

$$\mathbb{E}[z^{X_n^I+X_n^{II}}] = \mathbb{E}[z^{X_n^I} \cdot z^{X_n^{II}}] = \mathbb{E}[z^{X_n^I}] \cdot \mathbb{E}[z^{X_n^{II}}] = g_{X_n}(z) \cdot g_{X_n}(z) = \big(g_{X_n}(z)\big)^2,$$

also $g_{X_{n+1}}(z) = 1 - p + p \cdot (g_{X_n}(z))^2 = g(g_{X_n}(z))$. ∎

Mithilfe dieses Satzes berechnet sich z.B. g_{X_2} als

$$g_{X_2}(z) = g\left(g\left(z\right)\right) = (1-p) + p \cdot g^2(z) = (1-p)(1+p-p^2) + 2p^2(1-p)z^2 + p^3 z^4.$$

Prinzipiell kann man so die erzeugende Funktion der Populationsgröße jeder Generation berechnen, wobei die konkreten Formeln recht schnell mindestens unübersichtlich, für Ästheten sogar hässlich werden. Bei der konkreten Berechnung hilft dann nur ein Computeralgebrapaket.

Ein Grund für die Betrachtung der erzeugenden Funktion liegt darin, dass sich aus ihr die wichtigsten Kenngrößen einer Zufallsvariablen zurückgewinnen lassen.

Satz 6.3.3

Sei g_X die erzeugende Funktion der Verteilung $\mathbb{P}_X$ einer Zufallsvariablen X, dann gilt

$$g_X'(z) = \mathbb{E}[Xz^{X-1}] \quad \text{und} \quad g_X''(z) = \mathbb{E}[X(X-1)z^{X-2}] \text{ für alle } z \neq 0.$$

Insbesondere ist $\mathbb{E}X = g_X'(1)$ und $\mathbb{V}X = g_X''(1) + g_X'(1) - (g_X'(z))^2$.

Beweis. Die Ableitung nach z von $g_X(z) = \mathbb{E}[z^X] = \sum_{\omega \in \Omega} z^{X(\omega)}\mathbb{P}(\{\omega\})$ ist

$$g_X'(z) = \sum_{\omega \in \Omega} X(\omega)z^{X(\omega)-1} = \mathbb{E}[Xz^{X-1}]$$

und ebenso

$$g_X''(z) = \sum_{\omega \in \Omega} X(\omega)(X(\omega) - 1)z^{X(\omega)-2} = \mathbb{E}[X(X-1)z^{X-2}].$$

Hieraus folgen sofort die behaupteten Gleichungen für $\mathbb{E}X$ und $\mathbb{V}X$. ∎

Dieser Satz wird uns helfen, den Erwartungswert und die Varianz unserer Populationsgröße zu berechnen und somit weitere Einsicht in deren Verhalten zu gewinnen. Bezeichnen wir mit $\mu = \mathbb{E}X_1$ und $\sigma^2 = \mathbb{V}X_1$ den Erwartungswert und die Varianz der Anzahl der Individuen in der ersten Generation, dann gilt offenbar

$$\mu = g'(1) = 2p \quad \text{und} \quad \sigma^2 = g''(1) + g'(1) - (g'(1))^2 = 4p(1-p).$$

Satz 6.3.4

Für die Populationsgröße X_n der n–ten Generation gilt

$$\mathbb{E}X_n = \mu^n \quad \text{und} \quad \mathbb{V}X_n = \sigma^2\mu^{n-1}(1 + \mu + \mu^2 + \cdots + \mu^{n-1}).$$

Beweis. Wir beweisen diesen Satz mittels Vollständiger Induktion nach n.

Für $n = 1$ ist die Behauptung offensichtlich wahr. Nehmen wir nun an, die Behauptung sei für ein n gezeigt. Nach Satz 6.3.2 gilt

$$g_{X_{n+1}}(z) = g(g_{X_n}(z))$$

und wir erhalten nach der Kettenregel durch Ableiten

$$g_{X_{n+1}}'(z) = g'(g_{X_n}(z))g_{X_n}'(z)$$

und unter zusätzlicher Benutzung der Produktregel

$$g_{X_{n+1}}''(z) = g''(g_{X_n}(z))\left(g_{X_n}'(z)\right)^2 + g'(g_{X_n}(z))g_{X_n}''(z).$$

Somit folgt nach Satz 6.3.3 und der Induktionsvoraussetzung

$$\mathbb{E}X_{n+1} = g_{X_{n+1}}'(1) = g'(g_{X_n}(1))g_{X_n}'(1) = \mu\mathbb{E}X_n = \mu\mu^n = \mu^{n+1}.$$

Dies ist der Induktionsschluss für den Erwartungswert. Für die Varianz beachten wir

$$\begin{aligned}
\mathbb{E}[X_{n+1}(X_{n+1}-1)] &= g_{X_{n+1}}''(1) = g''(g_{X_n}(1))\left(g_{X_n}'(1)\right)^2 + g'(g_{X_n}(1))g_{X_n}''(1) \\
&= g''(1)(\mathbb{E}X_n)^2 + g'(1)\mathbb{E}[X_n(X_n-1)] \\
&= 2p\mu^{2n} + \mu(\mathbb{V}X_n + \mu^{2n} - \mu^n),
\end{aligned}$$

so dass nach Induktionsvoraussetzung

$$\begin{aligned}
\mathbb{V}X_{n+1} &= \mathbb{E}[X_{n+1}(X_{n+1}-1)] + \mathbb{E}X_{n+1} - (\mathbb{E}X_{n+1})^2 \\
&= 2p\mu^{2n} + \mu(\mathbb{V}X_n + \mu^{2n} - \mu^n) + \mu^{n+1} - \mu^{2n+2} \\
&= (2p + \mu - \mu^2)\mu^{2n} + \mu\sigma^2\mu^{n-1}(1 + \mu + \mu^2 + \cdots + \mu^{n-1}) \\
&= \mu^n\left(\sigma^2\mu^n + \sigma^2(1 + \mu + \mu^2 + \cdots + \mu^{n-1})\right) \\
&= \sigma^2\mu^n(1 + \mu + \mu^2 + \cdots + \mu^n)
\end{aligned}$$

gilt. Dies ist der Induktionsschluss für die Varianz.   ■

Nun wird das Bild klarer; wir können für die Entwicklung der Population eine Fallunterscheidung machen:

- Ist $\mu < 1$, so konvergieren sowohl $\mathbb{E}X_n$ als auch $\mathbb{V}X_n$ gegen 0, denn es ist

$$\mathbb{V}X_n = \sigma^2 \mu^{n-1} \frac{1 - \mu^n}{1 - \mu}.$$

  Da also sowohl der Erwartungswert der Populationsgröße sehr klein wird, als auch seine Varianz, sollte die Populationsgröße selbst auch gegen 0 konvergieren. Dies werden wir im Folgenden auch beweisen.

- Ist $\mu = 1$, so ist auch $\mathbb{E}X_n = 1$ für alle n, aber $\mathbb{E}[X_n^2] = \mathbb{V}X_n + 1 = n\sigma^2 + 1$ divergiert gegen unendlich. Dies bedeutet, dass auch sehr große Werte von X_n^2 bzw. von X_n eine positive Wahrscheinlichkeit haben, jedoch derart, dass $\mathbb{E}X_n$ konstant bleibt. Wir werden sehen, dass dies nur dann möglich ist, wenn auch die Wahrscheinlichkeit für das Aussterben der Population immer größer wird.

- Für $\mu > 1$ divergieren sowohl Erwartungswert als auch Varianz sehr schnell gegen unendlich. Dies könnte ein Indiz dafür sein, dass die Population mit positiver Wahrscheinlichkeit überlebt.

All diese Erwartungen werden durch den folgenden Satz bewiesen. Dazu erinnern wir daran, dass $\mathbb{P}(\{X_n = 0\})$ offenbar die Wahrscheinlichkeit angibt, mit der die Population bis zum Zeitpunkt n ausgestorben ist.

Satz 6.3.5

Für $n \in \mathbb{N}$ gilt $\mathbb{P}(\{X_{n+1} = 0\}) = g(\mathbb{P}(\{X_n = 0\}))$ und die Folge der Wahrscheinlichkeiten $\mathbb{P}(\{X_n = 0\})$ konvergiert für $n \to \infty$ gegen die kleinste Lösung x der quadratischen Gleichung $z = g(z)$.

Es ist stets $x \leq 1$ und es gilt $x < 1$ genau dann, wenn $p > 1/2$.

Beweis. Für alle $n \in \mathbb{N}$ ist wegen Gleichung (6.12)

$$\mathbb{P}(\{X_{n+1} = 0\}) = g_{X_{n+1}}(0) = g\big(g_{X_n}(0)\big) = g(\mathbb{P}(\{X_n = 0\})).$$

Nun ist eine einmal ausgestorbene Population natürlich für immer ausgestorben; ist also $X_n(\omega) = 0$, so folgt auch $X_{n+1}(\omega) = 0$, und somit klarerweise

$$\mathbb{P}(\{X_n = 0\}) \leq \mathbb{P}(\{X_{n+1} = 0\}) \leq 1.$$

Die Folge $(\mathbb{P}(\{X_n = 0\}))_{n \in \mathbb{N}} = (g_{X_n}(0))_{n \in \mathbb{N}}$ ist also monoton wachsend und nach oben beschränkt, d.h. sie konvergiert gegen ein $y \in [0,1]$. Die Funktion g ist als quadratisches Polynom natürlich stetig, so dass

$$g(y) = g\big(\lim_{n \to \infty} g_{X_n}(0)\big) = \lim_{n \to \infty} g\big(g_{X_n}(0)\big) = \lim_{n \to \infty} g_{X_{n+1}}(0) = y$$

gilt. In der Tat ist also y eine Lösung der Gleichung $g(z) = z$. Es bleibt zu zeigen, dass es auch die kleinste Lösung ist, d.h. $y = x$.

Lösen wir dazu die Gleichung $g(z) = z$, also $z^2 - \frac{1}{p}z + \frac{1-p}{p} = 0$, so erhalten wir

$$z_1 = 1 \quad \text{und} \quad z_2 = \frac{1-p}{p}$$

als Lösungen. Die kleinste Lösung x ist daher immer höchstens gleich 1 und es ist $x < 1$ genau dann, wenn $x = z_2 < 1$, d.h. $p > 1/2$ gilt.

Da $0 \leq z_1, z_2$ und die Funktion $g(z) = 1 - p + pz^2$ monoton wachsend auf $[0, \infty)$ ist, ist auch die n–fache Verkettung g_{X_n} monoton wachsend auf $[0, \infty)$ und es gilt

$$g_{X_n}(0) \leq g_{X_n}(z_i) = g \circ g \circ \cdots \circ g(z_i) = z_i \quad \text{für } i = 1, 2.$$

Somit gilt auch im Limes $y = \lim_{n \to \infty} g_{X_n}(0) \leq z_i$ für $i = 1, 2$. ∎

Der Wert von x beschreibt also das Aussterben bzw. das Überleben der Population, denn $x = 1$ bedeutet ja, dass es auf lange Sicht immer wahrscheinlicher wird, dass kein Individuum mehr lebt. Umgekehrt findet man für $x < 1$ mit einer Wahrscheinlichkeit von annähernd $1 - x$ auch nach beliebig langer Zeit noch Individuen der Population vor.

Zusammenfassend haben wir mit dem obigen Satz eine *Dichotomie* kennengelernt, ein System, welches zwei mögliche zeitliche Entwicklungen besitzt, über deren Realisierung die Größe eines Systemparameters entscheidet. Fassen wir unser Ergebnis in Worte: Ist die erwartete Anzahl von Nachkommen einer Amöbe höchstens Eins, d.h. teilt sie sich mit Wahrscheinlichkeit höchstens $1/2$, so stirbt die Population irgendwann sicher, d.h. mit Wahrscheinlichkeit 1 aus. Ist die erwartete Anzahl an Nachkommen größer Eins, d.h. teilt sie sich mit Wahrscheinlichkeit größer $1/2$, so gibt es eine positive Wahrscheinlichkeit, dass die Population für immer überlebt. Dieses Ergebnis ist sehr plausibel: Mit etwas Überlegen hätte man dies von Anfang an vermuten können. Der Beweis dieser Vermutung allerdings benötigt offenbar doch einiges an Mathematik.

6.4 Entwicklung ohne Gedächtnis: Markovketten

Die Theorie der Markovketten umfasst ein viel zu großes Gebiet, um sie hier in Gänze darstellen zu können. Sie beschäftigt sich mit der Dynamik von stochastischen Systemen, deren zukünftige zeitliche Entwicklung ausschließlich von der Gegenwart abhängt und die Vergangenheit unberücksichtigt lässt. Dies ist häufig eine zulässige Approximation der realen Verhältnisse, so dass diese Theorie eine enorme Fülle von Anwendungen besitzt; einige davon möchten wir nun vorstellen.

6.4.1 Der wandernde Euro

Wie allgemein bekannt ist haben sich zu Beginn des Jahres 2002 zwölf europäische Staaten, darunter auch die Bundesrepublik Deutschland, eine neue Währung gegeben:

den Euro. Zwar ist der Euro nun in jedem Staat dieser Währungsunion gültig, dennoch tragen die Euromünzen auf der Rückseite ein Emblem des Landes, in dem sie geprägt wurden. Dadurch, dass beispielsweise Deutsche in Frankreich oder Italiener in Finnland mit ihren jeweiligen Euromünzen bezahlen, verteilen sich die verschiedenen Münzen allmählich über ganz Europa. Statistiker haben tatsächlich versucht, die Verteilung dieser Münzen nach verschiedenen Zeitspannen zu analysieren.

Wir wollen hier versuchen zu untersuchen, was man nach sehr langen Zeiten erwarten sollte. Dabei werden wir auf ein stark vereinfachtes Modell zurückgreifen. Wir werden Effekte wie das Verschwinden und Neuprägen eines gewissen Anteils der Münzen vernachlässigen. Ebenso werden wir zunächst auf ein sehr einfaches Modell von Europa zurückgreifen, das nur aus zwei Ländern nämlich „Deutschland" und „Ausland" besteht; eine derartige Beschränkung der Weltsicht geschieht hier aus rechnerischen Gründen und sollte im Alltag bei niemandem eine Entsprechung finden.

Das Modell, welches wir studieren werden, ist eine sogenannte Markovkette, ein sehr nützliches Instrument in der Wahrscheinlichkeitstheorie. Natürlich benötigen wir für konkrete Rechnungen innerhalb des Modells auch die zugehörige Information. So sollten wir wenigstens über die kurzfristigen Wanderungen eines einzelnen Euro Bescheid wissen, um die Verteilung vieler Euros nach einiger Zeit vorhersagen zu können.

Dazu markieren wir einzelne Euros und schauen nach, wo sie sich nach einem Monat befinden. Wenn wir genügend viele Münzen markieren, bekommen wir eine gute Schätzung für das Verhalten einer einzelnen Euromünze. Nehmen wir an, dass nach dieser Schätzung die Wahrscheinlichkeit dafür, dass ein Euromünze, die in Deutschland gestartet ist, sich auch einen Monat später in Deutschland befindet durch

$$p_{D,D} = 0,96$$

gegeben ist. Dementsprechend ist die Wahrscheinlichkeit, dass sie sich nach einem Monat im Ausland befindet

$$p_{D,A} = 0,04.$$

Umgekehrt ist die Wahrscheinlichkeit, dass eine Münze, die im Ausland startet, auch nach einem Monat noch (oder schon wieder) im Ausland ist durch

$$p_{A,A} = 0,998$$

gegeben. Dies impliziert, dass die Wahrscheinlichkeit dafür, dass sich die Münze nach einem Monat vom Ausland nach Deutschland bewegt hat durch

$$p_{A,D} = 0,002$$

beschrieben wird. Dass $p_{A,D}$ eine Größenordnung kleiner als $p_{D,A}$ ist, spricht für die Größe vom Ausland im Vergleich zu Deutschland.

In diesem einfachen Modell können wir schon erste elementare Fragen beantworten. Nehmen wir beispielsweise an, wir wissen nicht genau, dass sich eine Münze zu einem Zeitpunkt n in Deutschland befindet. Vielmehr sei die Wahrscheinlichkeit, dass sie in

Deutschland ist $q_D = 0, 8$ und die Wahrscheinlichkeit, dass sie sich im Ausland befindet $q_A = 0, 2$. Was ist dann die Wahrscheinlichkeit, die Münze einen Monat später in Deutschland zu finden?

Für dieses Ereignis gibt es zwei mögliche Pfade: Die Münze startet und landet in D(eutschland), oder sie startet im A(usland) und gelangt dann nach D, d.h. die Wahrscheinlichkeit ist

$$q_D \cdot p_{D,D} + q_A \cdot p_{A,D} = 0, 8 \cdot 0, 96 + 0, 2 \cdot 0, 002 = 0, 7684.$$

Ebenso berechnet sich die Wahrscheinlichkeit, nach einem Monat im Ausland zu sein, als

$$q_D \cdot p_{D,A} + q_A \cdot p_{A,A} = 0, 8 \cdot 0, 04 + 0, 2 \cdot 0, 998 = 0, 2316.$$

Wir haben also, ausgehend von einer *Startverteilung*

$$q^{(n)} := (q_D, q_A) = (0, 8 \, , \, 0, 2)$$

für die Münze zum Zeitpunkt n, die Aufenthaltsverteilung der Münze zum Zeitpunkt $n + 1$ berechnet:

$$q^{(n+1)} = (q_D \cdot p_{D,D} + q_A \cdot p_{A,D} \, , \, q_D \cdot p_{D,A} + q_A \cdot p_{A,A}) = (0, 7684 \, , \, 0, 2316).$$

Hierbei haben wir uns offenbar entschieden, die Wahrscheinlichkeit, in D zu sein, immer an die erste Stelle des Vektors zu schreiben. Mithilfe einer Matrix können wir die Rechnungen, mittels derer aus $q^{(n)}$ der Vektor $q^{(n+1)}$ entsteht, auch prägnanter schreiben. Fassen wir die vier einzelnen *Übergangswahrscheinlichkeiten* in einer Matrix

$$Q = \begin{pmatrix} p_{D,D} & p_{D,A} \\ p_{A,D} & p_{A,A} \end{pmatrix} = \begin{pmatrix} 0, 96 & 0, 04 \\ 0, 002 & 0, 998 \end{pmatrix}$$

zusammen, so erkennen wir die Gleichung

$$q^{(n+1)} = q^{(n)} \cdot Q. \tag{6.13}$$

Erinnern wir uns daran, dass man einen Zeilenvektor bestehend aus den Zahlen $z_1, \dots, z_l$ mit einem Spaltenvektor bestehend aus $s_1, \dots, s_l$ sinnvoll multiplizieren kann, indem man ihr Produkt als die Zahl

$$z_1 \cdot s_1 + \cdots + z_l \cdot s_l$$

definiert. Hierbei kommt es auf die Reihenfolge an, d.h. eine Zeile mal einer Spalte ist nicht dasselbe wie eine Spalte mal einer Zeile: Im zweiten Fall ist das Produkt nicht durch obige Gleichung definiert und ist im Allgemeinen nicht einmal eine Zahl. Hat man einen Zeilenvektor mit mehreren Spaltenvektoren, also einer Matrix zu multiplizieren, so führt man die Multiplikationen einfach der Reihe nach aus und notiert die Ergebnisse dann wieder in einer neuen Zeile. Und schließlich multipliziert man zwei Matrizen miteinander, indem man der Reihe nach die Zeilen der ersten Matrix mit der zweiten Matrix multipliziert und die jeweils als Ergebnis entstehenden Zeilen wieder untereinander in eine neue Matrix schreibt. All diese Kenntnisse gehören zum Gebiet der Linearen Algebra.

Kommen wir zurück auf unser Beispiel und fragen wir uns nun, wie die Situation nach zwei Monaten ist. Was kann man über die Verteilung $q^{(n+2)}$ der Aufenthaltswahrscheinlichkeiten zwei Monate nach dem Zeitpunkt n sagen? Nun, diese berechnet sich natürlich aus $q^{(n+1)}$ durch Multiplikation mit Q, also

$$q^{(n+2)} = q^{(n+1)} \cdot Q = \left(q^{(n)} \cdot Q\right) \cdot Q,$$

denn die Argumentation, die zur Gleichung (6.13) führte, hing ja nicht vom Zeitpunkt n ab, sondern nur von der Art der Verbreitung der Münzen. Eine zentrale Tatsache bei der Multiplikation von Matrizen ist nun, dass diese Operation (im Wesentlichen) assoziativ ist, d.h. man hat Freiheit bei der Klammerung zur Bildung eines Produktes. Dies nutzen wir aus und schreiben

$$q^{(n+2)} = q^{(n)} \cdot \left(Q \cdot Q\right) = q^{(n)} \cdot Q^2,$$

wobei wir Q^k, $k \in \mathbb{N}$, für das k–fache Produkt von Q mit sich selbst schreiben, also

$$Q^k = \underbrace{Q \cdot Q \cdots Q}_{k\text{–mal}}.$$

Natürlich kann man die Matrix Q^2 auch berechnen:

$$
\begin{aligned}
Q^2 &= \begin{pmatrix} p_{D,D} & p_{D,A} \\ p_{A,D} & p_{A,A} \end{pmatrix} \cdot \begin{pmatrix} p_{D,D} & p_{D,A} \\ p_{A,D} & p_{A,A} \end{pmatrix} \\
&= \begin{pmatrix} p_{D,D}^2 + p_{D,A} \cdot p_{A,D} & p_{D,D} \cdot p_{D,A} + p_{D,A} \cdot p_{A,A} \\ p_{A,D} \cdot p_{D,D} + p_{A,A} \cdot p_{A,D} & p_{A,D} \cdot p_{D,A} + p_{A,A}^2 \end{pmatrix} \\
&= \begin{pmatrix} 0,92168 & 0,07832 \\ 0,003916 & 0,996084 \end{pmatrix}.
\end{aligned}
$$

Wir erkennen, dass die einzelnen Einträge in der Matrix Q^2 genau die Wahrscheinlichkeiten gemäß der Pfadregel sind. Denn wir entschieden uns bei Q für die Anordnung

$$\begin{pmatrix} \text{von D nach D} & \text{von D nach A} \\ \text{von A nach D} & \text{von A nach A} \end{pmatrix}$$

und genau dies bleibt auch die Anordnung in Q^2, nur dass die Zahlenwerte jetzt die Wahrscheinlichkeiten nach zwei Monaten angeben. Und so liest sich der Eintrag „von D nach A" in Q^2 beispielsweise als „von D nach D im ersten Monat und dann von D nach A im zweiten *oder* von D nach A im ersten Monat und dann von A nach A im zweiten". Mithilfe der Matrizenschreibweise werden diese Pfadwahrscheinlichkeiten angenehm kompakt dargestellt. Und natürlich ist für Q und Q^2 und allgemein auch für Q^k die Summe der Wahrscheinlichkeiten in jeder einzelnen Zeile gleich 1, denn mehr Möglichkeiten, als nach D oder A zu gelangen, gibt es nicht.

Selbstverständlich können wir die Wanderung auch länger als zwei Monate verfolgen: Jeder weitere Monat entspricht einer weiteren Multiplikation mit Q. Insgesamt haben wir die Wanderungsbewegungen einer Münze in eine recht handliche Form gebracht: Startet eine Münze zum Zeitpunkt Null mit Wahrscheinlichkeit q in D und mit Wahrscheinlichkeit $1 - q$ in A, d.h. ist $q^{(0)} := (q, 1 - q)$ die Startverteilung der Münze und enthält die Matrix Q die Übergangswahrscheinlichkeiten der Aufenthaltsorte von einem Zeitpunkt zum nächsten, so besitzt der Aufenthaltsort der Münze nach $n \in \mathbb{N}$ Zeitschritten die Verteilung

$$q^{(n)} = q^{(0)} \cdot Q^n.$$

Als Konsequenz aus dieser Beobachtung sehen wir, dass wir die n–te Potenz der Matrix Q für große n berechnen müssen, wenn wir die Aufenthaltswahrscheinlichkeit der Münze nach langer Zeit studieren wollen. Dies hört sich zunächst einmal erschreckend an, denn schon Q^2 hat ja keineswegs übersichtliche Einträge. Doch bevor wir uns diesem Problem nähern, wollen wir einige einfache Fälle betrachten.

Der erste und trivialste Fall ist der, dass

$$Q = \begin{pmatrix} 1 & 0 \\ 0 & 1 \end{pmatrix}$$

die 2×2–Einheitsmatrix ist. In diesem Fall geschieht schlichtweg gar nichts: Jede Münze bleibt für immer in genau dem Land, in dem sie geprägt wurde. Mehr gibt es dazu auch nicht zu sagen.

Ist als zweite Möglichkeit

$$Q = \begin{pmatrix} 0 & 1 \\ 1 & 0 \end{pmatrix},$$

so wechselt die Münze in jedem Zeitschritt mit Wahrscheinlichkeit 1 ihren Aufenthaltsort: Von D geht es sicher nach A und von A ebenfalls sicher nach D. Und im nächsten Zeitschritt wechselt sie zurück. In diesem Fall aber kennen wir ihr Langzeitverhalten genau: Wenn die Münze in D startet, ist sie zu allen geraden Zeitpunkten $n = 2k$ wieder in D und zu allen ungeraden Zeiten $n = 2k - 1$ in A. Startet sie in A, ist es genau umgekehrt.

Ist nun $p_{D,D}$ oder $p_{A,A}$ gleich 1, jedoch nicht beide, so geschieht auch nichts Aufregendes. Ist z.B. $p_{D,D} = 1$, aber $p_{A,A} < 1$, so bleibt eine nach D gewanderte Münze für immer dort. Eine Münze, die in A startet, kann eine gewisse Zeit lang dort bleiben; allerdings ist die Wahrscheinlichkeit, dass sie n Zeitschritte lang immer in A ist, gleich $p_{A,A}^n$ und das konvergiert gegen Null. Sie wird also mit Wahrscheinlichkeit 1 irgendwann nach D gelangen und dann dort bleiben. Auf lange Sicht sammeln sich alle Münzen in D. Der Fall, in dem $p_{D,D} < 1$ aber $p_{A,A} = 1$ gilt, ist vollständig symmetrisch: Alle Münzen enden früher oder später in A.

Von nun an nehmen wir also an, dass $p_{D,D} \neq 1$ und $p_{A,A} \neq 1$ gilt und außerdem

$$Q \neq \begin{pmatrix} 0 & 1 \\ 1 & 0 \end{pmatrix}.$$

Wir definieren die folgenden 2×2–Matrizen

$$S := \frac{1}{1 - p_{A,A}} \begin{pmatrix} p_{D,D} - 1 & 1 - p_{A,A} \\ 1 - p_{A,A} & 1 - p_{A,A} \end{pmatrix} = \frac{1}{p_{A,D}} \begin{pmatrix} -p_{D,A} & p_{A,D} \\ p_{A,D} & p_{A,D} \end{pmatrix}$$

$$T := \frac{1}{p_{D,D} + p_{A,A} - 2} \begin{pmatrix} 1 - p_{A,A} & p_{A,A} - 1 \\ p_{A,A} - 1 & p_{D,D} - 1 \end{pmatrix} = \frac{1}{p_{D,A} + p_{A,D}} \begin{pmatrix} -p_{A,D} & p_{A,D} \\ p_{A,D} & p_{D,A} \end{pmatrix}.$$

Aufgrund der Bedingung $p_{D,D} \neq 1 \neq p_{A,A}$ können wir diese Matrizen wirklich bilden. Man prüft nun leicht nach, dass

$$S \cdot T = T \cdot S = \begin{pmatrix} 1 & 0 \\ 0 & 1 \end{pmatrix}$$

die 2×2–Einheitsmatrix ergibt. Führen wir die Diagonalmatrix

$$D = \begin{pmatrix} p_{A,A} + p_{D,D} - 1 & 0 \\ 0 & 1 \end{pmatrix}$$

ein, so verifiziert man ebenfalls durch nachrechnen, dass

$$Q = S \cdot D \cdot T$$

gilt. Was haben wir nun dadurch gewonnen? Wir müssen

$$Q^n = (S \cdot D \cdot T)^n$$

berechnen, wobei die rechte Seite auf den ersten Blick noch furchteinflößender aussieht als die linke. Wenn wir aber das Produkt auf der rechten Seite ausschreiben, so erhalten wir

$$Q^n = (S \cdot D \cdot T)^n = \underbrace{(S \cdot D \cdot T) \cdot (S \cdot D \cdot T) \cdots (S \cdot D \cdot T)}_{n-\text{mal}}.$$

Aufgrund des Assoziativgesetzes dürfen wir nun auch erst überall dort, wo ein T auf ein S trifft, das Produkt $T \cdot S$ ausrechnen, was glücklicherweise die Einheitsmatrix ergibt; und die Multiplikation einer Matrix mit der Einheitsmatrix hat keine Auswirkungen, es ist wie die Multiplikation einer Zahl mit 1. Wir erhalten also

$$Q^n = S \cdot \underbrace{D \cdot D \cdots D}_{n-\text{mal}} \cdot T = S D^n T,$$

so dass bei der Berechnung von Q^n die wesentliche Aufgabe darin besteht, D^n zu berechnen. Schreiben wir

$$D = \begin{pmatrix} \lambda & 0 \\ 0 & 1 \end{pmatrix} \quad \text{mit } \lambda = p_{A,A} + p_{D,D} - 1,$$

dann folgt sofort

$$D^n = \begin{pmatrix} \lambda^n & 0 \\ 0 & 1 \end{pmatrix} \quad \text{für alle } n \in \mathbb{N},$$

denn für $n = 1$ ist diese Behauptung offenbar wahr, und setzen wir ihre Gültigkeit für ein n voraus, so folgt mit

$$D^{n+1} = D \cdot D^n = \begin{pmatrix} \lambda & 0 \\ 0 & 1 \end{pmatrix} \cdot \begin{pmatrix} \lambda^n & 0 \\ 0 & 1 \end{pmatrix} = \begin{pmatrix} \lambda^{n+1} & 0 \\ 0 & 1 \end{pmatrix}$$

auch ihre Gültigkeit für $n + 1$. Nach Voraussetzung ist nun $0 < p_{A,A} + p_{D,D} < 2$ und daher

$$-1 < \lambda < 1.$$

Somit konvergiert die Folge $(\lambda^n)_{n\in\mathbb{N}}$ für $n \to \infty$ gegen Null, was für die Potenzen der Matrix D

$$\lim_{n\to\infty} D^n = \begin{pmatrix} 0 & 0 \\ 0 & 1 \end{pmatrix}$$

bedeutet. Daher erhalten wir schließlich

$$Q_\infty := \lim_{n\to\infty} Q^n = \lim_{n\to\infty} SD^n T = S \cdot \lim_{n\to\infty} D^n \cdot T = S \begin{pmatrix} 0 & 0 \\ 0 & 1 \end{pmatrix} T$$

$$= \frac{1}{p_{A,A} + p_{D,D} - 2} \begin{pmatrix} p_{A,A} - 1 & p_{D,D} - 1 \\ p_{A,A} - 1 & p_{D,D} - 1 \end{pmatrix}.$$

Das Bemerkenswerte an diesem Resultat ist, dass die Zeilen dieser Matrix identisch sind. Für eine beliebige Startverteilung $q^{(0)} = (q, 1 - q)$ ist dadurch nämlich

$$\lim_{n\to\infty} q^{(0)} \cdot Q^n = q^{(0)} \cdot \lim_{n\to\infty} Q^n = q^{(0)} \cdot Q_\infty = \left(\frac{p_{A,A} - 1}{p_{A,A} + p_{D,D} - 2}, \frac{p_{D,D} - 1}{p_{A,A} + p_{D,D} - 2} \right),$$

d.h. ganz gleich, ob wir mit unserer Münze in D starten oder in A, oder ob wir nur gewisse Wahrscheinlichkeiten für eines der beiden Länder haben: das langfristige Verhalten bleibt davon unberührt. Auf lange Sicht finden wir eine Münze mit Wahrscheinlichkeit

$$u_D = \frac{p_{A,A} - 1}{p_{A,A} + p_{D,D} - 2}$$

in Deutschland und entsprechend mit $u_A = 1 - u_D = (p_{D,D} - 1)/(p_{A,A} + p_{D,D} - 2)$ im Ausland. Dieses $u = (u_D, u_A)$ ist die *Gleichgewichtsverteilung* für einen wandernden Euro, denn man prüft leicht nach, dass $u \cdot Q = u$ gilt; jeder weitere Zeitschritt ändert nichts mehr an der Verteilung.

Was bedeutet dies aber für die Verteilung der Milliarden von Münzen, die es bei Einführung des Euro gab? Wie viele Münzen k_D befinden sich nach langer Zeit in Deutschland?

Sagen wir, dass insgesamt N Münzen geprägt wurden; N_D Münzen in Deutschland und $N_A = N - N_D$ Münzen im Ausland. Die Wahrscheinlichkeit u_D, mit der eine Münze nach langer Zeit in Deutschland zu finden ist, interpretieren wir als relative Häufigkeit, d.h. als den Anteil aller Münzen, die sich in Deutschland befinden. Also ist

$$k_D = u_D \cdot N$$

und entsprechend $k_A = u_A \cdot N$ die Anzahl der Euros im Ausland. Zumindest sind dies mit sehr großer Wahrscheinlichkeit die entsprechenden Anzahlen: das sagt uns das Schwache Gesetz der großen Zahlen in Form von Korollar 4.5.2. Hierbei nehmen wir mit gutem Recht an, dass sich die Münzen unabhängig verteilen.

Dieses Gleichgewicht von k_D Münzen hier und k_A Münzen dort bedeutet natürlich nicht, dass es keinen Austausch von Münzen mehr gäbe: Dieser Austausch schlägt sich nur nicht mehr in einer Veränderung der Anzahl nieder. Es wandern soviele Euros ab, wie auch zufließen. Es stellt sich übrigens noch ein Gleichgewicht unter einem weiteren Aspekt ein, nämlich dem der Prägungsorte. Der Anteil aller in Deutschland hergestellten Münzen an $k_D = u_D \cdot N_D + u_D \cdot N_A$ ist offenbar

$$\frac{u_D \cdot N_D}{k_D} = \frac{N_D}{N}$$

und das ist gleich dem Anteil der in Deutschland geprägten Münzen an allen Münzen. Aber auch von allen sich im Ausland befindlichen Münzen ist der Bruchteil N_D/N in Deutschland geprägt. In jedem Land setzt sich die Anzahl der vorhandenen Münzen prozentual genau so zusammen, wie es die Gesamtzahl N aller Münzen tut.

Auch dies ist ein Gleichgewicht: allerdings eines, dessen Zahlen wir schon vorher kannten, denn die Anteile an der gesamten Prägung sind ja von Anfang an bekannt. Nur wussten wir nicht, dass sich die Münzen auch gut *mischen*, um dieses Gleichgewicht anzunehmen. Beim Gleichgewicht u ist es genau umgekehrt: man hätte vermuten können, dass sich die Geldmengen einem Gleichgewicht nähern, aber wir wussten vorher nicht, welche Werte es besitzt.

Wenn wir unser Modell von Europa erweitern und tatsächlich z.B. 15 europäische Eurostaaten zulassen, müssen wir zwar ein paar mathematische Annahmen treffen, um die obige Analyse beibehalten zu können, jedoch bleiben die Rechnungsschritte prinzipiell gleich. Wir schreiben die Übergangswahrscheinlichkeiten zwischen den einzelnen Ländern in eine 15×15–Matrix Q, die wir unter gewissen Bedingungen auch *diagonalisieren* können. Diagonalisieren heißt: Wir finden 15×15–Matrizen S, T und D, so dass $S \cdot T$ und $T \cdot S$ die Einheitsmatrix ist, D eine Diagonalmatrix und $Q = SDT$. Wiederum konvergiert die Folge der Potenzen D^n für $n \to \infty$ gegen eine Matrix, die dafür sorgt, dass

$$\lim_{n \to \infty} q^{(0)} Q^n$$

unabhängig von der Startverteilung $q^{(0)}$ eine Matrix mit identischen Zeilen u ist, für die dann wieder $uQ = u$ gilt. Also ist dieses u dann auch hier die Gleichgewichtsverteilung.

Und dies hat wiederum dieselben zwei wichtigen Konsequenzen:

1. Die Wahrscheinlichkeit, sich nach langer Zeit in einem Land j zu befinden, ist unabhängig davon, wo die Münze startet; sie hängt nur vom jeweiligen Land ab.

2. Den Ursprung der verschiedenen Euromünzen kann man an ihrer Rückseite erkennen. Nach langer Zeit wird die Anzahl der Münzen aus einem gewissen Land, beispielsweise Holland, die sich in einem der 15 Euroländer, z.B. Frankreich, befinden, proportional sein zur Anzahl an Münzen, die in Holland geprägt wurden. Die relative Verteilung der Euromünzen ist in allen Euroländern gleich. Beispielsweise wurden ca. 35% der ursprünglichen Euromünzen in Deutschland geprägt. Nach langer Zeit wird man daher erwarten können, dass sich in jedem der 15 Euroländer ca. 35% deutsche Euros befinden werden.

Natürlich haben wir in diesem Modell noch jede Menge vereinfachender Annahmen getroffen, wie das so oft bei mathematischer Modellierung der Fall ist. Beispielsweise verschwinden im Laufe der Zeit einige Euromünzen, andere verbleiben bewegungslos in Sparschweinen, wieder andere werden neu geprägt.

Prinzipiell ließe sich all dem in einem Modell Rechnung tragen; das Modell würde dann aber entsprechend kompliziert. Wir werden davon Abstand nehmen und stattdessen sehen, wie das eben Analysierte in einen allgemeinen Rahmen passt und sich dieser Rahmen auf andere interessante Beispiele überträgt.

6.4.2 Der Ergodensatz: „. . . schließlich im Gleichgewicht."

Wenn wir die Situation des wandernden Euros oder vergleichbarer Systeme allgemein beschreiben wollen, so sprechen wir statt von einer Münze und Ländern nun von einem *Teilchen* und von *Zuständen*, die dieses Teilchen annehmen oder in denen es sich befinden kann. Dies ist eine rein sprachliche Konvention.

Wir beschränken uns auf eine abzählbare Menge $I \subseteq \mathbb{N}$ an möglichen Zuständen. Unser Teilchen ändert also nun in jedem Zeitschritt seinen Zustand und diese Veränderung ist zufällig. Befindet es sich in dem Zustand $i \in I$, so wechselt es nach $j \in I$ mit der Wahrscheinlichkeit p_{ij}.

Hier ist keineswegs $i \neq j$ vorausgesetzt; das Teilchen darf auch mit Wahrscheinlichkeit p_{ii} im Zustand i verbleiben. Da es sich aber auf jeden Fall für irgendeinen der Zustände in I entscheiden muss, ist

$$\sum_{j \in I} p_{ij} = 1 \quad \text{für alle } i \in I.$$

Schreiben wir all diese Wahrscheinlichkeiten geordnet in eine Matrix, also p_{ij} an die Position (i, j), so entsteht im Fall $n := |I| < \infty$ eine quadratische $n \times n$–Matrix Q und im Fall einer unendlichen Menge I einfach eine schematische Anordnung von Wahrscheinlichkeiten, die man $\infty \times \infty$–Matrix nennen könnte. Dies ist allerdings nicht üblich; die folgende Definition fasst beide Fälle in einem Begriff zusammen.

Definition 6.4.1

Eine Menge $\emptyset \neq I \subseteq \mathbb{N}$ nennen wir *Zustandsraum* und jedes Element $i \in I$ einen *Zustand*. Ist für jeden Zustand $i \in I$ eine Wahrscheinlichkeitsverteilung

$$p_i = (p_{ij})_{j \in I} = (p_{i1}, p_{i2}, p_{i3}, \dots)$$

auf I gegeben, so nennen wir das geordnete Schema $Q = (p_{ij})_{i,j \in I}$ einen *Übergangsoperator* oder auch *stochastischen Operator* auf I und die Wahrscheinlichkeit p_{ij} heißt *Übergangswahrscheinlichkeit von i nach j*. Ist I endlich, so heißt Q auch *Übergangsmatrix* oder *stochastische Matrix*.

Und mithilfe von Q können wir nun die Zustandsänderungen unseres Teilchens beschreiben. Nehmen wir an, dass es gemäß einer Wahrscheinlichkeitsverteilung

$$q^{(0)} = (q_i^{(0)})_{i \in I} = (q_1^{(0)}, q_2^{(0)}, \dots)$$

startet, dann berechnet sich die Wahrscheinlichkeitsverteilung für die Zustände nach einem Zeitschritt als

$$q^{(1)} = (q_i^{(1)})_{i \in I} = q^{(0)} \cdot Q.$$

Genauer heißt diese Schreibweise, dass

$$q_i^{(1)} = \sum_{j \in I} q_j^{(0)} p_{ji} \quad \text{für alle } i \in I$$

gilt. Und startend von der Verteilung $q^{(1)}$ berechnet sich dann die Verteilung $q^{(2)}$ nach einem weiteren Zeitschritt wieder durch Multiplikation, also $q^{(2)} = q^{(1)} \cdot Q$.

Definition 6.4.2

Gegeben sei eine Wahrscheinlichkeitsverteilung $q^{(0)}$ auf einem Zustandsraum I und ein Übergangsoperator Q auf I. Gilt für eine Folge $(q^{(n)})_{n \in \mathbb{N}}$ von Wahrscheinlichkeitsverteilungen auf I

$$q^{(n+1)} = q^{(n)} \cdot Q \quad \text{für alle } n \geq 0,$$

so heißt $(q^{(n)})_{n \in \mathbb{N}}$ und ebenso das Paar

$$(Q, q^{(0)})$$

homogene Markovkette mit *Startverteilung* $q^{(0)}$ und Übergangsoperator Q auf I.

Die Bezeichnung *homogene Markovkette* bedeutet hier, dass sich die Übergangswahrscheinlichkeiten p_{ij} im Laufe der Zeit nicht ändern; in jedem Zeitschritt wird die Zustandsänderung des Teilchens durch Multiplikation mit immer demselben Q beschrieben. Würde sich auch der Übergangsoperator nach jedem Schritt ändern, so läge eine *inhomogene Markovkette* vor. Wir werden dies hier allerdings nicht weiter betrachten.

Aus der Definition heraus ist ersichtlich, dass in jedem Zeitschritt zur Beschreibung der Veränderung allein die Kenntnis der Gegenwart und des Übergangsoperators wichtig ist. Weder die Zukunft und vor allen Dingen erst recht nicht die Vergangenheit spielen eine Rolle. Wie sich das Teilchen vorher verhalten hat und wie es überhaupt in den aktuellen Zustand gelangte, ist unwichtig. Wissen wir für jeden der möglichen Zustände mit welcher Wahrscheinlichkeit es sich zu einem Zeitpunkt darin befindet, so genügt uns Q, um die zukünftige Entwicklung zu berechnen. Dies ist der zentrale Aspekt von Markovketten.

Stellen wir uns zu jedem $q^{(n)}$, $n \geq 0$, eine Zufallsvariable X_n mit Verteilung

$$\mathbb{P}_{X_n} = q^{(n)}$$

vor. Ihre Interpretation erhält die Zufallsvariable X_n dann gerade aus ihrer Verteilung: $\mathbb{P}(\{X_n = i\}) = q_i^{(n)}$ für alle $i \in I$, d.h. X_n gibt den Zustand des Teilchens zur Zeit n an. Natürlich sind dadurch beispielsweise die Zufallsvariablen $X_1, \ldots, X_N$, $N \in \mathbb{N}$, keineswegs unabhängig, ja nicht einmal paarweise unabhängig. Beispielsweise gilt

$$\mathbb{P}(\{X_1 = i\} \cap \{X_2 = j\}) = \mathbb{P}(\{X_1 = i\}) \cdot \mathbb{P}(\{X_2 = j\} \mid \{X_1 = i\}) = q_i^{(1)} \cdot p_{ij}$$

und dies ist im Allgemeinen keineswegs gleich

$$\mathbb{P}(\{X_1 = i\}) \cdot \mathbb{P}(\{X_2 = j\}) = q_i^{(1)} \cdot q_j^{(2)}.$$

Jedoch ist die Abhängigkeitsstruktur wiederum auch nicht so kompliziert, dass jegliche Rechnungen hoffnungslos schwierig würden. Im Gegenteil: Nach den folgenden Beispielen werden wir eine dem Schwachen Gesetz der großen Zahlen vergleichbare Aussage für diese Zufallsvariablen vorstellen.

Beispiel 6.4.3: *Unabhängige Zustände $X_1, \ldots, X_N$*

Seien $X_n : \Omega \to I$ für $1 \leq n \leq N$ unabhängige Zufallsvariablen, die alle dieselbe Verteilung

$$\mathbb{P}_{X_n} = (p_j)_{j \in I} = (p_1, p_2, \ldots) := \xi$$

besitzen, dann können wir uns ein Teilchen vorstellen, dessen Zustand zum Zeitpunkt n nicht einmal mehr vom vorhergehenden Zustand abhängt, sondern gemäß der Verteilung von X_n bestimmt wird. Man denke z.B. an einen Floh, der unabhängig von seinem momentanen Aufenthaltsort $i \in I$ jeweils so hüpft, dass die Verteilung seiner Aufenthaltsorte zum Zeitpunkt n

$$q^{(n)} = \mathbb{P}_{X_n} = \xi \quad \text{für alle } 1 \leq n \leq N$$

ist. Dann gibt es eine homogene Markovkette $(Q, q^{(0)})$ auf I, die genau diese $q^{(n)}$ als Zustandsverteilungen für die Zeiten $n = 1, \ldots, N$ besitzt.

In der Tat: Wir wählen irgendeine Startverteilung $q^{(0)}$ auf I (z.B. $q^{(0)} = \xi$) und wählen in Q alle Zeilen gleich der Zeile $\xi = (p_j)_{j \in I}$. Die Übergangswahrscheinlichkeit

p_{ij} ist also gleich p_j und hängt damit nicht vom momentanen Zustand ab; genauso wollen wir es haben. Und tatsächlich berechnet sich sofort

$$q^{(1)} = q^{(0)} \cdot Q = \xi$$

völlig unabhängig davon, welche Wahl wir für $q^{(0)}$ getroffen haben, denn Q hat ja identische Zeilen. Und wegen $\xi \cdot Q = \xi$ besitzt diese homogene Markovkette $(Q, q^{(0)})$ tatsächlich die Aufenthaltsverteilungen

$$\xi = q^{(0)} \cdot Q^n \quad \text{für alle } 1 \leq n \leq N.$$

Wir können also unabhängige, identisch verteilte Zufallsvariablen als Zustände einer homogenen Markovkette ansehen, die bereits im Gleichgewicht ist; jeder weitere Zeitschritt ändert die Gleichgewichtsverteilung $\xi = \mathbb{P}_{X_n}$ nicht mehr.

Auf ganz ähnliche Weise können unabhängige Zufallsvariablen, die nicht mehr identisch verteilt sind, als Zustände einer inhomogenen Markovkette aufgefasst werden, deren Übergangsoperatoren zwar jeder für sich aus identischen Zeilen bestehen, diese Zeilen jedoch für den Übergang vom Zeitpunkt $n-1$ nach n gleich $\mathbb{P}_{X_n}$ sind, und sich daher möglicherweise in jedem Zeitschritt ändern.

Vielleicht stellen sich jetzt einige die Frage, warum die Zufallsvariablen $X_1, \ldots, X_N$ als unabhängig vorausgesetzt wurden. Dies hat direkt nichts mit der Konstruktion der Markovkette zu tun, sondern vielmehr damit, dass wir nicht die *gemeinsame Verteilung* der Zufallsvariablen $X_1, \ldots, X_N$ betrachtet haben, sondern uns nur um die einzelnen Verteilungen $\mathbb{P}_{X_n}$ kümmerten; wir konstruierten $(Q, q^{(0)})$ derart, dass diese Verteilungen jeweils gleich der Zustandsverteilung zum Zeitpunkt n ist. Es gibt nun keine Abhängigkeit zwischen den $X_1, \ldots, X_N$, d.h. diese Reduktion auf die einzelnen Verteilungen lässt keine Information unberücksichtigt. Wir erinnern hier an die Diskussion im Anschluss an die Definition 4.3.1 der Unabhängigkeit.

Gäbe es eine Abhängigkeitsstruktur zwischen den $X_1, \ldots, X_N$, so könnten wir im Allgemeinen nicht erwarten, diese Zufallsvariablen als Zustände einer Markovkette interpretieren zu können. Denn für diese ist die Abhängigkeit zwischen den Zuständen ja nicht beliebig wählbar, sondern gerade dadurch gegeben, dass die Kenntnis des Zustands zur Zeit n ausreicht, um den Zustand zur Zeit $n+1$ zu beschreiben. Und diese Bedingung werden *irgendwie* abhängige Zufallsvariablen $X_1, \ldots, X_N$ eben nicht erfüllen. Unsere unabhängigen Zufallsvariablen erfüllen diese Bedingung, weil die Kenntnis zum Zeitpunkt n nicht nur ausreichend, sondern sogar irrelevant für die weitere Entwicklung ist. Nur deshalb sind unabhängige Zufallsvariablen als Zustände einer Markovkette interpretierbar.

Beispiele 6.4.4: *Irrfahrten*

Stellen wir uns den Zustandsraum I nicht einfach nur als eine abzählbare Menge vor, sondern gibt es auf ihm auch eine natürliche *Geometrie*, so sprechen wir bei Markovketten mit diesem Zustandsraum I auch häufig von *Irrfahrten auf* I. Die Zustände werden dann als Orte interpretiert.

1. *Irrfahrt auf $\mathbb{Z}$*

   Wir stellen uns $\mathbb{Z}$ als Zahlengerade vor, auf der die Zustände $i \in \mathbb{Z}$ in ihrer natürlichen Ordnung vorliegen. Wir beginnen unsere Irrfahrt im Nullpunkt und
   springen in jedem Zeitschritt mit Wahrscheinlichkeit p um Eins nach rechts
   und mit Wahrscheinlichkeit $1-p$ um Eins nach links. Damit gilt für die Startverteilung $q^{(0)} = (q_i^{(0)})_{i \in \mathbb{Z}}$

   $$q_i^{(0)} = \begin{cases} 1 \, , \text{ für } i = 0 \\ 0 \, , \text{ für } i \neq 0 \end{cases}$$

   und für den Übergangsoperator $Q = (p_{ij})_{i,j \in \mathbb{Z}}$

   $$p_{ij} = \begin{cases} p & , \text{ für } j = i+1 \\ 1-p & , \text{ für } j = i-1 \\ 0 & , \text{ für } j \notin \{i-1, i+1\} \end{cases} \qquad \text{für alle } i \in \mathbb{Z}.$$

   Im Fall $p = 1 - p = 1/2$ spricht man von einer *symmetrischen Irrfahrt* auf $\mathbb{Z}$.

2. *Symmetrische Irrfahrt auf dem Gitter $\mathbb{Z}^2$*

   Wir erweitern das vorangegangene Beispiel um eine zusätzliche Dimension,
   in der sich das Teilchen bewegen kann. Auch das Gitter $\mathbb{Z}^2$ hat eine natürliche Geometrie und wir können von je zwei Gitterpunkten feststellen, ob sie
   benachbart sind oder nicht. In $\mathbb{Z}^2$ besitzt jeder Punkt genau vier Nachbarn:
   die Nachbarn rechts und links, wie schon im Fall von $\mathbb{Z}$, und dann noch je
   einen Nachbarn oben und unten. Wir starten unsere Irrfahrt im Nullpunkt des
   Gitters und springen in jedem Zeitschritt mit jeweils gleicher Wahrscheinlichkeit, also $1/4$, zu einem der vier Nachbarn. Auch hierdurch wird eine homo-
   gene Markovkette definiert: die Startverteilung $q^{(0)} = (q_i^{(0)})_{i \in \mathbb{Z}^2}$ besitzt nur
   einen von Null verschiedenen Eintrag $q_{(0,0)}^{(0)} = 1$ und der Übergangsoperator
   $Q = (p_{ij})_{i,j \in \mathbb{Z}^2}$ erfüllt

   $$p_{ij} = \begin{cases} \frac{1}{4} \, , \text{ wenn } j \text{ ein Nachbar von } i \text{ ist} \\ 0 \, , \text{ sonst} \end{cases} \qquad \text{für alle } i \in \mathbb{Z}^2.$$

   Auch hier lässt sich natürlich eine nicht symmetrische Irrfahrt definieren, indem eine Richtung (beispielsweise nach oben) mit einer Wahrscheinlichkeit
   von mehr als $1/4$ gewählt wird; die restlichen drei Wahrscheinlichkeiten werden dann entsprechend kleiner.

3. *Irrfahrt auf $I = \{a, a+1, \ldots, b\}$ mit Absorption*

   Wir betrachten ein Teilchen, welches sich gemäß einer Irrfahrt auf $\mathbb{Z}$ bewegt,
   jedoch wählen wir die Zustände $a < 0$ und $b > 0$ *absorbierend*, d.h. ein Teilchen verharrt in jedem der beiden Zustände, sobald es einmal in ihn gelangt
   ist. Starten wir wieder in Null, so bedeutet dies für die Übergangswahrscheinlichkeiten p_{ij}, dass $p_{aa} = p_{bb} = 1$ gilt. Darüber hinaus gelangt das Teilchen
   natürlich nie in einen Zustand jenseits von a bzw. b; es ist im Intervall $[a, b]$

gefangen. In diesem Fall ist Q wirklich eine $(b - a + 1) \times (b - a + 1)$–Matrix, nämlich

$$
Q = (p_{ij})_{a \leq i,j \leq b} = \begin{pmatrix} 1 & 0 & & & \\ q & 0 & p & & \\ & \ddots & \ddots & \ddots & \\ & & q & 0 & p \\ & & & 0 & 1 \end{pmatrix} \quad \text{mit } q = 1 - p. \tag{6.14}
$$

4. *Irrfahrt auf $I = \{a, a + 1, \ldots, b\}$ mit Reflexion*

Wir wählen im vorhergehenden Beispiel die Zustände a und b nicht absorbierend, sondern *reflektierend*, d.h. gelangt man an die Ränder des Intervalls $[a, b]$, so springt man im nächsten Schritt mit Sicherheit wieder um Eins zurück ins Intervall. Es ist also $p_{a(a+1)} = p_{b(b-1)} = 1$. Die Übergangsmatrix entsteht aus der Matrix in Gleichung (6.14) durch Vertauschen der 0 mit der 1 in der ersten und letzten Zeile.

Aufgrund der Vielzahl von Beispielen für Markovketten könnte man vermuten, dass Markov selbst aus angewandten Fragestellungen heraus die Ketten analysiert hat. Jedoch hatte er bei seinen Untersuchungen primär im Sinn, die Gesetze der Wahrscheinlichkeitstheorie, wie z.B. das Gesetz der großen Zahlen oder den Zentralen Grenzwertsatz für Zufallsgrößen zu studieren, die nicht mehr unabhängig sind. Tatsächlich hatte er dabei nur ein Beispiel vor Augen: Er analysierte die möglichen Zustände *Konsonant* und *Vokal* des n–ten Buchstabens X_n in der Buchstabenfolge des Romans „Eugen Onegin" von Puschkin.

Abschließend möchten wir, wie bereits weiter oben erwähnt, ein Resultat vorstellen, welches Auskunft über das Langzeitverhalten einer Markovkette gibt. Sei $(Q, q^{(0)})$ eine homogene Markovkette, dann interessiert uns das Verhalten von

$$
\mathbb{P}_{X_n} = q^{(n)} = q^{(0)} \cdot Q^n
$$

im Grenzwert $n \to \infty$. Welche Bedingungen an die Markovkette sind hinreichend, dass wir, ähnlich wie im Beispiel des wandernden Euros, ein Gleichgewicht u erwarten dürfen, also eine Wahrscheinlichkeitsverteilung auf I, für die

$$
u \cdot Q = u
$$

gilt? Und erhält man dieses Gleichgewicht wieder als einen Grenzwert

$$
u = \lim_{n \to \infty} q^{(0)} \cdot Q^n \text{ ?}
$$

Ein derartiges Ergebnis wäre dann ein Grenzwertsatz für die Folge der Zustandsverteilungen $\mathbb{P}_{X_n}$ und damit strukturell den in Abschnitt 4.6 vorgestellten Grenzwertsätzen ähnlich.

Bereits beim wandernden Euro sahen wir, dass man für gewisse Übergangsmatrizen Q kein langfristiges Gleichgewicht erwarten kann. Für

$$\begin{pmatrix} 0 & 1 \\ 1 & 0 \end{pmatrix}$$

beispielsweise hatten wir erkannt, dass die Münze zu allen geraden Zeitpunkten in dem einen Land und zu allen ungeraden Zeitpunkten im anderen Land war. Dies beschreibt zwar einen stabilen Zyklus, aber kein Gleichgewicht. Wir werden also durch Forderungen an Q solche Zyklusbildung ausschließen müssen; ebenso darf es keine zwei oder mehr isolierten Zustände geben, also solche, aus denen es kein Entrinnen gibt, wenn man sie einmal erreicht hat. Ja, es darf sogar nicht einmal zwei oder mehr derart isolierter Teilmengen vom Zustandsraum I geben, denn sonst würde das Langzeitverhalten ja davon abhängen, in welcher dieser Teilmengen das Teilchen startet und wäre damit nicht unabhängig von $q^{(0)}$.

Definition 6.4.5

Ein Übergangsoperator Q auf I heißt *ergodisch*, wenn es ein $n \in \mathbb{N}$ gibt, so dass Q^n lauter strikt positive Einträge hat:

$$p_{ij}^{(n)} > 0 \quad \text{für alle } i, j \in I.$$

Eine homogene Markovkette heißt ergodisch, wenn ihr Übergangsoperator ergodisch ist.

Sicherlich gibt es für eine ergodische Markovkette keine isolierten Zustände, denn aus jedem Zustand $i \in I$ gelangt man nach spätestens n Zeitschritten mit positiver Wahrscheinlichkeit p_{ij} in den Zustand $j \in I$. Tatsächlich haben wir dadurch aber sogar die oben erwähnte Zyklusbildung gleich mit ausgeschlossen, jedenfalls dann, wenn der Zustandsraum I endlich ist.

Satz 6.4.6: *Ergodensatz für Markovketten*

Sei $(Q, q^{(0)})$ eine ergodische Markovkette auf einem endlichen Zustandsraum I, dann existiert genau eine Wahrscheinlichkeitsverteilung u auf I mit

$$u = u \cdot Q$$

und es gilt

$$u = \lim_{n \to \infty} q^{(0)} \cdot Q^n.$$

Der Ergodensatz für Markovketten lässt sich auf verschiedene Arten beweisen. Wir wollen hier dennoch von der Präsentation eines Beweises Abstand nehmen, da sie alle doch einen gewissen technischen Aufwand erfordern.

Beispiel 6.4.7

Betrachten wir eine Irrfahrt auf fünf Punkten: Die Punkte 1 bis 4 seien die Eckpunkte eines Quadrates, im Uhrzeigersinn gezählt, und Punkt 5 sei der Schnittpunkt der Diagonalen des Quadrats. Die Übergangsmatrix

$$Q = \begin{pmatrix} 0 & p & 0 & 0 & q \\ 0 & 0 & p & 0 & q \\ 0 & 0 & 0 & p & q \\ p & 0 & 0 & 0 & q \\ \frac{1}{4} & \frac{1}{4} & \frac{1}{4} & \frac{1}{4} & 0 \end{pmatrix} \quad \text{mit } q = 1 - p$$

beschreibt offensichtlich Folgendes: Von jedem Eckpunkt springt das Teilchen mit Wahrscheinlichkeit p im Uhrzeigersinn zu seinem Nachbarn und mit $q = 1 - p$ zum Diagonalenschnittpunkt. Und von diesem Schnittpunkt ausgehend wählt es eine der Ecken rein zufällig als nächsten Zustand.

Man überzeugt sich sofort, dass für $0 < p < 1$ tatsächlich bereits Q^2 lauter positive Einträge besitzt. Also ist Q ergodisch und die zugehörige Markovkette besitzt eine eindeutige Gleichgewichtsverteilung u. Diese berechnet sich aus der Gleichung $u \cdot Q = u$ zu

$$u = \frac{1}{4(2 - p)}(1, 1, 1, 1, 4(1 - p)).$$

Ist diese Lösung erst einmal gefunden, so kann sie durch Einsetzen in obige Gleichung natürlich leicht verifiziert werden.

Wir wollen uns jetzt zwei Beispielen zuwenden, in denen das Grenzwertverhalten von Markovketten eine zentrale Rolle spielt.

6.4.3   Kartenmischen

Der folgende Abschnitt illustriert nicht nur eine Anwendung des Ergodensatzes für Markovketten, sondern ist gewissermaßen auch eine Erfolgsgeschichte der Stochastik: Einer der wenigen Fälle, in denen es ein Stochastiker auf die Titelseite der *New York Times* schaffte (siehe [NYT]). Die Ausgangsfrage ist dabei sehr einfach und für alle Kartenspieler von praktischer Relevanz:

Wie oft muss man ein Kartenspiel mischen, damit es gut gemischt ist?

Wir wollen zunächst einmal überlegen, was dies mit Markovketten zu tun hat. Dazu müssen wir nach dem vorangegangenen Abschnitt einen geeigneten Zustandsraum I wählen, auf dem die Markovkette lebt. Zu diesem Zwecke nummerieren wir die N Karten unseres Spiels mit den Zahlen von 1 bis N. Dann bedeutet „mischen" zunächst einmal nichts anderes, als die Karten in eine andere Reihenfolge zu bringen, sie also zu permutieren. Wir bezeichnen mit

$$S_N = \{\sigma : \{1, \dots, N\} \to \{1, \dots, N\} \mid \sigma \text{ ist Permutation}\}$$

die Menge aller möglichen Mischungen unseres Kartenspiels, d.h. die Menge aller möglichen Reihenfolgen, in denen unser Kartenspiel angeordnet sein kann. Dabei interpretieren wir die Abbildung σ natürlich dadurch, dass die i–te Karte nach der Mischung σ an der Stelle $\sigma(i)$ liegt. Man beachte, dass bei zweimaligem Mischen, etwa erst durch σ und danach durch τ, die i–te Karte durch $\tau \circ \sigma$ erst an die Stelle $\sigma(i)$ und danach an die Stelle $\tau(\sigma(i))$ gelangt.

Die Menge S_N heißt auch die *Symmetrische Gruppe* und ein Element, die Permutation $\sigma \in S_N$, gibt man häufig direkt in der Form

$$\sigma = (\sigma(1), \sigma(2), \ldots, \sigma(N))$$

an. Wir erinnern uns, dass es insgesamt $N!$ Permutationen in S_N gibt.

Beispiel 6.4.8

Für $N = 5$ ist $\sigma = (2, 3, 1, 5, 4) \in S_5$ eine Permutation der Menge $\{1, \ldots, 5\}$, d.h. sie entspricht einer Mischung von fünf Karten. Man liest dies wie folgt:

- $\sigma(1) = 2$ heißt: die erste Karte liegt als zweite im (gemischten) Stapel.

- $\sigma(2) = 3$ heißt: die zweite Karte liegt als dritte im Stapel.

- $\sigma(3) = 1$ heißt: die dritte Karte liegt an erster Stelle.

- $\sigma(4) = 5$ heißt: die vierte Karte liegt an letzter Stelle.

- $\sigma(5) = 4$ heißt: die fünfte Karte liegt als vierte im Stapel.

Jeder (faire) Kartenspieler bemüht sich, die Karten gut zu mischen. Die Frage ist allerdings:

Was bedeutet „gut mischen"?

Wir würden intuitiv sagen, dass ein Kartenspiel gut gemischt ist, wenn wir keinerlei Ahnung haben, an welcher Stelle sich eine Karte im gemischten Stapel befindet, d.h. wenn wir über die Reihenfolge der Karten keinerlei Informationen besitzen. Zu diesem Zweck muss aber das Mischen ein zufälliger Vorgang sein, denn wenn es keine Zufallselemente enthielte, könnten wir die Reihenfolge der Karten (zumindest prinzipiell) exakt vorhersagen, egal wie kompliziert der Mischvorgang wäre.

Wir schreiben X_n für die Anordnung der Karten des Spiels, nachdem sie n–mal gemischt wurden. Dann ist X_n eine Zufallsvariable, die ihre Werte in S_N annimmt, also $X_n : \Omega \to S_N$. Wichtiger als die Frage, was wohl Ω sein könnte, ist nun die Frage nach der Verteilung von X_n und nach einer eventuellen Abhängigkeitsstruktur unter den Zufallsvariablen für unterschiedliche n. Da wir „perfekt gemischt" verstehen wollen als „alle Reihenfolgen der Karten sind gleichwahrscheinlich" bezeichnen wir also das Spiel X_n als gut gemischt, wenn alle Permutationen $\sigma \in S_N$ annähernd die gleiche Wahrscheinlichkeit haben. Die Laplace–Verteilung auf der Menge S_N würde jeder Permutation exakt die gleiche Wahrscheinlichkeit $1/|S_N|$ zuordnen; wir sind etwas toleranter und fordern

$$\mathbb{P}(\{X_n = \sigma\}) \approx \frac{1}{|S_N|} = \frac{1}{N!} \quad \text{für alle } \sigma \in S_N. \tag{6.15}$$

Dies ist eine Bedingung an n; das Kartenspiel ist nach n–maligem Mischen gut gemischt, wenn Gleichung (6.15) gilt. Eine Möglichkeit, die Güte der Approximation in dieser Gleichung simultan für alle $\sigma \in S_N$ zu prüfen, besteht darin, alle Abweichungen dem Betrag nach zu addieren, also

$$d_n = \sum_{\sigma \in S_N} \left| \mathbb{P}(\{X_n = \sigma\}) - \frac{1}{N!} \right|$$

zu bilden. Tatsächlich ist dies in der Stochastik durchaus üblich. Ganz allgemein nennt man den so gewonnenen „Abstand" zweier Wahrscheinlichkeitsverteilungen π und ϱ auf einer endlichen Menge M die *Totalvariation* zwischen den Verteilungen:

$$d(\pi, \varrho) = \sum_{m \in M} |\pi(m) - \varrho(m)|.$$

Wir sagen also hier, dass unser Kartenspiel gut gemischt ist, wenn d_n kleiner als ein gewünschtes $\varepsilon > 0$ ist, z.B. $\varepsilon = 1/10$.

Bleibt die Frage zu klären, warum Kartenmischen etwas mit Markovketten zu tun haben sollte und wie wir diese Totalvariation d_n eigentlich explizit berechnen können. Hierfür hilft es, sich den Vorgang des Mischens vor Augen zu führen. Um ein Kartenspiel zu mischen bricht man es beispielsweise in zwei Stapel auf und lässt diese dann zufällig ineinander laufen. Oder aber man hebt die oberste Karte ab und steckt sie zufällig wieder irgendwo in den Stapel. Diese oder ähnliche Techniken wiederholt man dann mehrfach, bis man glaubt, dass Spiel sei gut gemischt.

Wichtig hierbei ist die Beobachtung, dass es völlig unwichtig ist, wie man zu einer bestimmten Anordnung der Karten gekommen ist, um die Wahrscheinlichkeit zu bestimmen, von diesem Zustand mit einem Mischvorgang zu einer anderen Anordnung der Karten zu gelangen. Wichtig sind nur die beiden Zustände des Kartenspiels vor und nach diesem Mischen; mit einer fest definierten Mischtechnik ist dann die Übergangswahrscheinlichkeit zwischen diesen Zuständen bestimmt.

Dies aber ist genau die Definition einer Markovkette: die Übergangswahrscheinlichkeiten hängen nur vom aktuellen und vom zukünftigen Zustand ab, nicht aber von der Vergangenheit. Somit haben wir es bei X_n, $n = 1, 2, \ldots$ tatsächlich mit den Zuständen einer Markovkette zu tun. Diese wird beschrieben durch eine (gigantische) Übergangsmatrix Q, in die wir die Übergangswahrscheinlichkeiten $p_{\sigma,\sigma'}$ von einer Permutation σ zu σ' schreiben.

Diese $p_{\sigma,\sigma'}$ werden prinzipiell natürlich von der verwendeten Mischtechnik abhängen. Beispielsweise kann man das oben beschriebene Mischen verwenden, bei dem man das gegebene Kartenspiel in zwei Stapel bricht und diese dann ineinanderfallen lässt. Auch hier muss man noch verschiedene Annahmen machen, z.B. wie die Karten aus den beiden Stapeln ineinanderfallen: Mit gleicher Wahrscheinlichkeit aus beiden Stapeln oder ist die Wahrscheinlichkeit, dass eine Karte aus einem gewissen Stapel kommt, proportional zu dessen Größe usw.

Es stellt sich allerdings heraus, dass die präzise Form der Mischtechnik keine so entscheidende Rolle spielt. Eine gute, wenngleich wenig praktikable Technik ist es, das

Kartenspiel einfach auf den Boden fallen zu lassen und es ein paar Mal umzurühren; dann ist natürlich alles gut gemischt. Dafür braucht man keine Mathematik. Tatsächlich lässt sich für alle vernünftigen Mischtechniken der Ergodensatz für Markovketten, also Satz 6.4.6 auf Q anwenden und auch die entstehende Gleichgewichtsverteilung u hängt zum Glück nicht von der Technik ab.

Es lässt sich nämlich der folgende Sachverhalt mathematisch präzise formulieren und beweisen:

Für beinahe alle vernünftigen Mischtechniken konvergiert die Verteilung der Zufallsgröße X_n nach dem Ergodensatz für Markovketten gegen die Laplace–Verteilung auf S_N.

Dies ist zunächst einmal beruhigend. Egal, wie wir mischen: Wenn wir es nur lange genug tun, bekommen wir am Ende ein gut gemischtes Spiel. Es klärt jedoch nicht die Frage, wie lange wir mischen müssen.

Um zu verstehen, wovon die Geschwindigkeit der Konvergenz abhängt, erwähnen wir, dass man tatsächlich für alle Mischtechniken die Matrix Q wie im Beispiel des wandernden Euro diagonalisieren kann, also schreiben kann als $Q^n = SD^nT$ für alle $n \in \mathbb{N}$, wobei

$$D = \begin{pmatrix} \lambda_{N!} & & & & \\ & \lambda_{N!-1} & & & \\ & & \ddots & & \\ & & & \lambda_2 & \\ & & & & \lambda_1 \end{pmatrix}$$

wieder eine Diagonalmatrix ist; allerdings der Größe $N! \times N!$. Hierbei gilt $\lambda_1 = 1$ und $|\lambda_i| < 1$ für alle $2 \leq i \leq N!$, so dass die Potenz D^n eine Diagonalmatrix mit Einträgen λ_i^n auf der Diagonalen ist, die gegen die Diagonalmatrix

$$\lim_{n \to \infty} D^n = \begin{pmatrix} 0 & & & & \\ & 0 & & & \\ & & \ddots & & \\ & & & 0 & \\ & & & & 1 \end{pmatrix}$$

konvergiert. Die Geschwindigkeit dieser Konvergenz wird in guter Näherung durch die *langsamste* Geschwindigkeit beschrieben, die es unter allen vorliegenden Nullfolgen $(\lambda_i^n)_{n \in \mathbb{N}}$ für $2 \leq i \leq N!$ gibt. Es nützt nicht viel, wenn schon einige Diagonaleinträge in D^n nahe Null sind, während dies für andere noch nicht gilt. Dem entsprechend konzentrieren wir uns auf das $\lambda_i \neq 1$ mit dem größten Absolutbetrag, also jenes $\lambda_{\max}$, für welches $|\lambda_{\max}|$ gleich dem Maximum

$$\max\{ |\lambda_i| \mid i = 2, \ldots, N!\}$$

ist. Die Konvergenzgeschwindigkeit von D^n und somit auch die von Q^n ist dann in guter Näherung von der Ordnung $|\lambda_{\max}|^n$ und man benutzt diese Größe, um die Anzahl der benötigten Mischvorgänge zu bestimmen, um ein Kartenspiel als gut gemischt einzustufen.

Der Wert $1 - |\lambda_{max}|$ heißt auch die *Spektrallücke* der Matrix Q. Je größer also diese Spektrallücke ist, umso schneller ist die Konvergenzgeschwindigkeit im Ergodensatz für die durch Q gesteuerte Markovkette. Und diese Spektrallücke hängt natürlich, wie Q ja generell, von der Mischtechnik ab. Zusammenfassend kann man also sagen, dass es kein gutes oder schlechtes Mischen gibt, sondern nur schnelles oder langsames.

Leider ist es für so gigantische Matrizen wie die hier vorkommenden $N! \times N!$–Matrizen völlig unmöglich, den betragsmäßig zweitgrößten *Eigenwert* λ_{max} zu berechnen. Allerdings gibt es gute Verfahren, die eine Abschätzung seiner Größe erlauben. Diese sind allerdings im Allgemeinen so tiefgehend, dass wir sie hier nicht vorstellen können. Wendet man sie im Kontext des Kartenmischproblems an, so führen sie zu folgendem Ergebnis:

Ein Kartenspiel für Poker ($N = 52$ Karten) muss sieben– bis achtmal gemischt werden, um gut gemischt zu sein. Ein Skatspiel ($N = 32$) ungefähr sechs– bis siebenmal, ein Canastaspiel ($N = 110$) ungefähr neunmal.

Näheres findet sich beispielsweise in den Originalarbeiten [BD], [AD], an denen wir uns in diesem Abschnitt orientiert haben.

6.4.4   Das Problem des Handlungsreisenden

In diesem Abschnitt werden wir sehen, dass Markovketten nicht nur ein sehr interessantes Instrument sind, um Alltagssituationen zu modellieren, sondern wir werden sie auch als eine Technik kennenlernen, mit der sehr schwierige Optimierungsprobleme, die von großem wirtschaftlichen Interesse sind, näherungsweise gelöst werden können. Exemplarisch werden wir in diesem Kontext das Problem des Handlungsreisenden, eines der wichtigsten Probleme der diskreten Mathematik, studieren.

Beim Problem des Handlungsreisenden soll ein Vertreter N Städte jeweils genau einmal besuchen und zwar so, dass er am Ende seiner Tour wieder zu seinem Ausgangspunkt zurückkehrt. Da aber Reisen teuer ist und auch Zeit kostet, möchte er die Tour so planen, dass er möglichst wenig Kilometer dabei zurücklegt. Es liegt also ein typisches Optimierungsproblem vor, dessen Lösung natürlich von der Topographie der Karte, also der Lage und Entfernung der einzelnen Städte untereinander abhängt.

Das Problem des Handlungsreisenden tritt tatsächlich in vielen praktischen Anwendungen auf; nicht nur in der Tourenplanung eines Reiseunternehmens oder in der Warenauslieferung eines Unternehmens, sondern auch im Chip–Placement, d.h. dem Design von Mikrochips, und im Lesezugriff auf Festplatten. Manchmal ist das Problem des Handlungsreisenden auch ein Teilproblem eines zu lösenden Problems, beispielsweise bei der Genom–Sequenzierung. Allgemein repräsentiert der Begriff *Stadt* beispielsweise zu durchsuchende Kisten, Ölquellen oder Codes, während *Entfernung* für Reisezeit, Kosten oder den Grad der Übereinstimmung zweier Codes steht.

Das Problem des Handlungsreisenden ist ein Problem der kombinatorischen Optimierung. Es sieht auf den ersten Blick so aus, als sei es leicht zu lösen. Man kann ja einfach alle Touren, die zum Ausgangsort zurückkehren, aufschreiben, dann deren Längen bestimmen und schließlich die kürzeste auswählen. Dieses Verfahren ist in der Tat theoretisch möglich, allerdings schon bei einer moderat großen Anzahl von Städten nicht mehr praktikabel. Um dies einzusehen, wollen wir zunächst untersuchen, wie sich die

Anzahl der möglichen Touren in Abhängigkeit von N verhält.

Für $N = 2$ ist klar, dass es nur eine Tour gibt: Der Handlungsreisende fährt in die andere Stadt und kommt wieder zurück. Bei $N = 3$ Städten kann der Handlungsreisende die beiden anderen Städte aber in beliebiger Reihenfolge besuchen, so dass wir zwei mögliche Touren erhalten. Ganz allgemein können wir die restlichen $N - 1$ Städte in einer frei wählbaren Reihenfolge besuchen, um dann von der zuletzt besuchten wieder zum Ausgangsort zurückzukehren. Es gibt also $(N-1)!$ verschiedene Rundreisen für N Städte, die alle in derselben Stadt starten und enden. Schon für 11 Städte müsste man also $10! = 3\,628\,800$ Touren miteinander vergleichen.

In der Praxis aber treten beim Chipdesign leicht Probleme mit $N = 30\,000$ oder mehr Punkten auf. Nun ist

$$30\,000! \approx 2,76 \times 10^{121\,287}$$

eine derart aberwitzig große Zahl, dass es keine geeigneten menschlichen Vergleichsmaßstäbe gibt. Wollte man sie niederschreiben, so würde man sicher 50 Seiten in einem Buch füllen können: Jedes Zeichen, welches Sie bis jetzt seit Beginn dieses Kapitels 6 gelesen haben, wäre eine Ziffer gewesen. Da das Alter des Universums ungefähr 15 Milliarden Jahre beträgt, ist somit nur ein Bruchteil von obiger Zahl an Sekunden vergangen, nämlich

$$15\,000\,000\,000 \text{ Jahre } \approx 4,73 \times 10^{17} \text{ Sekunden.}$$

Selbst wenn seit Anbeginn der Zeit also in jeder Sekunde 1 Million oder 1 Milliarde mögliche Touren überprüft worden wären, würden wir weniger als 5×10^{23} bzw. 5×10^{26} Touren geschafft haben, so dass von der ursprünglichen Arbeit noch fast nichts geschafft ist: Die Zahl der zu prüfenden Touren hat sich nur in den letzten 27 Stellen ihrer insgesamt mehr als 120 000 Stellen geändert. Und diese vergleichbar kleine Zahl 10^{27} ist bereits in guter Näherung die Anzahl der Fingerhüte voll Wasser, die Sie schöpfen müssten, um eine Kugel so groß wie die Erde leer zu bekommen.

Wenn nun aber nicht mal eine Vorstellung von der Größe dieser Zahl existiert, wie soll dann ein Problem gelöst werden, dass tatsächlich so viele Überprüfungen benötigt? Nun, mit Mathematik! Tatsächlich sollte bemerkt werden, dass auch mit mathematischen Methoden nur selten die optimale Lösung zu finden ist, sondern man erhält Lösungen, die dem Optimum sehr nahe kommen. Es gibt einige ganz wenige Probleme dieser Größenordnung, die exakt gelöst worden sind, wenn auch nicht mit unserer naiven Methode des Hinschreibens und Vergleichens. Das größte symmetrische Rundreiseproblem, das bisher nachweisbar optimal gelöst wurde, ist ein Planungsproblem für das Layout integrierter Schaltkreise mit 33 810 Punkten. Dieser Rekord wurde im Jahre 2005 von William Cook aufgestellt. Das bis dahin größte optimal gelöste Problem bestand aus 24 978 schwedischen Städten, gelöst im Jahre 2004. All diese Probleme hatten eine gewisse Symmetrie, die es ermöglichte, durch kluge Überlegungen die zu prüfende Anzahl erheblich zu reduzieren.

Natürlich spielt, wie bereits erwähnt, die Geometrie der Landkarte eine entscheidende Rolle. Dass ein Problem mit einer gewissen Anzahl N gelöst werden kann, bedeutet nicht, dass man alle Probleme dieser Größe (oder vielleicht alle kleineren) auch lösen kann. Jeder kann beispielsweise das Problem des Handlungsreisenden mit einer Millionen Städte lösen, wenn die Städte alle auf einer Geraden liegen und man z.B. ganz links startet.

Man ist zur Lösung also auf mathematische Techniken angewiesen und eine dieser Techniken basiert auf Markovketten. Dabei geht man davon aus, dass man für die meisten praktischen Anwendungen gar nicht die kürzeste Tour benötigt, sondern schon mit einer Tour sehr zufrieden wäre, die der besten Tour bis auf sagen wir 1% oder 5% nahe kommt: Und von solchen Touren gibt es typischerweise sehr viele.

Um diese Touren mithilfe von Markovketten finden zu können, müssen wir zunächst festlegen, welchen Zustandsraum I denn die Markovkette besitzen soll: Wir wählen die Menge aller möglichen Touren. Weiter müssen wir noch Übergangswahrscheinlichkeiten zwischen zwei Touren erklären. Seien dazu A und B zwei Touren auf einer festen Landkarte von N Städten. Wir nennen A und B *benachbarte Touren* oder *Nachbarn*, wenn in der geordneten Auflistung der Städte für B genau zwei Städte der Liste für A vertauscht sind. Darüber hinaus bezeichnet $L(A)$ die Länge einer Tour; wie diese Länge gemessen wird, hängt natürlich von der jeweiligen Problemstellung ab.

Beispiel 6.4.9

Der Tourkalender einer bekannten deutschen Hip–Hop–Band sieht so aus:

Tour A	**Tour** B
Von Stuttgart nach	Von Stuttgart nach
Freiburg nach	Freiburg nach
Offenburg nach	**Saarbrücken** nach
Karlsruhe nach	Karlsruhe nach
Mannheim nach	Mannheim nach
Ludwigshafen nach	Ludwigshafen nach
Saarbrücken nach	**Offenburg** nach
Frankfurt nach	Frankfurt nach
Mainz nach	Mainz nach
Stuttgart	Stuttgart

Die Touren A und B sind benachbart. Ebenso könnte man auch Ludwigshafen und Mannheim vertauschen; die so entstehenden Touren wären ebenfalls verschieden, aber benachbart. Eine typische Längenmessung würde hier sicherlich die zurückgelegte Distanz in Kilometern berechnen. Danach dürfte $L(B) > L(A)$ gelten. Misst man die Länge durch die zum Reisen benötigte Zeit, so wird man möglichst viele Flugstrecken nutzen wollen, so dass kurze Touren nun ganz andere Bedingungen erfüllen müssen.

Wir werden nun einen stochastischen Algorithmus angeben, der auf Markovketten basiert und mit großer Wahrscheinlichkeit eine Tour liefert, deren Länge wenig von der optimalen Länge abweicht. Hierfür machen wir einen weiteren Abstraktionsschritt und stellen uns jede Tour A nur noch als einen Punkt vor, den wir in einer Höhe $1/L(A)$ über dem Meeresspiegel einzeichnen. Je länger also die Tour A ist, umso weniger hoch liegt der entsprechende Punkt in unserer Landschaft. Und für je zwei benachbarte Touren ziehen wir eine Verbindungslinie zwischen den Punkten, die diese Touren darstellen.

Wir stellen uns unseren Algorithmus nun wie einen Wanderer in dieser Landschaft vor, der versucht, den höchsten Punkt dieser Landschaft zu finden. Hat er diesen gefunden, so kennt er auch das Minimum aller Tourlängen, denn dies ist gerade der Kehrwert der Höhe seiner Position. Dabei ist nun entscheidend, dass er die Landschaft nicht komplett überblicken kann, sondern von einem Punkt aus nur die Höhe der benachbarten Punkte sehen kann, also die Punkte, zu denen eine direkte Verbindungslinie besteht. Denn wir erinnern uns: Es würde astronomisch viele Rechenschritte benötigen, alle Punkte mit ihren Höhen (also alle Touren mit ihren Längen) zu berechnen, jedoch bereitet es keine Schwierigkeiten, die Höhen aller Punkte auszurechnen, die in der Nachbarschaft eines gegebenen Punktes liegen, denn das sind typischerweise einige hundert.

Eine auf den ersten Blick gute Strategie des Wanderers wäre es nun, sich stets einen höher gelegenen Nachbarpunkt auszusuchen und dorthin zu gehen. Auf diese Art und Weise wird unser Wanderer von seinem Startpunkt aus ziemlich schnell an Höhe gewinnen, schließlich aber auf dem nächstgelegenen Hügel steckenbleiben, ohne dass dieser Hügel wirklich den höchsten Punkt der gesamten Landschaft darstellt. Es gibt einfach nur keine benachbarten Punkte, die höher lägen.

Um ihn davon abzuhalten, wollen wir unserem Wanderer eine bessere Strategie geben. Er darf zunächst einmal überall in der Landschaft herumlaufen. Dies wird natürlich auch nicht zum Ziel führen, wenn die Landschaft aus zu vielen Punkten besteht. Deshalb wollen wir dem Wanderer das Herumlaufen etwas erschweren und lassen es regnen, d.h. wir führen einen ständig steigenden Wasserstand ein. Der Wanderer darf nun weiterhin wie bisher in der Landschaft umherlaufen, muss aber vermeiden, nasse Füße zu bekommen. Auf kurzfristigen Höhengewinn wird also kein Wert mehr gelegt, sondern wir vertrauen vielmehr darauf, dass der steigende Wasserspiegel unseren Wanderer auf immer höhere Berge treiben wird. Formal sieht dieser *Sintflutalgorithmus* folgendermaßen aus:

1. Wir wählen für jeden Zeitpunkt $n \in \mathbb{N}$ eine Wasserstandshöhe $W_n \geq 0$, wobei die Folge $(W_n)_{n \in \mathbb{N}}$ monoton wachsend ist. Wir setzen $W_0 = 0$ und lassen den Wanderer irgendwo in unserer Landschaft starten.

2. Das Ziel der Wanderung vom Zeitpunkt $t = n$ nach $n + 1$ wird zufällig aus allen benachbarten Punkten gewählt, die noch nicht versunken sind. Der Wanderer wählt also nur aus den erreichbaren Punkten A, für die

$$\frac{1}{L(A)} \geq W_n$$

ist, und begibt sich zum ausgewählten Ziel. Ist jeder benachbarte Punkt schon versunken, so stoppen wir den Algorithmus.

3. Wir erhöhen den Wasserstand auf den Wert W_{n+1} und fassen die jetzt vorliegende Situation als Zustand zum aktuellen Zeitpunkt $t = n + 1$ auf.

4. Wir bilden eine Schleife, in dem wir im Algorithmus wieder nach 2. springen.

Hierbei ist das folgende zu beachten: Die Qualität des Algorithmus' hängt entscheidend davon ab, wie man die Folge der Wasserstände $(W_n)_n$ wählt. Wenn man den Wanderer zu schnell in Bedrängnis bringt, so wird dieser keine Chance haben, auf einen wirklich hohen Berg zu gelangen und der Algorithmus stoppt sehr früh ohne ein gutes Resultat. Wählt man $(W_n)_n$ sehr langsam wachsend, so kann sich der Wanderer zwar frei entfalten, aber eventuell müssen wir sehr lange warten, bis wir einen hohen Berg gefunden haben. Tatsächlich hängt eine optimale Wahl der Folge $(W_n)_n$ von einer sehr viel detaillierteren Kenntnis der Landschaft ab als nur von den Höhen der Punkte.

In der Praxis wird man daher oft mehrere Wanderungen durchführen, also den Algorithmus mehrmals laufen lassen, und zwar mit unterschiedlich schnell steigenden Wasserständen. Ebenso kann man zeigen, dass es im Allgemeinen nicht optimal sein kann, den Wasserstand kontinuierlich ansteigen zu lassen. Man sollte ihn gelegentlich für ein paar Zeitschritte konstant halten, um dem Wanderer die Möglichkeit zu geben, sich von niedriger liegenden Hügeln, die schnell zu Inseln werden, zu retten. Denn dieses Phänomen der Inselbildung sorgt gerade zum Ende der Laufzeit des Wanderers sehr häufig dafür, dass er eben nicht auf dem allerhöchsten Berg landet, sondern eben nur auf einem sehr hohen.

Schließlich sollte noch darauf hingewiesen werden, dass man den Wanderer typischerweise auch nicht irgendwo beginnen lässt, sondern in einem Bereich, in dem man die höchsten Berge vermutet. All dies sind kleine Veränderungen des Algorithmus', die häufig zu deutlich besseren Resultaten führen.

Tatsächlich ist der vorgestellte Algorithmus in vielen Anwendungsproblemen zum Einsatz gekommen: vom Chipdesign über die Planung optimaler Routen für Verkehrtbetriebe bis hin zur Gestaltung optimaler Wartungspläne für Flugzeuge. Mehr über diesen und andere stochastische Optimierungsalgorithmen findet man z.B. in den Monographien von Aarts und Kost [AK] und Dueck [Due].

6.5   Stochastik an der Börse – eine einfache Methode zur Optionsbewertung

Finanzmathematik ist spätestens seit dem Nobelpreis für Wirtschaftswissenschaften für Robert Carhart Merton (*1944) und Myron S. Scholes (*1941) im Jahr 1997 eine populäre Teildisziplin der Mathematik. Die beiden entwickelten zusammen mit dem 1995 verstorbenen Fischer Sheffey Black (1938–1995) einen neuen, bahnbrechenden Ansatz zur Bewertung von Aktienoptionen, der nicht nur neuen Finanzinstrumenten, sondern auch einem effizienteren Risikomanagement den Weg bereitete. Im Jahre 2003 kam wiederum mit dem Nobelpreis für Wirtschaftswissenschaften für Robert F. Engle (*1942) eine zweite hohe Auszeichnung für Finanzmathematik hinzu. Die Arbeiten von Engle, die sich mit Zeitreihenanalyse beschäftigen, werden wir hier nicht diskutieren.

Wir wollen in diesem Abschnitt in einem sehr einfachen Modell die Grundideen der Bewertung von Optionen nach Black, Scholes und Merton nachvollziehen. Dazu ist es notwendig, dass wir zunächst einmal die Grundbegriffe klären und verstehen, was von uns bei der Optionspreisbewertung verlangt wird.

Anspruchsvolle Finanzmathematik beschäftigt sich mit jenen Rechnungen an der Börse, die über einfache Zinsrechnung hinausgehen. Letzteres ist zwar ebenfalls für Banken und Kunden relevant, stellt aber mathematisch keinerlei Schwierigkeiten dar. Exemplarisch werden wir als Handelsgut an den Börsen *Aktien* und ihre *Derivate* untersuchen.[2] Der Preis einer Aktie ist bekanntlich variabel. Die Höhe des Preises richtet sich nach Angebot und Nachfrage und wird so bestimmt, dass möglichst viele Umsätze zustande kommen, d.h. möglichst viele Käufer und Verkäufer sollen zu diesem Kurs zusammenfinden. Die Festsetzung dieses Preises geschieht über ein sogenanntes Orderbuch. Wir wollen ein Beispiel betrachten.

Beispiel 6.5.1

Von der fiktiven Aktie der *Bayerische Weißwurst AG* sei bekannt, dass 600 Makler sie kaufen wollen und 600 Makler sie verkaufen wollen. Die folgenden Tabellen geben die gewünschten Kauf- bzw. Verkaufspreise an:

Käufer	
200	billigst
100	zu 28,50 €
200	zu 29,00 €
100	zu 29,50 €

Verkäufer	
200	zu 28,50 €
200	zu 29,00 €
100	zu 29,50 €
100	bestens

Entsprechend sieht das Orderbuch so aus:

Preis	Kauf	Verkauf
niedrigst	200	
28,50 €	100	200
29,00 €	200	200
29,50 €	100	100
höchst		100

Gesucht ist nun ein Preis, zu dem möglichst viele Verkäufer verkaufen wollen und gleichzeitig möglichst viele Käufer kaufen wollen. Wir suchen also den Verlauf eines waagrechten Trennstrichs in der Tabelle, wobei die Makler der Spalte „Kauf" ihn möglichst hoch und die Verkaufsmakler ihn möglichst niedrig haben möchten. Nun,

---

[2]Der Begiff *Börse* geht dabei auf den Platz „ter beurse" in Brügge zurück, wo eine Patrizierfamilie namens „van de Beurse" im 14. Jahrhundert einen Gasthof für Kaufleute betrieb. In diesem tauschten Kaufleute Informationen über Waren und Ernteerträge aus. Bald wurden dort auch Geschäfte angebahnt. In der Folge nannte man auch andernorts die regelmäßigen Treffen von Kaufleuten Börse. Aktien wurden damals freilich noch nicht gehandelt, sie kamen erst später auf. Die *Vereinigte Ostindische Kompanie* war die erste Firma, die im großen Stil Aktien ausgab. Sie hatte sich im Jahr 1602 aus sechs vormals konkurrierende kleinen Handelsunternehmen zusammengeschlossen. Jeder konnte sich mit einer beliebigen Summe in das Aktionärsbuch einschreiben lassen und wurde somit Teilhaber der Aktiengesellschaft. Wie heute so gab es auch damals eine jährliche Dividendenauschüttung. Die ersten Aktien Deutschlands waren die der Dillinger Hütte im Jahre 1809.

die Lösung für diesen Ausgleich kennen wir schon lange: Wir wählen einen Median. Im Beispiel ist dieser Preis 29,00 €, d.h. die Aktie der *Bayerische Weißwurst AG* notiert mit 29,00 € an der Börse.

Zu den wichtigsten von Aktien abgeleiteten Finanzinstrumenten gehören Aktienoptionen; diese Aktienderivate (engl. *to derive=ableiten, herleiten*) entstanden aus dem Wunsch heraus, das investierte Kapital gegen zukünftige Kursänderungen zu schützen, also die eigene Finanzposition zu *hedgen* (engl. *hedge=Hecke, Grenzwuchs*), und wurden im Jahr 1973 an der Börse eingeführt. Allerdings können und werden Optionen häufig auch zur Spekulation eingesetzt, also als risikoreiche Wette auf die Zukunft.

Definition 6.5.2

Eine europäische Call–Option auf eine Aktie S ist das Recht, S nach Ablauf einer festgelegten Frist, d.h. am Fälligkeitsdatum der Option, zu einem vorher festgelegten Preis, dem Ausübungspreis oder Strike (engl. *strike=Treffer, Zuschlag*) zu kaufen.

Eine europäische Put–Option auf eine Aktie S ist das Recht, S am Fälligkeitsdatum der Option zum vorher festgelegten Strike zu verkaufen.

Der Käufer einer Option kann diese bei Fälligkeit ausüben oder ungenutzt verfallen lassen.

Beispiel 6.5.3

Die Aktie der „Türkischer Ayran AG" ist zum heutigen Zeitpunkt 100 € wert. Wir erwarten einen sehr heißen Sommer und daher einen hohen Konsum von Ayran, was wiederum einen Kursanstieg für die Aktie bedeuten kann. Wir kaufen von einem Marktteilnehmer (typischerweise von einem Broker) eine europäische Call-Option mit einem Ausübungspreis von 110 € und einer Laufzeit von sechs Monaten.

Ist die Aktie in einem halben Jahr weniger als diese 110 € wert, dann haben wir Pech gehabt und lassen unsere Option ungenutzt verfallen. Ist sie dann hingegen beispielsweise 130 € wert, so üben wir unsere Option aus, kaufen die Aktie von unserem Geschäftpartner für die vereinbarten 110 € und verkaufen die Aktie an irgendeinen anderen Marktteilnehmer für den aktuellen Kurs von 130 €. Wir gewinnen also 20 €.

Tatsächlich sind der Phantasie bei der Ausgestaltung der Modalitäten einer Option fast keine Grenzen gesetzt. Die hier vorgestellten europäischen Calls und Puts auf Aktien gehören dabei sicher zu den einfachsten Optionen, manchmal etwas abschätzig als *plain vanilla* bezeichnet.

Prinzipiell kann man sich ja auch Optionen vorstellen, deren Recht nicht nur nach Ablauf einer festen Zeitspanne ausgeübt werden darf, sondern z.B. zu jedem beliebigen Zeitpunkt während dieser Frist; diese nennt man *amerikanische Optionen*. Oder der Käufer besitzt z.B. nur dann ein Recht, wenn der Aktienkurs während der Laufzeit der Option mindestens einmal einen Schwellenwert unterschreitet; dies sind die *down–and–in Barrieroptionen* (engl. *barrier=Schwelle*).

Und auch die Größe, mit welcher der Strike verglichen wird, um sich für oder gegen eine Ausübung zu entscheiden, muss keineswegs ein einfacher Aktienkurs sein. Da die meisten Käufer ihre Optionen sowieso entweder vor Fälligkeit wieder an ihren Geschäftspartner verkaufen, die Position also *glatt stellen*, oder aber es bei Ausübung der Option zum *cash settlement*, d.h. zum rein finanziellen Ausgleich kommt, gibt es viele Vergleichsgrößen. Die *asiatischen Optionen* nehmen den zeitlichen Durchschnitt des Aktienkurses von Beginn der Option bis zu ihrer Ausübung. Die *Basketoptionen* vergleichen den Strike mit dem durchschnittlichen Kurs von mehreren unterschiedlichen Aktien (engl. *basket=Korb*) und wieder andere nehmen das Maximum des Aktienkurses während der Laufzeit der Option.

Und zu guter Letzt gilt all das Gesagte natürlich nicht nur für Aktien, sondern es gibt Vergleichbares auch für die Kurse von Wertpapieren, für Wechselkurse und sogar für Zinssätze selbst; ganz zu schweigen von anderen Börsen wie z.B. Rohstoffbörsen oder Energiebörsen, die natürlich noch ganz andere Ausstattungen einer Option ermöglichen.

Allen Optionen eigen ist jedoch die Aufteilung von Recht und Pflicht zwischen Käufer und Verkäufer; für den Käufer ist der Besitz einer Option wie eine Versicherung gegen potentiellen Verlust, bzw. die Chance auf einen Gewinn, während der Verkäufer stets das Risiko eines Verlustes trägt, der bestenfalls ausbleibt. Jede Option wird also ihren Preis haben, den der Käufer an den Verkäufer gleich zu Beginn des Geschäfts zahlen muss, um ihn überhaupt in den Handel einwilligen zu lassen. Die Frage für den Rest dieses Abschnitts ist:

Was ist der faire Preis einer europäischen Aktienoption?

Wir werden diese Frage unter einer stark vereinfachenden Annahme untersuchen, dass nämlich der Preis der Aktie zum Fälligkeitsdatum der Option entweder auf einen Wert S_u gefallen oder auf einen Wert S_o gestiegen ist. Mehr Möglichkeiten wollen wir dem Aktienkurs nicht zugestehen. Weiterhin setzen wir diese beiden Werte als bekannt voraus.

Man könnte nun annehmen, dass mit diesen Voraussetzungen jegliche Modellierung einerseits völlig unrealistisch ist, weil wir die zukünftigen Kurse einer Aktie ja nun gerade *nicht* kennen, und andererseits in die Modellierung nun noch die jeweiligen Wahrscheinlichkeiten für eine Auf- bzw. Abwärtsbewegung des Aktienkurses einfließen, indem der faire Preis einer Option einfach der erwartete Gewinn ist, den die Option abwirft. Beides ist nicht richtig.

Unrealistisch bleibt das Modell nur dann, wenn wir bloß einen einzigen Zeitschritt zulassen; in der Praxis wird man die Frist bis zur Fälligkeit der Option jedoch in N gleichgroße Intervalle einteilen, in denen der Aktienkurs dann jeweils um beispielsweise 0,01 € steigen oder fallen darf. Ausgehend vom heutigen Kurs S_h erhält man so eine Beschreibung aller potentiellen Aktienkurse zwischen $S_h + N/100$ und $S_h - N/100$ mit einer Genauigkeit von 1 Cent. Und wird das im Folgenden beschriebene Verfahren der Preisfindung dann über den gesamten Zeitverlauf für jedes der N Intervalle durchgeführt, so erhält man einen durchaus realistischen Optionspreis.

Warum die Wahrscheinlichkeiten eines Kursanstiegs oder Kursverfalls keine Rolle spielen, werden wir im Folgenden erklären.

Definition 6.5.4

Mit *Arbitrage* bezeichnet man die Möglichkeit zur Erzielung eines risikolosen Gewinns. Ein Markt ist somit arbitragefrei, falls es keine risikolosen Gewinne gibt.

Einen risikolosen Gewinn könnte man beispielsweise erzielen, wenn uns ein Marktteilnehmer eine Aktie zu einem geringeren Preis anbietet, als wir bei einem anderen Marktteilnehmer mit ihr erzielen. Dann sollten wir schnellstens in diesen Handel einwilligen, die Aktie kaufen und gleich wieder verkaufen und dadurch einen Profit machen. Wird die Aktie eines internationalen Konzerns etwa sowohl in London, als auch in Tokio an der jeweiligen Börse angeboten, so hängt es neben den Kursen auch vom Wechselkurs zwischen japanischem Yen und britischem Pfund ab, ob Arbitrage möglich ist.

Es ist üblich, davon auszugehen, dass die betrachteten Märkte arbitragefrei sind, denn Arbitrageure, also Personen, die Arbitrage nutzen, sorgen mit ihrem Handeln selbst für eine Beseitigung dieser Gewinnmöglichkeit: Durch ihre Nachfrage nach „zu preiswerten" Aktien steigern sie deren Preis hier und durch das Anbieten der erworbenen Aktien auf dem Markt der „teuren Aktien" senken sie den Preis dort. In Zeiten, wo finanzielle Transaktionen wortwörtlich nur noch einen Mausklick dauern, finden solche Preisverschiebungen in sehr kurzer Zeit statt, so dass man tatsächlich in guter Näherung von Arbitragefreiheit ausgehen kann.

Als letzte Annahme zur Modellierung wollen wir voraussetzen, dass es in unserem Markt keine Zinsen gibt: Geld besitzt also keinen Zeitwert. Wenn man sich heute Geld leiht, so zahlt man den gleichen Betrag nach Ablauf des Kredits zurück. Diese Annahme dient nur der Vereinfachung und wäre leicht durch die Forderung eines z.B. konstanten Zinssatzes am Geldmarkt zu ersetzen. Zusammen mit den beiden anderen Annahmen, nämlich der Kursbewegung zu S_u oder S_o und der Arbitragefreiheit des Marktes entwickeln wir nun unser Modell. Wir wollen dies anhand von Beispiel 6.5.3 vorstellen.

Wir nehmen an, dass die Aktie bei einem heutigen Kurs von 100 € in einem halben Jahr entweder S_o =130 € wert ist, und zwar mit einer Wahrscheinlichkeit von z.B. 0, 6 oder mit Wahrscheinlichkeit 0,4 nur S_u =80 €. Da man im ersten Fall als Käufer eines Calls mit einem Strike bei 110 € offenbar 20 € gewinnt, im zweiten Fall aber nichts, ist der erwartete Gewinn gleich

$$0, 6 \times 20 \,€ + 0, 4 \times 0 \,€ = 12 \,€.$$

Wenn wir allerdings bereit wären, die Option zu diesem Preis zu kaufen, dann könnten wir uns vor lauter Interessenten kaum retten; umgekehrt werden wir niemanden finden, der uns die Option zu diesem Preis abkauft: Dieser Preis gibt Arbitragemöglichkeiten!

Wir könnten bei diesem Preis von 12 € nämlich Folgendes tun: Wir verkaufen 10 Optionen am Markt und leihen uns noch weitere 280 €; mit den insgesamt 400 € kaufen wir dann heute 4 Aktien der „Türkischer Ayran AG" und warten in aller Ruhe sechs Monate.

- Ist die Aktie nach einem halben Jahr auf 130 € gestiegen, so werden alle 10 Optionen ausgeübt und ich muss 10 Aktien zu einem Preis von 110 € pro Aktie abgeben, oder, was finanziell dasselbe ist, ich muss jedem der 10 Geschäftpartner 20 € geben, denn das ist ja ihr Gewinn. Ich verkaufe also meine 4 Aktien am Markt für zusammen 520 €, zahle die insgesamt 200 € an meine Partner, zahle auch noch das geliehene Geld in Höhe von 280 € zurück und verbleibe ohne jegliche Verpflichtung zum Schluss mit 520 − 200 − 280 =40 € Gewinn.

- Fällt aber die Aktie während der sechs Monate auf 80 €, so wird niemand seine Option bei mir einlösen und ich muss nur den Kredit in Höhe von 280 € zurückzahlen. Wieder verkaufe ich dazu alle meine 4 Aktien, diesmal für zusammen 320 €, und mir verbleiben als Gewinn ebenfalls 40 €.

Egal was die Zukunft also bringt: Mit dieser Strategie gewinne ich immer 40 €! Dieses Geld ist mir sicher, es ist ein risikoloser Gewinn. Ganz ähnlich rechnet man übrigens auch, wenn es am Markt Zinsen gibt. Die Kreditzinsen verringern dann zwar etwas den Gewinn, zehren ihn jedoch nicht ganz auf: es bleibt Arbitrage.

Der erwartete Gewinn einer Option liefert also nicht den richtigen, d.h. arbitragefreien Preis: Wir finden entweder niemanden, mit dem wir das Geschäft machen können, oder wir gehen pleite. Wir müssen vielmehr umgekehrt den Preis so bestimmen, dass dadurch kein Arbitrage möglich wird.

Hierzu bilden wir ein sogenanntes *Portfolio* (x, y), d.h. eine Zusammenstellung von x Aktien und einem Geldbetrag in Höhe von y. Mit dieser Notation war es gerade das Portfolio $(4, -280)$, was mir einen risikolosen Gewinn von 40 € einbrachte, denn wir bildeten ja eine Anfangsposition aus 4 gekauften Aktien und 280 € Schulden. Der Wert eines Portfolios (x, y) berechnet sich offenbar durch

$$x \; mal \text{ aktueller Wert einer Aktie } + y \, ,$$

da wir ja annehmen, dass Geld keinen Zeitwert besitzt.

Die Idee ist nun folgende: gibt es ein Portfolio (x_A, y_A), welches am Fälligkeitstag der Option genau ihren Wert hat, also 0 €, wenn sie verfällt, und 20 €, wenn sie ausgeübt wird, dann **muss** der heutige Wert des Portfolios gleich dem heutigen Wert der Option sein. Beide Handelsprodukte, also das Portfolio und die Option, liefern ja die gleiche Auszahlung, die zwar von der Zukunft abhängt, jedoch bei beiden nicht unterschiedlich ist. Unter finanziellem Aspekt sind es identische Produkte, die zukünftigen potentiellen Gewinne oder Verluste sind dieselben: und dann können sie auch heute keinen unterschiedlichen Wert besitzen. Die Option besitzt heute den aktuellen Wert des Portfolios (x_A, y_A); nur so lässt sich Arbitrage verhindern.

Mit dieser Idee ist das Portfolio (x_A, y_A) und damit der Wert der Option aber schnell bestimmt. Wir besitzen zwei Gleichungen mit zwei Unbekannten:

$$\begin{aligned} 130\,x + y &= 20 \\ 80\,x + y &= 0, \end{aligned}$$

denn die erste Gleichung beschreibt auf der linken Seite den Wert eines Portfolios (x, y), wenn die Aktie auf 130 € steigt, und die zweite Gleichung, wenn der Kurs auf 80 € fällt; rechts steht jeweils der Wert der Option.

Löst man dieses Gleichungssystem, erhält man $x_A = 0,4$ und $y_A = -32$, so dass der heutige Wert des Portfolios in Euro gleich

$$100\,x_A + y_A = 8$$

ist, denn der heutige Wert einer Aktie sind $100\,€$. Und somit muss auch die Option $8\,€$ kosten, wenn niemand der Marktteilnehmer freiwillig bankrott gehen möchte. Dies ist ihr *No–Arbitrage–Preis*.

Bemerkenswert an dem obigen Beispiel ist zum einen, dass der Preis der Option gar nicht davon abhängt, mit welcher Wahrscheinlichkeit der Aktienkurs nach oben oder nach unten geht. Das ist insofern wichtig, dass man in der Realität diese Wahrscheinlichkeiten gar nicht kennt, ja noch nicht einmal gut schätzen kann: mit welcher Wahrscheinlichkeit der Kurs einer Aktie in einem halben Jahr um $30\,€$ höher liegt als heute ist vergleichbar mit der Frage, mit welcher Wahrscheinlichkeit ich nächstes Jahr die erste Schwalbe eines Sommers fünf Tage später sehe, als dieses Jahr.

Ebenso bemerkenswert aber ist, dass eine Option bzgl. ihrer Gewinn– und Verlustchancen vollständig durch ein Portfolio nachgebildet werden kann, welches nur Aktien und Bargeld benötigt. Das war historisch auch das eigentlich Überraschende an diesem Ansatz und verhalf dem *no arbitrage pricing* zum Durchbruch. Natürlich stellt sich sofort die Frage, warum es dann überhaupt Optionen gibt, wenn sie doch nur Portfolios aus Aktien und Bargeld sind. Einerseits hat dies bilanzielle und bankenrechtliche Gründe und andererseits haben wir uns in unserem Modell auf europäische Optionen beschränkt: Andere Optionen sind wesentlich schwieriger zu hedgen.

Natürlich kann man ebenso den Optionspreis allgemein in unserem Modell angeben. Sei S_h der heutige Preis einer Aktie, die nach einer Zeiteinheit entweder auf S_o gestiegen oder auf S_u gefallen ist; der Strike der Option betrage K. Dann erfüllt das gesuchte Portfolio (x_A, y_A) die Gleichungen

$$\begin{aligned} S_o\,x + y &= \quad\ S_o \quad\ - K \\ S_u\,x + y &= \max(S_u, K) - K \end{aligned}$$

und es ergibt sich

$$x_A = \frac{S_o - \max(S_u, K)}{S_o - S_u} \quad \text{und} \quad y_A = \frac{S_o(\max(S_u, K) - S_u)}{S_o - S_u} - K.$$

Damit ist der heutige Wert des Portfolios und auch der Optionspreis

$$W_h := S_h\,x_A + y_A = \frac{S_h(S_o - \max(S_u, K)) + S_o(\max(S_u, K) - S_u) - K(S_o - S_u)}{S_o - S_u}.$$

$$(6.16)$$

Wie bereits erwähnt ist dieses Modell keineswegs so unrealistisch, wie man erwarten könnte; jedenfalls nicht dann, wenn man es richtig benutzt. Teilt man die Zeitspanne bis zur Fälligkeit in sehr viele Intervalle und berechnet dann ausgehend vom Fälligkeitszeitpunkt sukzessiv den Optionspreis für den vorhergehenden Zeitpunkt, so erhält man ein brauchbares Optionspreismodell.

Es bleibt die Frage, was dieses Modell mit Stochastik zu tun hat. Glücklicherweise hängt der heutige Optionspreis W_h ja gerade nicht explizit von irgendwelchen Wahrscheinlichkeiten ab; er ist eben nicht der Erwartungswert des Gewinns. Die Antwort mag überraschen: W_h ist sehr wohl ein Erwartungswert des Gewinns, bloß etwas subtiler, als man naiv vermutet.

Definieren wir

$$q = \frac{S_h - S_u}{S_o - S_u} \, ,$$

so schreibt sich der Optionspreis aus Gleichung (6.16) als

$$W_h = q(S_o - K) + (1 - q)(\max(S_u, K) - K). \tag{6.17}$$

Wenn wir jetzt noch davon ausgehen dürften, dass $q \in [0, 1]$ ist, und somit eine Wahrscheinlichkeit wäre, dann steht in Gleichung (6.17) tatsächlich, dass W_h der erwartete Gewinn der Option ist, wobei wir einem Anstieg des Aktienkurses auf S_o die Wahrscheinlichkeit q geben, und dementsprechend $1 - q$ für ein Fallen auf S_u.

Offenbar gilt $0 \leq q \leq 1$ genau dann, wenn $S_u \leq S_h \leq S_o$ gilt, denn es ist nach Definition stets $S_u < S_o$. Die Bedingung an q ist also, dass der heutige Kurs S_h zwischen den beiden möglichen zukünftigen Kursen liegt. Aber das dürfen wir selbstverständlich voraussetzen! Läge S_h etwa unter beiden möglichen Kursen, so wäre der Kauf der Aktie ein sicherer Gewinn. Egal welchen Kurs sie in einem halben Jahr annimmt: er liegt über dem heutigen. So etwas nennt man nicht mehr Aktie, sondern Goldgrube. Man sollte dann ohne jegliche Mathematik Haus und Hof in diese Aktie investieren. Genau das Gegenteil gilt natürlich, falls S_h sicher über den beiden möglichen Kursen läge. Wir dürfen q also wirklich als Wahrscheinlichkeit auffassen.

Und damit sind wir natürlich wieder mitten in der Stochastik. Die möglichen Kurse S_o und S_u sind nichts anderes als die beiden Werte einer Zufallsvariablen S_{h+1}, die den Kurs nach einem Zeitschritt angibt und die Verteilung

$$\mathbb{P}_q := \mathbb{P}_{S_{h+1}} = (q, 1 - q)$$

besitzt. Definieren wir die Funktion $f : \{S_u, S_o\} \to \mathbb{R}$ durch den Gewinn der Option, dann besagt Gleichung (6.17)

$$W_h = \mathbb{E}_q[f(S_{h+1})].$$

Über mehrere Zeitschritte hinweg können wir uns die Entwicklung des Aktienkurses durch ein Baumdiagramm veranschaulichen, in welches wir ausgehend vom Fälligkeitsdatum T der Option quasi rückwärts die Pfadwahrscheinlichkeiten eintragen, indem wir die jeweilige Wahrscheinlichkeit q_κ für jeden Knoten κ einzeln ausrechnen. Durch alle Pfadwahrscheinlichkeiten zusammen definiert sich ein W–Maß Q, mit dem sich der heutige Wert einer Option mit der Zufallsvariablen $F(S_T)$ als Auszahlung zur Zeit T schreiben lässt als

$$W_h = \mathbb{E}_Q[F(S_T)].$$

Die vorgestellten Ideen sind auch das zugrunde liegende Prinzip für die Bewertung europäischer Optionen durch Black and Scholes. Allerdings ist ihr Modell für den Aktienkurs nicht diskret, sondern kontinuierlich: Das *Black–Scholes–Modell* basiert auf der sogenannten *geometrischen Brownschen Bewegung*, die, wie schon der Name vermuten lässt, von der *Brownschen Bewegung* abgeleitet ist. Letztere wurde 1785 von Jan Ingenhousz (1730–1799) als die Bewegung eines Staubpartikels aus Holzkohle in Alkohol beschrieben und 1827 vom schottischen Botaniker Robert Brown (1773–1858) als Bewegung eines Pollens in Flüssigkeit wiederentdeckt. Albert Einstein (1879–1955) erklärte dies in einer seiner wichtigsten Arbeiten im Jahr 1905 durch die thermische Bewegung der Flüssigkeitsmoleküle, die den Pollen anstoßen. Zuvor hatte schon Louis Bachelier (1870–1946) den gleichen Prozess in seiner Dissertation im Jahr 1900 zur Beschreibung von Aktienkursen verwendet.

Die präzise mathematische Behandlung der Brownschen Bewegung und überhaupt der Beweis ihrer Existenz geht auf das Jahr 1923 und Norbert Wiener (1894–1964) zurück. Die Brownsche Bewegung $B(t)$ ist ein stochastischer Prozess, d.h. eine zufällige Funktion, deren Pfade zwar überall stetig aber nirgends differenzierbar sind. Sie ist eine Art Analogon zur Normalverteilung auf der Ebene der stochastischen Prozesse. Allerdings nimmt die Brownsche Bewegung auch negative Werte an, was als Modellierung für Aktienkurse nicht wünschenswert ist. Unter anderem deshalb nimmt man heute $\exp(B(t))$ als Modell für Aktienkurse und genau diesen Prozess nennt man geometrische Brownsche Bewegung; ihn verwendeten Black und Scholes. Die dahinter liegende Mathematik ist zwar deutlich komplizierter als die hier präsentierte, jedoch prinzpiell vergleichbar: zentral ist auch dort die Arbitragefreiheit des Marktes. Wer mehr über Finanzmathematik lernen möchte, dem sei z.B. das Buch von Adelmeyer und Warmuth [AW] empfohlen.

6.6   Benfords Gesetz

Ein großer Teil der wissenschaftlichen Forschung basiert heute auf statistischen Daten. Hierbei kann fehlerhaftes Datenmaterial sowohl ökonomisch als auch wissenschaftlich verheerende Konsequenzen haben. Doch wie unterscheidet man fehlerhaftes von korrektem Datenmaterial. Lesen wir z.B. in einem Zeitungsartikel, dass jemand noch einmal heiraten möchte, obschon er doch erst vor wenigen Wochen seinen 1000. Geburtstag gefeiert hat, so wird jeder schnell erkennen, dass sich hier wohl eine „0" zuviel verirrt hat. Sind in anderen Fällen die Daten jedoch deshalb nicht korrekt, weil sie bewusst manipuliert wurden, so ist das Erkennen von falschen Daten keineswegs einfach; der Fälscher gibt sich in der Regel ja Mühe bei seinem Tun.

Im Jahr 1881 entdeckte Simon Newcomb (1835–1909) eine Gesetzmäßigkeit, die für sehr viele Datensätze gilt, und publizierte sie im *American Journal of Mathematics*. Er hatte bemerkt, dass in Logarithmentafeln gerade die Seiten deutlich abgegriffener und somit häufiger gebraucht waren, welche die Zahlen mit „1" als erster Ziffer enthielten. In den Zeiten vor Erfindung des Taschenrechners waren Listen, in denen geordnet die Logarithmen von Zahlen standen, ein unentbehrliches Werkzeug für jeden Wissenschaftler, um konkrete Rechnungen mit Zahlen durchzuführen. Mathematiker, Astronomen, Biologen, Chemiker, usw.: sie alle benötigten offenbar häufiger den Logarithmus einer Zahl, die mit Eins beginnt, als den einer Zahl mit z.B. Fünf an erster Stelle.

Die Publikation Newcombs geriet jedoch wieder in Vergessenheit, so dass Frank Albert Benford (1883–1948) diese Gesetzmäßigkeit wiederentdecken und sie 1938 neu publizieren konnte. Seither nennt man diese Entdeckung, die bis vor wenigen Jahren nicht einmal allen Statistikern bekannt war, *Benfords Gesetz*. Rein qualitativ besagt es:

Je niedriger die erste Ziffer einer Zahl ist, umso wahrscheinlicher ist ihr Auftreten.

Nehmen wir also einen Datensatz $\Omega \subseteq (0, \infty)$ und definieren die Zufallsvariable

$$X : \Omega \to \{1, \dots, 9\}$$
$$\omega \mapsto \text{erste von Null verschiedene Ziffer der Zahl } \omega, \tag{6.18}$$

so ist X gemäß dieser Entdeckung für viele Datensätze also keineswegs Laplace–verteilt auf $\{1, \dots, 9\}$, sondern *irgendwie anders*; und zwar so, dass

$$\mathbb{P}(\{X = 1\}) \geq \mathbb{P}(\{X = 2\}) \geq \cdots \geq \mathbb{P}(\{X = 9\})$$

gilt. Diese Beobachtung wurde seit den Zeiten von Benford an vielen Datensätzen Ω überprüft, beispielsweise für den Stromverbrauch zufällig ausgewählter Kunden, für Statistiken von Sportergebnissen, für die Länge von Flüssen, für die Einwohnerzahl von Städten oder, wie in Beispiel 3.2.6 bereits erwähnt, für die Größe von Dateien. Die folgende Tabelle zeigt die Auswertung für 2618 Systemdateien einer Linux–Partition:

$k =$	1	2	3	4	5	6	7	8	9
Anzahl $\{X = k\}$	719	445	378	328	221	181	130	121	95
rel. Häufigkeit	$0,27$	$0,17$	$0,14$	$0,13$	$0,08$	$0,07$	$0,05$	$0,05$	$0,04$
$\log_{10}\left(1 + \frac{1}{k}\right)$	$0,30$	$0,18$	$0,12$	$0,10$	$0,08$	$0,07$	$0,06$	$0,05$	$0,05$

In Abbildung 6.3 erkennen wir deutlich die gute Approximation der Daten durch die Funktion $f(k) = \log_{10}(1 + 1/k)$, $k = 1, \dots, 9$. Niemand wird aufgrund der Daten weiterhin vermuten, dass die Zufallsvariable X für diesen Datensatz auf $\{1, \dots, 9\}$ Laplace–verteilt ist. Testen wir die Laplace–Verteilung als Nullhypothese auf einem Signifikanzniveau von 1% mit dem χ^2–Test, so berechnen wir

$$\hat{Z} = \frac{9}{2618}\left(719^2 + 445^2 + \cdots + 95^2\right) - 2618 \approx 1120, 96$$

und finden für eine mit 8 Freiheitsgraden χ^2–verteilte Zufallsvariable Z, dass

$$\mathbb{P}(\{Z \geq \hat{Z}\}) \approx 8 \times 10^{-11}$$

ist; wir verwerfen daher die Nullhypothese.

Es spricht also empirisch sehr viel dafür, dass für unseren Datensatz

$$\mathbb{P}(\{X = k\}) = \log_{10}\left(1 + \frac{1}{k}\right), \text{ für } k = 1, \dots, 9$$

gilt. Immerhin ist dies durchaus möglich, da $0 < \log_{10}(1 + 1/k) < 1$ für $k = 1, \dots, 9$ ist, und sich die neun Zahlen tatsächlich zu 1 aufsummieren. Wir können also zunächst einmal dieser unerwartet auftauchenden Verteilung einen Namen geben.

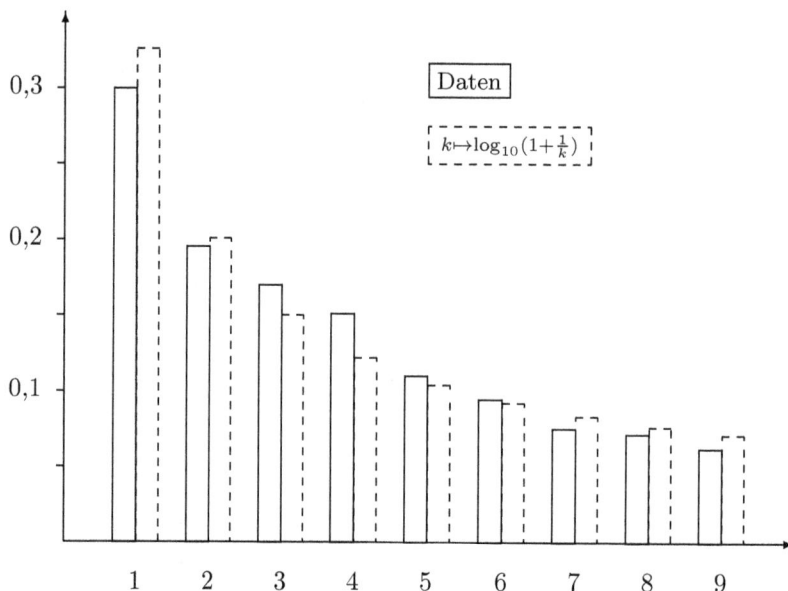

Abbildung 6.3: *rel. Häufigkeit der ersten Ziffer von 2618 Dateigrößen*

Definition 6.6.1

Die Wahrscheinlichkeitsverteilung $p = (p_1, \ldots, p_9)$ mit

$$p_k = \log_{10}\left(1 + \frac{1}{k}\right) \text{ für } k = 1, \ldots, 9$$

heißt *Benford–Verteilung*. Eine Zufallsvariable B heißt Benford–verteilt, wenn $\mathbb{P}_B$ die Benford–Verteilung ist.

Welche Bedingung muss aber ein Datensatz Ω erfüllen, damit die erste Ziffer der Daten Benford–verteilt ist? Warum erfüllen soviele natürlich gegebene Datensätze diese Bedingung? Gibt es überhaupt Datensätze, für welche die Zufallsvariable X aus Gleichung 6.18 nicht annähernd der Benford–Verteilung folgt?

Die letzte Frage ist sofort positiv zu beantworten: Betrachten wir die Folge der Zehnerpotenzen $\Omega := (10^n)_{n\in\mathbb{N}}$, dann ist offenbar $X(\omega) = 1$ für alle $\omega \in \Omega$; alle Zahlen beginnen mit der Ziffer 1. Auf diesem Ω ist X also sogar konstant und damit natürlich nicht Benford–verteilt. Jedoch schon die Untersuchung für z.B. $\Omega = (2^n)_{n\subset\mathbb{N}}$ ist keineswegs so einfach. Versuchen wir zunächst, eine hinreichende Bedingung zu erkennen.

Satz 6.6.2

Ist für eine Zufallsvariable $Z : \Omega \to [1, 10)$ ihr dekadischer Logarithmus $\log_{10} Z$ gleichverteilt auf $[0, 1)$, so ist die erste Ziffer von Z Benford–verteilt.

Beweis. Für jedes $k = 1, \ldots, 9$ ist

$$
\begin{aligned}
\mathbb{P}(\{\text{erste Ziffer von } Z \text{ ist } k\}) &= \mathbb{P}(\{k \leq Z < k+1\}) \\
&= \mathbb{P}(\{\log_{10} k \leq \log_{10} Z < \log_{10}(k+1)\}) \\
&= \log_{10}(k+1) - \log_{10} k = \log_{10}\left(1 + \frac{1}{k}\right).
\end{aligned}
$$

∎

Natürlich können wir für jede (positive) Zahl die wissenschaftliche Schreibweise benutzen, also diejenige, die der Taschenrechner für sehr große oder sehr kleine Zahlen automatisch wählt:

$$7\,330\,251 = 7,330251 \times 10^6 \quad \text{oder} \quad 0,095 = 9,5 \times 10^{-2}.$$

Diese Notation ist gerade so gemacht, dass nur eine Ziffer vor dem Komma steht und diese Ziffer keine Null ist. Uns ist also durch diese wissenschaftliche Notation eine Abbildung $W : (0, \infty) \to [1, 10)$ gegeben, welche die Ziffernfolge mit einem Komma nach der ersten Ziffer angibt, so dass für alle $\omega \in (0, \infty)$

$$\omega = W(\omega) \cdot 10^{n_\omega} \tag{6.19}$$

mit $n_\omega = \lfloor \log_{10} \omega \rfloor$ gilt.

Diese Abbildung W berücksichtigt somit überhaupt nicht die Größenordnung einer Zahl ω, sondern nur ihre Ziffernfolge. Umgekehrt bedeutet dies, dass ausgehend von einer Zahl $a \in [1, 10)$ offenbar

$$W^{-1}(a) = \{a \cdot 10^n \mid n \in \mathbb{Z}\}$$

gilt. Und selbstverständlich ist stets die erste Ziffer von $W(\omega)$ gleich der ersten von Null verschiedenen Ziffer von ω.

Bis jetzt haben wir die Gründe des Auftauchens der Benford–Verteilung noch nicht analysiert. Allerdings können wir im Hinblick auf Satz 6.6.2 die Frage, wann und warum für einen Datensatz Ω die erste Ziffer Benford–verteilt ist, nun anders ausdrücken:

- *Wann ist* $\log_{10} W : \Omega \to [0, 1)$ *gleichverteilt?*

- *Warum ist* $\log_{10} W : \Omega \to [0, 1)$ *gleichverteilt?*

Die Frage nach dem *warum* bezieht sich dabei auf die Ω, die aus Beobachtungen stammen, während die Frage nach dem *wann* eine rein mathematische Fragestellung nach der Generierung von geeigneten Ω ist, wofür es tatsächlich handliche Kriterien gibt. Natürlich kann für kein abzählbares Ω die Zufallsvariable $\log_{10} W$ wirklich gleichverteilt sein, denn sie besitzt ja eine diskrete Verteilung und keine Dichte. Aber wir erwarten von unseren Daten in Ω ja auch nur, dass sie *annähernd* Benford–verteilt sind, genau wie wir bei einer fairen Münze annähernd für die Hälfte der Würfe eine Eins erwarten.

Im Schwachen Gesetz der großen Zahlen wurde diese Aussage für den Münzwurf mathematisch präzisiert, während uns die restlichen Grenzwertsätze in Abschnitt 4.6 vor Augen führten, wie manche Wahrscheinlichkeitsverteilungen als Grenzwert einer Folge von anderen Wahrscheinlichkeitsverteilungen entstehen können. Insbesondere sahen wir in Satz 4.6.5, dass die Laplace–Verteilung auf $\{1/n, 2/n, \ldots, 1\}$ für $n \to \infty$ gegen die Gleichverteilung auf $[0, 1]$ konvergiert. Fassen wir die Benford–Verteilung also als einen Grenzwert auf, so können wir Folgen positiver Zahlen $(a_k)_{k \in \mathbb{N}}$ betrachten, für welche die Laplace–Verteilung auf

$$\Omega_n := \{\log_{10} W(a_k) \mid 1 \leq k \leq n\}$$

gegen die Gleichverteilung konvergiert; dies garantiert, dass die Verteilung der ersten Ziffer für die Folge $(a_k)_{k \in \mathbb{N}}$ gegen die Benford–Verteilung konvergiert.

Definition 6.6.3

Eine Folge positiver Zahlen $(a_k)_{k \in \mathbb{N}}$ heißt *Benford–Folge*, wenn die Laplace–Verteilung auf der Menge

$$\{\log_{10} W(a_k) \mid 1 \leq k \leq n\}$$

für $n \to \infty$ gegen die Gleichverteilung auf $[0, 1]$ konvergiert.

Wir wissen bereits, dass $(10^n)_{n \in \mathbb{N}}$ keine Benford–Folge ist. Tatsächlich gibt es folgendes Kriterium:

Für $\alpha > 0$ ist $(\alpha^n)_{n \in \mathbb{N}}$ genau dann eine Benford–Folge, wenn $\log_{10} \alpha$ irrational ist.

Das bedeutet, dass z.B. die Folgen $(2^n)_n$ oder $(3^{-n/5})_n$ Benford–Folgen sind. Es gibt auch viele andere Benford–Folgen, die keine Exponentialfolgen sind; etwa die Folge der Fakultäten $(n!)_{n \in \mathbb{N}}$. Umgekehrt sind jedoch z.B. $(n^2)_n$ oder $(n^{7/13})_n$ *keine* Benford–Folgen. Überraschenderweise gilt dies auch für die Folge der Primzahlen: sie ist keine Benford–Folge.

Wir können also Benford–Folgen generieren und hinreichende Bedingungen formulieren. Dies beantwortet zunächst die weiter oben gestellte Frage nach dem *wann*. Nur beantwortet das natürlich nicht die Frage nach dem *warum*: wieso taucht die Benford–Verteilung als Grenzwert von vielen Datensätzen auf? Welches Prinzip führt zu dieser Verteilung?

Eine vollständige Antwort auf diese Frage zu geben, ist nicht einfach. Auch heute noch erscheinen wissenschaftliche Artikel, die sich mit diesem Phänomen beschäftigen. Wir wollen hier nur überlegen, dass ein mögliches Limesgesetz für die relative Häufigkeit der führenden Ziffer eine gewisse *Invarianzeigenschaft* besitzen muss und dass diese Eigenschaft nur von der Benford–Verteilung erfüllt wird.

In der Tat: Wenn wir einen beliebigen Datensatz Ω betrachten, so ist die gewählte Einheit, in der wir die Daten messen, häufig reine Konvention. Wurde früher die *Elle* als Einheit für Längen verwendet, so ist es heute der *Meter*, in einigen Teilen der Welt aber auch *Zoll*, *Fuß* oder *Meilen*, und zusätzlich in jedem Land auch noch die *Seemeile* für Strecken über Wasser. Den derart gemessenen Objekten ist diese Vielfalt natürlich herzlich egal. Wenn wir also Daten erheben, dann sollte die Verteilung der relativen Häufigkeiten nicht qualitativ durch die Wahl der Einheit bestimmt werden. Natürlich macht es einen Unterschied, z.B. die Entfernung zum nächsten Bäcker in Meter oder Fuß zu messen, aber eben nur quantitativ: die Zahlenwerte ändern sich, aber nicht die Beziehung der Objektgrößen untereinander.

Wir wollen die Unabhängigkeit einer Wahrscheinlichkeitsverteilung von der gewählten Einheit der Daten *Skaleninvarianz* nennen. Sei also $((0, \infty), \mathcal{A}, \mathbb{P})$ ein Wahrscheinlichkeitsraum, dann bedeutet Skaleninvarianz für $\mathbb{P}$, dass

$$\mathbb{P}(A) = \mathbb{P}(c \cdot A) \quad \text{für alle } c > 0 \text{ und } A \in \mathcal{A}$$

gilt: Multiplikation der Messung mit einem Faktor $c > 0$ lässt die Verteilung unverändert. Wir weisen darauf hin, dass $\mathcal{A}$ hier *nicht* die Borel–Algebra ist. Wir werden hier die Existenz eines derartigen W–Raums auch nicht beweisen.

Satz 6.6.4

Wenn es einen Wahrscheinlichkeitsraum $((0, \infty), \mathcal{A}, \mathbb{P})$ mit skaleninvariantem $\mathbb{P}$ gibt, auf dem $W : (0, \infty) \to [1, 10)$ aus Gleichung (6.19) eine Zufallsvariable ist, dann ist $\log_{10} W$ gleichverteilt auf $[0, 1)$.

Insbesondere ist die erste Ziffer einer gemäß $\mathbb{P}$ verteilten Zufallsvariable Benford–verteilt.

Beweis. Für $s, t > 0$ mit $s + t \leq 1$ ist

$$
\begin{aligned}
\mathbb{P}_{\log_{10} W}\big([s, s+t)\big) &= \mathbb{P}_W\big([10^s, 10^{s+t})\big) = \mathbb{P}\Big(\bigcup_{n \in \mathbb{Z}} [10^{n+s}, 10^{n+s+t}) \Big) \\
&= \mathbb{P}\Big(10^s \cdot \bigcup_{n \in \mathbb{Z}} [10^n, 10^{n+t}) \Big) = \mathbb{P}\Big(\bigcup_{n \in \mathbb{Z}} [10^n, 10^{n+t}) \Big) \\
&= \mathbb{P}_{\log_{10} W}\big([0, t)\big).
\end{aligned}
$$

Daher haben wir offenbar

$$
\begin{aligned}
\mathbb{P}_{\log_{10} W}\big([0, s+t)\big) &= \mathbb{P}_{\log_{10} W}\big([0, s)\big) + \mathbb{P}_{\log_{10} W}\big([s, s+t)\big) \\
&= \mathbb{P}_{\log_{10} W}\big([0, s)\big) + \mathbb{P}_{\log_{10} W}\big([0, t)\big).
\end{aligned}
$$

Schreiben wir abkürzend $p(s) := \mathbb{P}_{\log_{10} W}\big([0, s)\big)$ für $0 < s \leq 1$, so gilt also

$$p(s + t) = p(s) + p(t).$$

Dies ist eine der berühmtesten Funktionalgleichungen der Analysis. Sie wird selbstverständlich durch die Funktion $p(s) = s$ gelöst; unter den Nebenbedingungen $p \leq 1$ und $p(1) = 1$ ist dies sogar die einzige Lösung. Dies ist die Behauptung. ∎

Das Prinzip der Skaleninvarianz gibt also eine gute Erklärung, warum wir bei beobachteten Datensätzen häufig die Benford–Verteilung finden. Man sollte ihr Auftauchen daher auch nicht als Eigenschaft der Natur ansehen, sondern vielmehr als Konsequenz daraus, wie wir die Natur abbilden. Wir sind es, die z.B. im Zehnersystem rechnen und somit erst dann eine zusätzliche Stelle bei der Größenangabe benötigen, wenn die Merkmalsausprägung den zehnfachen Wert besitzt. Konsequenterweise müssen wir dann auch die daraus resultierende Häufigkeitsverteilung der ersten Ziffer in Kauf nehmen.

In jüngster Zeit wurden sehr hübsche Resultate bewiesen, welche die Entstehung der Benford–Verteilung für die erste Ziffer durch einen Grenzwertsatz erklären, der strukturell große Ähnlichkeit mit dem Zentralen Grenzwertsatz (siehe Satz 4.6.12) besitzt. Während letztgenannter eine Aussage über den Grenzwert der Verteilung einer (richtig skalierten) *Summe* $\sum_{k=1}^{n} X_k$ von unabhängigen und identisch verteilten Zufallsvariablen $X_1, \ldots, X_n$ macht, konvergiert die Verteilung der ersten Ziffer des *Produkts*

$$\prod_{k=1}^{n} X_k$$

unter geeigneten Bedingungen gegen die Benford–Verteilung. Ganz vergleichbar zur Entstehung der Normalverteilung aus der additiven Überlagerung unabhängiger Einflüsse resultiert eine multiplikative Anhäufung vieler unabhängiger Effekte im Allgemeinen in der Benford–Verteilung der ersten Ziffer.

Das Entdecken der Benford–Verteilung und ihrer Verbreitung hat auch außerhalb der Mathematik zu einigen Anwendungen geführt. Bekannt dürfte der Einsatz in einigen Ländern bei der behördlichen Steuerprüfung sein. Da Bilanzen und Steuererklärungen manchmal gefälscht werden, versucht jeder Staat, den ihm daraus entstehenden Verlust zu begrenzen. Untersucht man in einem üppigen Zahlenwerk, wie es die Bilanz eines großen Unternehmes ist, die Verteilung der ersten Ziffer der auftauchenden Zahlen auf die Benford–Verteilung, so stellt eine große Abweichung zwar keinen Beweis, aber ein gutes Indiz für eine Fälschung dar. Andere Anwendungsvorschläge und weitergehende Information findet man in dem empfehlenswerten Artikel von Hungerbühler [Hun].

...statt eines Epilogs

Wann stirbt die Menschheit aus? Eine neue Antwort

Gotts Formel

Es läßt sich nicht leugnen, daß der Fortschritt in der Forschung häufig bloß zum Weinen war. Wir können Auto fahren auf dem Mond, die Gene aller Tiefseeschnecken lesen und Krankheiten heilen, die es gar nicht gibt, aber voraussehen, was in den nächsten fünf Minuten auf der Welt geschehen wird, das können wir nicht.

Es schien die Zeit schon reif, alle Hoffnung fahrenzulassen, da trat J. Richard Gott III. auf den Plan. Dieser Mann ist Astrophysiker an der Princeton–Universität in den USA und hat errechnet, daß die Menschheit mit hoher Wahrscheinlichkeit in 5128 Jahren ausgestorben sein wird, spätestens aber in 7,8 Millionen, daß wir die bemannte Raumfahrt noch mindestens 10 Monate betreiben werden, maximal aber 1250 Jahre, und daß die katholische Kirche zirka noch 12,26 Jahre bestehenbleibt, vielleicht aber auch 18 642.

Die Wahrscheinlichkeit dafür, daß diese Voraussagen eintreffen, beträgt jeweils 95 Prozent, und die Sache ist durchaus ernst. Gott hat seine Berechnungen unlängst im Wissenschaftsblatt *Nature* vorstellen dürfen.

Die Grundidee ist einfach. Auch wenn wir über ein Phänomen rein gar nichts wissen, meint Gott, so können wir doch immer sagen, daß es wahrscheinlich nicht ganz am Anfang und nicht ganz am Ende seines Weges steht.

Konkret gesprochen, wird es sich nur mit fünf Prozent Wahrscheinlichkeit im ersten oder letzten Vierzigstel seiner Existenz aufhalten, sonst aber dazwischen. Mit ein paar flinken Handgriffen folgt daraus

$$(1/39)t_{\text{past}} < t_{\text{future}} < 39 t_{\text{past}}$$

für $P = 0,95$ – Gotts Postulat. Wenn man weiß, wie lange etwas bereits existiert (t_{past}), dann errechnet sich mühelos, wie lange es noch existieren wird (t_{future}).

Der Einschlag dieser Formel wird die Alltagswissenschaften erschüttern. Weder Managerseminare noch Restaurantführer werden auf sie verzichten können.

Je länger etwa eine Akte unbearbeitet auf einem Schreibtisch liegt, desto länger wird sie dort noch liegenbleiben. Hat sie zwanzig Minuten überstanden, so fällt es schon in den Bereich des Wahrscheinlichen, daß sie auch noch da ist, wenn der Sachbearbeiter am nächsten Tag das Büro wieder betritt. Bestätigt nicht die Praxis Gott aufs genaueste?

Die faszinierendsten Ergebnisse liefert die Methode aber dort, wo wir wirklich nichts kennen außer t_{past}.

Wir bestellen zum Beispiel Nudeln in einem Restaurant. Je länger wir auf die Nudeln warten, um so länger wird es dauern, bis sie kommen. Die Frage „Hat es noch Sinn auszuharren?", welche bisher als klassisches unlösbares Problem der Kundenmathematik galt (aus der Küche liegen keine Daten vor; der Kellner liefert nur gefiltertes Material), wird durch Gotts Forschungen erstmals beantwortet.

Hier die Faustregel: Man muß die verbleibende Öffnungsdauer des Lokals durch die absolvierte Wartezeit dividieren; ist das Ergebnis kleiner als 39, stürmt man sofort hinaus mit den Worten: „Das ist bei *Gott* nicht mehr normal!" Die Kellner werden wissend nicken: Der Zeitpunkt ist erreicht, an dem unsere plausible Wartezeit ins nicht mehr Berechenbare lappt und wo wir am Ende möglicherweise allein im dunklen Lokal sitzen, ohne Nudeln.

Verwandtenbesuche, Handwerkerarbeiten, Regengüsse, Arzttermine, Wagner-Opern — alles, was den Halt suchenden Menschen bisher verzweifeln ließ, wird mit der Formel des J. Richard Gott berechenbar.

Selbst die angeblich endlosen Texte mancher Zeitungen verlieren dank Gottscher Analyse ihren Schrecken. Mühelos läßt sich errechnen, daß diese sogenannte Glosse, hier in ihrer achtzigsten Zeile angelangt, zwar mindestens noch 2,05 Zeilen weitergehen wird, höchstens aber 3120, was rund 4,3 Druckseiten entspricht.

Und das ist doch ein beruhigendes Gefühl.

Klemens Polatschek

(DIE ZEIT, Nr. 27, 2. Juli 1993, Seite 57)

A   Anhang

In diesem Kapitel sollen einige mathematische Formeln vorgestellt werden, die in der Stochastik häufig Anwendung finden. Nicht alle Beweise sind dabei so elementar, dass sie in diesem Buch vorgestellt werden können. Sofern dies jedoch möglich war, haben wir sie aus Gründen der Vollständigkeit angegeben.

Dabei setzen wir eine gewisse Vertrautheit mit dem Begriff des Grenzwerts einer Folge $(z_n)_{n\in\mathbb{N}}$ reeller Zahlen voraus: die Folge $(z_n)_n$ konvergiert für $n \to \infty$ gegen eine Zahl $z \in \mathbb{R}$, wenn der Unterschied

$$|z_n - z|$$

jede positive Zahl $\varepsilon > 0$ für fast alle $n \in \mathbb{N}$ unterschreitet. Insbesondere konvergiert z.B. die Folge $(\frac{1}{n})_n$ gegen Null; wir schreiben dies als

$$\lim_{n\to\infty} \frac{1}{n} = 0.$$

Weiterhin werden wir das folgende zentrale Resultat über Grenzwerte nicht beweisen, jedoch benutzen: konvergiert die Folge $(a_n)_n$ gegen a und die Folge $(b_n)_n$ gegen b,

- so konvergiert die Folge $(a_n + b_n)_n$ gegen $a + b$

- so konvergiert die Folge $(a_n \cdot b_n)_n$ gegen $a \cdot b$

- so konvergiert die Folge $(\frac{a_n}{b_n})_n$ gegen $\frac{a}{b}$, wenn $b \neq 0$ ist.

Es sei hier ausdrücklich darauf hingewiesen, dass z.B. für zwei Folgen $(a_n)_n$ und $(b_n)_n$, die beide gegen Null konvergieren, die Quotientenfolge $(\frac{a_n}{b_n})_n$ ein Konvergenzverhalten aufweist, das ohne genauere Kenntnis der beiden Folgen nicht berechnet werden kann. Ausdrücke der Form $\frac{0}{0}$ oder $0 \cdot \infty$ oder auch $\infty - \infty$ müssen einer genaueren Analyse unterzogen werden, die ihre Entstehung berücksichtigt.

A.1   Summen und Reihen

Besonders leicht kann man Terme addieren, wenn sie in Form einer *Teleskopsumme* vorliegen. Haben wir eine reelle Folge $(a_n)_{n\in\mathbb{N}}$ und hat die Folge $(b_n)_{n\in\mathbb{N}}$ die Gestalt $b_n = a_{n+1} - a_n$ für alle $n \in \mathbb{N}$, so gilt offenbar

$$\sum_{k=1}^{n} b_k = \sum_{k=1}^{n} (a_{k+1} - a_k) = a_{n+1} - a_1. \tag{A.1}$$

Und wenn die Folge $(a_n)_n$ sogar gegen einen Grenzwert a konvergiert, so haben wir

$$\sum_{k=1}^{\infty} b_k = \lim_{n\to\infty} \sum_{k=1}^{n} b_k = \lim_{n\to\infty} (a_{n+1} - a_1) = a - a_1. \tag{A.2}$$

Mithilfe dieser Beobachtung können wir einige wichtige Formeln beweisen. Wählen wir beispielsweise $a_k = k \cdot (k-1)$, $k \in \mathbb{N}$, so folgt

$$b_k = a_{k+1} - a_k = (k+1)k - k(k-1) = 2k$$

und daher wegen (A.1)

$$\sum_{k=1}^{n} k = \frac{1}{2} \sum_{k=1}^{n} b_k = \frac{1}{2}(a_{n+1} - a_1) = \frac{1}{2}(n+1)n. \tag{I}$$

Wählen wir stattdessen $a_k = k(k-1)(2k-1)$, $k \in \mathbb{N}$, so folgt

$$b_k = a_{k+1} - a_k = (k+1)k(2k+1) - k(k-1)(2k-1) = 6k^2$$

und daher ebenfalls wegen (A.1)

$$\sum_{k=1}^{n} k^2 = \frac{1}{6} \sum_{k=1}^{n} b_k = \frac{1}{6}(a_{n+1} - a_1) = \frac{1}{6}(n+1)n(2n+1). \tag{II}$$

Wählen wir als letztes Beispiel $a_k = \frac{1}{k}$, so erhalten wir aus (A.2) wegen $b_k = -\frac{1}{k(k+1)}$

$$\sum_{k=1}^{\infty} \frac{1}{k(k+1)} = -\sum_{k=1}^{\infty} b_k = -\lim_{n\to\infty} (a_{n+1} - a_1) = 1. \tag{III}$$

Hieraus folgt im übrigen auch sofort die Konvergenz der Reihe $\sum_k \frac{1}{k^2}$, denn

$$\sum_{k=1}^{\infty} \frac{1}{k^2} = 1 + \sum_{k=1}^{\infty} \frac{1}{(k+1)^2} \leq 1 + \sum_{k=1}^{\infty} \frac{1}{k(k+1)} = 2. \tag{IV}$$

Zur Herleitung der nächsten Formeln nehmen wir ein $x \in \mathbb{R}$ mit $x \neq 1$ und betrachten die einfache Gleichung

$$\frac{1}{1-x} = 1 + x \cdot \frac{1}{1-x}, \tag{A.3}$$

die man sofort bestätigt. Der Trick ist nun, dass man in die rechte Seite der Gleichung (A.3) für $\frac{1}{1-x}$ den gerade erhaltenen Ausdruck einsetzt:

$$\frac{1}{1-x} = 1 + x \cdot \frac{1}{1-x} = 1 + x\left(1 + x \cdot \frac{1}{1-x}\right) = 1 + x + x^2 \cdot \frac{1}{1-x}.$$

Und so machen wir weiter und erhalten für jedes $n \in \mathbb{N}$

$$\frac{1}{1-x} = 1 + x + x^2 + \ldots + x^n + x^{n+1} \cdot \frac{1}{1-x}$$

und daher

$$\sum_{k=0}^{n} x^k = \frac{1 - x^{n+1}}{1-x} \, , \, x \neq 1. \tag{V}$$

Und wenn sogar $|x| < 1$ gilt, dann konvergiert die Folge $(x^{n+1})_{n \in \mathbb{N}}$ für $n \to \infty$ gegen Null und wir haben

$$\sum_{k=0}^{\infty} x^k = \lim_{n \to \infty} \sum_{k=0}^{n} x^k = \lim_{n \to \infty} \frac{1 - x^{n+1}}{1-x} = \frac{1}{1-x}. \tag{VI}$$

Jede der beiden Seiten der Gleichung (V) fassen wir als Funktion in der Variablen x auf, die wir ableiten können, um

$$\sum_{k=1}^{n} k x^{k-1} = \frac{-(n+1)x^n(1-x) + 1 - x^{n+1}}{(1-x)^2} = \frac{1}{(1-x)^2} - \frac{x^n(n(1-x)+1)}{(1-x)^2} \tag{A.4}$$

zu erhalten. Wenn wiederum $|x| < 1$ gilt, dann konvergiert auch $(nx^n)_{n \in \mathbb{N}}$ für $n \to \infty$ gegen Null und wir bekommen

$$\sum_{k=1}^{\infty} k x^{k-1} = \frac{1}{(1-x)^2}. \tag{VII}$$

Differenzieren wir stattdessen die Gleichung (A.4) ein weiteres Mal und betrachten dann den Grenzwert $n \to \infty$, so erhalten wir für $|x| < 1$

$$\sum_{k=1}^{\infty} k(k-1) x^{k-2} = \frac{2}{(1-x)^3}. \tag{VIII}$$

Möchte man nun umgekehrt keine geschlossene Formel für eine gegebene Summe finden, sondern einen Term in eine Summe entwickeln, so geschieht dies bei Produkten durch einfaches Ausmultiplizieren. Besitzt jeder Faktor zwei Summanden, also

$$\prod_{k=1}^{n} (1 + x_k) = (1 + x_1) \cdot (1 + x_2) \cdots (1 + x_n),$$

so entsteht durch das Ausmultiplizieren eine Summe mit 2^n Summanden, die wir wie folgt ordnen:

$$\prod_{k=1}^{n} (1 + x_k) = 1 + \sum_{i_1=1}^{n} x_{i_1} + \sum_{1 \le i_1 < i_2 \le n} x_{i_1} x_{i_2} + \cdots + (x_1 \cdots x_n) = \sum_{k=0}^{n} S_k. \tag{A.5}$$

Der Ausdruck S_k besteht dabei aus allen Summanden, die das Produkt von genau k der $x_1, \ldots, x_n$ sind, insbesondere ist also $S_0 = 1$.

Aus diesen Überlegungen folgt sofort die *Inklusion–Exklusion* genannte Formel, die manchmal bei der Berechnung von Wahrscheinlichkeiten hilft. Gegeben seien Ereignisse $A_1, \ldots, A_n$, dann gilt offenbar

$$1_{\bigcup_{k=1}^n A_k} = 1 - \prod_{k=1}^n (1 - 1_{A_k}),$$

denn die Zufallsvariable auf der rechten Seite nimmt den Wert 1 genau dann an, wenn mindestens ein Faktor des Produktes Null ist, d.h. mindestens eines der Ereignisse eintritt; andernfalls besitzt diese Zufallsvariable den Wert 0, und genau dasselbe gilt auch für die Zufallsvariable der linken Seite. Eine ähnliche Argumentation zeigt

$$1_{\bigcap_{k=1}^n A_k} = \prod_{k=1}^n 1_{A_k}.$$

Bilden wir in der vorletzten Gleichung den Erwartungswert, so ergibt sich mit Gleichung (A.5)

$$\mathbb{P}\Big(\bigcup_{k=1}^n A_k\Big) = -\sum_{k=1}^n \mathbb{E} S_k = \sum_{k=1}^n \sum_{1 \le i_1 < \cdots < i_k \le n} (-1)^{k+1} \mathbb{P}(A_{i_1} \cap \cdots \cap A_{i_k}). \qquad \text{(IX)}$$

Wählen wir stattdessen in Gleichung (A.5) alle x_k gleich einem x, so ergibt sich $S_k = \binom{n}{k} x^k$ und damit die binomische Formel

$$(1+x)^n = \sum_{k=0}^n \binom{n}{k} x^k \quad \text{für alle } x \in \mathbb{R} \text{ und } n \in \mathbb{N}. \qquad \text{(X)}$$

Schreiben wir $\binom{n}{k} = \frac{(n)_k}{k!}$ mit der fallenden Faktoriellen $(n)_k = n(n-1)\cdots(n-k+1)$, so gilt die binomische Formel in dieser Formulierung sogar für beliebige, reelle α:

$$(1+x)^\alpha = \sum_{k=0}^\infty \frac{(\alpha)_k}{k!} x^k \quad \text{für alle } \alpha \in \mathbb{R}, \ |x| < 1. \qquad \text{(XI)}$$

Damit folgt beispielsweise wegen $(r+k-1)_k = (-1)^k (-r)_k$ sofort die Gleichung

$$p^r \sum_{k=r}^\infty \binom{k-1}{k-r} (1-p)^{k-r} = p^r \sum_{k=0}^\infty \frac{(r+k-1)_k}{k!} (1-p)^k = p^r (1 + (p-1))^{-r} = 1, \ \text{(XII)}$$

wie wir sie bei der negativen Binomialverteilung benutzt haben.

A.2   Asymptotik

Der folgende Satz erweist sich in den Anwendungen als äußerst nützlich.

Satz A.2.1: *Satz von Stolz und Cesaro*

Seien $(a_n)_{n \in \mathbb{N}}$ und $(b_n)_{n \in \mathbb{N}}$ zwei reelle Folgen und $(b_n)_{n \in \mathbb{N}}$ sei monoton wachsend und divergent. Gilt für ein $z \in \mathbb{R}$

$$\lim_{n \to \infty} \frac{a_n - a_{n-1}}{b_n - b_{n-1}} = z,$$

so gilt auch $\lim_{n \to \infty} \frac{a_n}{b_n} = z$.

Beweis. Zu $\varepsilon > 0$ sei $N \in \mathbb{N}$ mit $b_n > 0$ für alle $n > N$ und

$$(z - \varepsilon)(b_n - b_{n-1}) < a_n - a_{n-1} < (z + \varepsilon)(b_n - b_{n-1}),$$

und daher durch Summieren

$$(z - \varepsilon)(b_n - b_N) < a_n - a_N < (z + \varepsilon)(b_n - b_N).$$

Teilt man durch b_n dann folgt mit $n \to \infty$ die Behauptung. $\blacksquare$

Einer der wichtigsten Grenzwerte in der Mathematik ist sicherlich $\lim_{n \to \infty}(1 + \frac{1}{n})^n = e$ oder in etwas allgemeinerer Form

$$\lim_{n \to \infty} \left(1 + \frac{1}{b_n}\right)^{b_n} = e,$$

für jede gegen $+\infty$ divergente Folge $(b_n)_{n \in \mathbb{N}}$. Offenbar folgt hieraus durch Logarithmieren sofort

$$\lim_{n \to \infty} b_n \log\left(1 + \frac{1}{b_n}\right) = 1 \tag{A.6}$$

und daher auch

$$\lim_{n \to \infty} \log\left(1 + \frac{1}{b_n}\right) = \lim_{n \to \infty} \frac{1}{b_n} = 0. \tag{A.7}$$

für jede derartige Folge $(b_n)_{n \in \mathbb{N}}$.

Damit sind wir nun in der Lage, einige wichtige Asymptotiken herzuleiten. Es gilt

$$\sum_{k=1}^{n} \frac{1}{k} \sim \log n, \tag{XIII}$$

denn wegen Satz A.2.1 müssen wir nur die Konvergenz von

$$\frac{\sum_{k=1}^{n} \frac{1}{k} - \sum_{k=1}^{n-1} \frac{1}{k}}{\log(n) - \log(n-1)} = \frac{1}{n \log(1 + \frac{1}{n-1})}$$

gegen 1 beweisen, und diese folgt mit $b_n = n - 1$ sofort aus (A.6) und (A.7):

$$\lim_{n \to \infty} n \log\left(1 + \frac{1}{n-1}\right) = \lim_{n \to \infty} (n-1) \log\left(1 + \frac{1}{n-1}\right) + \lim_{n \to \infty} \log\left(1 + \frac{1}{n-1}\right) = 1 + 0 = 1.$$

Insbesondere divergiert also die sogenannte *harmonische Reihe* $\sum_{k=1}^{n} \frac{1}{k}$ gegen $+\infty$.

Wir möchten noch eine weitere wichtige Asymptotik vorstellen, die mit der Anzahl $\pi(n)$ der Primzahlen bis n verbunden ist.

Lemma A.2.2

Es gilt

$$\sum_{k=2}^{n} \frac{\pi(k)}{k(k+1)} \sim \log\log n.$$

Beweis. Wegen Satz A.2.1 müssen wir die Konvergenz von

$$\frac{\pi(n)}{n(n+1)\log\left(\frac{\log n}{\log(n-1)}\right)} = \frac{\pi(n)}{n(n+1)\log\left(1+\frac{1}{b_n}\right)}$$

gegen 1 zeigen, wobei wir abkürzend $\frac{\log n}{\log(n-1)} = 1 + \frac{1}{b_n}$, d.h.

$$b_n = \frac{\log(n-1)}{\log(1+\frac{1}{n-1})}$$

gesetzt haben. Der Primzahlsatz sagt uns, dass

$$\lim_{n\to\infty} \frac{\pi(n)\log n}{n} = 1$$

gilt, und daher bleibt zu zeigen, dass

$$(n+1)\log(n)\log\left(1+\frac{1}{b_n}\right) = \frac{(n+1)\log(n)}{b_n} b_n \log\left(1+\frac{1}{b_n}\right)$$

gegen 1 konvergiert. Dies folgt aber sofort aus (A.6), denn es gilt

$$\frac{(n+1)\log(n)}{b_n} = \frac{n+1}{n-1} \cdot (n-1)\log\left(1+\frac{1}{n-1}\right) \cdot \frac{\log(n)}{\log(n-1)}$$

und $\frac{\log(n)}{\log(n-1)} = 1 + \frac{1}{b_n} \xrightarrow{n\to\infty} 1$.   ∎

A.3 Ungleichungen

Häufig ist es überall dort, wo die Exponentialfunktion $x \mapsto e^x$, $x \in \mathbb{R}$, in mathematischen Rechnungen auftaucht, recht nützlich, die Reihendarstellung

$$e^x = \sum_{k=0}^{\infty} \frac{x^k}{k!} = 1 + x + \frac{x^2}{2!} + \frac{x^3}{3!} + \frac{x^4}{4!} + \dots \ , \ x \in \mathbb{R}, \tag{XIV}$$

zur Verfügung zu haben. Hieraus folgt bereits die Ungleichung

$$e^x \geq 1 + x \ \text{ für alle } x \in \mathbb{R}, \tag{XV}$$

denn für $x \geq 0$ lassen wir nur positive Terme weg und für $x \leq -1$ ist die Ungleichung trivial, da stets $e^x > 0$ gilt. Aber auch für $-1 \leq x \leq 0$ gilt diese Ungleichung, da das paarweise Zusammenfassen der weg gelassenen Terme

$$\frac{x^{2k}}{(2k)!} + \frac{x^{2k+1}}{(2k+1)!} = \frac{x^{2k}}{(2k)!}\left(1 - \frac{|x|}{2k+1}\right) \geq 0$$

liefert, so dass auch hier nur positive Terme fehlen. Die Formel (XV) kann man nun verschiedenartig nutzen. Wählt man $x = -y$ so folgt $e^{-y} \geq 1 - y$ und daher

$$\frac{1}{1-y} \geq e^y \quad \text{für alle } y < 1;$$

wählt man jedoch $x = y/(1-y)$ mit $y \neq 1$, dann folgt

$$e^{\frac{y}{1-y}} \geq 1 + \frac{y}{1-y} = \frac{1}{1-y}.$$

Beide Ungleichungen zusammen ergeben daher nach Logarithmieren

$$y \leq \log\left(\frac{1}{1-y}\right) = -\log(1-y) \leq \frac{y}{1-y} \quad \text{für alle } y < 1. \tag{XVI}$$

Kommen wir nun zur berühmten Ungleichung von Augustin Louis Cauchy (1789–1857) und Hermann Amandus Schwarz (1843–1921). Gegeben seien beliebige reelle Zahlen $a_1, \ldots, a_n$ und $b_1, \ldots, b_n$, dann ist für jedes $x \in \mathbb{R}$

$$0 \leq \sum_{k=1}^{n}(xa_k + b_k)^2 = \sum_{k=1}^{n}(x^2 a_k^2 + 2xa_k b_k + b_k^2) = Ax^2 + 2Bx + C,$$

wobei wir

$$A = \sum_{k=1}^{n} a_k^2, \quad B = \sum_{k=1}^{n} a_k b_k, \quad C = \sum_{k=1}^{n} b_k^2$$

gesetzt haben. Falls $A > 0$ ist, so wählen wir $x = -B/A$ und erhalten

$$0 \leq A\frac{B^2}{A^2} - 2B\frac{B}{A} + C = \frac{1}{A}(AC - B^2),$$

d.h. $B^2 \leq AC$, also

$$\left(\sum_{k=1}^{n} a_k b_k\right)^2 \leq \left(\sum_{k=1}^{n} a_k^2\right)\left(\sum_{k=1}^{n} b_k^2\right). \tag{XVII}$$

Falls $A = 0$ ist, dann gilt $a_1 = \cdots = a_n = 0$ und daher ist die Ungleichung in (XVII) sowieso erfüllt.

Die Cauchy–Schwarz–Ungleichung kann auch mithilfe von Erwartungswerten formuliert werden. Ist $(\Omega, \mathcal{P}(\Omega), \mathbb{P})$ ein endlicher Wahrscheinlichkeitsraum und sind X und Y zwei Zufallsvariablen auf Ω, so folgt durch Anwenden der Ungleichung (XVII)

$$
\Big(\sum_{\omega \in \Omega} X(\omega) Y(\omega) \mathbb{P}(\{\omega\}) \Big)^2 = \Big(\sum_{\omega \in \Omega} X(\omega) \sqrt{\mathbb{P}(\{\omega\})} \, Y(\omega) \sqrt{\mathbb{P}(\{\omega\})} \Big)^2
$$
$$
\leq \Big(\sum_{\omega \in \Omega} X^2(\omega) \mathbb{P}(\{\omega\}) \Big) \Big(\sum_{\omega \in \Omega} Y^2(\omega) \mathbb{P}(\{\omega\}) \Big)
$$

und somit

$$
\big(\mathbb{E}[XY] \big)^2 \leq \mathbb{E}[X^2] \, \mathbb{E}[Y^2]. \tag{XVIII}
$$

A.4   Abzählbarkeit

Eine nicht–leere Menge M heißt abzählbar, wenn es eine *injektive* Abbildung

$$
f : M \to \mathbb{N}
$$

in die Menge der natürlichen Zahlen gibt. Diese Definition erfasst mathematisch genau dass, was jeder Mensch beim Abzählen von Dingen tut: den Objekten der Menge eindeutig eine Zahl zuordnen.

Unmittelbar aus dieser Definition der Abzählbarkeit folgt, dass die Menge $\mathbb{N}$ selbst abzählbar ist, und ebenso jede nicht–leere Teilmenge einer abzählbaren Menge abzählbar ist; letzteres ist richtig, da die Verkettung von zwei injektiven Abbildungen wieder injektiv ist. Insbesondere ist nach unserer Definition auch jede *endliche* Menge abzählbar.

Hat man eine Menge M erst einmal als abzählbar identifiziert, so schreibt man sie häufig auch in genau dieser aufzählenden Form, also z.B.

$$
M = \{m_1, m_2, \ldots, m_9\} \quad \text{oder} \quad M = \{m_1, m_2, m_3, \ldots\}.
$$

Aber auch die Schreibweise $M = \{m_i \mid i \in I\}$, welche die Indexmenge $I := f(M) \subseteq \mathbb{N}$ angibt, ist sehr gebräuchlich. Der folgende Satz gehört zu den wichtigsten Sätzen der Mengenlehre.

Satz A.4.1

Sind A und B abzählbare Mengen, so ist $A \times B$ abzählbar.

Insbesondere ist die Vereinigungsmenge abzählbar vieler abzählbarer Mengen abzählbar.

Beweis. Die Abbildung $f : \mathbb{N} \times \mathbb{N} \to \mathbb{N}$ mit $f((i,j)) = 2^i 3^j$ ist injektiv, denn 2 und 3 sind teilerfremd; daher ist $\mathbb{N} \times \mathbb{N}$ abzählbar. Seien nun die Abbildungen $f_A : A \to \mathbb{N}$ und $f_B : B \to \mathbb{N}$ injektiv, so ist auch

$$
(f_A, f_B) : A \times B \to \mathbb{N} \times \mathbb{N} \,, \ (a,b) \mapsto (f_A(a), f_B(b))
$$

$$\vdots \qquad\qquad\qquad\qquad \vdots$$

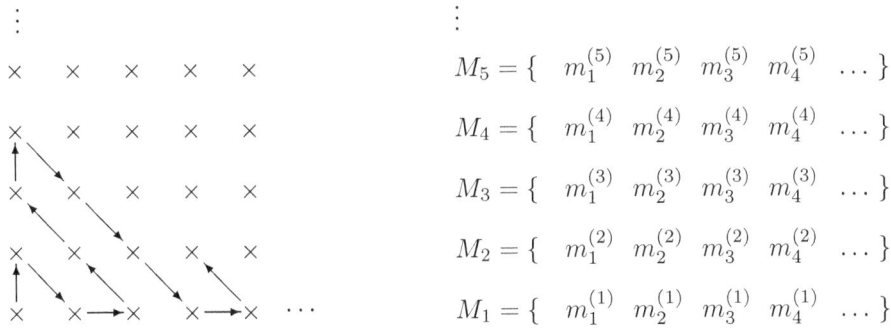

Abbildung A.1: *Abzählung von $\mathbb{N} \times \mathbb{N}$*   **Abbildung A.2:** *abzählbare Vereinigung der M_j*

injektiv und damit auch die Verkettung dieser Abbildung mit f. Damit ist $A \times B$ abzählbar.

Seien nun zu der nicht–leeren Indexmenge $J \subseteq \mathbb{N}$ die Mengen M_j, $j \in J$, gegeben, und jedes M_j sei abzählbar. Ist

$$f_j : M_j \to \mathbb{N} \quad \text{für alle } j \in J$$

injektiv, so wählen wir zu beliebigem

$$m \in \bigcup_{j \in J} M_j$$

den *kleinsten* Index $j(m) \in J$, für den $m \in M_{j(m)}$ gilt, und definieren die Abbildung

$$F : \bigcup_{j \in J} M_j \to \mathbb{N} \times \mathbb{N}$$

durch $F(m) = (j(m), f_{j(m)}(m))$. Diese Abbildung F ist dann injektiv und somit auch die Verkettung $f \circ F$. Daher ist $\bigcup_{j \in J} M_j$ abzählbar. ∎

Zeichnerisch ist dieser Satz viel einfacher einzusehen: Wir stellen die Menge $\mathbb{N} \times \mathbb{N}$ durch das Gitter in Abbildung A.1 dar und zählen alle Gitterpunkte gemäß des eingezeichneten Wegs ab. Dies liefert eine andere injektive Abbildung nach $\mathbb{N}$, als die im Beweis benutzte. Ebenso erkennen wir in Abbildung A.2 die Vereinigung der Mengen M_j, $j \in J$, sofort als Teilmenge des Gitters $\mathbb{N} \times \mathbb{N}$, in dem wir die einzelnen Mengen M_j übereinander stapeln; daher ist diese Vereinigungsmenge dann auch abzählbar.

Als Folgerung ergibt sich das wichtige

Korollar A.4.2

Die Mengen $\mathbb{Z}$ und $\mathbb{Q}$ sind abzählbar.

Beweis. Die negativen ganzen Zahlen $-\mathbb{N} = \{-1, -2, -3, \dots\}$ sind offenbar abzählbar und damit ist $\mathbb{Z} = (-\mathbb{N}) \cup \{0\} \cup \mathbb{N}$ wegen Satz A.4.1 auch abzählbar.

Die rationalen Zahlen

$$\mathbb{Q} = \left\{ \frac{p}{q} \mid p \in \mathbb{Z}, \ q \in \mathbb{N} \right\}$$

sind abzählbar, weil für jedes $k \in \mathbb{Z}$ die Menge

$$A_k := \{(p, q) \in \mathbb{Z} \times \mathbb{N} \mid p + q = k\}$$

als Teilmenge von $\mathbb{Z} \times \mathbb{N}$ selbst abzählbar ist, und

$$\mathbb{Q} = \bigcup_{k \in \mathbb{Z}} \left\{ \frac{p}{q} \mid (p, q) \in A_k \right\}$$

gilt.   ∎

Der Mathematiker Georg Cantor (1845–1918) konnte als erster beweisen, dass die Menge $\mathbb{R}$ der reellen Zahlen nicht abzählbar ist; nicht abzählbare Mengen heißen auch *überabzählbar*.

Satz A.4.3

Die Menge der reellen Zahlen zwischen 0 und 1 ist nicht abzählbar.

Insbesondere ist $\mathbb{R}$ überabzählbar.

Beweis. Der Beweis verläuft indirekt, so dass wir annehmen, es gäbe sehr wohl eine Aufzählung $\alpha_1, \alpha_2, \alpha_3, \dots$ aller reellen Zahlen im Intervall $(0, 1)$, die wir in ihrer Dezimaldarstellung notieren:

$$\begin{aligned}
\alpha_1 &= 0, a_{11} a_{12} a_{13} a_{14} \dots \\
\alpha_2 &= 0, a_{21} a_{22} a_{23} a_{24} \dots \\
\alpha_3 &= 0, a_{31} a_{32} a_{33} a_{34} \dots \\
&\ \ \vdots \qquad \vdots \\
\alpha_k &= 0, a_{k1} a_{k2} a_{k3} a_{k4} \dots \\
&\ \ \vdots \qquad \vdots
\end{aligned}$$

Da allerdings die Dezimaldarstellung nicht für jede Zahl eindeutig ist (z.B. gilt ja $0,0999\dots = 0,1000\dots$), sollten wir uns hier bei jeder Zahl für eine Schreibweise entscheiden. Wir bevorzugen für abbrechende Dezimalzahlen die tatsächlich endende Schreibweise und füllen dementsprechend in obigem Schema in den betreffenden Zeilen mit Nullen auf.

Der Widerspruch zu unserer Annahme entsteht nun sofort dadurch, dass wir eine Zahl angeben können, die in dieser schematischen Aufzählung nicht enthalten ist. Denn sei für jedes $n \in \mathbb{N}$

$$b_n := \begin{cases} 5 \,, & \text{falls } a_{nn} \neq 5 \\ 6 \,, & \text{falls } a_{nn} = 5 \end{cases}$$

und die Zahl

$$\beta := 0, b_1 b_2 b_3 b_4 \ldots$$

durch ihre Dezimaldarstellung gegeben, dann liegt diese Zahl b zwar zwischen 0 und 1, ist aber sicher nicht in dem obigen Schema enthalten, da sie sich von jedem auftauchenden α_n mindestens in der n–ten Dezimale unterscheidet. ∎

A.5 Ein Beweis des Zentralen Grenzwertsatzes

Vor dem eigentlichen Beweis müssen wir noch etwas Theorie bereitstellen.

Satz A.5.1

Sei X eine Zufallsvariable mit Werten in den positiven reellen Zahlen und $\mathbb{E}X$ sei endlich. Dann gilt

i) $\sum_{k=1}^{\infty} \mathbb{P}(\{X \geq k\}) \leq \mathbb{E}X \leq \sum_{k=0}^{\infty} \mathbb{P}(\{X \geq k\})$

ii) $\lim_{n \to \infty} \mathbb{E}[X 1_{\{X \geq n\}}] = 0$.

Beweis.

i) Für alle $t \geq 0$ besitzt die Summe $\sum_{k=0}^{\infty} 1_{[k,\infty)}(t)$ nur endlich viele Summanden ungleich Null, nämlich für $k \leq t$. Genauer ist

$$\sum_{k=1}^{\infty} 1_{[k,\infty)}(t) = \lfloor t \rfloor \leq t \leq \lceil t \rceil = \sum_{k=0}^{\infty} 1_{[k,\infty)}(t) \tag{A.8}$$

da für $m \in \mathbb{N}$ mit $m \leq t < m+1$ die linke (bzw. rechte) Summe m (bzw. $m+1$) ergibt. Setzen wir $t = X$ ein und bilden den Erwartungswert so folgt die Behauptung.

ii) Multipliziert man die Gleichung (A.8) mit $1_{[n,\infty)}(t)$, so ergibt sich analog durch Einsetzen und Bilden des Erwartungswerts wegen $[k,\infty) \cap [n,\infty) = [\max(k,n),\infty)$

$$0 \leq \mathbb{E}[X 1_{\{X \geq n\}}] \leq \sum_{k=0}^{\infty} \mathbb{P}(\{X \geq \max(k,n)\})$$

$$= \sum_{k=0}^{n} \mathbb{P}(\{X \geq n\}) + \sum_{k=n+1}^{\infty} \mathbb{P}(\{X \geq k\})$$

$$= (n+1)\mathbb{P}(\{X \geq n\}) + \sum_{k=n+1}^{\infty} \mathbb{P}(\{X \geq k\}).$$

Die Summe auf der rechten Seite konvergiert wegen i) gegen Null. Für den ersten Term gilt wegen $\{X \geq n\} = \{\lfloor X \rfloor \geq n\}$

$$(n+1)\mathbb{P}(\{X \geq n\}) = (n+1)\sum_{k=n}^{\infty}\mathbb{P}(\{\lfloor X \rfloor = k\}) \leq \sum_{k=n}^{\infty}(k+1)\mathbb{P}(\{\lfloor X \rfloor = k\})$$

und da $\sum_{k=0}^{\infty}(k+1)\mathbb{P}(\{\lfloor X \rfloor = k\}) = \mathbb{E}[\lfloor X \rfloor + 1] \leq \mathbb{E}X + 1$ endlich ist, konvergiert also auch dieser Term gegen Null.

∎

Kommen wir nun zum eigentlichen Beweis des Zentralen Grenzwertsatzes.

Für jedes $n \in \mathbb{N}$ seien die Zufallsvariablen $X_1, X_2, \ldots, X_n$ unabhängig und außerdem mögen sie alle dieselbe Verteilung besitzen. Weiterhin seien $\mathbb{E}X_1 = \mu$ und $\mathbb{V}X_1 = \sigma^2 > 0$ beide endlich. Dann gilt für alle $a \in \mathbb{R}$

$$\lim_{n\to\infty}\mathbb{P}\Big(\frac{1}{\sqrt{n\sigma^2}}\sum_{i=1}^{n}(X_i - \mu) \leq a\Big) = \Phi(a).$$

Hierbei ist $\Phi(a) = \int_{-\infty}^{a}\varphi(t)\,dt$ und $\varphi(t) = \frac{1}{\sqrt{2\pi}}e^{-t^2/2}$ ist die Dichte der Standardnormalverteilung.

Zur Vorbereitung des Beweises bemerken wir, dass die Zufallsvariablen $Y_i = \frac{1}{\sqrt{\sigma^2}}(X_i - \mu)$ für $i = 1, 2, \ldots, n$ natürlich ebenfalls untereinander alle dieselbe Verteilung besitzen und $\mathbb{E}Y_1 = 0$ und $\mathbb{V}Y_1 = 1$ gilt. Weiterhin sind auch $Y_1, Y_2, \ldots, Y_n$ unabhängige Zufallsvariablen und die Behauptung lautet

$$\lim_{n\to\infty}\mathbb{P}\Big(\frac{1}{\sqrt{n}}\sum_{i=1}^{n}Y_i \leq a\Big) = \Phi(a) \tag{A.9}$$

für alle $a \in \mathbb{R}$. In dieser Form werden wir die Behauptung beweisen.

Der Beweis besteht aus zwei Teilen: Der stochastische Teil wird uns zeigen, dass

$$\lim_{n\to\infty}\mathbb{E}\Big[f\Big(\frac{1}{\sqrt{n}}\sum_{i=1}^{n}Y_i\Big)\Big] = \int_{-\infty}^{\infty}f(t)\varphi(t)\,dt =: N(f) \tag{A.10}$$

für alle Funktionen $f : \mathbb{R} \to \mathbb{R}$ aus einer geeigneten Menge $\mathcal{K}$. Der analytische Teil des Beweises wird zeigen, wie aus dem Resultat in (A.10) die Behauptung in (A.9) folgt.

Vorbemerkungen

Wir definieren den Vektorraum

$$\mathcal{K} := \{f : \mathbb{R} \to \mathbb{R} \mid f \text{ ist stetig und es existieren } f^+ = \lim_{x\to\infty}f(x) \text{ und} f^- = \lim_{x\to-\infty}f(x)\}$$

und bemerken, dass jedes $f \in \mathcal{K}$ beschränkt und gleichmäßig stetig ist. Denn zu jedem $\epsilon > 0$ gibt es ein $a > 0$, so dass $|f(x) - f^+| < \epsilon$ für $x > a$ und auch $|f(x) - f^-| < \epsilon$ für

$x < -a$. Auf dem kompakten Intervall $[-a, a]$ ist f jedoch ohnehin gleichmäßig stetig und beschränkt, also auf ganz $\mathbb{R}$.

Für den Beweis definieren wir für $f \in \mathcal{K}$ den Wert $N(f) = \int_{-\infty}^{\infty} f(t)\varphi(t)\,dt$ und

$$h(x) = \frac{\int_{-\infty}^{x} f(t)\varphi(t)\,dt - \Phi(x)N(f)}{\varphi(x)} \ , \ x \in \mathbb{R}.$$

Die Funktion h ist differenzierbar und wegen $\Phi'(x) = \varphi(x)$ und $\varphi'(x) = -x\varphi(x)$ ist für alle $x \in \mathbb{R}$

$$h'(x) = f(x) - N(f) + xh(x), \tag{A.11}$$

d.h. h' ist auch stetig. Um nun $h' \in \mathcal{K}$ zu zeigen, genügt es zu beweisen, dass die Limiten $\lim_{x\to\infty} xh(x)$ und $\lim_{x\to-\infty} xh(x)$ existieren. Dazu beachten wir, dass im Ausdruck

$$xh(x) = \frac{\int_{-\infty}^{x} f(t)\varphi(t)\,dt - \Phi(x)N(f)}{\frac{\varphi(x)}{x}}$$

sowohl der Zähler als auch der Nenner gegen Null konvergiert, wenn $x \to \pm\infty$. Wir verwenden also die Regel von L'Hospital und differenzieren jeweils Zähler und Nenner und berechnen

$$\frac{f(x)\varphi(x) - \varphi(x)N(f)}{\frac{-x^2\varphi(x) - \varphi(x)}{x^2}} = \frac{f(x) - N(f)}{-(1 + \frac{1}{x^2})} \xrightarrow{x\to\pm\infty} -f^{\pm} + N(f) = \lim_{x\to\pm\infty} xh(x).$$

Somit ist also wirklich $h' \in \mathcal{K}$ und übrigens auch $h \in \mathcal{K}$, denn es gilt

$$\lim_{x\to\pm\infty} h(x) = \lim_{x\to\pm\infty} \frac{xh(x)}{x} = 0.$$

Insbesondere sind f, h und h' beschränkt und gleichmäßig stetig.

Stochastischer Teil

Es ist für $f \in \mathcal{K}$ mit Gleichung (A.11) und $S_n = \frac{1}{\sqrt{n}}\sum_{i=1}^{n} Y_i$

$$
\begin{aligned}
\mathbb{E}[f(S_n)] - N(f) = &= \mathbb{E}[h'(S_n)] - \mathbb{E}[S_n h(S_n)] \\
&= \mathbb{E}[h'(S_n)] - \frac{1}{\sqrt{n}}\sum_{i=1}^{n} \mathbb{E}[Y_i h(S_n)] \\
&= \mathbb{E}[h'(S_n)] - \sqrt{n}\,\mathbb{E}[Y_1 h(S_n)],
\end{aligned}
$$

wobei wir bei der letzten Gleichheit benutzt haben, dass alle Y_i dieselbe Verteilung besitzen. Der Mittelwertsatz der Differentialrechnung liefert für h und $y, z \in \mathbb{R}$

$$h(z + y) = h(z) + y \cdot h'(z) + y \cdot (h'(z + \vartheta y) - h'(z))$$

mit einem von y, z und h abhängigen $\vartheta \in [0, 1]$. Schreiben wir $Z = \frac{1}{\sqrt{n}} \sum_{i=2}^{n} Y_i$ so ist $S_n = Z + \frac{1}{\sqrt{n}} Y_1$ und wir erhalten aus dem Mittelwertsatz

$$h(S_n) = h(Z) + \frac{1}{\sqrt{n}} Y_1 \cdot h'(Z) + \frac{1}{\sqrt{n}} Y_1 \cdot (h'(Z + \vartheta \frac{1}{\sqrt{n}} Y_1) - h'(Z)).$$

Wegen der Unabhängigkeit von Z und Y_1 und wegen $\mathbb{E}Y_1 = 0$ und $\mathbb{E}[Y_1^2] = 1$ ist

$$\mathbb{E}[Y_1 \cdot h(S_n)] = \frac{1}{\sqrt{n}} \mathbb{E}[h'(Z)] + \frac{1}{\sqrt{n}} \mathbb{E}[Y_1^2(h'(Z + \vartheta \frac{1}{\sqrt{n}} Y_1) - h'(Z))]$$

und somit insgesamt

$$\mathbb{E}[f(S_n)] - N(f) = \underbrace{\mathbb{E}[h'(S_n) - h'(Z)]}_{R_1} - \underbrace{\mathbb{E}[Y_1^2(h'(Z + \vartheta \frac{1}{\sqrt{n}} Y_1) - h'(Z))]}_{R_2}.$$

Tatsächlich konvergieren nun beide Reste R_1 und R_2 auf der rechten Seite gegen Null und somit gilt Gleichung (A.10), denn wegen der gleichmäßigen Stetigkeit von h' kann zu einem beliebigen $\epsilon > 0$ zunächst ein $\delta > 0$ so gewählt werden, dass $|h'(z+y) - h'(z)| < \epsilon$ für alle $|y| < \delta$. Damit ist

$$\begin{aligned} |R_1| = \big|\mathbb{E}[h'(S_n) - h'(Z)]\big| &\leq \mathbb{E}[|h'(S_n) - h'(Z)|] \\ &\leq \mathbb{E}[1_{\{|Y_1| < \delta\sqrt{n}\}} \varepsilon] + \mathbb{E}[1_{\{|Y_1| \geq \delta\sqrt{n}\}} 2\|h'\|] \\ &\leq \varepsilon + 2\|h'\| \mathbb{P}(\{|Y_1| \geq \delta\sqrt{n}\}), \end{aligned}$$

wobei $\|h'\| = \sup_{x \in \mathbb{R}} |h'(x)|$ endlich ist. Der zweite Summand geht aufgrund der Tschebyschev–Ungleichung gegen Null, so dass $\limsup_{n \to \infty} |R_1| \leq \varepsilon$ gilt. Ebenso ist

$$\begin{aligned} |R_2| = \big|\mathbb{E}[Y_1^2(h'(Z + \vartheta \frac{1}{\sqrt{n}} Y_1) - h'(Z))]\big| &\leq \mathbb{E}[Y_1^2 |h'(Z + \vartheta \frac{1}{\sqrt{n}} Y_1) - h'(Z)|] \\ &\leq \mathbb{E}[Y_1^2 1_{\{|Y_1| < \delta\sqrt{n}\}} \varepsilon] + \mathbb{E}[Y_1^2 1_{\{|Y_1| \geq \delta\sqrt{n}\}} 2\|h'\|] \\ &\leq \varepsilon + 2\|h'\| \mathbb{E}[Y_1^2 1_{\{|Y_1| \geq \delta\sqrt{n}\}}], \end{aligned}$$

und der zweite Summand geht nach Satz A.5.1 gegen Null. Insgesamt haben wir damit

$$\limsup_{n \to \infty} \big|\mathbb{E}[f(S_n)] - N(f)\big| \leq 2\varepsilon$$

für ein beliebiges $\varepsilon > 0$. Dies beweist die Behauptung in Gleichung (A.10).

Analytischer Teil

Wir werden nun Indikatorfunktionen der Form $1_{(-\infty, a]}$ geeignet durch Funktionen aus der Menge $\mathcal{K}$ approximieren. Dies erlaubt uns, in Gleichung (A.10) statt f die erwähnte Indikatorfunktion zu benutzen und somit Gleichung (A.9) zu erhalten.

Für welche Funktionen man sich innerhalb der Menge $\mathcal{K}$ zur Approximation entscheidet, spielt keine große Rolle. Wir wählen für ein fest gewähltes $a \in \mathbb{R}$ die Funktionen

$$f_k(x) = \min(1, e^{k(a-x)}), \ x \in \mathbb{R}, \ k \in \mathbb{N}.$$

Offenbar ist f_k stetig und $\lim_{x \to -\infty} f_k(x) = 1$ und $\lim_{x \to \infty} f_k(x) = 0$, d.h. $f_k \in \mathcal{K}$ für alle $k \in \mathbb{N}$. Wir fixieren nun ein festes $\eta > 0$, dann ist für fast alle $k \in \mathbb{N}$

$$f_k(x + \eta) - \eta \leq 1_{(-\infty, a]}(x) \leq f_k(x), \ x \in \mathbb{R},$$

denn f_k ist monoton fallend und bereits für $x = a$ ist $f_k(a + \eta) \leq \eta$, wenn $k \geq 1/\eta^2$ ist. Somit ist

$$\mathbb{E}[f_k(S_n + \eta)] - \eta \leq \mathbb{P}(\{S_n \leq a\}) \leq \mathbb{E}[f_k(S_n)]$$

und einerseits also

$$\liminf_{n \to \infty} \mathbb{P}(\{S_n \leq a\}) \geq \int_{-\infty}^{\infty} f_k(t + \eta)\varphi(t)\,dt - \eta$$

$$\geq \int_{-\infty}^{\infty} 1_{(-\infty, a]}(t + \eta)\varphi(t)\,dt - \eta = \Phi(a - \eta) - \eta.$$

Andererseits ist

$$\limsup_{n \to \infty} \mathbb{P}(\{S_n \leq a\}) \leq \int_{-\infty}^{\infty} f_k(t)\varphi(t)\,dt$$

$$\leq \int_{-\infty}^{\infty} 1_{(-\infty, a]}(t - \eta)\varphi(t)\,dt + \eta = \Phi(a + \eta) + \eta.$$

Da $\eta > 0$ beliebig war und Φ stetig ist folgt die Behauptung in Gleichung (A.9).

Literaturverzeichnis

[AD]   D. Aldous, P. Diaconis; *Shuffling cards and Stopping Times*; American Mathematical Monthly, Volume 93, No. 5, 333-348 (1986)

[AK]   E.H.L. Aarts, J. Kost; *Simulated Annealing and Boltzmann Machines*; John Wiley & Sons, New York, (1989)

[AW]   M. Adelmeyer, E. Warmuth; *Finanzmathematik für Einsteiger*; Vieweg, Wiesbaden (2003)

[Ba]   H. Bauer; *Wahrscheinlichkeitstheorie* (5. Auflage); de Gruyter, Berlin (2002)

[BD]   D. Bayer, P. Diaconis; *Trailing the Dovetail Shuffle to its lair*; Annals of Applied Probability, Volume 2, No. 2, 294–313 (1992)

[Due] G. Dueck; *Das Sintflutprinzip*; Springer, Berlin (2004)

[Dur] *Durex Global Sex Survey 2005*; Download als pdf–Datei unter *http : //www. durex.com/de/gss2005result.pdf* (2005)

[DVB] R. Danckwerts, D. Vogel, K. Bovermann; *Elementare Methoden der Kombinatorik. Abzählen – Aufzählen – Optimieren*; B.G. Teubner, Stuttgart (1985)

[En]   A. Engel; *Wahrscheinlichkeitsrechnung und Statistik*; Bd. I und Bd. II, Klett Studienbücher, Ernst Klett Verlag, Stuttgart (1973)

[Ge]   H.-O. Georgii; *Stochastik: Einführung in Wahrscheinlichkeitstheorie und Statistik* (2. Auflage); de Gruyter, Berlin (2004)

[Ha]   J. Haigh; *Probability Models*; Springer, London (2002)

[He]   N. Henze; *Stochastik für Einsteiger*; Vieweg, Wiesbaden (1997)

[Hi]   D. Hilbert; *Mathematische Probleme*; Nachrichten der Königlichen Gesellschaft der Wissenschaften zu Göttingen, mathematisch-physikalische Klasse 1900, Heft 3, S. 253 - 297 (1900)

[Hun] N. Hungerbühler; *Benfords Gesetz über führende Ziffern*; zum Download als pdf–Datei unter *http : //www.educeth.ch/lehrpersonen/mathematik/unterrichts-materialien_mat/analysis/benford/Benford_Fuehrende_Ziffern.pdf*

[HW]   G.H. Hardy, E.M. Wright; *Einführung in die Zahlentheorie*; Oldenbourg, München (1958)

[Kac]   M. Kac; *Statistical independence in probability, analysis, and number theory*; The Carus Mathematical Monographs, No. 12, John Wiley and Sons, Inc., New York (1959)

[Kl]   A. Klenke; *Wahrscheinlichkeitstheorie*; Springer, Berlin (2006)

[Km1]   W. Krämer; *So überzeugt man mit Statistik*; Reihe Campus Bd. 1084, Campus Verlag (1994)

[Km2]   W. Krämer; *So lügt man mit Statistik*; Serie Piper Bd. 3038, Piper Verlag (2001)

[Krg]   U. Krengel; *Einführung in die Wahrscheinlichkeitstheorie und Statistik* (2. Auflage); Vieweg, Wiesbaden (2002)

[NYT]   *The New York Times* (January 9, 1990, Late Edition); The New York Times Company (1990)

[Ra]   G. v. Randow; *Das Ziegenproblem*; Denken in Wahrscheinkeiten; Rowohlt, Reinbek (2004)

Index

www.ingramcontent.com/pod-product-compliance
Lightning Source LLC
Chambersburg PA
CBHW061927190326
41458CB00009B/2679